KB052011

고양이처럼 생각하기

일러두기

- 전문용어가 많아 매끄러운 번역이 어려운 경우 그대로 외래어를 사용했다.
- 고양이의 질병명 중 여러 가지로 혼재되어 번역되는 것이나 번역이 마땅치 않은 경우에는 영명을 함께 덧붙였다.
- 외래어는 기본적으로 맞춤법 총칙 '외래어는 외래어 표기법에 따라 적는다'는 규정에 따랐다. 단, 고유명사의 경우 국내에서 더 많이 통용되는 것을 따른 것도 있다.
- 원서상에서 training으로 언급된 것은 주로 교육으로 번역했다. 문맥에 따라 훈련 또는 트레이닝으로 번역하기도 했다.
- 행동학적 면에서 도움을 줄 수 있는 특정 상품인 경우 국내에서 판매되지 않아도 그대로 옮겼다.

행동학에서 본 고양이 양육 대백과

고양이처럼 생각하기

지은이 팸 존슨 베넷 | 옮긴이 최세민 | 감수 서울대학교 수의과대학 교수 신남식

페티앙북스

시작하며.

고양이처럼 생각하는 법을 배울 시간

내가 처음 고양이를 기르게 된 계기는 다른 보호자들과 비슷하다. '우연'이었다. 줄곧 개를 키우는 가정에서 태어나 자란 내게는 개만이 완벽한 반려동물이었고 고양이는 그냥 고양이일 뿐이었다. 나는 고양이에 대한 온갖 미신과 전설을 다 믿었고 아무리 예뻐도 고양이를 반려동물로 들일 생각은 없었다. 개를 더 키우면 키웠지.

그런데 어느 크리스마스, 내 인생이 완전히 바뀌었다. 눈이 내리는 몹시 추운 날, 부모님께 드릴 크리스마스 선물을 사러 가는 길이었다. 한 교회 앞을 지나는데 계단 앞에 서 있는 10대 소녀 옆에 '새끼 고양이 공짜'라는 손글씨가 써진 종이상자가 하나 놓여 있었다. 설마 이런 날씨에 새끼 고양이를 데리고 나온 건 아니겠지 생각하며 상자 안을 흘긋 보았는데 세상에! 정말 작은 새끼 두 마리가 달랑 수건 한 장 깔려 있는 바닥에 체온 유지를 위해 꼭 붙어 있었다. 생명에 대한 측은지심도 책임감도 없는 소녀(그리고 이런 행동을 하게 만들었을 소녀의 부모)에게 화가 치민 나는, 앞뒤 가리지 않고 새끼 고양이들을 집어들어 코트 앞섶을 열고는 스웨터 안에 넣었다. 작은 얼음 덩어리들 같았다. 집에 갈 때까지 살아 있을지조차 의심스러웠다. 차로 돌아온 나는 히터를 최대 온도로 올리고 서둘러 집으로 향했다. 다행히 가족들은 내가 충동적으로 저지른 일에 대한 반감보다는 종을 불문하고 곤경에 처한 동물에게 쏟을 사랑과 연민이 훨씬 더 컸다.

생명의 불씨를 되살려야 한다는 책임감에 여유로운 크리스마스 휴가는 온데간데 없어져버렸다. 어머니는 오랫동안 쓰지 않던 전기담요를 찾아 온 집 안을 뒤졌고, 아버지는 종이상자에 모래를 채워 임시 고양이 화장실을 만들었다. 여동생과 나는 주방에서 새끼 고양이가 먹을 만한 것을 만드느라 정신이 없었다(그때는 몰랐지만 그 고양이들은 고작 생후 6주였다).

몸이 따뜻해지고 배가 부르자 새끼 고양이들은 내가 집으로 뛰어들어오면서 벗어놓은 겨울 코트 안에 몸을 웅크렸고 우리는 빙 둘러서서 그 모습을 지켜보았다. 개 두 마리도 잠든 고양이들을 조용히 바라보았다. 어머니가 만들고 있던 크리스마스 쿠키는 주방 조리대에 반죽 상태 그대로였고, 내가 그날 산 선물들은 자동차 트렁크 안에 포장도 안 된 채 방치되어 있었지만, 작고, 차갑고, 영양 부족으로 삐쩍 마른 데다 이가 들끓고 건강 상태도 나쁘고, 겁에 질렸고, 지저분했던 새끼 고양이 두 마리는 그날 기적을 이뤄냈다. 살아남은 것이다! 너무 어린 나이에 어미와 떨어진 채 얼음장 같은 바깥에서 바들바들 떨다가, 고양이에 대해 무지한 사람에게 구조되었는데 말이다.

그 두 생명을 온전히 책임지게 되면서, 나는 내가 고양이에 대해 거의 아는 바도 없고, 그나마 아는 것도 엉터리투성이라는 사실을 깨달았다. 루시와 에델(고양이에게 지어준 이름이다)은 의욕과 선의만 넘쳤지 서툴기 짝이 없는 초보 보호자를 우아함과 관대함, 사랑으로 견뎌주었다. 루시는 선천성 심장병으로 세 살 때 죽었다. 얄궂게도 그날은 크리스마스였다. 에델도 심장병이 있었지만 훨씬 더 오래 살았다. 두 마리는 내 인생에 사랑과 행복을 가져다주었을 뿐 아니라, 이전에는 나도 내 가족도 상상도 못 했던 일을 하도록 나를 이끌어주었다.

11년 전 이 책을 처음 출간한 이후 많은 고양이 보호자로부터 편지, 이메일, 전화를 받았다. 그동안 왜 고양이가 그런 행동을 했는지 이제야 알게 되었다는 고백의 내용들이었다. 많은 보호자가 고양이의 행동 문제를 해결하고 앞으로 생길지 모를 문제를 예방할 수 있는 기술을 터득했다니기쁘기 그지없었다. 보는 관점을 바꾸고 '고양이처럼 생각하는' 능력을 키우는 것만으로도 행동 문제를 없앨 수 있다니 놀랍지 않은가?

이 책을 쓴 이유는 처음 고양이를 키우게 된 사람들이 당장 필요한 물건들을 구비할 수 있게 하고, 고양이가 보호자에게 무엇을 전달하려 하는지 몰라 헤매거나, 아무 효과도 없는 훈련법을 사용했다가 관계가 더 틀어지는 상황을 피하게 돕기 위해서다. 이 책에는 내가 주장하는 훈련(교육)법이 그대로 묘사되어 있다. 고양이의 동기, 의사소통 방식은 물론 고양이에게 무엇이 필요한지 이해하면 고양이와 친밀하고도 즐거운 관계를 쉽게 형성할 수 있다. 처음 키우는 사람이 아니더라도 고양이와의 관계를 개선할 수 있는 방법을 많이 찾아내리라 확신한다. 오랫동안 행동 문제에 시달리다가 결국 포기해버린 사람들에게는 생각지도 못한 해결책을 제시해줄 것이다.

나는 보호자가 고양이를 바라보는 방식을 바꾸길, 또 고양이의 환경을 바라보는 방식도 바꾸길 바란다. 인간이라는 높고 우세한 시선으로 고양이를 바라보는 것이 아니라 고양이의 입장에서 고양이를 봐야 한다는 의미다. 우리의 키가 30센티미터 남짓하다면 세상이 어떻게 보일까?

또 이 책은 우리가 원치 않는 고양이의 나쁜 행동이 아니라 우리가 원하는 좋은 행동에 초점을 맞춤으로써 문제를 해결하는 방식을 제안하는데, 부정적인 접근 방식에서 긍정적인 접근 방식으로 바꾸면 좌절감에 찌든 보호자가 아니라 성공적인 문제 해결사가 될 수 있다. 고양이가 하길 바라는 행동에 대해서, 그리고 고양이를 그 행동으로 이끄는 데 필요한 경로에 대해 생각하는 과정은 쉽고 논리적이다. 지난 10년간 수의학, 행동수정, 고양이 관련 제품, 영양학은 많은 부분 발전을 거듭했다. 이를 모두 반영해 개정판을 냈고, 무엇보다 고양이를 행복하고 건강하게 키우는 데 필요한 최신 정보를 빠르게 접할 수 있도록 구성했다.

오랫동안 고양이를 키운 독자라면 이 책에 나오는 기초적인 정보들이 이미 아는 케케묵은 내용으로 느껴질 수 있겠지만 휙 덮어버리지 않길 바란다. 제아무리 경험 많은 보호자라도 나무만 보고 숲은 보지 못할 수 있는 법이다. 어떤 수의사를 선택할 것인지, 또는 고양이 화장실을 어떻게 만드는지 같은 기초적인 내용은 필요 없을지 몰라도, 이 책에서 이야기하는 고양이의 눈으로 고양이의 삶을 바라보고 '고양이처럼 생각하기' 방식을 실천한다면 고양이의 행동 문제를 해결하고, 앞으로 생길지 모르는 문제를 예방하고, 보호자들이 빠지기 쉬운 함정을 피할 수 있을 것이다. 한편, 처음으로 고양이를 키우려는 초보 보호자에게는 축하 인사를 건넨다. 즐거운 일과 조건 없는 사랑이 가득한 관계를 맺게 되었으니 말이다. 무릎 위로 올라와 몸을 말고 자는 모습만 봐도 스트레스가 훌쩍 날아가고, 턱 아래만 살짝 긁어줘도 깊고 풍성한 그르렁 소리로 세레나데를 부르며 감사를 표하는 고양이의 모습에 마음이 따뜻해질 것이다. 우리가 똑같은 신세한탄을 세 번째 늘어놓더라도 참을성 있게 귀를 기울여줄 것이며, 그 어떤 시계보다도 믿음직한 자명종이 되어줄 것이다. 인생을 즐기는 법을 보여주면서 말이다.

그러니 준비하자. 이제 '고양이처럼 생각하는 법'을 배울 시간이다.

공인 동물 행동 컨설턴트

팸 존슨 베넷

Pam Johnson Bennett

CONTENTS.

입문편

01 내가 꿈꾸는 고양이 : 나에게 딱 맞는 고양이 만나는 법

02 고양이의 언어 : 고양이의 신체, 감각, 의사소통법 이해하기

03 안전제일 : 고양이에게 안전한 환경 만들어주기

04 건강 돌보기 : 고양이가 아플 때 알아야 할 것들

05 기본 예절 교육 : 집에서 지켜야 할 규칙 가르치기

06 건강한 식사 : 사료 선택부터 다이어트까지

심화편

09 놀이의 모든 것 : 행동 수정에 유용한 놀이 기법

10 모래 화장실 : 선택부터 문제 해결까지

11 스크래칭 : 가구를 지키는 간단한 방법

12 행동 문제 수정하는 법 : 세상에 나쁜 고양이는 없다

13 공격성 : 공격성의 종류와 행동 수정

14 행복한 관계 맺기 : 새 가족원(배우자, 아기, 동물)과 친해지는 법

15 임신과 출산 : 그리고 새끼고양이 돌보기와 발달 과정

16 나이 든 고양이 : 나이 든 고양이와 살아가려면 알아야 할 것들

17 이별에 대처하는 자세 : 사랑이 남긴 것들

18 응급상황과 응급조치 : 침착하고 또 침착하라

부록 의료 정보 : 내부 질환 및 외부 질환

THINK LIKE A CAT

입문편

01

내가 꿈꾸는 고양이

나에게 딱 맞는 고양이 만나는 법

고양이는 마음에 안 든다고 반품할 수 있는 물건이 아니다. 하지만 생각보다 훨씬 많은 사람이 자기 고양이를 물건 취급하고 기대와 다르다며 동물 보호소나 길거리에 버린다.

'나는 왜 고양이를 원할까?' 고양이를 원하는 자기 마음속을 솔직하게 들여다보고 평가하면 평생 해로할 '사랑'을 만나는 데 도움이 된다. 물론 고양이 보호자가 되기로 마음먹는 일은 감정과 관련된 결정이다. 또 고양이의 건강과 안녕 모두가 우리 손에 달려 있기 때문에 막중한 책임을 짊어지는 결정이기도 하다. 고양이를 키운다는 것이 여전히 밥그릇을 채우고 화장실 구석에 모래 상자를 놓아두기만 하면 되는 거라고 생각한다면 우리도 고양이도 곧 불행해질 것이다.

고양이를 키우려면 감정, 의료, 물리적인 면에서 고양이에게 필요한 것을 채워줄 준비를 해야 한다. 공짜로 데려온 고양이라도 비싼 돈을 주고 데려온 품종 고양이와 마찬가지로 사료값이 들고, 병원에 데려가 백신을 접종하고 어느 정도 크면 중성화나 스프레이(수고양이가 꼬리를 들고 벽이나 가구에 오줌을 뿌려 영역 표시를 하는 행동) 방지 수술을 해야 하며, 이후에도 평생에 거쳐 해마다 백신을 접종해야 한다. 또 뜻밖의 병이나 부상은 없는지 주기적으로 병원에 데려가 검사를 해야 하는데 동물병원 치료비는 결코 만만치 않다.

오랫동안 나는 놀랍도록 친밀한 관계를 유지하는 고양이와 보호자들을 숱하게 목격했다. 반면 아무런 정서적 유대감 없이 그저 한 집에 같이 있을 뿐인 것이나 다름없는 관계의 고양이와 보호자도 많이 보았다. 이는 십중팔구 애초부터 보호자가 고양이에게 잘못된 기대감을 가졌기 때문에 생긴 결과다.

고양이의 언어를 이해하고 소통하려 노력한다면 고양이와 애정으로 맺어진 튼튼한 유대감을 기를 수 있다. 자신은 아무런 노력도 하지 않으면서 오로지 고양이에게만 다정하고 사회성 좋은 개체가 되길 바란다면, 백발백중 '붙임성 없고' 우리를 따르지 않으며 사람을 믿지 않는 고양이와 살게 될 것이다. 이제부터 고양이와의 관계를 회복하고 더 친밀한 유대감을 맺을 수 있는 방법에 대해 이야기하려 한다. 그렇다. 핵심은 '관계'다.

오해와 진실

붙임성이 없다, 훈련이 안된다, 임산부가 키우면 안 된다, 갓난아기의 숨을 뺏는다, 가구를 다 망쳐놓는다 등 고양이와 관련된 잘못된 이야기들이 너무 만연해 있다. 이게 다 사실이라면 누가 고양이를 키울까? 하지만 이런 말 때문에 사람들은 지레 겁을 먹고 고양이 키우기를 포기하고, 고양이는 짓지도 않은 죄로 비난받는다. 고양이에 대한 몇 가지 오해들을 좀 더 자세히 들여다보자.

고양이는 사회적 동물이 아니다?

고양이를 한 마디로 표현해보라 하면 흔히 '고양이는 붙임성이 없다'면서 '독립적인 동물'이란 말을 덧붙이곤 하는데 이는 고양이를 개와 비교하려는 부적절한 시도에서 비롯된 것 같다. 흔히 사람들은 개는 사회성이 뛰어나지만, 고양이는 혼자 있길 좋아하는 고상한 척하는 존재라고 생각한다. 하지만 사실 고양이는 사회성이 뛰어난 동물로, 고양이의 사회 구조는 영역 감각과 먹잇감을 얻을 수 있는 가능성을 기반으로 형성된다. 고양이도 다른 고양이들과 행복하게 어울려 살아갈 수 있고 또 실제 그렇게 산다. 암고양이들은 자유로이 돌아다닐 수 있는 영역 내에서 서로의 새끼를 함께 돌보고 양육한다.

고양이가 독립적인 동물이라는 오해를 받는 이유 중 하나는 혼자 사냥에 나서는 모습 때문일 것이다. 고양이는 주로 혼자 먹기 딱 알맞은 작은 동물을 사냥하긴 하지만 여러 마리가 협동해서 사냥하기도 한다. 또 다른 이유는 사냥꾼으로서 주변 환경을 받아들이는 모습 때문이다. 보호자의 무릎 위에 앉아 만져주는 손길을 하염없이 즐길 때도 있지만 늘 사냥감이 나타나길 기다리는 듯 아주 작은 움직임에도 기민하게 반응하는 모습 말이다.

하지만 개와 마찬가지로 고양이 역시 새끼 때 어떻게 사회화되었는지, 그리고 사람에게 부드럽게 만져졌는지 여부에 따라서 훗날 필요로 하는 개인적 공간의 크기가 달라진다. 즉, 우리가 키우는 고양이가 자기만의 개성을 얼마나 잘 발전시킬 것인지 그리고 다정하고 사회화가 잘된 개체가 될 것인지 아니면 겁 많고 쌀쌀맞은 고양이가 될 것인지는 우리 손에 달려 있다. 요점은, 더 이상 고양이를 개와 비교해선 안 된다는 것이다. 고양이는 분명 개와 다른 동물인데도 사람들은 이 당연한 사실을 받아들이기 어려워한다. 고양이가 '개처럼' 행동해야 사회성도 뛰어나고 반려동물로도 적합하다고 생각하는 것은 잘못이다.

고양이는 훈련이 안 된다?

'고양이는 훈련이 안 된다'는 말은 어떨까? 이 역시 틀렸다! 얼마든지 좋은 행동은 강화하고 나쁜 행동은 없앨 수 있다. 내가 늘 강조하는 훈련▼ 방식은 정적 '강화▼ 사용하기', '고양이가 필요로 하는 것 이해하기', '고양이의 행동이 말하는 것 이해하기'에 토대를 둔다. 고양이가 어떤 행동을 그만두기를 바란다면 고양이에게 다른 더 좋은 행동을 지시하고 고양이가 그 행동을 해내면 보상을 준다. 다시 말해, 이 '고양이처럼 생각하기' 방식은 왜 고양이가 그런 행동을 하는지를 이해한 다음, 고양이와 나, 모두가 받아들일 수 있는 방식으로 고양이의 필요를 충족시켜 주는 과정이다. 고양이가 본능에 따라 행동하는 것, 가령 발톱을 간다고 계속 혼내기보다는 고양이처럼 생각하기 교육법을 쓰는 것이 더 쉽고, 인도적이며, 훨씬 더 효과적이다. 그러니 고양이는 훈련, 즉 교

▼ 저자도 훈련(training)이라는 용어의 애매함에 대해 5장에서 언급하고 있듯, 많은 사람이 훈련 하면 강압적인 장면이 떠올라 부정적으로 인식하는 경우가 많다. 하지만 이 책에서 등장하는 훈련은 교육의 의미로 받아들이면 이해가 쉽다. - 편집자주

▼ positive reinforcement, 그 행동을 증가 혹은 유지시키기 위해서 무언가를 '제공, 제시(positive)'해서 강화시켜주는 것을 정적 강화라고 한다. 긍정 강화, 양성 강화라고도 한다. – 편집자주

육이 안 된다는 케케묵은 이야기들은 모두 잊자. 고양이 훈련은 생각보다 더 쉽다.

임산부에게 고양이는 위험하다? 아기의 숨을 빼앗는다?

'임산부에게 고양이는 위험하며 갓난아기의 숨을 빼앗는다.' 내가 정말 싫어하는 말이다. 임신을 하면 고양이 모래 화장실을 치울 때 지켜야 할 예방책이 몇 가지 있다. 태아의 건강에 해로울 수도 있기 때문이다(정확한 정보는 이 책의 뒤편에 있는 〈의료 정보 부록〉에서 '톡소플라스마증'을 참조하자). 그렇다고 고양이를 버려야 하는 것은 아니다. 그리고 고양이가 아기의 숨결을 빨아들여 훔친다는 말도 안 되는 미신이 줄기차게 사람들 입에 오르내리는데, 이는 다른 고양이 전문가들의 말에 따르면, 아직 유아 돌연사 증후군sudden infant death syndrome이란 병명이 알려지지 않았던 시절, 잠자던 아기의 갑작스런 죽음을 고양이 탓으로 돌리면서 생겨난 말이라고 한다.

또 다른 말들은 어떨까? '고양이 화장실은 항상 악취가 난다'는 건 제때 청소를 해주지 않는 게으른 보호자들의 변명이다. 청소 일정만 잘 지키면 집 안에 악취가 풍길 일은 없다. '고양이는 가구를 다 망쳐놓는다'는 말 역시 고양이에게 발톱을 갈 수 있는 적절한 스크래처를 적재적소에 마련해주지 않은 무심한 보호자의 입에서 나온 이야기다. 스크래처를 사줬는데도 소용없다고 하는 보호자가 있다면 그 스크래처가 적절치 않았기 때문이다(이 책의 11장에서 스크래처에 대해 상세히 소개된다). 제때 청소하고, 적절한 스크래처를 제공한다면 생기지 않을 일들이다.

내가 꿈꾸는 고양이는?

고양이 보호자가 되기 전 결정해야 할 사항들은 더 많다. 새끼고양이를 키울지 성묘를 키울지, 암고양이를 키울지 수고양이를 키울지, 실내에서만 키울지 바깥에도 내보낼 것인지, 동물 보호소나 전문 브리더 또는 동네 아는 집 중 어디에서 고양이를 데려올지 등등 말이다. 나에게 어울리는 고양이를 맞이하기 위해 결정해야 할 사항들을 알아보자.

새끼고양이 아니면 성묘?

새끼고양이는 그야말로 깍 소리 나게 귀엽다. 절로 엄마 미소를 짓게 되는 마법 같은 존재지만 이 사랑스러운 털뭉치에게 흠뻑 빠져버리기 전에 마음을 가라앉히고 새끼고양이의 보호자로서 갖춰야 할 조건부터 신중히 생각해야 한다.

새끼고양이를 입양하기로 결심했다면 먼저 집 전체를 고양이에게 안전한 환경으로 바꿔야 한다. 늘어진 전기 코드, 위험한 세제나 독성 물질은 닿지 않는 곳으로 치우고(이는 성묘의 경우도 마찬가지다), 새끼고양이가 위험한 상황에 처하지 않도록 항상 지켜봐야 한다. 고양이에게 안전한 환경을 만드는 것은 어렵지 않지만, 어떤 경우에는 불가능한 일이기도 하다. 한 예로, 화가인 내 친구는 원룸아파트에 사는데, 새끼고양이를 입양했다가는 여기저기 물감통이 엎어지는 사태가 발생할 것이 뻔했다. 뒷정리도 골치 아프지만 호기심 가득한 새끼고양이의 건강에 해로울 수밖에 없다. 결국 친구는 조용한 성격의 성묘를 입양했다. 고양이가 팔레트를 밟은 다음 카펫 위를 지나가는 바람에 지워지지 않는 발자국이 남은 것만 빼고는 둘은 지금껏 사이좋게 잘 살고 있다. 어린아이가 있는 가정이라면 너무 어린 새끼고양이보다는 최소 생후 6개월 이상 된 고양이를 입양하는 편이 좋다. 새끼고양이는 아주 연약한 존재여서 조심성 없는 아이의 손길에 부상을 입기 쉽다(그보다 나이 든 고양이도 부상을 입을 수 있긴 마찬가지지만 아이의 손을 능숙하게 피할 수 있다). 또 온 가족이 발밑을 살피며 걸어야 이리저리 돌아다니는 새끼고양이를 밟는 실수가 일어나지 않는다는 점도 기억하자.

새끼고양이에게 쏟을 수 있는 시간적 여유도 고려해야 한다. 새끼고양이는 성묘보다 더 많은 보살핌이 필요하고 성묘처럼 혼자 두면 안 된다.

새끼고양이를 입양한다면 고양이의 성격 형성에 많은 영향을 줄 기회를 갖는 셈이다. 새롭고 다양한 환경과 자극을 제공해 준다면 낯선 손님 주변에서도 편안해하고, 낯선 환경에도 두려워하지 않으며, 여행에 데려가도 금방 적응하는 고양이로 키울 수 있다.

그렇다면 성묘를 선택할 때의 좋은 점은 무엇일까? 가장 큰 장점은 어떤 고양이를 맞이하게 될지 예측 가능하다는 점이다. 고양이의 기질, 즉 활발한지, 겁을 잘 먹는지, 유순한지, 사교성이 좋은지, 수다스러운지, 조용한지 등에 대한 정보도 확실하다. 새끼고양이들은 하나같이 경주용 자동차 엔진이 달린 털뭉치 같기 때문에 성묘가 되어도 그런 기질이 여전할지 아니면 차분한 성격으로 바뀔지 예측하기 힘들다. 특정한 성격이나 기질을 가진 고양이를 원하는 경우라면 성묘를 입양하는 것이 좋다.

한편 그렇긴 하지만 겁이 많거나 예민한 성묘도 얼마든지 성격을 바꿔줄 수 있다는 것도 명심하자. 다 큰 성묘도 활짝 꽃피어나게 할 방법은 많다. 고양이의 현재 상황과 지금까지의 이력을 함께 감안하면서, 새로 바뀐 환경에서 '고양이처럼 생각하기' 훈련 방식을 결합하면 어떻게 바뀔지 생각하면 된다. 예를 들어, 보호소의 고양이는 스트레스 가득한 환경에 있기 때문에 첫 만남 때는 잔뜩 겁을 먹고 소극적이거나 경계심이 많은 태도를 보이지만, 입양 후 가족들에게 익숙해지고 나면 원래의 활발한 성격을 드러내고 사람을 편안하게 대하게 된다. 물론 보호소에 들어온 고양이 중에는 행동 문제 때문에 버려진 경우도 있다. 이런 고양이를 입양할 경우엔 어떤 상황이 닥치더라도 잘 대응할 각오가 필요하다. 하지만 고양이의 행동 문제는 대개 이전 환경에서의 상황과 관련 있으므로 새로운 환경에서는 사라지는 경우가 많다. 또 행동 문제는 얼마든지 수정할 수 있다(보호소에서 고양이를 입양하는 일에 대해서는 이 장의 뒷부분에서 다시 이야기한다).

성묘를 입양한다는 것은 말 그대로 한 고양이의 생명을 구하는 일이 될 수 있다. 새끼고양이는 보호소로 들어오든, 뒷골목에서 발견되든, 상자에 넣어 버려지든 누군가에게 입양될 가능성이 성묘보다 높다. 새끼고양이가 아닌 네 살짜리 얼룩무늬 고양이를 입양한다면 보호소에서 남은 평생을 보내야 하는 삶, 더 나쁘게는 안락사로부터 녀석을 구해주는 셈이다.

또 성묘는 새끼고양이처럼 계속 지켜봐야 할 필요도 없는 데다 새끼고양이에 비해 비용도 덜 든다. 새끼고양이는 백신도 여러 번 접종시켜야 하며 중성화나 스프레이 방지 수술도 해줘야 하지만 성묘는 대개 그 나이에 맞혀야 할 백신 접종이 끝났거나 적어도 새끼 때 필수 백신을 접종받은 상태이고 어쩌면 중성화 및 스프레이 방지 수술도 받았을 수 있다.

암컷 아니면 수컷?

수고양이는 영역 의식이 강해 골치가 아프다거나 암고양이는 너무 울어대서 시끄럽다는 등 성별을 놓고도 수많은 오해와 소문이 판을 친다. 진실은 이렇다. 일단 중성화나 스프레이 방지 수술을 받았다면 암컷이든 수컷이든 차이가 없다. 여기저기 영역 표시를 해대는 수고양이나 발정기에 울부짖는 암고양이의 달갑지 않은 행동은 대개 호르몬 영향이기 때문에 중성화나 스프레이 방지 수술만으로도 해결될 수 있다. 반면 수술 받지 않은 수고양이는 영역 표시를 하느라 집 안 여기저기에 오줌을 뿌려댈 것이며 더군다나 외출고양이▼라면 밤거리를 돌아다니다 숱한 싸움에 휘말려 상처를 입거나 심지어 죽을 수도 있다. 또

▼ 외출이 허락된 고양이를 이렇게 부른다. - 편집자주

수술을 받지 않은 암고양이는 발정기가 되면 수고양이를 찾아 끝도 없이 울어댈 것이며 틈만 나면 바깥으로 나가려고 호시탐탐 기회를 노릴 것이다. 중성화 및 스프레이 방지 수술을 받으면 이런 문제가 없어진다. 더 이상 호르몬 때문에 안절부절못하며 불만스러운 시간을 보내는 일도 없고, 특정 유형의 암에 걸릴 위험도 줄어들며, 보호자들이 머리털을 쥐어뜯으며 고민할 필요도 없어진다.

순종 아니면 하이브리드 아니면 믹스묘?

대부분의 보호자들이 순종purebreed이 아닌 일반 고양이와 살고 있지만, 순종만 원하는 사람도 있다. 고양이에게 바라는 체형 및 성격 특성이 분명하다면 순종이 그런 조건을 채워줄 가능성이 더 높다. 예를 들어 아주 큰 고양이를 원한다면 메인쿤Maine Coon이 좋아 보일 것이고, 늘씬하고 탄탄한 체형의 고양이가 좋다면 아비시니안Abyssinian을 원할 것이다. 이 외에도 귀가 접힌 고양이, 꼬리가 짤막한 고양이, 꼬리가 없는 고양이, 털이 곱슬곱슬한 고양이, 털이 없는 고양이, 자연 상태에서는 찾아볼 수 없는 털빛을 가진 고양이, 유난히 수다스러운 고양이, 하루 종일 소파에 앉아만 있길 좋아하는 고양이 등을 순종 세계에서 찾을 수 있다.

하지만 순종 고양이를 염두에 두고 있다면 그 종에서 발생하기 쉬운 유전적 문제에 대해 미리 알고 있어야 한다. 입양 전 반드시 해야 할 숙제다. 해당 종에 대한 정보를 찾아 읽고 혈통 등록 웹사이트도 찾아서 읽어본다. 수의사, 브리더breeder▼ 등과도 상의해 본다. 그 외 그 종 고유의 관리법에 대해서도 숙지해야 하는데, 예를 들어 몸에 털이 한 가닥도 없는 스핑크스Sphynx는 다른 고양이보다 따뜻한 환경에서 살아야 하므로 더위

▼ 특정 품종에게 애정 및 전문적인 지식을 가지고 인도적이고 양심적인 방법으로 고양이를 번식시키는 전문가 -옮긴이주

를 못 참는 사람에게는 어울리지 않는다. 또 돈 문제도 빼놓을 수 없다. 순종 고양이는 분양비가 많이 들고, 어떤 종은 유난히 더 분양비가 높기 때문에 그 정도 액수를 지불할 준비가 되어 있어야 한다.

하이브리드hybrids도 순종만큼이나 인기가 많다. 하지만 외모가 이국적이거나 특이하다는 이유만으로 이런 고양이를 선택하는 우를 범해선 안 된다. 어떤 사람들은 고양이의 기질, 성격, 훈련의 필요성은 고려하지 않고 오직 외모가 매력적이라는 이유만으로 엄청난 분양비를 지불한다. 벵갈Bengal▼이 그 좋은 예다. 나는 야생미 넘치는 외모에 반해 벵갈을 덥석 입양했다가 행동 문제로 충격받은 사람들을 수없이 봐왔다. 보호자가 전혀 교육을 시키지 않았거나 벵갈이라는 종의 행동 특성 및 지능 수준에 대해 전혀 몰랐기 때문에 생긴 결과였다. 하이브리드를 원한다면 해당 종의 성격, 필요한 보살핌의 종류, 유전상의 문제 같은 정보를 신중히 살펴야 한다. 그 종의 고양이가 우리 가족에게 적합할지, 그 종의 고양이에게 필요한 환경을 마련해줄 수 있을지 여부도 판단해본다.

그렇다면 믹스묘mixed breed▼는 어떨까? 가장 많이 사랑 받고, 응석받이로 자라고, 정성 어린 보살핌을 누리고, 애지중지 키워지고, 소중한 존재로 대접받는 고양이의 상당수는 혈통서가 없는 일반 고양이들이다. 도로변에서, 마당으로 나가는 뒷문 근방에서, 이웃집 차고에서, 헛간에서, 지역 동물 보호소에서 쉽게 만나고, 아이들이 집에 데려오거나, 주차장 구석에서 덜덜 떨고 있는 고양이도 모두 이 믹스묘들이다. 수많은 믹스묘가 구조의 손길을 기다리고 있다. 하지만 단언컨대, 이들이 우리를 구원해 주는 경우가 훨씬 많을 것이다. 믹스묘를 정리하자면 서로 다른 종이나 믹스묘들 간의 무작위적인 짝짓기를 통해 태어난 고양이를 말한다. 특정 종의 흔적이 남아 있는 경우도 있지만, 오랫동안 자유로운 교배 과정

▼ 야생 살쾡이와 일반 고양이 간의 혼혈종 - 편집자주

▼ 잡종이 정확한 번역이겠으나 사회통념상 부정적인 의미가 강한 탓에 믹스묘로 옮긴다. - 편집자주

을 거쳤기에 어떤 종이 섞여 있는지 도통 알 수 없다. 따라서 믹스묘는 몸 크기, 형태, 털빛이 제각각이다. 성격도 어느 정도 결정되어 있는 순종에 비해 어떤 성격의 성묘가 될지 짐작하기 어렵지만, 대개는 쾌활하고 적응력이 강하며 교육도 가능하다.

장모종 아니면 단모종?

잘 손질된 길고 풍성한 털을 자랑하는 고양이는 시선을 사로잡기 마련이다. 고양이 세계에서 할리우드 여배우 격인 페르시안Persian은 가장 인기 있는 품종이기도 하다. 하지만 그 화려함 뒤에는 아름다운 털을 유지하기 위한 시간과 정성이 숨어 있다. 페르시안이나 히말라얀Himalayan 같은 장모종 고양이의 털은 매일 빗겨줘야 엉키지 않는다. 털 엉킴 방지 스프레이 같은 약품도 무용지물이다. 비단처럼 매끄러운 털이 엉켜서 매듭처럼 굳어버리면 보기 흉한 것은 둘째 치고 건강에도 해롭다. 털이 엉키면 피부가 공기와 접촉할 수 없고, 엉킨 털 속에 이가 번식할 수도 있으며, 털이 뭉쳐서 피부를 잡아당기면 걸을 때 통증을 느낀다. 가려운 곳을 긁다가 엉킨 털에 발톱이 걸릴 수도 있다. 털 손질을 받지 못한 페르시안이 엉킨 털 아래를 긁다가 피부가 찢어지고 살점이 떨어져나가 구멍이 숭숭 생긴 경우도 숱하게 봤다. 비단처럼 곱고 부드러운 털을 가진 고양이를 원한다면 그 털을 비단처럼 유지하는 방법과 그에 쏟아야 하는 시간 및 정성에 대해서도 진지하게 생각해야 한다.

물론 모든 장모종 고양이가 털이 잘 엉키는 것은 아니지만 털이 엉키지 않는 장모종 고양이를 선택하더라도 빗질을 자주 해야 하기는 마찬가지다. 예를 들어 메인쿤과 노르웨이숲 고양이Norwegian Forest Cat는 털이 굵고 길며 잘 엉키지 않지만 그 윤기를 유지하려면 꾸준한 빗질이 필수다.

털이 엉키든 엉키지 않든, 장모종 고양이는 위생 문제와 관련해서도 특별 관리가 필요하다. 털이 길어 평소 대변이 묻기 쉽고, 설사를 하게 되면 단모종보다 더 신경 써서 털 관리를 해줘야 한다. 또 '헤어볼▼'도 장모종이 훨씬 더 많다(헤어볼 문제에 대해서는 7장에서 자세히 언급할 것이다).

어디서 찾을 것인가?

그렇다면 이 고양이들을 어디서 찾아야 할까?

사실 고양이는 공급 부족과는 거리가 멀다. 당장 뒷마당이나 골목에 나가봐도 한 마리쯤은 찾을 수 있을 정도다. 실제 많은 보호자가 길고양이를 구조하다가 평생 로망이었던 고양이를 만나기도 하지만 이 방법이 모두에게 다 맞는 것은 아니다. 도로변에서 주워왔거나 동물 보호소에서 안락사 차례를 기다리던 고양이가 우리가 꿈꾸던 친근하고 붙임성 좋고 잘 사회화된 고양이가 될 수도 있지만 그렇지 않을 수도 있다. 고양이에게 새 삶의 기회를 준다는 면에서 이 방법에 대찬성하는 쪽이지만, 그 뒤로 어떤 상황을 맞게 될지 미리 확실히 알아둬야 한다. 나는 모두가 고양이와 함께 오래도록 행복하게 살기를 바란다. 그러니 가족 모두가 같은 고양이를 원하는지, 구조한 고양이가 지금까지의 불우한 환경을 잊을 수 있도록 시간과 인내를 쏟는 데 동의하는지부터 확인하길 부탁한다. 노파심에서 한 마디 더 하자면, 고양이를 만나러 갈 때 자녀를 데려가는 것은 권하지 않는다. 보호소에 가거나 브리더를 만나는 시간은 온전히 시설이나 환경을 평가하는 데 써야 한다. 처음부터 자녀를 데리고 갔다가 아이가 홀딱 반하는 바람에 미처 준비도 안 된 상태에서 무작정 새끼고양이를 집에 들이는 경우를 너무 많이 보았다. 물론 보호소를 빈손으로 나서지 못하는 건 아이만의 문제는 아니지만 말이다(충동적으로 일을 저지르는 걸로 따지면 성인 역시 책 한 권을 써도 모자랄 지경이다).

▼ 고양이가 삼킨 털이 소화기관 내에서 뭉치는 증세. - 옮긴이주

동물 보호소

동물을 사랑하는 사람들로서는 동물 보호소에 가는 것이 참 가슴 아픈 일이고, 이런 사람이 보호소를 빈손으로 나오기란 참 어려운 일이다. 그러니 각오를 단단히 하자. 이 세상 모든 동물을 다 구조할 수는 없다. 따뜻한 가정을 원하는 고양이들의 눈을 바라보고 있자면 다음 케이지로 넘어가는 발길이 차마 떨어지지 않는다. 그러다 보면 그중에서 제일 사람 손길을 필요로 하는 고양이를 택하기 쉽다. 하지만 그런 결정에 어떤 결과가 뒤따를지 확실히 알아야 한다. 충동적으로 선택했다가는 우리도 고양이도 모두 불행해질 수 있다.

제대로 관리되고 있는 좋은 보호소의 경우, 직원들은 보호소에 들어온 고양이가 좋은 곳에 입양될 수 있도록 최선을 다한다. 자원봉사자들이 매일 찾아와 동물들과 교감하고, 편안하게 만들어주고, 애정을 보내고, 같이 놀아주며 관심을 듬뿍 쏟는다. 자원봉사자들에게 그 고양이가 가진 행동 문제에 관한 정보를 알려줘서 가장 효율적인 방식으로 고양이와 교감할 수 있도록 돕는 보호소도 많다. 또 고양이를 입양한 사람들에게 행동 문제를 해결할 수 있는 자료를 제공해서, 입양 후 콩깍지가 떨어져 나간 다음의 적응기를 무사히 통과할 수 있도록 돕는 보호소도 늘어나고 있다. 어떤 보호소는 입양 갈 동물이 적절한 환경에서 살게 될지 평가하기 위해 입양자의 집을 직접 방문하기도 한다. 보호소에서 입양자에 대해 이것저것 질문하는 것에 불편해하지 말자. 직원은 우리에게 최적의 고양이를 찾아주기 위한 정보를 모으는 중이니까 말이다.

보호소에서 원하는 고양이를 집으로 데려왔다면 마음을 느긋하게 먹고 고양이에게 새로운 환경에 적응할 시간을 줘야 한다. 보호소의 고양이들은 대개 정신적 충격을 받은 상태임을 잊지 말자. 이들은 보호자에게 버려졌거나, 길을 잃었거나, 처음부터 집이 없었거나, 부상을 당했거나, 심지어 학대받은 고양이들이다. 어느 날 갑자기 살고 있던 곳과 완전히 다른 장소로 끌려와 케이지 안에 갇혔으니 겁에 질려 있는 것이 당연하다. 녀석을 집으로 데려와 아무리 세상에서 제일 좋은 환경을 마련해주고 사랑하는 마음을 갖는다 해도 고양이가 처음부터 우리에게 고마워하거나 마음을 열지는 않을 것이다. 특히 행동 문제 때문에 보호소에 버려지다시피 한 고양이라면 좀 더 골치 아플 수도 있다. 하지만 보호소 출신 고양이도 서서히 지난날을 잊고 우리에게 살아가는 보람이 되어줄 것이다. 내가 지금껏 만나왔던 가장 똑똑하고, 사랑스럽고, 잘 사회화되고, 대범한 고양이들도 보호소 출신인 경우가 많았다.

고양이 구조 단체

지역 구조 단체를 통해 구조된 새끼고양이를 집으로 들이고 싶다면 보호소에서 고양이를 입양할 때와 같은 마음가짐과 태도가 필요하다. 마음의 상처를 입은 고양이를 만나게 될 수도 있기 때문이다. 구조된 고양이에게는 평생 아낌없는 보살핌을 줄 보호자는 물론 안정적인 사랑을 듬뿍 받을 수 있는 가정이 필요하다.

구조된 고양이 중에는 사람과 지낸 적이 없어 사람에 대한 붙임성이 부족한 경우도 있기 때문에, 무릎 위에 앉아 느긋하게 시간을 보낼 고양이를 원한다면 이 점을 염두에 둬야 한다. 또 구조된 고양이는 사람에게 믿음을 갖게 되기까지 시간이 더 오래 걸릴 수 있다. 하지만 이런 고양이가 차츰 경계심을 늦추고 마음을 열기 시작하면 더 큰 기쁨이 될 수 있다. 나도 그런 기쁨을 몇 번이나 경험했고 그 뭉클한 감동은 마음속 깊이 남아 있다.

브리더

순종 고양이를 선택하기로 마음먹었다면 가장 좋은 방법은 브리더를 찾아가는 것이다. 하지만 좋은 브리더는 찾기 힘들다. 다른 비즈니스 분야도 마찬가지지만 돈 문제가 걸린 일이라면 도덕이나 윤리 같은 것은 은행으로 가는 도중 사라져 버리기 십상이다.

좋은 브리더는 자기가 키우는 품종을 온전하게 보전하기 위해 노력한다. 아주 깨끗하고 위생적인 환경을 유지하고, 고양이의 건강·영양·행동에 대해 해박한 지식을 갖고 있다. 좋은 브리더는 예비 입양자의 수많은 질문을 환영하고 이들이 자신의 브리딩 환경을 살펴보는 것을 기꺼이 허락한다. 또 각종 증빙 서류도 언제든지 보여준다. 브리더와 얘기하다 보면 '손을 탔다'는 표현을 자주 들을 수 있다. 이는 새끼고양이가 케이지에 갇혀서 자란 게 아니라 사람의 손길을 받아 사회화가 잘됐다는 의미이다. 그 말이 사실인지는 우리가 판단해야 한다. 새끼고양이는 신중하게 관찰하고 손으로 만져도 본다. 고양이 협회에 정식으로 등록된 새끼고양이라면 그럴듯해 보이는 증명서가 따르기 마련이지만 그렇다고 그 고양이가 정서적으로도 안정되었다는 의미는 아니다. 선천적인 결함이 있는 품종인 경우, 평판 좋은 브리더라면 그 결함에 대해 솔직히 이야기하고 위험을 줄이기 위해 어떤 조치를 취하고 있는지 말할 것이다. 우리한테 질문을 많이 하는 브리더도 좋은 브리더다. 우리 집 안 환경과 라이프스타일에 대해 별다른 질문 하나 없이 다짜고짜 고양이를 입양 보내려 드는 브리더는 기피해야 한다. 또 좋은 브리더는 생후 10주에서 12주가 지나지 않은 새끼고양이는 절대 입양 보내지 않는다(이보다 어린 새끼고양이를 입양시키려는 브리더는 명단에서 지우자).

브리더에게서 고양이를 입양할 경우 계약서와 보증서를 꼼꼼히 읽는다. 동물병원 검진 결과 건강에 문제가 있다는 진단이 내려지면 고양이를 돌려준다는 내용이 계약서에 적혀 있어야 한다. 만약 계약서에 고양이가 건강하지 않을 경우 환불은 불가하고 다른 고양이로 바꿔준다는 내용이 적혀 있다면 이 부분을 고쳐달라고 요구한다. 다른 고양이들도 건강하지 않을 확률이 높으니 말이다.

좋은 브리더의 조건

- 자신이 키우는 품종에 대해 많은 지식을 갖고 있다.
- 우리 질문을 환영하며 성심성의껏 대답한다.
- 증빙 서류들을 보여준다.
- 고양이를 키우는 장소를 살펴보는 것을 허락한다.
- 등록 서류를 모두 갖추고 있다.
- 입양 보내려는 고양이에게 스프레이 또는 중성화 수술을 해줄 것을 요청한다.
- 건강 검진 및 백신 관련 서류를 갖추고 있다.
- 생후 10~12주가 되지 않은 새끼고양이를 입양 보내지 않는다.
- 발톱 제거 수술을 시키지 않는다.
- 고양이를 실내에서만 키울 것을 계약서에 명시한다.
- 자신의 고양이를 입양하라고 강요하지 않는다.
- 자신이 키우는 품종을 진정으로 사랑하고 있음이 드러난다.
- 자신이 입양 보내는 새끼고양이가 좋은 가정으로 가는지를 확인한다.
- 만일의 경우 환불을 보장하며 다른 새끼고양이를 대신 주겠다는 말을 하지 않는다.
- 입양한 새끼고양이를 키울 수 없게 되면 다시 데려오라고 요청한다.

사진만 보고 입양하기

전문 브리더에게든 비전문 보호자에게든, 그 사람의 고양이를 실제로 보지도 않고 입양하는 일은 절대 금물이다. 멀리 떨어진 곳에 사는 브리더 중에는 장거리 입양을 하겠다면서 이메일로 고양이 사진이나 동영상을 보내주는 사람도 있다. 공항에 데리러 나가서야 직접 만날 수 있는 이런 방법은 금물이다.

우리가 원하는 품종의 브리더가 먼 곳에 살고, 정말로 그 브리더의 새끼고양이를 입양하고 싶다면 직접 비행기를 타고 가서 브리더를 만나고 브리딩 환경을 살펴봐야 한다. 그래서 모든 것이 괜찮다는 판단이 든 다음에 눈독 들였던 새끼고양이를 데려와야 한다. 직접 만나기 전에는 절대 입양 계약을 맺어선 안 된다.

온라인 및 신문 광고

조심해야 한다. 새끼고양이를 무료로 입양시킨다고 해서 그리고 광고 문구가 더없이 좋아 보인다고 해서 그게 사실이라는 보장은 없다. 브리더에게 그렇듯 광고를 낸 고양이 보호자에게도 많은 질문을 해야 한다. 광고 속 새끼고양이나 성묘가 어떤 환경에서 자랐는지, 나이 든 고양이라면 왜 다른 가정에 입양보내려 하는지 묻자. 광고에 이유가 나와 있어도 더 자세히 물어보자. 그 사람의 집 안 환경도 세심하게 살핀다. 집 대문 앞에서 새끼고양이를 들고 나온 사람과 이야기를 나누고 끝내서는 안 된다. 그 고양이가 어디에서 자라났는지, 그리고 가능하다면 어미고양이가 어떤 상태인지 확인하는 것이 좋다.

만약 그 사람이 입양 보내려는 고양이에게 행동 문제가 있다는 것을 알고도 그 고양이를 입양하려 결심했다면 관련된 모든 정보를 알아낸다. 어떤 행동 문제인지는 물론이고, 그 행동이 어디에서, 언제, 어떻게 나타났는지 알아본다. 원래 보호자가 그 문제를 고치기 위해 어떤 방법을 썼는지도 묻는다. 행동 문제가 그 집의 특정 환경 때문에 나타난 것일 경우 고양이를 새 집에 데려다놓는 것만으로 문제가 사라질 수도 있다.

광고 속 성묘는 가정의 변화 때문에 입양을 가야 하는 경우일 수도 있다. 원래 보호자가 사망하는 바람에 친척이 그 고양이를 입양보내려 하는 것이 그 한 예다. 고양이가 왜 새 보호자를 만나야 하는지 정확한 이유를 알게 되면 고양이가 환경 변화를 이겨내도록 적절한 도움을 줄 수 있다. 다른 가정에서 입양해 온 성묘는 시간과 인내심을 갖고 꾸준히 도움의 손길을 내밀면 근사한 고양이가 될 수 있다. 보호자가 세상을 떠났거나, 고양이가 학대당했거나, 보호자의 새 동거인이나 배우자가 싫어한다든가

하는 등의 이유로 하루아침에 천덕꾸러기가 된 고양이는 혼란스럽고 겁에 질려 있으며 일생일대의 고비에 놓였지만 우리의 사랑이 있으면 다시 즐거운 묘생을 누릴 수 있다.

또 백신 기록이나 동물병원 영수증 같은 서면 증거를 요청해야 한다. 위조 가능성도 있으니 작은 동물병원 수첩에 백신 이름과 접종 날짜가 적혀 있는 정도로 만족하지 말고 백신을 접종한 동물병원이 어디인지 묻고 서면 증거를 해당 동물병원에 요청해 본다.

새끼고양이의 보호자가 어미고양이를 키우고 있다면 어미고양이가 필요한 백신을 모두 접종받았는지, 그리고 고양이 백혈병 및 고양이 면역부전 바이러스에 음성 반응을 보였는지도 확인해야 한다.

또 하나 염두에 둬야 할 중요한 의문은, 왜 그 보호자가 자기 고양이에게 임신 및 출산을 시켜 새끼를 입양시키는지 알아보는 것이다. 돈 몇 푼 벌어보겠다는 마음으로 자신의 품종 고양이를 친구의 품종 수고양이와 교배시킨 것은 아닌지 확인할 필요가 있다. 이런 사람에게서 새끼고양이를 입양하면 그런 일을 계속하게 부추기는 셈인데, 어쩌면 유전적 결함이 있는 건강하지 못한 고양이들일 수도 있기 때문이다. 내 화를 돋우는 또 한 부류는 믹스묘를 기르면서 중성화 수술을 해주지 않는 사람들이다. 이들은 고양이가 새끼를 낳을 때마다 새끼고양이를 원하는 사람들이 자주 찾아보는 생활정보 사이트 같은 곳에 광고를 올려 팔아넘기는 식으로 '처분'해 버린다.

고양이 외에 사람도 확인한다

새끼고양이나 성묘를 분양하려는 사람이나 브리더에게 질문을 한 다음 직관과 통찰력을 총동원해 그 사람의 대답이 명쾌하게 느껴지는지 생각해본다. 내 경험상 이런 상황에서 사람들은 대개 진실보다는 내가 듣고 싶어 하는 대답을 하기 마련이다. 그러나 사실과 거짓을 잘 구분할 필요가 있다. 보호자나 브리더가 말한 내용 중에 우리가 관찰한 것과 다른 것이 있다면 촉각을 세운 채 계속 질문을 던져서 고양이가 지금까지 살아온 환경에 대해 최대한 정확한 정보를 얻어내야 한다.

친구나 이웃에게서 입양하기

앞의 '온라인 및 신문 광고' 항목에서 말한 해야 할 일과 하지 말아야 할 일과 동일하다. 제아무리 정원을 아름답게 가꾸고 공중도덕을 잘 지키고 예의 바른 사람이라도 그들의 고양이는 행동 문제가 있을 수 있다. 그러니 상세한 사항을 확인할 수 있는 여러 가지 질문도 필수다.

고양이에게 '간택' 당했다면

장담하건대, 고양이 보호자를 대상으로 설문조사를 해보면 상당수가 원래 고양이를 입양할 생각이 없었다고, 심지어 고양이에게 그다지 관심도 없었다고 답할 것이다. 어느 날 갑자기 고양이가 그들의 삶 속에 들어온 것이다. 즉 사람이 고양이를 선택한 게 아니라 고양이가 사람을 선택▼한 것이다. 집 뒷마당에 불쑥 나타나거나, 산책을 하러 나갔는데 도로변에서 울고 있거나, 추운 겨울밤 아직 식지 않은 자동차 후드 위에 웅크리고 있거나 하는 식으로 말이다. 사실 내 고양이들 대부분도 이런 식으로 불쑥 내 인생에 들어왔다.

이렇게 고양이를 만나게 되면 그 고양이를 집에 들이겠다는 결정을 내리기 전에 먼저 다른 사람의 고양이가 아닌지부터 확인해야 한다. 목줄이나 그 외 식별장치가 있는지 살펴보고, 고양이를 가까운 보호소나 동물병원으로 데려가 피부 안에 마이크로칩이 삽입되어 있는지 확인한다. 지역 신문이나 소식지에 원래 보호자를 찾는 광고를 내는 것도 좋은 생각인데

▼ 흔히 고양이 보호자들끼리는 "간택" 당했다고 표현한다. - 옮긴이주

이때 고양이에 대한 정보를 몽땅 실어서는 안 된다. 예를 들어 고양이의 오른쪽 뒷발에 하얀 점이 있거나 송곳니가 하나 빠져 있다면, 이런 사실은 진짜 보호자만 알고 있을 테니 광고를 보고 연락하는 사람이 진짜 보호자인지 확인할 때 쓸 수 있도록 광고에는 싣지 않는 게 좋다. 이 세상에는 고양이를 데려가 몹쓸 짓을 저지르려는 사람들이 생각보다 많다는 것을 염두에 두자.

정말 보호자가 없는 고양이가 우리를 새 보호자로 선택한 것이라면, 마지막으로 고양이 백혈병이나 고양이 면역부전 바이러스 같은 질병이 있는지 확인한다. 또 백신을 접종시키고 구충제도 먹일 필요가 있다.

한때 사람에게 키워져 제대로 사회화되었다가 어떤 슬픈 이유 때문에 길고양이가 된 것이 아니라, 야생에서 태어나고 자란 탓에 사람에게 사회화될 기회가 전혀 없었던 고양이라면 그 고양이의 보호자가 되는 과정은 좀 더 복잡하다. 이런 고양이는 사람에게 길들여지거나 제대로 사회화되지 않았기 때문에 사람을 잘 믿지 않고 거리를 둘 수 있다. 또 집에 첫째 고양이가 있을 경우 적절한 행동 수정 과정을 거치지 않는 한 가정 환경에 적응하기 힘들 수도 있다. 길고양이 태생을 집에 들이지 말라는 게 아니라 일반적인 기준에서 이상적인 상황은 아니기에 주의를 당부하는 것이다. 길고양이는 사람과 신뢰를 쌓는 데 시간이 오래 걸리고 행동 수정에도 확실하고 전문적인 계획이 필요하다. 고양이의 적응 속도에 맞추려면 전문 기술은 물론 인내심도 필요하다. 또 신뢰 관계를 쌓으려면 처음에는 커다란 케이지를 마련하여 그 안에 넣어두었다가 익숙해지면 여분의 방에 두고 집 안 환경에 적응하게 하는 등의 순차적 과정이 필요하기 때문에 이에 적합한 생활 환경도 갖추고 있어야 한다. 이런 조건을 충족시키지 못하면 겁에 질려 방어 태세를 취하는 고양이에게 할퀴거나 물려 상처를 입을 수도 있다. 집에 다른 반려동물이나 아이가 있다면(또는 둘 다 있다면) 이들의 안전도 생각해야 한다. 길고양이를 제대로 사회화시킬 여건이 안 된다면 가까운 길고양이 구조 협회에 연락하는 것이 좋다. 이런 협회는 길고양이를 보살필 기술과 상황을 갖춘 임시보호 가정이 있는지, 해당 지역에 TNRtrap-neuter-release▼ 프로그램이 있는지 등에 관한 정보를 보유하고 있다. 사는 지역에 길고양이 구조 협회가 없다면 인도주의를 실천하는 동물보호단체에 연락한다.

새끼고양이 입양하기

한배 새끼 중에서 고양이를 고를 기회가 있다면 모두를 살펴보는 게 좋다. 처음부터 암고양이를 원했고 암컷은 그중 한 마리밖에 없다 하더라도 일단 모두를 관찰해본다. 왜일까? 새끼고양이들을 모두 관찰하다 보면 녀석들의 성격을 구분하는 데 도움이 된다. 암컷을 원하지만 너무 활발하지 않은 편이 좋겠다고 생각하는 경우, 녀석들이 노는 모습을 지켜보면 그 암컷이 어떤 성격인지 알 수 있다. 그러다 보면 잘 놀고 겁도 없지만 너무 혈기왕성하지는 않은 수컷이 눈에 띌 수 있다.

조용한 고양이라면 행동 문제를 일으키지 않을 것 같아서 그중 가장 작고 약한 녀석을 입양하기로 마음먹었다면, 활발하기 짝이 없는 고양이도, 소심하고 조용한 고양이도 행동 문제를 일으킬 가능성이 있다는 것을 염두에 두자. 완벽한 새끼고양이를 골라서 입양해야 한다는 말이 아니다. 자신이 어떤 고양이를 바라고 기대하는지, 그리고 염두에 둬야 할 제한점이 무엇인지 잘 알고 있어야 한다는 뜻이다. 가족들은 완벽한 고양이를 기대하고 있는데, 겁이 너무 많아서 조그만 소리나 동작에도 놀라서 숨어버리는 새끼고양이를 데려간다면 모두에게 매우 힘든 상황이 생길 수 있다.

많은 사람이 외양만 보고 새끼고양이를 입양한다. 물론 외양도 중요하

▼ 길고양이를 포획하여 중성화 수술을 한 다음 다시 방사하는 정책. - 편집자주

지만 잠시 지금까지의 삶의 경험을 돌이켜보자. 겉으로 보이는 인상만으로 시작했던 관계가 잘됐던 적이 몇 번이나 있었는지. 남은 평생을 함께 할 동반자를 단지 매력적으로 생겼다는 이유만으로 선택할 수 있을까?

팁! 보호소에 있는 새끼고양이를 입양하려 하거나, 이미 어미 및 다른 형제들과 떨어져 한배 새끼들의 행동을 자세히 관찰할 기회가 없다면, 그 고양이가 우리가 원하는 고양이가 맞는지 '시간을 들여 천천히' 살펴보도록 한다. 앞으로 평생 함께 살아야 하는 만큼 우리에게도 새끼고양이에게도 반드시 필요한 시간이다.

고르기

제1원칙 태어난 지 10~12주가 넘지 않은 새끼를 어미에게서 떼어내어 데려와서는 안 된다. 이 시기의 새끼고양이는 어미와 다른 새끼들과 같이 어울려 지내면서 여러 가지 사회적 기술을 배워 성묘가 될 준비를 하는데, 너무 빨리 떼어놓으면 훗날 여러 고양이가 있는 환경에 섞이기 힘들어질 수 있다. 적절한 놀이 기술을 배우지 못해 다른 고양이와 유대감을 쌓는 데 어려움을 겪을 수도 있다. 항상 그런 것은 아니지만 이런 정보들을 알고 있어야 가족을 위해 최선의 선택을 할 수 있다.

제2원칙 적절하게 사회화되지 않은 새끼고양이는 사람과 유대감을 쌓는 데 어려움을 겪을 수 있다. 고양이의 결정적 사회화 시기socialization period는 생후 3주에서 7주 사이이다. 이 시기 동안 부드러운 사람의 손길을 자주 받은 새끼고양이는 사람을 신뢰하는 법을 배우고 무시무시한 거인, 즉 인간 옆에서도 편안함을 느끼게 된다. 가능하다면 어미고양이를 관찰해 보고 어미고양이가 새끼들을 어떻게 돌보는지 그 보호자에게 물어본다. 어미는 어떤 환경에서 자랐는지, 현재 몸 상태는 어떤지, 어미가 마르고 건강하지 않아 보인다면 새끼가 먹는 어미 젖이 양적·질적인 면에서 좋지 않을 수 있다.

우리를 빤히 올려다보고 있는 앙증맞은 새끼고양이 다섯 마리 중에서 한 마리를 선택하기란 정말 힘든 일이다. 머리와 마음이 따로 놀면서 다섯 마리 모두를 데려가고 싶겠지만 고양이를 보살필 자원은 한정되어 있다는 것을 명심하자.

하지만 집에 첫째 고양이가 없는 예비 보호자라면 새끼고양이 두 마리를 입양하는 방법을 강력히 권하고 싶다. 새끼고양이를 두 마리 입양하면 아주 좋은 경험을 할 수 있다. 녀석들은 같이 자라면서 서로에게서 많은 것을 배울 수 있고(사람은 24시간 같이 있어줄 수 없으니) 서로에게 좋은 동료가 된다. 또 행동학적 관점에서 보자면, 한 마리를 데려와서 키우다가 성묘가 된 후에야 친구가 필요한 것 같다고 판단하는 것보다는 처음부터 두 마리를 데려와서 같이 지내게 하는 것이 훨씬 좋다. 성묘는 영역 의식이 있기 때문에 성묘가 있는 상황에서 둘째 고양이를 들이려면 많은 노력이 필요하다. 나는 성묘를 키우는 보호자들이 '어릴 때 새끼고양이를 한 마리 더 입양했더라면 얼마나 좋았을까' 하고 한탄하는 것을 수없이 들었다.

기질 평가하기

성격 및 활동성 정도를 평가할 때는 밥 먹은 직후는 피한다. 식후에는 졸리기 마련이니 말이다.

- 어느 녀석이 잘 노는지, 겁이 없는지, 우호적인지를 살핀다.
- 바닥에 엎드려서 새끼고양이들과 눈높이를 맞춰본다. 녀석이 어떻게 반응하는가? 겁을 집어먹고 숨는가? 하악 소리를 내는가? 되도록이면 겁을 내지 않고 편안해해야 한다.
- 깃털 등 놀고 싶은 반응을 일으키는 장난감으로 새끼고양이를 유혹해 본다. 흥미를 보이고, 깃털을 덮치고, 때리고, 게다가 익살스러운 몸짓으로 우리를 웃게 만든다면 녀석은 A+급이다.

• 새끼고양이가 실컷 논 후에 드디어 편안히 눕는다면(새끼고양이는 에너지로 똘똘 뭉친 존재다) 조심스럽게 손을 내밀어본다. 녀석이 하악거리거나, 칵 소리를 내거나, 물거나 할퀴면 곤란하다. 물론 새끼고양이라 아직 훈련되지 않았으므로 장난으로 살짝 깨물기는 할 테다. 깨무는 것이 장난인지, 경고인지, 진짜로 물어뜯으려는 행동인지를 판단한다. 또 새끼고양이는 대체로 사람이 잡고 들어올릴 때까지 오랫동안 가만히 앉아 있지 않지만 그래도 사람의 손길을 거부하지 않아야 한다. 사람에게 길들여지지 않은 새끼고양이는 온 힘을 다해서 손아귀에서 빠져나오려 할 것이다. 이때 몸을 꿈틀거리는 것은 괜찮지만 깨물거나 겁을 먹거나 공격적인 태도를 보이는 것은 좋은 징조가 아니다.

건강 상태 확인하기

입양 결정을 내리기 전 건강 사항들을 체크해봐야 한다. 수의사에게 건강 검진을 의뢰하는 것도 좋다. 다시 한 번 말하지만, 새끼고양이가 귀에 진드기가 있거나 몸에 벼룩이 있다는 이유로 입양을 하지 말라는 의미가 아니다. 앞으로 생길 수 있는 건강상의 문제를 알고 있어야 한다는 말이다.

피부와 털 건강한 새끼고양이는 털이 부드럽고, 탈모로 피부가 훤히 드러난 부위가 없으며, 털이 중간에 꺾여 있는 부분도 없다(이런 부위는 링웜ringworm에 걸렸을 가능성이 있다). 새끼고양이의 털은 가까이에서 맡아보면 청결한 냄새가 난다. 털이 기름기가 많거나, 거칠거나, 건조하거나, 악취가 난다면 기생충이 있거나, 적절한 보살핌을 받지 못하거나, 드러나지 않은 질병이 있을 수 있다. 고양이나 강아지 대부분은 기생충이 있으며 평생에 걸쳐 여러 번 구충을 해줘야 한다는 사실도 기억하자. 피부는 보기에 깨끗해야 하고, 딱지가 앉았거나 발진이 난 부위가 없어야 한다. 이나 벼룩 또는 이나 벼룩의 배설물(작고 검은 점 형태)이 없는지 확인해본다.

물론 이나 벼룩이 있다고 그 고양이를 입양하지 말라는 것이 아니라 이런 고양이는 피를 많이 빨리기 때문에 빈혈이 있을 수 있다는 것과 치료가 필요하다는 것을 염두에 둬야 한다는 뜻이다.

몸 새끼고양이를 들어올렸을 때 너무 뚱뚱하거나 너무 말랐다는 느낌이 없어야 한다. 갈빗대가 만져지는 정도면 괜찮지만 갈빗대가 눈에 보인다면 너무 마른 것이다. 배가 부어 있거나 만져보아 딱딱하다면 좋지 않다. 다른 곳에 비해 배가 지나치게 부풀어 있다면 기생충이 있을 수 있다.

눈 맑아야 하고, 막이 덮이지 않아야 하며, 물이나 우유 같거나 초록빛을 띠는 분비물이 없어야 한다. 사팔뜨기처럼 보이지 않아야 하고, 눈을 덮어서 보호해주는 순막nictitating membrane이 다 보여서는 안 된다. 건강한 고양이의 경우, 순막은 접힌 채로 눈의 코 쪽 모서리에 살짝 보인다.

귀 안쪽이 깨끗해야 한다. 머리를 자주 흔들거나 귀에 모래 같은 갈색 또는 검은색 분비물이 보인다면 귀 진드기가 있을 가능성이 높다. 귀 진드기가 있다고 해서 입양을 거부할 필요는 없다. 귀 진드기는 3주 정도만 시간을 들여 치료하면 완치된다.

입 잇몸이 붉은색이 아니라 분홍색이어야 하고 창백해서는 안 된다. 이빨은 흰색이어야 한다(성묘인 경우 붉고 염증이 난 잇몸, 치석, 덜렁거리는 이빨, 역한 입냄새 등은 치주질환이 있다는 증거다). 고양이의 식습관과 식성도 질문을 통해 알아놓자. 새끼고양이가 건식 사료를 먹을 수 있는지도 확인해야 한다.

꼬리 정확히 표현하자면 꼬리 아랫부분을 살핀다. 깨끗하고, 분비물이나 설사 흔적이 없는지 확인한다.

특별 보살핌이 필요한 고양이

모두가 완벽한 고양이를 찾는 것은 아니다. 어떤 사람들은 아무도 원하지 않는 새끼고양이나 성묘에게 마음이 끌리기도 한다. 장애가 있는 고양이가 가장 사랑스러운 동반자가 되는 경우도 흔하다. 이처럼 평생 특별한 보살핌이 필요한 고양이를 입양해 새 삶을 살게 해주고 싶다면 수의사와 상의하여 구체적으로 어떤 준비를 해야 하는지, 장기적으로 예후가 어떨지를 미리 알아둔다. 또 아픈 고양이를 입양해 건강을 되찾도록 보살펴주겠다고 결심했다면 그럴 시간과 비용을 확보해야 한다. 그리고 최선의 노력을 기울였음에도 실패했을 경우 그 슬픔을 감당할 각오도 해야 한다. 이미 집에 다른 고양이들이 있는데 아픈 고양이를 데려오는 것이라면 모두를 위해 그 고양이를 격리할 필요가 있다는 것도 알아야 한다. 특별한 보살핌이 필요한 고양이를 맞아들이려면 이 모든 것을 깊이 생각해볼 필요가 있다.

'길들여진 고양이(domesticated cat)'는 고양이의 조상인, 아프리카 살쾡이(African Wildcat)와 다른 말이다. 즉 아프리카 살쾡이가 오랜 시간 길들여지면서 오늘날 우리가 아는 '길들여진 고양이'이자 '집고양이'가 탄생했다.

02

고양이의 언어

고양이의 신체, 감각, 의사소통법 이해하기

사냥에 최적화된 고양이의 몸은 모든 신체 부위가 상황에 맞게 작용하는 최첨단 사냥 장비라고 할 수 있다. 한편 고양이는 후각, 시각, 청각 등 여러 감각을 사용하는 의사소통의 대가이기도 하다. 이런 고양이의 언어를 알게 되면 행동 문제의 수수께끼를 풀고 보호자와 고양이 간에 생기는 오해를 풀 수 있다.

활력징후와 혈액형

체온

고양이의 체온은 보통 섭씨 38.6도에서 39.2도 사이지만 스트레스를 받으면 올라갈 수 있다. 수의사에게 검진을 받는 것도 고양이에게 스트레스이니 이런저런 환경을 감안하면 섭씨 39.2도 정도가 보통 체온이라고 보면 된다.

심장박동수

고양이의 심장은 1분당 약 120~240번을 뛰며, 스트레스, 공포, 흥분, 신체 활동으로 증가하기도 한다. 열이 있어도 박동수가 증가한다.

호흡

편히 쉬고 있는 고양이는 1분에 평균 20~30번 숨을 쉰다. 인간의 약 2배이다.

혈액형

고양이의 혈액형은 세 가지로, A형과 B형은 흔하지만 AB형은 극히 드물다. 단모종의 길들여진 집고양이 대부분은 A형이다. 수혈을 할 경우 혈액을 제공하는 고양이와 혈액을 받는 고양이의 혈액형은 같아야 한다.

몸과 감각

눈과 시각

양안시binocular vision인 고양이는 두 눈으로 동시에 동일한 상을 보기 때문에 거리를 판별하는 감각이 아주 뛰어나다. 특히 타고난 사냥꾼인 고양이는 시야를 가로지르는 움직임에 크게 자극을 받는다. 자신에게서 멀어지는 움직임을 감지하면 뒤쫓고 싶은 본능이 발동한다. 고양이의 망막 뒤쪽에 모인 세포층을 '반사판'이라고 하는데 마치 거울처럼 망막으로 들어오는 빛을 반사한다. 덕분에 고양이의 시력이 40퍼센트나 향상된다. 고양이는 빛이 하나도 없는 완벽한 어둠 속에서도 앞을 볼 수 있다고 믿는 사람도 있지만 이는 사실이 아니다. 빛이 전혀 없으면 고양이도 앞을 보지 못하지만 조금이라도 빛이 있다면 사람보다 더 시야가 좋은 것은 맞다. 고양이는 동공에서 망막까지 빛이 지나가는 거리가 사람보다 짧아 동공이 사람보다 더 넓게 열리고 더 좁게 수축한다. 또, 고양이는 '순막'이라고 하는 세 번째 눈꺼풀이 있다. 옅은 분홍색의 이 순막은 평소에는 코 쪽 눈구석에 자리하고 있다가 눈을 보호해야 할 상황이 되면 펼쳐져서 눈 표면을 덮는다. 높이 솟은 풀숲이나 덤불 속에서 사냥할 때 순막으로 눈을 보호한다. 몸이 아프면 순막이 평소보다 더 펼쳐지기도 한다.

새끼고양이는 갓 태어났을 때는 앞을 보지 못한다. 성장하면서 조금씩 초점을 맞출 수 있게 되지만 이 시기의 눈은 빛에 아주 민감하다. 또 갓 태어난 새끼고양이는 눈이 파란색이며 진짜 눈 색깔은 몇 주가 지나야 나타나기 시작한다. 고양이의 눈 색깔은 여러 가지인데 가장 흔한 색은 초록색 또는 금색이다. 파란 눈에 흰 털인 고양이는 선천적으로 청각 장애가 있다. 두 눈의 빛깔이 서로 다른 오드아이odd-eye 고양이는 파란색 눈 쪽의 귀가 청각 장애인 경우가 많다.

고양이가 볼 수 있는 색깔은 한정되어 있다. 파란색, 노란색, 초록색 계열은 볼 수 있지만 빨간색은 보지 못한다. 사냥꾼에게 색 구별은 소리, 냄새, 움직임을 탐지하는 것만큼은 중요하지 않다.

고양이의 눈을 보면 고양이가 어떤 기분인지 짐작할 수 있다. 고양이는 자극을 받았거나, 놀랐거나, 두려움을 느낄 때 동공이 확장된다. 동공이 수축했다는 것은 긴장했거나 공격 직전이라는 신호일 수 있다. 물론 단순히 빛이 많은 환경이어서 동공이 수축한 것일 수도 있다.

정면으로 응시하지 않고 시선을 피하는 것은 고양이가 다른 고양이와 충돌을 피하기 위해 쓰는 방법이다. 달려들려고 마음먹은 고양이는 상대의 눈을 똑바로 바라본다.

귀와 청각

사냥꾼인 고양이에겐 시각이나 후각만큼 청각이 중요하다. 훌륭한 사냥꾼은 풀숲에서 희미하게 바스락거리는 소리도 들을 수 있어야 한다. 고양이의 가청 범위는 사람보다 훨씬 넓으며 개보다도 더 높은 음역대의 소리를 들을 수 있다. 청각이 아주 예민해서 수십 미터 떨어진 곳에서 나는 비슷한 소리 두 가지를 구분할 수 있다. 또 사람이 들을 수 있는 소리보다 약 두 옥타브 높은 소리를 들을 수 있다. 원뿔 모양 귓바퀴는 음파를 모아서 내이로 들여보낸다. 귓바퀴에는 수많은 근육이 있어 귀를 크게 젖힐 수 있고, 덕분에 고양이는 어느 방향에서 소리가 나는지 정확하게 알 수 있다. 180도로 귀를 젖힐 수도 있고 양쪽 귀를 서로 다른 방향으로 젖힐 수도 있다.

고양이의 귀는 기분을 나타내기도 한다. 귀를 양옆으로 바짝 눕혔다면 짜증이 났거나 굴복하겠다는 의미일 수 있다. 불안감에 휩싸인 고양이는 귀를 실룩거리기도 한다. 귀가 앞쪽으로 쏠렸다면 경계의 의미일 수 있다. 싸울 때는 귀를 뒤쪽으로 눕혀 상대방의 발톱이나 이빨로부터 보호한다. 싸우는 상황이 아닐 때는 무언가를 기대하고 있다는 의미일 수 있다.

코와 후각

야생에서 살아남으려면 예리한 후각이 필수다. 후각으로 자기 영역을 확인하고, 상대방의 성별에 대한 정확한 정보를 얻고, 주변의 적이나 사냥감을 탐지하고, 먹이의 온도 및 안전성 등의 여부를 알 수 있다. 고양이는 썩은 고기를 먹는 동물이 아니며 냄새가 입맛을 좌우해서 후각기능을 상실한 고양이는 식욕을 느끼지 못하기도 한다. 고양이의 후각은 사람보다 뛰어나지만 개에게는 못 미친다. 고양이의 코에는 약 2억 개의 후각 세포가, 사람은 약 5백만 개가 있다고 하니 어느 정도 차이가 나는지 알 수 있다. 냄새 분석에도 뛰어나서 오줌에서 성별과 관련된 정보를 판별할 수 있다.

코 안쪽에 있는 점막은 외부 입자와 박테리아가 체내로 들어가는 것을 막고 호흡기로 들어가는 공기를 따뜻하고 촉촉하게 만들어준다. 페르시안처럼 코가 납작한 종들은 다른 고양이에 비해 호흡이 쉽지 않고 후각도 다소 떨어질 수 있다.

입, 혀, 그루밍과 플레멘 반응

새끼고양이는 생후 4주가 되면 유치가 나고 생후 6개월 즈음이면 영구치가 나기 시작한다. 고양이의 이빨은 총 30개로 송곳니 2개는 사냥감의 척추를 부수고 최후의 일격을 가하는 데 사용된다. 위턱과 아래턱 앞쪽에 각각 6개씩 난 앞니는 작은 살점과 깃털을 뜯어내는 데 사용된다. 작은 어금니와 큰 어금니로는 사냥감에서 더 큰 고깃조각을 잘라낸다. 고양이는 고깃조각을 자르기만 하고 씹거나 갈지 않고 통째로 삼킨다.

혀에는 뒤쪽으로 구부러진 작은 가시 같은 미늘이 잔뜩 나 있는데, 그루밍grooming▼할 때와 먹잇감의 뼈에서 고기를 발라낼 때 유용하다.

▼ 혀로 핥아 털을 손질하는 행동. - 옮긴이주

물을 마실 때는 혀를 놀랍도록 빨리 움직여 물을 핥아 올린다. 즉, 혀끝 부분을 아래로 구부려 물 표면을 가볍게 치고 그렇게 만들어진 물기둥이 위로 솟아올랐다가 중력 때문에 내려가기 직전에 입을 다물어 물을 입안에 넣는데 이 속도가 어마어마하게 빠르다(〈사이언스〉지에 발표된 이 연구 결과를 바탕으로 고양이의 혀를 모방한 기계가 만들어졌는데 수면을 초당 4회 쳤다).

혀에 있는 미뢰▼ 개수는 인간보다 적다. 일반적으로 고양이는 단맛을 느끼지 못해 단것에 관심이 없지만 보호자가 계속 단것을 주다 보면 그 맛을 좋아하게 되기도 한다.

고양이는 생존에 꼭 필요한 그루밍을 할 때도 혀를 사용한다. 먹이를 먹고 난 뒤 그루밍으로 털에 묻은 사냥감의 냄새와 흔적을 말끔하게 지워야 다른 사냥감에게 들키지 않을뿐더러 더 큰 포식동물에게 사냥감이 될 위험도 줄일 수 있다. 또 그루밍은 그 행동 자체가 갖는 기능도 있다. 고양이는 스트레스를 받으면 그루밍을 통해 긴장감을 해소하려 한다. 고양이가 창가에 앉아 창문 너머 새를 관찰하는 모습을 본 적이 있는가? 새가 날아가 버리면 갑자기 그루밍을 맹렬하게 하는데, 이는 새를 보면서 쌓였던 활력과 잡지 못한 좌절감을 풀어주는 역할을 한다.

고양이의 입천장에는 서골비 기관vomeronasal organ▼이라는 후각 기관이 있는데 입과 코를 연결하는 여러 개의 관이 붙어 있다. 고양이가 숨을 들이쉬면서 입을 벌리고 윗입술을 말아 올리면 공기 중의 냄새 입자가 혀에 닿고 그 혀를 입천장에 가져가면 냄새 분자가 관을 통해 이 서골비 기관으로 들어간다. 이렇게 냄새를 분석하는 동안 고양이의 표정은 입을 벌린 채 얼굴을 찡그린 듯 보이는데, 이것을 '플레멘 반응flehmen reaction'이라고 부른다. 수고양이가 발정기의 암고양이 오줌이나 페로몬을 맡을 때 흔히 볼 수 있다.

▼ 맛을 느끼는 미각 세포가 모여 이루어진 미각기. - 편집자주

▼ 제2의 후각기. 야콥슨 기관이라고도 한다. - 편집자주

수염과 촉각

고양이의 수염은 뇌에 정보를 보내는 또 하나의 감각 기관으로, 윗입술, 뺨, 눈 위쪽(마치 눈썹처럼 보인다), 앞다리에 나 있다. 입 주변의 수염은 네 줄로, 위의 두 줄과 아래 두 줄은 따로따로 움직일 수 있다. 위쪽 수염은 얼굴 너비보다 길어서 몸 주변 공기의 흐름을 감지하기 때문에 고양이는 어둠 속에서도 물체에 부딪히는 일 없이 움직일 수 있다. 입 주변 수염은 고양이가 아주 좁은 곳을 통과할 수 있을지 스스로 판단하는 데도 쓰인다. 이론상으로는 고양이 수염 길이가 몸의 너비와 일치한다고 하지만, 실제로는 많은 고양이가 과체중이기 때문에 수염 끝보다 몸통이 더 넓은 경우가 허다하다.

고양이의 수염은 몸짓 언어에서도 중요한 역할을 한다. 고양이가 수염을 앞쪽으로 쭉 펼치면 일반적으로 현재 경계 태세로 행동을 취할 준비가 되었다는 의미이다. 편안한 상태의 고양이는 수염을 옆쪽으로 늘어뜨리고 있다. 겁에 질렸거나 상대를 공격할 마음을 먹은 고양이는 수염을 얼굴 뒤쪽으로 팽팽하게 펼친다. 앞발 볼록살 위쪽에 난 수염은 고양이의 앞발에 짓눌린 사냥감의 작은 움직임을 감지한다.

발톱

고양이의 발가락은 앞발에 5개, 뒷발에 4개가 있다(발가락이 많은 '다지증'을 앓는 고양이도 있다). 앞발 맨 안쪽에 있는 발가락은 며느리발톱이라고 하여 걸을 때 땅에 닿지 않는다.

고양이는 나무나 스크래처를 긁어서 발톱의 외피를 제거하는데 그러면 발톱이 새로 자란다. 고양이가 자주 발톱을 긁는 곳의 바닥을 잘 살펴보면 작은 반달 모양의 외피가 떨어져 있는 것을 볼 수 있다. 개와 달리 고양이의 앞발톱은 필요할 때만 밖으로 나오기 때문에 닳지 않는다.

꼬리와 의사소통

꼬리는 고양이 척추 길이의 3분의 1을 차지하며 균형을 잡을 때 쓰이고 의사소통에도 중요한 역할을 한다. 고양이는 높고 좁은 곳을 지나거나 빠른 속도로 달리면서 방향을 바꿀 때 꼬리로 균형을 잡는다. 고양이가 서 있거나 걸을 때 꼬리를 높이 세우면 주로 경계하고 있다는 의미지만, 꼿꼿이 세운 꼬리는 반갑다는 인사일 수도 있다. 편안한 기분일 때는 꼬리를 수평 또는 약간 아래로 늘어뜨린다. 고양이가 꼬리를 꼿꼿이 세운 채 우리 쪽을 향해 가볍게 몇 번 흔든다면 보통은 반갑다는 인사다. 이때 고양이가 하고 싶은 말은 아마도 "안녕, 보고 싶었어. 우리 저녁은 언제 먹어?" 정도일 것이다. 꼬리를 휙휙 휘두르거나 바닥을 탁탁 치는 것은 흥분했다거나 짜증난다는 뜻이다. 고양이를 쓰다듬고 있는 중에 이런 행동을 보인다면 손길을 거두는 편이 좋다. 고양이가 편히 쉬고 있을 때 꼬리를 이따금씩 움찔하거나 휘두르는 것은 지금 편안하기는 하지만 경계를 늦추지 않고 있다는 말이다. 겁을 먹은 고양이는 꼬리털을 있는 대로 곤두세워서 꼬리가 평소보다 두 배는 굵어 보이게 만든다. 뒤집힌 U자 형태로 구부린 꼬리는 고양이가 겁을 먹었으며 따라서 스스로를 방어하기 위해 상대를 공격할지도 모른다는 의미다. 상대에게 복종 의사를 표현하는 고양이는 꼬리를 다리 사이에 끼우거나 몸에 붙여 자신을 최대한 작게 만들어 되도록 눈에 띄지 않으려 한다.

꼬리를 심하게 다친 고양이는 이후 평생 균형감각을 잃을 수 있으며 치명적인 방광 질환을 겪을 수도 있다.

고양이의 신체에 관한 재미있는 사실들

- 고양이의 쇄골은 퇴화되어 다른 뼈에 붙어 있지 않고 떠 있다. 덕분에 아주 좁은 곳도 비집고 들어갈 수 있다.
- 고양이는 전력질주하면 약 48km/h의 속도를 낼 수 있다.

- 고양이는 자기 키보다 약 5배 높이로 뛰어오를 수 있다.
- 발톱을 숨길 수 있는 동물은 고양이과 동물뿐이다.
- 고양이는 지행동물 즉, 발가락으로 걷는다. 덕분에 소리 없이 빠르게 걸을 수 있고 방향 전환도 신속하다.

다양한 울음소리와 그 의미

고양이는 마킹marking이나 몸짓 언어는 물론, 소리를 통해서도 효과적으로 의사를 전달한다. 보호자라면 때로는 섬세하고, 때로는 섬세하지 않은 고양이의 어휘에 익숙할 것이다. 또 '나랑 놀아줘'와 '저녁밥 아직 안 줬잖아'라는 뜻의 소리도 구분할 수 있다. 고양이는 꽤 광범위하고 다양한 소리를 낸다. 만족스러운 부드러운 웅얼거림은 물론, 모음이 계속 이어지는 듯한 소리에서부터 격렬한 긴장감이 감도는 소리까지 그저 단순한 '야옹' 소리만 있는 게 아니다. 고양이가 사용하는 어휘 몇 가지를 살펴보자.▼

그르렁 그르렁purring

고양이가 내는 소리 중 가장 카리스마 넘치면서도 사랑스러운 소리다.▼ 고양이가 어떻게 이 그르렁거리는 소리를 내는지는 오랫동안 미스터리였는데, 최근 밝혀진 정보에 따르면 후두부 근육과 횡격막을 수축시켜 성대문▼을 눌러서 낸다고 한다. 그르렁 소리는 입을 다문 상태에서 내며 숨을 쉬면서도 낼 수 있다. 25헤르츠의 진동이 사지로 전달되면 상처가 빨리 치유되고 골밀도와 근육량이 늘어나며 고

▼ 보호자들 사이에서 흔히 '골골송'이라고 불린다. - 편집자주
▼ 양쪽 성대 사이에 있는 좁은 틈. - 편집자주
▼ 울음소리를 글로 표현하기가 쉽지 않으므로 함께 써둔 해당 영어 단어를 Youtube 등에서 검색하면 보다 정확하게 이해하는 데 도움이 된다. - 편집자주

통을 누그러뜨리는 데도 도움이 된다는 사실이 밝혀졌는데, 이 그르렁 소리가 바로 25헤르츠이다(1초에 25주기).

고양이가 일생에서 제일 먼저 듣는 그르렁 소리는 어미고양이가 새끼고양이와 의사소통을 하기 위해 내는 소리다. 아직 눈을 뜨지 못한 새끼는 이 그르렁 소리를 듣고 어미의 위치를 알 수 있다. 또 어미 스스로는 이 소리를 내면서 출산과 육아의 고통을 누그러뜨릴 수 있다.

보호자라면 고양이가 만족스러울 때나 보살핌을 받을 때 내는 그르렁 소리에 익숙하겠지만 고양이는 의외의 상황에서도 그르렁거린다. 아프거나 두려울 때도 스스로를 달래기 위해 그르렁거리기도 한다. 죽음을 맞기 직전의 고양이도 그르렁 소리를 내고 싸움을 피하고 싶은 고양이가 상대를 진정시키고 싶을 때도 낸다.

야옹meowing

야옹은 일반적으로 사람에게 하는 인사로 대개 고양이끼리는 '야옹' 소리로 의사소통을 하지 않는다. 고양이는 사람과 의사소통하기 위해 여러 가지 변형된 '야옹' 소리를 사용한다. 먹이, 관심, 인사, 혼자 있고 싶다는 요청 등 고양이가 무엇을 요구하는지 정확하게 파악하려면 야옹 소리뿐 아니라 고양이의 몸짓이나 자세, 주변 상황도 함께 고려해야 한다.

(약하게) **미옹**mewing

고양이끼리 위치를 파악하거나 서로를 식별하기 위해 사용하는 울음소리이다.

처핑chirping

밥이나 간식 같이 뭔가 바라는 것을 곧 얻게 되는 상

황일 때 기대에 차서 내는 부드러운 소리이다.▼

트릴링trilling

처핑과 비슷하지만 더 음악적으로 들리며 주로 즐거운 마음으로 인사를 할 때 내는 소리이다.▼

채터링chattering

이를 부딪치며 내는 딱딱 소리로 새나 쥐 같은 사냥감을 보고 흥분했을 때 낸다. 보호자라면 고양이가 창밖을 내다보다 새나 다람쥐를 보고 이런 소리를 내는 모습을 목격한 적이 있을 것이다.▼

웅얼거림murmuring

입을 다물고 내는 부드러운 소리로 인사할 때 같이 만족스럽고 편안할 때 내는 소리이다.▼

끄응끄응grunting

갓 태어난 새끼고양이가 내는 소리이다.

하악hissing

방어적인 태도로 상대에게 경고할 때 내는 소리로, 입을 벌린 채 혀를 동그랗게 구부리고 입술을 말아올려 입에서 공기를 내

▼ 그르렁 그르렁 같은 진동 소리로 새 울음소리와 비슷하다. 트릴링에 비해 짧막하고 톤이 높다. - 편집자주

▼ 주로 인사할 때 내지만 관심을 구할 때도 이렇게 울기도 한다. 어미고양이가 새끼를 부르거나 인사를 할 때 내는 소리로 사랑과 애정이 담긴 소리다. 그르렁 그르렁 같은 진동 소리에 야옹 소리가 입혀진 것쯤으로 들린다. 처핑과 함께 보호자들이 채터링으로 잘못 알고 있는 경우가 많다. - 편집자주

▼ 주로 원하는데 가질 수 없는 뭔가를 봤을 때 이러한 소리를 낸다. - 편집자주

▼ 입을 다문 채 야옹 하는 소리와 비슷하며 종종 그르렁 그르렁 소리와 함께 들을 수 있다. - 편집자주

뿜으며 낸다. 이 소리에 자세를 더하여 상대에게 폭력 행위를 하지 말라는 의미를 전달하려는 것이다. 만약 경고를 듣지 않으면 공격할 것이라는 뜻도 내포되어 있다.

칵spiting

짧게 터지듯 내뱉는 소리로 고양이가 겁에 질렸거나 깜짝 놀랐을 때 내는 소리이다. 이 소리를 낸 다음 앞발로 땅바닥을 강력하게 탁 하고 치기도 하고, 함께 '하악' 소리를 내는 경우가 많다.

으르렁growling

긴장이 최고조에 달했을 때 고양이가 내는 소리 중 하나다. 입을 벌린 채 낮게 울리면서 길게 이어지며, 이와 동시에 털을 부풀려서 몸을 더 크게 보이려고 한다. 공격하겠다는 의사일 수도 있고 방어 태세를 취하겠다는 소리일 수도 있다.

윗입술 밀어올리기snarling

윗입술을 밀어올리는 것은 상대에게 겁을 주려는 행동이다(이 행동을 여기 포함시킨 것은, 윗입술 밀어올리기가 흔히 으르렁 소리와 함께 나타나기 때문이다).

끼아아옹shrieking

가장 흔하게는 암고양이가 교미 후에 내는 소리이다. 수고양이의 음경에는 작은 가시가 나 있어 교미가 끝날 때 암고양이에게 통증을 느끼게 한다. 또 고양이가 급작스럽게 통증을 느끼거나 아주 공격적인 상대를 만났을 때 이 소리를 내기도 한다.

신음·투덜대기·울부짖기moaning·yowling

혼란, 당혹스러움이나 불편함을 표현하는 큰 소리이다. 나이 든 고양이는 방향감각을 잃으면 당황해 울부짖기도 한다. 흔히 한밤중에 모두가 잠들었을 때 깜깜하고 고요한 집 안을 돌아다니다가 울어댄다. 또 구토하기 바로 직전에 이런 소리를 내는 고양이도 있다.

짝 부르기mating call

발정난 암고양이는 2음절로 된 울음소리로 짝을 부른다. '마울mowl' 하는 소리는 이에 화답하는 수고양이의 울음소리다. 이 두 소리가 한밤중에 동네에 울려 퍼지면 잠에서 깬 사람들이 슬리퍼를 던지고, 물을 뿌리고, 갖가지 욕설을 쏟아내곤 한다.

몸짓 언어와 의사소통

몸짓 언어는 크게 '거리 벌리기'와 '거리 좁히기', 두 가지 범주로 나눌 수 있다. 몸짓이나 자세로 무관심, 수용 또는 교류하고 싶다는 욕구를 나타낼 수도 있고, 반대로 더 이상 가까이 오지 말라, 심지어는 '저리 가'라는 뜻을 표현할 수도 있다. 예를 들어, 고양이가 네 다리로 뻣뻣하게 선 채 털을 있는 대로 바짝 세웠다면 의심할 여지없이 거리를 벌리고 싶다는 몸짓인 반면, 놀이 요청 자세는 거리 좁히기를 의미한다.

셀프 그루밍self-grooming

고양이는 깔끔 떨기로 유명한 동물로, 늘 자기 털을 혀로 핥아 손질하는 그루밍을 한다. 고양이의 침에는 천연 악취 중화제가 있어 한바탕 그루밍을 하고 난 고양이의 털에서는 산뜻한 냄새가 난다. 그루밍을 통해 냄새 외에도 기름기, 먼지, 빠진 털, 기생충, 기타 잔여물을 없앤다.

특히 길고양이에게 그루밍은 단순히 몸을 깨끗이 하는 행위만은 아니다. 앞서 말했듯 유능한 사냥꾼이 되려면 냄새 흔적을 지우는 것이 중요하기 때문에 그루밍은 생존 본능이다.

고양이는 또 불안하거나 불확실한 상황을 회피하려는 목적에서 그루밍을 하기도 한다. 어떤 고양이는 극한 상황에 몰리면 그루밍을 너무 세게 한 나머지 몸 군데군데 털이 다 빠져버리기도 한다. 이렇게 극단적인 그루밍의 원인은 몇 가지가 있는데, 그 부위에 통증을 느끼거나 갑상선 기능 항진증 같은 특정 질병 등이 대표적 원인이다.

서로 그루밍allogrooming

고양이가 서로의 털을 핥아주는 행위는 여러 가지 기능을 한다. 서로 친숙한 고양이들끼리는 유대감과 사회성을 표시하는 행동이며, 스트레스를 해소할 뿐 아니라 지금의 평화로운 상황을 확고히 굳히기 위해서도 서로 그루밍을 해준다. 집단 내 고양이끼리 그루밍을 하는 것은 서로 공유하는 친숙한 냄새를 만들기 위해서기도 하다. 또 고양이가 보호자에게 그루밍을 하는 것도 아주 특별한 유대감의 표시다.

머리 받기와 머리 비비기bunting and rubbing

고양이가 보호자나 같이 사는 다른 동물에게 자기 얼굴을 비비거나 쿡 찌르는 것은 이마와 얼굴에 있는 냄새 분비샘에서 나오는 냄새를 상대에게 묻히는 행위이다. 이 행동을 번팅bunting이라 하는데 마킹 차원이라기보다는 애정 어린 행동으로 유대감과 더 관련 있다.

서로 비비기allorubbing

고양이가 다른 고양이에게 몸을 대고 비비는 것은 친밀한 고양이들끼리의 사회적 의사소통이다. 흔히 한 고양이가 자기 옆구리를 다른 고양이의 옆구리에 비비는 형태로 나타난다. 서로 친한 고양이들은 몸을 비비기 전이나 몸을 비비는 동안 서로 머리를 받기도 한다. 보호자에게도 이렇게 애정을 표시하는 고양이도 있다.

털 세우기piloerection

'핼로윈 고양이'라고도 부르는데, 고양이를 키우는 보호자라면 본 적 있을 것이다. 등을 아치형으로 위로 올리고 온몸의 털을 곤두세운 채 상대에게 옆구리를 보이는 이 행동은 방어 동작으로, 적에게 자신의 몸을 더 크게 보여 위협하려는 것이다.

적극적인 공격 자세

가능한 한 더 크고 강해 보이기 위해 네 다리를 쭉 뻗고 서 있으려 할 것이다. 몸을 크게 보이려고 털도 곤두세운다. 눈은 상대를 똑바로 바라본다. 동공은 수축되고, 귀는 뒤로 납작하게 눕히고 살짝 아래를 향한다. 꼬리는 내렸지만 몸 아래로 밀어 넣지는 않은 상태이다.

방어적인 공격 자세

몸은 옆으로 선 채 얼굴은 상대를 향하고 있지만 똑바로 바라보지는 않는다. 대개 꼬리는 몸 밑으로 넣었고, 몸은 낮추어 땅에 대거나 아니면 털을 세운 채 들어올려 크게 보이려 한다. 동공은 확장되고 귀는 납작하게 머리에 붙인다.

옆구리 보이며 걷기side step

친근한 환경에서 고양이가 상대에게 같이 놀자고 청하는 몸짓이다. 등과 꼬리를 아치형으로 약간 구부린 채 상대에게 옆구리를 보이며 네 발로 선다. 방어적 털 세우기 자세와 비슷하지만 털은 세우지 않고 표정에도 긴장감이 없으며 싸우겠다는 의지도 보이지 않는다.

배 보이기

배를 드러내고 눕는 모습을 보면 만져주길 바라는 것이라 오해하기 쉽지만 긁어 달라거나 쓰다듬어 달라는 뜻은 아니다. 이 동작의 정확한 의미는 상황에 따라 다르다. 다른 고양이와 상대할 때 배를 보이고 드러눕는 것은 방어의 표현으로, 싸우고 싶은 생각은 없으나 만약 정 싸움을 걸어온다면 이빨과 발톱, 모든 무기를 총동원하겠다는 뜻을 전하는 것이다. 그러면서 상대가 그냥 가주길 바랄 때 이 자세를 한다.

느긋한 상황에서 고양이가 낮잠을 자거나 쉬면서 가장 취약한 부분인 배를 보이는 것은 더없는 편안함과 신뢰감을 느끼고 있다는 의미이다. 하지만 이때 고양이의 배를 쓰다듬었다가는 편안함과 신뢰감은 바로 사라지고 반사적으로 방어 반응을 보이기 십상이다. 한편 고양이가 동료 고양이에게 놀자고 청할 때 배를 보이고 눕기도 한다.

주무르기(꾹꾹이)kneading

앞발로 번갈아가며 뭔가를 눌러대는 행동은 원래 새끼고양이가 젖이 더 많이 나오게 하려고 어미의 배를 누르는 동작이지만, 다 자란 고양이도 보호자의 무릎이나 담요처럼 부드러운 표면에 대고 이 동작을 한다. 이 경우 만족감과 느긋함을 나타낸다.

눈 천천히 깜박거리기

보호자나 동료 고양이에게 고양이가 눈을 천천히 깜박거리는 것은 신뢰와 애정을 나타내는 동작이다. 그래서 '고양이 키스'라는 사랑스러운 이름도 붙어 있다. 고양이가 이 행동을 하면 똑같이 눈을 천천히 깜빡여 답례해 주자.

귀를 머리 뒤쪽으로 바짝 눕히기

귀의 정확한 위치는 물론 그때 동반되는 신체언어에 따라 적극적인 공격성을 뜻하기도 하고 방어적인 공격성을 뜻하기도 한다. 어느 쪽이든 고양이를 건드리면 안 된다는 사실은 같다.

비행기 귀

고양이가 귀를 수평으로 눕혀 마치 비행기 날개처럼 보인다고 해서 붙여진 이름으로, 고양이가 귀를 이렇게 했다면 불안감을 느껴 공격하고 싶은 충동이 점점 커지고 있다는 뜻이다. 한쪽 또는 양쪽 귀를 계속 이 자세로 유지하고 있다면 귀 감염이나 귀 진드기, 그 외 이유로 귀가 불편하다는 의미일 수도 있다.

꼬리 휙휙 휘두르기

고양이가 꼬리를 이리저리 채찍처럼 휘두르기 시작하면 불안감이나 긴장감을 느끼고 있다는 의미이다. 고양이를 쓰다듬는 중이라면 손길을 멈추는 것이 좋다. 실내에서 생활하는 고양이가 창밖으로 새를 바라볼 때 꼬리를 이리저리 휘두르는 것은 사냥감을 보며 쌓인 긴장감과 초조함을 해소하려는 몸짓이다.

마킹을 통한 의사소통

고양이는 이마, 입과 턱 주위, 발바닥의 볼록살, 항문 주변에 '페로몬'이라고 하는 화학물질을 만들어내는 냄새 분비샘을 갖고 있다. 고양이의 마킹 scent marking 기술은 정교하게 잘 발달되어 있다. 예를 들어, 암고양이의 냄새 분비샘에서 나오는 분비물은 수고양이들에게 자신의 호르몬 상태를 알려주는 정보를 담고 있다.

마킹 행동을 하는 동안 고양이의 정서 상태를 알고 싶다면 옆으로 선 고양이의 전신을 머릿속에 떠올려보자. 맨 앞쪽, 즉 얼굴에서 분비되는 페로몬은 고양이를 진정시키는 효과가 있다. 주로 고양이가 익숙하게 여기는 환경에 마킹한다. 맨 뒤쪽 끝, 즉 오줌 스프레이를 통해 분비되는 페로몬은 강력한 효과를 지니며 불안감, 공포, 공격성, 불확실함을 느낄 때 분비된다. 발가락 사이에 있는 분비샘은 고양이가 나무나 스크래처를 긁을 때 냄새를 남긴다. 이런 식으로 고양이는 긁은 자국뿐만 아니라 냄새를 남겨 그 나무나 스크래처가 자기 것임을 표시한다.

고양이가 의사소통에 사용하는 또 다른 분비샘은 꼬리 끝에 있다. 아직 자세히 밝혀진 것이 별로 없는 피지선으로 중성화 수술을 받지 않은 수고양이에게서 더 활발하게 작용한다. 경우에 따라 이 분비샘이 지나치게 작용하면 꼬리가 기름투성이처럼 보이는데 이를 꼬리샘 증후군stud tail이라고 한다. 또 고양이는 냄새로 서로를 알아보고 의사소통을 한다. 서로 아는 두 고양이가 만나면 처음에는 코와 코를 맞대고, 다음에는 서로의 항문에 코를 들이대고 냄새를 맡아 서로를 확인하고 인사를 주고받는다.

소변 마킹

고양이의 소변 속 페로몬은 의사소통이나 영역 표시를 하는 데 가장 적극적인 방법이다. 중성화 수술을 받지 않은 수

고양이는 영역 본능이 아주 강해서 냄새가 지독한 자기 오줌을 여기저기 뿌려 영역을 표시한다(따라서 이 행동이 버릇으로 굳어지기 전에 중성화 수술을 해주는 것이 좋다). 오줌을 뿌리려는 수고양이는 일단 대상 쪽으로 등을 돌리고 꼬리를 부들부들 떤다. 평범하게 오줌을 눌 때와는 달리, 영역 표시를 위해 뿌리는 오줌은 상당한 높이까지 치솟아 다른 고양이의 코에 냄새가 잘 들어가게 한다. 평범하게 누는 오줌은 땅바닥에 작은 웅덩이를 이루지만, 영역 표시를 위한 오줌은 더 넓은 구역을 덮는다. 중성화 수술을 받지 않은 수고양이가 소변 마킹을 하는 것은 암고양이를 유혹하려는 목적도 있다.

고양이와 사람의 나이 비교

많은 사람이 사람의 1년이 개의 7년과 같다는 속설에 대해 알고 있는데 이를 고양이에게도 적용하는 것은 옳지 않다. 게다가 개에 대해서도 완전히 옳은 것은 아니다. 고양이의 생후 2년은 사람의 생후 24년과 거의 비슷하다. 새끼고양이가 성묘가 되는 데는 2년이 걸리는 셈이고 2년이 지나면 고양이의 1년은 사람의 4년과 비슷해진다. 개의 경우는 품종에 따라 수명이 달라진다. 대형견은 대체로 소형견보다 수명이 짧다. 고양이는 품종에 따른 수명 차이가 크지는 않다. 당연한 얘기겠지만, 실내에서 살뜰한 보살핌을 받고 사는 고양이가 평생 수의사를 만나지 못하는 길고양이보다 오래 살 확률이 훨씬 높다.

고양이 나이(세)	사람 나이(세)
1	15~18
2	21~24
3	28
4	32
5	36
6	40
7	44
8	48
9	52
10	56

고양이 나이(세)	사람 나이(세)
11	60
12	64
13	68
14	72
15	76
16	80
17	84
18	88
19	92
20	96

03

안전제일

고양이에게 안전한 환경 만들어주기

인생이란 게 그렇지만, 사고가 난 뒤에야 뼈저린 교훈을 얻는 경우가 많다. 새끼고양이가 온열기에 화상을 입거나 실을 잔뜩 삼킨 후에야 집 안 물건을 정리정돈하는 습관을 들이게 되는 것도 그렇다. 부디 새끼고양이를 집으로 데리고 오기 전에 집 안 전체를 샅샅이 살펴보자. 에너지와 호기심은 넘치지만 분별력은 모자란 새끼고양이가 위험천만한 곡예를 펼치지 못하도록 말이다. 물론 성묘를 데려오는 경우에도 고양이에게 안전한 환경을 만드는 작업은 필수다. 이 장에서는 고양이에게 안전한 환경을 만드는 방법과 고양이가 새로운 환경에 적응할 수 있도록 방을 만드는 법도 소개된다.

고양이에게 위험한 집 안 환경

고양이를 데려오기 전 생각해야 할 안전성 문제로는 크게 두 가지 범주가 있는데 '고양이의 안전'과 '집의 안전'이다.

작디작은 생명체에 불과해 보이지만 새끼고양이는 못 가는 곳이 없다. 새끼고양이가 우리가 사는 세계를 어떤 눈으로 보는지 알고 싶다면 무릎을 꿇고 양손을 바닥에 댄 채 그 자세로 기어보자. 시선이 얼마나 달라졌는지 느껴지는가? 대롱거리는 전기 코드가 보이는가? 전에는 눈에 띄지도 않았겠지만 지금은 확연히 보일 것이다. 소파 옆에 놓인 큼직한 반짇고리는 어떤가? 엎드려서 보니 실과 바늘, 뜨개질 실뭉치 등등 새끼고양이의 눈에는 영락없이 장난감으로 보일 것들이 그득하다. 더 시선을 낮춰보자. 아예 바닥에 납작 엎드려 주위를 둘러보자. 언제 떨어뜨렸는지도 모르는 알약 하나가 소파 아래 굴러 들어가 있다. 반짇고리 바로 옆 카펫 위에 떨어진 바늘도 보인다. 게다가 냉장고 뒤쪽 공간은 어찌나 넓은지 새끼고양이가 들어가기에 충분하다. 그리고 저 먼지덩어리들! 당장 청소기를 꺼내들고 싶을 것이다.

자, 이번엔 그대로 바닥에 엎드린 채로 시선을 올려보자. 호기심이 느껴지는 곳으로 올라갈 수 있는 수많은 길이 보일 것이다. 가파른 소파를 타고 올라가면 도달할 수 있는 탁자 위에 무엇이 있는가? 반쯤 먹다 놓아둔 초콜릿? 그리고 커튼을 타고 올라가면 방충망도 없이 훤히 열린 창문에 이를 수도 있다. 자, 이제부터 할 일이 많다!

전기 및 전화기 코드

이런 전선 때문에 발생하는 위험은 대략 세 가지다. 첫째, 새끼고양이가 전선을 씹어 화상을 입을 위험, 둘째, 새끼고양이가 전선을 잡아당겼다가 스탠드나 다리미가 몸 위로 떨어질 위험, 셋째, 새끼고양이가 전선에 얽혀버릴 위험. 그러니 전기 기구나 컴퓨터 주변에 얽히고 설킨 전선들을 정리해야 한다. 눈에 보이지 않게 숨기거나 높이 들어올려 감춘다. 시중에 나와 있는 개나 고양이가 물어뜯지 못하게 전선을 덮는 다양한 도구나 PVC 파이프를 이용해 감추는 것도 방법이다. 또 어쩔 수 없이 밖으로 드러나는 부분에는 쓴맛이 나는 씹기 방지용 물질을 발라둔다. 정기적으로 전선을 점검해서 이빨 자국이나 다른 손상 부분은 없는지 확인한다.

새끼고양이가 전선을 잡아당겨 그 전선과 연결된 물건이 떨어져 부상을 입는 사고도 의외로 자주 일어난다. 다리미, 헤어드라이어, 고데기 등 사용한 기구는 그때그때 치운다. 새끼고양이가 앞발을 전기 콘센트에 넣지 못하게 콘센트 덮개를 끼워두는 것도 좋다. 나 역시 안전한 환경을 만드느라 상당한 시간과 수고를 들여야 했지만 그 결과, 집이 훨씬 깔끔해진 것은 물론 어린아이에게도 안전한 환경이 됐다.

끈과 각종 물건들

고양이는 혀에 목구멍 방향으로 구부러진 가시(미늘)가 촘촘히 나 있기 때문에 한 번 입안에 넣은 것은 밖으로 뱉지 못하고 삼켜야 한다. 특히 끈처럼 길고 가는 물체는 아주 위험하다. 새끼고양이들이 털이나 실 뭉치, 크리스마스트리에 두르는 반짝이 줄을 가지고 노는 귀여운 사진이 많이 나돌지만 사실 이는 아주 심각한 위험을 야기할 수 있다. 머리끈, 리본, 고무 밴드도 마찬가지다. 또 맛도 없어 보이는 작은 귀걸이, 사람이 먹는 각종 알약, 장난감 조각 같은 것들도 잘 삼킨다. 그러니 집 안을 잘 살펴서 고양이가 삼킬 만큼, 또는 앞발로 이리저리 굴리면서 놀 만큼 작은 물체들은 모두 치운다.

새끼고양이 실종 위험

끊임없이 주변을 탐색하는 새끼고양이들은 냉장고 뒤나 신발장 속 신발 안처럼 집 안에서 가장 좁은 곳을 찾아내 숨어들곤 한다. 그러니 위험한 곳은 미리미리 들어가지 못하게 차단해야 한다. 찬장 문은 시중에 파는 어린아이들이 열지 못하게 붙이는 걸쇠를 사용해 잠그고 서랍장이나 각종 문을 열 때는 항상 주변에 새끼고양이가 있진 않은지 확인한다. 벽장은 고양이가 좋아하는 은신처다. 만약 새끼고양이가 벽장 안에서 자거나 놀도록 해줄 생각이라면 고무 도어 보호대를 붙이는 등 벽장 문이 완전히 닫히지 않도록 고정해 고양이가 안에 갇히지 않도록 조치를 취해둔다. 상자, 가방, 세탁물 더미도 새끼고양이가 좋아하는 은신처이므로 상자를 버리거나 세탁물을 세탁기에 넣기 전에 반드시 확인한다. 잠깐 한눈판 사이에 새끼고양이가 서랍장 안에 들어가버리는 일도 흔하니, 용건을 마쳤으면 얼른 서랍을 닫되, 서랍 안은 물론이고 서랍 뒤쪽에 새끼고양이가 들어가진 않았는지 항상 확인한다. 모르고 서랍을 닫았다가 고양이가 다칠 수 있으니 말이다.

또 하나 기억해야 할 점은, 보호자가 되기 전의 습관 몇 가지를 고쳐야 한다는 것이다. 예를 들어 학교 가는 자녀나 손님을 배웅할 때 현관문을 열어놓고 문간에 서 있는 습관이 있다면 이제부터는 문을 닫고 밖으로 나와서 배웅하는 습관을 들여야 한다.

> **팁!** 새끼고양이의 입이나 항문에 실이나 끈이 늘어져 있을 경우 절대 잡아당겨서는 안 된다. 몸 안에 들어 있는 다른 쪽 끝에 바늘이 꿰어 있을지도 모르고, 끈이나 실 자체가 엉켜 있는 상태에서 잡아당겼다가는 내상을 입을 수도 있으므로 동물병원 응급실로 직행하는 것이 좋다.

독극물 아닌 듯한 독극물

각종 세제부터 옷장 안에 넣어둔 방충제에 이르기까지 가정에서 흔히 쓰는 화학약품 중 상당수가 고양이에게는 독극물이다. 뚜껑을 잘 닫아두는 정도로는 충분하지 않다. 병 표면에 흘러내린 소량의 세척제를 고양이가 핥거나 몸에 비빌 수도 있기 때문이다. 이런 것들을 넣어두는 곳에는 절대 고양이가 들어가지 못하게 해야 한다.

또 집에서 키우는 식물 대부분이 고양이에게 독이 될 수 있다. 작게는 간지러움을, 심각하게는 치명적인 해를 입힐 수 있다. 독성이 있는 식물은 고양이가 닿지 않는 곳으로 치우고 잎이나 가지가 늘어지는 식물은 가지나 잎을 쳐내서 고양이가 유혹을 느끼지 못하게 한다. 또 쓴맛이 나는 약을 잎에 뿌려 고양이가 씹지 못하게 하는 것도 방법이다(식물에는 해가 되지 않는 제품이 있다).

사람이 먹는 각종 약과 비타민도 새끼고양이에게는 치명적일 수 있다. 아세트아미노펜, 즉 타이레놀 같은 해열제 또는 진통제는 고양이에게 특히 독성이 강해 한 알만 삼켜도 죽음에 이를 수 있다. 새끼고양이가 갖고 놀다가 삼켜버리지 않도록 어떤 약이든 복용하고 나면 안전한 곳에 치워둔다.

자동차 부동액은 동물에게 독성을 띠며 소량만으로도 치명적일 수 있다. 게다가 단맛이 나 다양한 동물이 유혹을 느끼므로 특별히 보관에 주의한다.

팁! 쓴맛이 나는 씹기 방지용 스프레이를 식물에 뿌릴 때는 화분을 밖으로 가지고 나가 뿌리거나 바닥에 신문지나 수건을 깔아서 내용물이 사방에 묻지 않게 한다. 작업 후에는 손을 잘 씻는다.

창문

많은 사람이 고양이는 높은 곳에서 떨어져도 네 발로 완벽하게 착지한다고 믿는다. 물론 고양이는 떨어지는 동안 몸을 바로잡는 재주가 있지만, 떨어지는 높이가 짧아서 몸을 바로잡을 시간이 없거나, 반대로 너무 높은 곳에서 떨어진다면 다리와 가슴에 심각한 충격을 받을 수 있다. 즉, 높은 창문에서 떨어지면 착지를 어떻게 하든 간에 고양이가 죽을 수도 있다는 얘기다. 그러니 모든 창문에 밀어도 열리지 않는 튼튼한 안전문을 설치해야 한다.▼ 평소 얌전한 데다 창문이 얼마나 높이 있는지 익히 보아 알고 있을 테니 별 문제없을 거라고 믿었다가 끔찍한 비극을 맛보는 보호자들을 수없이 봤다. 지나가는 새나 곤충에 정신이 팔려 창밖으로 몸을 쭉 내밀었다가 균형을 잃어버리는 건 순식간이다. 또 창에 쳐놓은 블라인드나 암막 커튼의 끈도 위험할 수 있다. 고양이가 끈에 매달려 놀다가 목이 졸릴 수 있기 때문이다. 그러니 모든 끈과 줄은 말아 올려 고양이의 눈에 띄지 않게 정리한다.

집 안의 각 공간

주방 부엌과 주방은 그야말로 온갖 위험이 가득한 곳이다. 가전기기부터 시작해보자. 조리대 위로 뛰어오를 수 있는 고양이는(아무리 작은 새끼고양이도 순식간에 자라서 조리대 위로 한 번에 사뿐히 뛰어오른다) 뜨거운 가스레인지 또는 전기레인지를 밟아 화상을 입을 가능성이 있다. 맛있는 음식 냄새가 나면 이런 사고 가능성은 더욱 높아진다.

만약 곧잘 레인지 위로 뛰어오르는 녀석이라면 요리할 때 물 분무기를 옆에 두고 있다가 뛰어오르려는 기미가 보이면 잽싸게 뿌린다. 단, 이는 좋은 교육법이 아니기 때문에 아주 긴급한 상황에서만 쓰는 차선책으로 생각하자. 이보다는 애초에 새끼고양이에게 탐험해도 좋은 곳과 탐험해

▼ 방충망을 뜯고 탈출하는 사고도 자주 일어나니 '방묘망'을 설치하는 것이 좋다. - 편집자주

서는 안 될 곳을 명확히 구분해 가르쳐 주는 것이 더 좋다. 깨질 수 있는 유리그릇, 칼 등이 있는 주방 조리대 및 가스레인지 위는 항상 '출입금지 구역'이어야 한다(이 교육 방법은 12장에서 소개할 것이다). 레인지를 사용한 다음에는 열기가 남아있으므로 만약을 대비해 커버를 씌워둔다.

냉장고 문을 여닫는 사이, 호기심 가득한 새끼고양이가 잽싸게 냉장고 안으로 뛰어드는 일도 흔히 일어난다. 그러니 냉장고 문을 닫기 전에 항상 큰 반찬통 뒤에 새끼고양이가 숨어 있지 않은지 확인한다. 또 냉장고 뒤쪽 공간도 새끼고양이가 잘 숨어드는 곳이니 골판지로 막아둘 필요가 있다.

음식물 쓰레기 처리기도 고양이에게는 유혹적이다. 회전 칼날이 있는 음식물 쓰레기 분쇄기의 경우, 처리기를 사용하고 나면 항상 깨끗이 세척하고 음식물이 든 채로 두지 않는다. 정기적으로 신선한 레몬 조각을 넣어 돌리면 처리기도 깨끗해지고 고양이는 감귤류 과일 냄새를 싫어하기 때문에 가까이 가지 않는다. 처리기 입구를 항상 배수 마개로 덮어두면 더욱 안전하다.

식기세척기를 쓸 때도 문을 닫기 전, 잽싼 새끼고양이가 보이지 않는 구석에 들어가 숨어 있진 않은지 확인한다.

새끼고양이는 먹어도 되는 음식과 안 되는 음식을 구별하지 못한다. 집에 흔해 빠진 음식 중에는 새끼고양이가 먹으면 치명적인 음식도 있고(초콜릿과 닭 뼈가 그 대표적인 예다), 맵거나 기름진 음식도 병을 일으킬 수 있다. 고양이가 호기심을 느낄 만한 음식을 방치해둬서는 안 된다. 음식은 모두 뚜껑 있는 용기에 담아두고, 주방의 쓰레기통은 뚜껑이 있는 것으로 바꾸거나 찬장 안에 넣고 어린아이들이 열지 못하게 할 때 사용하는 잠금 장치를 단다.

주방에 출현하는 쥐나 곤충을 잡기 위한 독약, 덫, 미끼는 구석진 곳에 놓기 마련인데 새끼고양이들은 이런 것을 용케도 찾아낸다. 어떤 제품을 구입해서 어디에 놓았는지 항상 기억해야 하며, 어떤 제품이 그나마 안전할지 전문 업체나 수의사와 상담한다. 음식물이 묻은 칼이나 포크처럼 뾰족한 주방도구도 고양이가 건드려 상처를 입을 수 있다. 각종 꼬치나 이쑤시개도 마찬가지다. 사용하기 전이나 후에 반드시 치워둔다.

화장실/욕실 변기 뚜껑은 항상 닫아두는 습관을 들이도록 한다. 새끼고양이가 뚜껑이 닫히지 않은 변기 위로 뛰어올랐다가 미끄러져 물에 빠질 수 있다. 성묘는 빠져나올 수 있지만 새끼고양이는 그러지 못해 익사할 수 있다. 변기 뚜껑을 닫아두면 또 변기 물을 마시는 것도 예방할 수 있다. 물 내릴 때마다 자동으로 풀리는 소독제를 설치했다면 고양이가 그 변기 물을 마시는 것은 위험하다. 반려동물에게 해가 될 수 있으니 이런 소독제는 절대 사용해선 안 된다.

헤어드라이어 등 전선이 달린 기기를 욕실 선반에 두지 않는다. 새끼고양이가 대롱거리는 전선을 잡아당겼다가 기기가 몸 위로 떨어질 위험이 있다.

각종 약품은 물론이고 화장품, 매니큐어, 매니큐어 리무버, 향수도 고양이에게는 독성이 있으니 선반 위에 놔둘 경우 뚜껑을 잘 닫아야 한다.

욕실 쓰레기통은 발로 밟아 여는 식의 뚜껑이 있는 것을 구비하거나 찬장 안에 넣어둔다. 쓰레기통 속에 치실, 면도날, 1회용 면도기 같이 위험한 물건이 버려졌을 수 있기 때문이다. 욕실 청소용 세제도 전부 찬장 안에 넣고 영리한 고양이가 문을 열지 못하도록 조치한다.

화장실에 걸어둔 화장지는 고양이가 갖고 놀기 좋은 장난감이다. 수많은 보호자가 외출을 마치고 돌아왔을 때 화장지가 집 한쪽 끝에서 다른 쪽 끝까지 통째로 늘어져 있는 모습을 목격한다. 고양이가 화장지를 갖고 놀지 못하게 하는 방법은 몇 가지 있다. 그중 가장 쉬운 방법은 화장지를 꾹 눌러서 납작하게 만든 다음, 화장지가 풀리는 쪽이 벽을 향하게 걸대에 걸어두는 것이다. 그러면 고양이가 화장지에 발톱을 대고 스크래칭을 해도 잘 풀리지 않는다. 이 외에 두루마리 휴지가 쉽게 풀리지 않도록 눌러주는 장치를 이용하는 방법이 있다. 원래 영유아용 제품이지만 고양이에게도 유용하다.

거실 거실 가구를 고양이의 시선으로 보면서 위험한 것을 찾아보자. 흔들의자는 다리에 고양이의 꼬리와 앞발이 자주 끼는 것으로 악명높다. 등받이를 뒤로 젖혀 발판을 올리거나 내리기 전에 반드시 아래에 고양이가 있지 않은지 확인해야 한다.

벽난로가 있는 집이라면 고양이가 불에 접근하지 못하도록 아주 튼튼한 차단벽을 설치해야 한다. 그리고 불을 피우는 동안에는 고양이에게서 시선을 떼지 말아야 한다.

TV나 DVD, 음향기기를 문이 달린 장식장 안에 설치했다면 장식장 문을 닫기 전에 새끼고양이가 그 안에 웅크리고 있지 않은지 확인해야 한다. 고양이는 따뜻한 곳을 좋아하므로 그 안에 들어가 있을 확률이 높다.

침실 앞서 말했듯 옷장이나 벽장 문, 또는 서랍을 닫기 전에 고양이가 안에 없는지 확인한다. 갇히는 것 외에도 옷장과 서랍 안에는 방충제라는 위험이 도사리고 있다. 고양이는 나프탈렌 냄새를 맡기만 해도 간에 손상이 올 수 있으므로 이런 곳에는 아예 접근하지 못하게 해야 한다.

작은 보석류도 조심해야 한다. 반드시 상자나 서랍에 넣고 바닥에 떨어뜨리지 않도록 주의한다.

겁 많은 고양이의 경우 침대 매트리스의 박스 스프링 아래에 발톱으로 구멍을 낸 다음 안정감을 느끼려고 그 속으로 파고 들어가기도 한다. 침대 시트를 박스 스프링 아래까지 내려 밀어넣으면 이를 방지할 수 있다.

세탁실(다용도실) 나는 건조기 안을 확인하지 않고 문을 닫고 작동시켰다가 끔찍한 상황에 처한 보호자를 여럿 보았다. 새끼고양이가 건조기 안에 들어간 사실을 몰랐던 것이다. 나는 세탁기와 건조기를 돌릴 때면 항상 그 안을 확인한다. 눈으로 보기만 하는 것이 아니라 손을 넣어 이리저리 휘둘러본다. 세탁물을 꺼낸 후에도 그 잠깐 사이에 고양이 중 하나가 안에 들어갔을까 봐 재차 확인한 다음 문을 닫아둔다.

세탁기뿐만 아니라 세탁물이 든 바구니도 잘 살펴야 한다. 새끼고양이가 그 속에 파고들어가 낮잠을 잘 확률이 높으니 세탁물이나 바구니를 세탁기에 털어 넣기 전에 반드시 확인하자. 아예 뚜껑이 달린 세탁바구니를 사용하고 가족들에게 항상 닫아두라고 당부하는 것도 방법이다. 또 세제와 표백제는 새끼고양이가 닿지 못하는 곳에 안전하게 치워둔다. 세탁실에 문이 있다면 항상 닫아두는 편이 좋다. 이런 이유들 때문에 고양이 화장실을 세탁실에 두는 것을 반대한다.

다림질을 할 때는 도중에 다리미와 다리미판을 놔두고 다른 곳에 가지 않도록 한다. 한눈을 판 사이 고양이가 다리미판으로 뛰어오르면 다리미판이 넘어져 고양이를 덮칠 수 있다. 그러니 다림질이 끝나면 곧장 전선을 뽑아 다리미 몸체에 둘둘 감은 다음 다리미가 식을 때까지 안전한 곳에 둔다.

작업실(사무 공간) 이 책을 쓰는 동안에도 고양이 한 마리가 내 무릎에 앉아 있고, 옆 의자에 또 한 마리가 앉아 있다. 내가 작업실에서 일할 때면 고양이들도 이 공간에 머문다. 하지만 작업실 역시 고양이에게 안전한 곳은 아니다. 고양이뿐 아니라 사무기기도 보호하는 예방책을 실천해야 한다.

책상 뒤쪽에는 컴퓨터, 프린터, 팩스, 복사기, 스탠드 등의 전선 뭉치들이 있기 마련이다. 앞에 나온 '전기 코드' 항목을 참고해 고양이에게 안전한 환경을 만들어준다.

새끼고양이가 컴퓨터 키보드를 좋아해 같은 글자를 수백만 개씩 화면에 찍어댄다면 책상 밑에 설치하는 키보드 서랍이 좋은 대책이다. 서류 파쇄기가 있다면 고양이가 그 안에 앞발을 집어넣지 못하게 해야 한다. 뿐만 아니라 작업 공간 내에 움직이는 부분이 있는 기계들은 모두 위험하니 고양이를 잘 지켜봐야 한다.

압정, 핀, 고무 밴드, 클립 같은 작은 물건들은 뚜껑이 있는 용기나 서랍 안에 넣어둔다. 고양이가 서류 뭉치에 둘러놓은 고무 밴드를 씹거나 종이를 물어뜯는 버릇이 있다면 쓸모없는 종이 몇 장에 씹기 방지용 제품을 바른 다음 이 종이로 서류 뭉치를 싸고, 역시 같은 제품을 바른 고무 밴드를 두른다. 책상에 앉아 일할 때마다 이 뭉치들을 놓아두어 새끼고양이가 이렇게 생긴 것들은 고약한 맛이 난다는 사실을 깨닫도록 한다. 하지만 작업 공간을 비울 때에는 아무리 쓴맛이 나는 고무 밴드라도 고양이가 씹지 못하게 치워둔다.

일하는 내내 고양이를 지켜볼 수는 없는 노릇이니 보호자가 일하는 동안 고양이가 즐길 수 있는 안전한 장난감을 작업 공간에 항상 놓아두는 것이 좋다. 작은 구멍이 뚫려 있어 사료를 넣어두면 고양이가 굴리며 놀 때 사료가 한두 알씩 빠져나오는 형태의 장난감(퍼즐 먹이통)이 좋은 예다. 또 사무기기 안에서 털뭉치가 발견되는 건 피할 수 없는 일이니 내부를 청소할 수 있는 도구를 구비해두고, 기기를 사용하지 않을 때는 커버를 씌워둔다.

아이 놀이방 놀이용 점토, 작은 장난감, 퍼즐 조각 등 고양이가 삼킬 만한 크기의 물건들은 아이가 놀고 나면 반드시 치워둔다. 나도 엄마이니만큼 아이들이 놀고 난 뒤에 장난감을 치우게 하는 것은 백전백패의 싸움이라는 사실을 잘 안다. 하지만 레고 블록을 삼킨 고양이를 데리고 동물병원 응급실로 달려가는 것보다는 장난감을 치우라고 요구하는 편이 백 번 낫다. 방 안을 둘러보자. 풍선, 리본, 끈 등 고양이에게 장난감으로 보이는 물건들, 고양이에게 위험할 수 있는 물건들은 철저한 관리가 필요하다.

다락방, 지하실, 차고 이 세 장소에는 고양이가 아예 접근조차 못 하게 해야 한다. 다락방에 가야 할 용건이 있으면 먼저 고양이를 다른 방에 두고 문을 닫는 것이 좋다. 어둡고 재미있는 물건이 가득한 다락방의 유혹은 고양이가 참아내기 힘들다. 하지만 다락방에 흔히 쓰는 단열재는 고양이에게 호흡 곤란과 피부 자극을 일으킬 수 있고, 고양이가 다락방에 들어간 줄 모르고 문을 닫아버리면 낮은 기온 때문에 고양이가 죽을 수도 있다.

지하실과 차고 역시 페인트통, 세척제, 살충제, 부동액 등 온갖 위험이 도사리고 있다. 또 호기심 많은 고양이가 상처를 입을 수 있는 뾰족한 도구와 기기도 가득하다.

날씨가 추울 때는 고양이가 차고에 주차해 놓은 차 안으로 들어가 따뜻한 엔진 옆에서 잠을 청하기도 한다. 이때 이 사실을 모르고 시동을 걸면 참사가 일어난다. 차에서 새어나온 부동액도 고양이에게는 치명적이다. 자동으로 여닫는 차고 문이 닫히는 동안 고양이가 나가거나 들어오려다 참변을 당할 수도 있다. 요즘 자동 차고 문은 센서가 달려 있어 아래쪽에 움직임이 감지되면 동작을 멈추지만, 구형 모델의 경우 대개 이런 안전 기능이 없으니 주의한다.

발코니 외부로 노출되어 난간만 있는 발코니 역시 고양이에게는 출입금지 장소가 되어야 한다. 사이를 통과할 수 있으니 난간은 안전장치 역할을 하지 못한다. 고양이가 새 한 마리, 벌레 한 마리에 정신이 팔리는 순간 비극이 일어날 수 있다. 발코니에 같이 나가 잘 지켜보기만 하면 괜찮을 거라는 생각은 금물이다. 날아가는 새 한 마리가 사냥 본능을 자극하는 순간, 고양이는 우리 손길보다 훨씬 재빠르게 난간을 뛰넘을 것이다.

다시 한 번 말하지만 고양이도 높은 곳에서 떨어지면 다치거나 죽을 수 있다.

집 밖은 위험한 정글이다

보호자들 사이에서 고양이를 실내에서만 키울 것이냐 바깥출입도 허용하며 키울 것이냐, 즉 외출고양이로 키울 것이냐 하는 문제는 뜨거운 논쟁거리이다. 나로서는 보호자들이 집 밖 환경의 위험을 이해하고 '고양이처럼 생각하기' 훈련 지식을 통해 고양이에게 신나고 재미있는 실내 환경을 만들어줄 수 있기를 바랄 뿐이다. 나는 바깥 환경이 고양이에게 알맞다고 생각하지 않는다. 일단 위험 요소가 너무 많다. 자동차, 대형견, 못된 인간들, 질병, 그 외 심각한 위협 등은 10킬로그램도 안 되는 고양이가 감당할 만한 수준이 아니다.

고양이를 집 안에서만 키우면 훨씬 오래 살 수 있다. 고양이에게 필요한 모든 것은 집 안에 있다. 이 책을 읽고 나면 집 안에서도 바깥 세계에서 얻을 수 있는 모든 것을 고양이에게 주는 방법을 배울 수 있을 것이다.

만약 고양이에게 앞마당까지 바깥출입을 허용하기로 했다면 먼저 잔디에 뿌리는 각종 화학비료, 제초제, 살충제를 주의해야 한다. 자동차 바닥에서 흘러내린 부동액도 고양이에게 치명적이다. 또 바깥에 내놓는 쓰레기통도 뒤지지 못하게 해야 한다. 겨울에는 눈을 녹이기 위해 뿌리는 제설제에 고양이 발바닥의 볼록살이 화상을 입을 수 있고, 발을 핥다가 입에도 화상을 입을 수 있으니 동물에게 안전한 제품을 찾아 써야 한다. 이것도 고양이가 마당 안에서만 돌아다닌다고 가정했을 때 도와줄 수 있는 방법이지 마당을 벗어나 돌아다닌다면 어떤 위험에 노출될지 짐작도 하지 못할 것이다.

목걸이와 인식표

고양이를 바깥에 내보낼 생각이 전혀 없다 하더라도 인식표를 달아야 한다. 실내에서만 생활하는 고양이라도 우연히 바깥으로 나갈 수 있다. 이웃 사람들 눈으로 보면 바깥에 돌아다니는 고양이의 생김새는 거기서 거기다. 인식표를 달아주면 고양이를 영영 잃어버릴 가능성이 줄어든다. 인식표는 반려동물 용품점이나 온라인숍에서 쉽게 구매할 수 있다. 인식표에는 대개 고양이의 이름, 보호자의 이름, 전화번호, 그리고 공간이 있다면 집 주소를 적어 넣는다. 외출고양이라면 또 다르겠지만 실내묘인 경우에는 다음과 같은 내용이 좋겠다.

집고양이입니다. 길을 잃었어요.

○○○-○○○○**으로 전화주세요. (이름)**

우리 집 마당에만 해도 인식표를 달고 돌아다니는 고양이들이 수두룩하다. 이런 고양이들을 발견하는 족족 인식표에 적힌 전화번호로 전화를 걸지만, 그때마다 그 고양이는 외출고양이니 길을 잃은 것이 아니라는 답변을 듣는다. 그렇다면 길 잃은 고양이는 어떻게 판별해야 할까? 위의 인식표처럼 길을 잃었음이 표시되어 있어야 한다. 인식표에서 중요한 정보는 고양이의 이름이 아니라 그 고양이가 실내에서만 살던 고양이라는 사실이다.

고양이 목걸이를 고를 때에는 탄력 있는 재질로 만들어져 만약의 경우 벗겨질 수 있는 것을 선택한다. 그래야 목걸이가 나뭇가지나 무언가에 걸렸을 때 고양이가 몸부림을 쳐서 벗어날 수 있다. 목걸이를 채울 때는 너무 꽉 조이지 않아야 한다. 목걸이 아래로 손가락 두 개가 들어갈 정도가 알맞다. 새끼고양이에게 목걸이를 채워주었다면 자주 확인해 너무 조이지 않나 살펴야 한다. 새끼고양이는 눈 깜박할 사이에 성장하기 때문에 매일 확인할 필요가 있다.

고양이가 목걸이에 익숙해지게 하려면 목걸이를 채운 다음 같이 놀아주거나 저녁밥을 먹기 직전에 목걸이를 채우고 바로 저녁밥을 준다. 고양이는 처음에는 목걸이를 긁어대더라도 보호자가 주의를 딴 데로 돌려주면 곧 익숙해할 것이다. 계속 목걸이를 성가셔 한다면 일단 벗겼다가 다음 저녁밥 시간에 다시 시도해본다. 고양이가 신경을 쓰지 않을 때까지는 목걸이를 채운 채로 고양이를 혼자 두지 않도록 한다.

고양이 피부 바로 아래에 마이크로칩을 삽입하는 방법도 있다. 마이크로칩은 동물병원이나 동물 보소호에 갖춰진 휴대용 특수 스캐너로 읽어 정보를 인식할 수 있다. 개인적으로는 마이크로칩과 눈에 보이는 인식표를 둘 다 갖춰주는 것이 제일 좋은 방법이라고 생각한다. 눈에 보이는 인식표가 있으면 이웃 사람이나 차를 타고 지나가던 사람이 고양이를 발견하여 전화를 걸어줄 확률이 높고, 마이크로칩은 목걸이가 벗겨져 버렸을 때를 대비할 수 있다. 그러니 고양이를 보호하고 싶다면 두 가지를 모두 마련해주자.

고양이 목에 방울을 달아주면 새가 방울 소리를 듣고 날아가버릴 테니 새를 잡지 못할 것이라는 생각은 접는 것이 좋다. 단언컨대, 목에 방울을 단 고양이는 이 단점을 극복하기 위해 더욱 은밀하고 빠른 사냥꾼으로 거듭날 것이다.

전단지에 넣을 만한 사진을 항상 찍어둔다

인식표를 달아주는 일뿐 아니라 고양이를 잃게 될 만일의 사태에 대비해 '고양이를 찾습니다' 전단지에 넣을 만한 사진을 최소한 한 장은 찍어둔다. 새끼고양이는 자라면서 외양이 변하므로 얼굴과 무늬가 뚜렷하게 보이는 사진을 여러 장 찍어놓아야 한다. 사진은 평소 많이 찍어두니 걱정 말라고? 나도 고양이 보호자이므로 우리 고양이들 사진은 잔뜩 보유하고 있다. 하지만 전단지를 만들어야 할 상황이 닥쳤을 때 알맞은 사진을 찾느라 사진첩을 하염없이 뒤지고 싶지 않다. 그래서 '고양이를 찾습니다'라는 글귀 아래에 실을 만한 사진을 몇 장 뽑아 봉투에 넣어 따로 보관해 두었다. 위기가 닥쳤을 때 시간을 낭비하지 않도록 말이다.

함께 사는 다른 동물도 보호가 필요하다

예비 보호자 중에는 아들이 도마뱀을 키우거나 딸이 햄스터를 키우는 경우도 있을 것이다. 아니면 본인이 새나 금붕어를 키울 수도 있다. 고양이가 이런 동물들을 사냥하지 않게 하려면 어떻게 교육시켜야 할까? 그런 교육법은 없다. 고양이는 타고난 포식자다. 새끼고양이가 잉꼬와 잘 지내는 것처럼 보인다 하더라도 모험은 금물이다. 이 둘은 집 안의 따로 격리된 장소에 두어야 한다. 항상!

어항은 반드시 고양이가 절대 열 수 없는 뚜껑으로 닫아둔다. 내게 상담을 청한 고객들 중에는 고양이가 더없이 복잡한 형태에 무겁기까지 한 어항 뚜껑을 여는 법을 알아낸 경우가 제법 있다. 다행히 모두 보호자가 집에 있었기에 고양이와 물고기 모두를 구할 수 있었다.

새끼고양이를 처음부터 새나 설치류와 같이 키우면 사냥감으로 인식하지 않을 수도 있지만 이 방법은 위험이 너무 크다. 그렇다면 고양이로부터 안전하다는 새 또는 설치류용 케이지를 구비하면 모두가 공존할 수 있을까? 그 안에서 살아갈 새나 설치류가 항상 주위를 맴도는 포식자를 바라보며 느껴야 할 불안감을 생각해보기 바란다.

고양이를 집에 데려왔을 때

이동장

집에 데려오는 고양이가 500그램도 안 되는 작은 새끼고양이든 8킬로그램이 넘는 어마어마한 크기의 메인쿤이든 간에 무조건 새 이동장이 있어야 한다. 집에 있는 고양이의 이동장에 새로 데려오는 고양이를 넣어서는 안 된다(이동장의 유형과 고양이를 안전하게 데려오는 방법에 대해서는 8장에서 자세히 설명한다).

왜 고양이를 이동장에 넣어 데려와야 할까? 고양이의 삶에서 매우 중요한 순간이기 때문이다. 지금까지 알던 세계를 떠나 완전히 낯선 세계로 들어오는 순간이다. 설령 지옥이나 다름없는 삶을 살았던 고양이를 구조해 천국 같은 삶을 선사하려 한다 해도 고양이로선 그 사실을 알 길이 없으니 겁을 먹을 수밖에 없다. 이동장에 들어가 있으면 새 집에 오는 여정을 안전하게 보낼 수 있다. 이동장은 약간이나마 은신처 역할도 한다. 이동장 바닥에 수건을 한 장 깔면 고양이에게 포근한 느낌을 주고 똥오줌을 싸더라도 흡수가 된다. 나는 더러워지면 갈아줄 수 있도록 수건을 한 장 더 갖고 간다.

또 고양이를 처음 집에 데려오는 순간은 고양이에게도 보호자에게도 아주 중요하기에 되도록 금요일 저녁이나 이틀 정도의 휴가를 낸 전날에 데려와 시간을 함께 보내는 것이 좋다.

아직 고양이를 수의사에게 보이지 않았다면 되도록 빨리 병원에 데려가야 한다. 이미 다른 고양이가 있다면 집에 데려오기 전에 반드시 동물병원에 먼저 들러 고양이 백혈병 바이러스나 고양이 면역부전 바이러스가 있는지 검사하고 검진을 받게 한 다음 백신 접종을 해야 한다. 집에 있는 고양이들이 이미 백신 접종을 마쳤다면 괜찮을까? 어떤 백신도 100퍼센트 효과를 보장하지는 않는다. 또 새로 데려오는 고양이에게 달갑지 않은 불청객인 이나 벼룩이 있을 수도 있다. 이런 기생충들에게는 기존 고양이들이 그야말로 산해진미 뷔페로 보일 것이다.

격리용 방

새로운 고양이가 집에 도착하면 온 가족이 흥분의 도가니에 빠진다. 심지어 개조차도 기대에 차서 꼬리를 마구 흔든다. 하지만 가장 상냥한 목소리로 고양이는 당분간 조용하고 자그마한 은신처에서 혼자 지내면서 새로운 환경에 적응할 시간을 보내야 한다고 설명해준다. 가족들의 얼굴에서 웃음이 사라지고 개의 꼬리가 축 처지겠지만 이게 옳은 일이다.

왜 이렇게 분위기 깨는 심술궂은 인간이 돼야 할까? 기껏 고양이가 안전하게 뛰놀 수 있는 환경을 만들어놓고는 왜 고양이를 가둬야 할까? 고양이가 새로운 환경에 주눅 들지 않게 하기 위해서다. 고양이는 작은 동물이고, 집은 크다. 누군가가 우리를 지금 사는 곳에서 끄집어내 어느 낯설고 거대한 도시 한복판에 떨어뜨려 놓았다고 상상해보자. 아마 어찌할 바 모르고 두려움을 느낄 것이며, 낯선 곳에 대해 느끼는 첫인상은 부정적일 것이다.

고양이도 마찬가지다. 고양이의 삶에 큰 변화가 일어난 것이니 먼저 안전하다는 느낌을 줘야 한다. 안전하다는 느낌은 작고 격리된 공간에서 온다. 격리용 방을 정한 다음 방 한쪽 구석에는 고양이 화장실을, 반대편 구석에는 물그릇과 밥그릇을 놓아둔다. 화장실과 먹는 공간을 멀리 떨어뜨려 놓는 것이 중요하다. 고양이는 배설하는 곳에서는 먹이를 먹지 않기 때문이다.

격리용 방(고양이 방)에 고양이를 이동장에 든 채로 두고, 이동장 문을 열어두어 고양이가 원할 때 나오도록 한다. 새끼고양이라면 대개 금방 이동장에서 나오지만, 성묘는 그렇지 않은 경우가 많다. 고양이가 이동장에서 나온 후라도 이동장을 방 한쪽 구석에 놓아 은신처 안의 은신처로 쓰게 한다.

고양이가 이틀쯤 침대 밑에 처박혀 나오지 않을 수도 있다. 하지만 괜찮다. 고양이는 숨을 수 있기 때문에 점점 더 편안함을 느낀다. 방문을 닫고 혼자 내버려두면 고양이는 방 안을 조사하기 시작할 것이다. 일거수일투족을 따라다니며 바라보는 몇 쌍의 눈이 없다면 고양이는 조용히 혼자서 자신만의 안전지대를 넓혀나갈 것이다.

고양이를 위한 격리용 방은 가급적 은신할 만한 곳이 많은 방이 좋다. 아무것도 없는 텅 빈 방에 둔다면 고양이는 의지할 데 없이 노출되었다는 느낌에 겁을 먹을 것이다. 가구가 없는 방이라면 수건을 깐 종이상자를 여러 개 놓아둔다. 뚜껑이 있는 상자 옆쪽에 구멍을 뚫거나 상자를 거꾸로 엎어 작은 동굴 같은 환경을 만들어주는 것도 좋다. 반려동물 용품점에 가서 부드럽고 유연한 재질로 만든 고양이용 터널을 사는 방법도 있다. 새로 데려온 고양이를 위해 안락하고 편안한 잠자리를 마련해준다. 용품점에서 사도 좋고, 상자에 낡은 옷을 깔아줘도 된다. 나는 상자에 내가 입었던 운동복을 깔아주는 것을 선호하는데, 고양이가 내 체취에 익숙해지기 때문이다.

추운 계절에 새끼고양이를 데려왔다면 외풍이 없고 따뜻한 방을 격리실로 써야 한다.

기존 고양이들이 있는 상태에서 새로운 고양이를 데려오는 경우엔 반드시 격리실을 마련해 줘야 한다. 안 그랬다간 고양이 전쟁을 목격할 것이다!(다른 반려동물에게 새로 데려온 고양이를 소개시키는 방법은 14장에서 설명하겠다.)

기다려주기

언제쯤 새로운 고양이를 은신처에서 꺼내줘

도 좋을까? 새끼고양이라면 먹고 마시고 화장실을 사용하는 등의 일상을 잘 해낸다고 판단되면 그 즉시 꺼내줘도 좋다. 하지만 명심해야 할 점은 화장실만큼은 지금의 자리에 두어 편안하게 쓸 수 있게 해줘야 한다는 것이다. 새끼고양이는 아직 화장실 습관을 배우는 중이니 자리를 옮기는 것은 좋지 않다.

격리를 해제했다고는 해도 집 안 전체를 돌아다니게 해주려고 안달하지는 말자. 성묘의 경우 은신처 밖의 환경을 마음껏 탐험하는 데 시간이 더 걸릴 수도 있다. 고양이가 먹고 마시고 화장실을 사용하는 등의 일상적인 행위를 다시 시작하도록, 그리고 마음을 놓았다는 모습을 보일 때까지 기다려야 한다. 고양이가 여전히 침대 아래나 신발 더미 밑에 숨어 있다면 아직 준비가 되지 않았다는 뜻이다. 다른 고양이들이 있는 집에 온 고양이는 격리용 방에 좀 더 오래 머물게 두면서 보호자와 서서히 낯을 익혀가야 한다(14장 참조).

새로 데려온 고양이와 어느 정도 시간을 같이 보내며 교감을 쌓아야 하는지는 고양이에 따라 다르다. 새끼고양이를 데려온 경우라면 새 보호자와 유대감을 맺는 것에 불안감을 느낄 테니 많은 시간과 관심을 기울여야 한다. 성묘를 데려온 경우라면 고양이의 정서 상태를 잘 살펴서 판단내려야 한다. 고양이가 겁먹은 행동을 보이면 혼자만의 시간을 보낼 수 있도록 물러난다. 고양이와 신뢰를 쌓는 과정을 시작하면서 천천히 자신을 소개하도록 한다.

가족들에게 새로 온 고양이를 소개하는 것도 마찬가지다. 천천히 하도록 하자. 고양이는 주변 상황에 기가 죽기 쉽다. 나는 식구가 적은 집에서 자랐기 때문에 처음 남편의 대가족을 접했을 때 기죽는다는 느낌을 받았다. 그러니 고양이가 원하는 만큼 사적인 공간을 가질 수 있도록 배려해주자. 절대 서둘러서는 안 된다. 앞으로 오랜 세월을 같이 지내게 될 것이니만큼 첫 단추를 제대로 끼우도록 하자.

소심하거나 겁 많은 고양이를 데려왔다면

그동안 어떤 환경에서 지냈는지 알 수 없는 고양이와 신뢰 관계를 쌓는 데는 인내심이 필요하다. 삐쩍 마르고, 굶주리고, 추위에 시달리고, 외로운 고양이를 구조해줬다고 해서 그 고양이가 자신이 얼마나 운이 좋은지 바로 알아차리기를 바라서는 안 된다. 고양이가 이전에 사람과 얼마나 접촉했는지(아예 접촉한 적이 없을 수도 있다)에 따라, 우리가 바라는 사랑스럽고, 사회성 있고, 행복한 고양이가 되기까지 오랜 시간이 걸릴 수도 있고, 시간이 지난 후에도 어느 정도는 소심하거나 자신감 없는 고양이로 남을 수도 있다.

길고양이를 집에 데려왔다면 제일 먼저 해야 할 일은 동물병원으로 가는 것이다. 길고양이는 반드시 검사와 백신 접종을 해야 한다. 건강해 보인다면 중성화 수술 날짜도 잡도록 한다. 기생충 검사를 받고 이가 한 마리라도 있다면 당장 조치를 취해서 집에 기르는 다른 반려동물들에게 옮기는 일이 없도록 해야 한다.

집에 데려오면 앞에서 설명한 것처럼 격리실을 마련해서 그 안에 넣어주고, 격리실 안에 숨을 곳을 많이 마련해서 안도감을 느낄 수 있게 한다. 격리실에 숨을 공간이 충분하지 않다면 상자를 몇 개 여기저기 놓아둔다. 상자는 옆으로 세워서 고양이가 상자 안에 들어갔을 때 머리 위가 덮였다는 느낌이 들게 한다. 몸을 숨길 수 있는 은신처가 되면서 그 안에서 자유롭게 움직일 수 있게 해주려면 부드러운 재질로 만든 고양이 터널을 몇 개 사서 놓아주는 것도 좋은 방법이다. 물론 종이상자를 여러 개 연결해 직접 만들어줘도 좋다. 바닥을 튼 다음 여러 개를 테이프로 연결해 뱀 형상으로 만든다. 고양이가 벽장에서 나와 모래상자 화장실로 가는 길목이나 침대에서 밥그릇 쪽으로 가는 길목에 이런 터널을 놓아두어 통과하게 하면 안도감을 느끼는 데 도움이 된다. 여러 가지 형태의 은신처를 격리실 여기저기에 배치하면 고양이가 편안하게 방 안을 돌아다니며 이곳저곳 조사하게 된다. 반면 숨을 만한 은신처가 없어 안도감을 느끼기 힘든 침실 안에 넣어두면, 화장실을 쓰거나 밥을 먹을 때 잠깐 나오는 것을 제외하고는 침대 밑에 웅크린 채 도통 나오려 하지 않을 것이다. 겁이 아주 많은 고양이라면 아예 밥도 먹지 않고 화장실도 가지 않은 채 숨어 있기만 하는 경우도 있다.

밤이 되면 격리실 안에 수면등 하나만 켜준다. 고양이는 어두운 곳을 돌아다닐 때 더 편안함을 느끼므로 원래 있는 조명은 켜지 않는다. 수면등을 켜놓으면 격리실에 들어갈 때 고양이가 어디 있는지 확인하기 위해 조명을 환하게 켜서 고양이를 불안하게 만들지 않아도 된다.

격리실에 들어섰다면 처음에는 방바닥에 가만히 앉아서 시간을 보낸다. 고양이에게 다가가려고 해서는 안 된다. 고양이와의 교류에서 고양이가 완전히 주도권을 잡게 해준다. 방바닥에 앉은 채 나직하게 말을 걸어 고양이가 우리 목소리에 익숙해지게 한다. 몸짓과 목소리가 고양이에게 위협감을 주지 않도록 무심해야 하며 차분한 느낌을 줘야 한다.

이렇게 몇 번 격리실을 방문하고 난 후, 이번에는 고양이가 안 먹고는 못 배길 만한 특별한 먹이를 가지고 간다. 굶주린 상태라 뭐든 먹으려고 한다면 손에서 바로 받아먹게 하고, 그렇지 않은 경우라면 처음에는 고양이가 안전하다고 느낄 만큼 떨어진 곳에 먹이를 놓아둔다. 고양이가 먹이를 먹는다면 이번에는 거리를 좀 좁혀본다. 한 번 먹이를 놓을 때마다 약 3센티미터 정도씩 거리를 좁혀나간다. 물기가 많은 먹이를 손으로 주는 경우라면 이유식용 말랑한 숟가락이나 나무로 된 압설자▼에 담아 내미는 것이 좋다. 이때도 고양이가 안도감을 느끼는 정도를 잘 살펴야 한다. 고양이가 불안해한다면 몇 발짝 물러나되 반드시 '천천히' 움직이도록 한다. 신뢰 관계를 쌓을 때는 절대 서둘러서는 안 된다.

▼ 혀 누르는 데 쓰는 의료기구. - 옮긴이주

식사 시간이 아닐 때에는 같이 놀 수 있는 장난감을 가지고 간다. 막대 끝에 깃털이나 공이 달린 고양이용 낚싯대 장난감이 가장 좋다. 낚싯대를 심드렁한 태도로 조금씩 휘둘러 준다. 겁을 먹을 수 있으므로 고양이 쪽으로 휘두르는 것은 금물이고, 관심을 끌 정도로만 차분하게 움직인다. 고양이가 낚싯대를 쫓아올 정도로 대담할 수도 있고 그렇지 않을 수도 있지만 어쨌든 관심을 끄는 데는 성공할 것이다. 낚싯대를 쫓아온다 해도 처음부터 우리 쪽으로 너무 당기지 않도록 주의한다. '천천히'가 중요하다. 며칠에 걸쳐 놀이 시간을 갖다 보면 거리를 좁힐 수 있을 것이다.

식사 시간 이후나 놀이 시간일 때, 격리실 방바닥에 누워 한동안 꼼짝 않고 가만히 있어 보자. 그러면 고양이가 용기를 내어 우리를 살펴보러 올 것이다. 나는 구조한 새끼고양이를 맞이할 때 이렇게 격리실에 누워 있다가 잠이 들어버리기 일쑤였다. 깨어나 보면 새끼고양이가 내 다리 위에 몸을 웅크리고 있었다. 그렇게 유대감이 형성되기 시작했다. 그러다가 어느 날, 역시 잠이 들었다가 깼더니 그 작은 털뭉치가 내 머리에 바싹 달라붙어 있었다. 이렇게 되기까지 신뢰를 쌓는 과정은 느리고 길었지만 그날 나는 긴 터널을 지난 끝에 빛을 보는 기분이었다. 은신, 공포, 불신의 기간을 지나 마침내 녀석이 나를 마음으로 받아들여준 순간이었다. 모두의 인내심도 이런 보답을 받을 것이니 좌절하지 말고 기다리자.

안전한 휴일 보내기

크리스마스나 추석 같은 휴일은 누구에게나 스트레스가 될 수 있지만 고양이에게는 특히 혼란스럽다. 자기가 알고 지내던 세계가 단박에 뒤집히는 시간이기 때문이다. 수많은 낯선 사람들이 집 안으로 몰려들어오고, 보호자는 손님 대접에 바빠서 고양이에게 신경을 쓰지 못할 수 있다.

자, '고양이처럼 생각하기' 기술을 동원해서 고양이의 입장에서 휴일을 생각해보자. 고양이가 보기에 자기를 들어올리고 껴안는 손님들은 불법 침입자일 것이다. 놀이 시간이 되어 보호자를 따라다니며 졸라보지만 놀아주기는커녕 자신은 안중에도 없는 듯이 보인다. 처음 보는 아이들이 집안을 휘젓고 돌아다니기도 한다. 여기저기에서 시끄러운 소리가 들리고, 안전하게 잠잘 곳을 찾지 못한 고양이는 침대 밑에 틀어박혀 나오지 않을 수도 있다. 고양이의 입장에서는 휴일이 그리 행복하지 않을 것이다. 고양이도 보호자도 행복한 휴일이 되려면 어떻게 해야 할까?

크리스마스부터 살펴보자. 크리스마스에는 특히 위험한 요소들이 많다. 크리스마스트리를 비롯하여 각종 장식, 리본, 양초 등이 그렇다. 대개 이것들은 고양이들에게 놀이공원으로 보일 것이다. 실제 많은 보호자가 크리스마스트리를 만들고 장식하느라 돈과 시간을 들이지만, 결국 이브날 밤 마룻바닥에 쓰러져 장렬히 전사한 트리를 목격하곤 한다. 고양이 체구가 작다고 얕보지 말자. 4킬로그램도 안 되는 고양이가 2미터 가까이 되는 크리스마스트리를 쓰러뜨릴 수 있다. 그러니 고양이가 트리 끝까지 올라가도 넘어지지 않도록 트리 받침 부분을 무겁고 튼튼한 것으로 고른다.

벽에 고리를 박고 튼튼한 끈으로 트리를 연결하는 방법도 있다. 액자가 걸려 있는 쪽의 벽을 선택하는 것이 좋다. 액자를 떼어내고 액자를 걸었던 못에 후크를 설치한 다음 끈으로 트리를 연결하는 것이다. 크리스마스 시즌이 지나 트리를 치우게 될 때 다시 액자를 걸면 고리를 가릴 수 있다.

트리에 장식을 하기 전에 고양이가 나무에 익숙해질 시간을 주자. 아무것도 장식하지 않은 나무를 최소한 하루 정도 그냥 두고 고양이가 어떻게 반응하는지 살펴본다. 고양이가 뾰족한 잎을 씹기 시작하면 쓴맛이 나는 씹기 방지용 스프레이를 나무에 뿌린다. 고양이가 나무에 오르려 하면 카메라 렌즈를 청소할 때 쓰는 도구로 고양이 근처의 나무 부분에 압축 공기를 훅 불어준다. 절대 고양이에게 직접 바람을 쏘지 않도록 한다.

이제 나무에 장식을 할 차례다. 전구 전선 하나하나마다 쓴맛이 나는 씹기 방지용 크림을 발라 고양이가 전선을 씹지 않도록 한다. 크림을 바를 때는 1회용 장갑을 껴서 되도록 크림이 손에 묻지 않게 하고, 장갑을 벗고 난 후 손을 씻어야 무심결에 크림 묻은 손으로 얼굴을 만져도 불상사가 일어나지 않는다.

전구는 나뭇가지 깊숙이 설치하고, 전선은 가지에 칭칭 감아 되도록 늘어지는 부분이 없도록 한다. 나무에서 콘센트까지 연결되는 전선 부분은 PVC 파이프로 감싼다. PVC 파이프를 초록색으로 칠하면 거슬리지 않을 것이다. 파이프를 길이대로 가른 다음 그 안에 전선을 밀어넣는 것도 좋다.

장식물들은 모두 고양이에게 안전한 것이어야 한다. 부서지기 쉬운 것은 쓰지 않는다. 그래도 꼭 장식하고 싶다면 고양이가 닿지 못하는 높은 곳에 달고, 뾰족하거나 깨지기 쉬운 것, 끈이 달린 것 또는 어떤 식으로든 위험할 수 있는 종류는 절대 아래쪽에 달지 않는다.

장식물의 고리 역시 위험할 수 있다. 그러니 고리 대신 초록색 플라스틱 끈twist tie 같은 보다 안전한 도구로 장식물을 부착한다. 초록색이면 눈에 띄지 않고 끈으로 묶기 때문에 가지에 장식물을 단단히 고정시킬 수 있다. 리본 형태의 장식물 걸이를 사용해도 좋다. 장식물을 연결하기 전에 쓴맛이 나는 씹기 방지용 제품을 발라서 고양이가 씹지 못하도록 조치해 둔다.

정성스럽게 포장해서 트리 밑에 놓아두는 선물 상자들은 어떨까? 선물 장식용 리본은 고양이에게 아주 위험할 뿐 아니라 불행히도 고양이가 가장 좋아하는 장식이기도 하다. 그러니 선물 포장은 되도록 간소하게 한다. 가늘고 구불구불하며 끝이 길게 늘어져서 잘근잘근 씹기 좋은 화려한 리본 말고, 나비넥타이처럼 생긴 평범한 리본을 상자 위에 붙이는 것으로 만족하자. 무슨 일이 있어도 길게 늘어지는 리본으로 장식해야 하는 선물이라면, 크리스마스 전날부터 트리 밑에 놓아두지 말고 안 보이는 곳에 따로 두었다가 선물을 열어보는 시간에 꺼내온다. 선물을 열어보는 시간이라는 말이 났으니 말인데, 작은 새끼고양이에게 사고가 나는 시간이 이때다. 가족들이 선물을 확인하는 데 정신이 팔려서 새끼고양이가 바닥에 늘어놓은 선물 포장 리본에 달려드는 것을 보지 못한다. 또 선물을 다 뜯어보고 난 후 포장지와 상자를 모아 재활용 쓰레기장에 버리러 나갈 때도 주의해야 한다. 미처 못 본 사이에 새끼고양이가 빈 상자 속에 파고들어갔을 가능성이 있으니 말이다. 쓰레기를 들고 밖에 나가기 직전에 새끼고양이가 집 안 어디 있는지 확인하자. 만약 보이지 않는다면 포장지와 상자를 하나하나 뒤져서 고양이가 있는지 살펴야 한다.

포인세티아, 호랑가시나무, 겨우살이 같은 크리스마스 장식용 식물도 조심해야 한다. 모두 고양이가 삼키면 장에 문제를 일으킬 수 있고 독성이 있는 것도 있다. 그러니 고양이가 닿지 않는 곳에 두자. 양초도 위험하긴 마찬가지다. 사람이 없는 곳에 양초를 켜두는 일은 삼간다. 고양이가 돌아다니다 꼬리가 촛불에 닿는 일은 흔히 일어나며, 아예 양초를 쓰러뜨리기도 한다.

이제 크리스마스에서 내가 제일 좋아하는 분야, 각종 음식에 대해 이야기할 차례다. 음식에 관해서는 크리스마스뿐만 아니라 모든 명절과 휴일이 마찬가지다. 고양이와 관련한 규칙은 간단하다. 고양이가 음식을 먹지 못하게 해야 한다. 우리가 먹는 기름진 음식들은 고양이에게 소화불량을 일으킬 수 있다. 또 칠면조나 닭 뼈를 고양이가 삼키면 질식하거나 뾰족한 뼛조각이 내장을 찌를 수 있다. 그러니 칠면조나 닭 구이를 조리대나 식탁에 놓은 채 주방을 비우는 일이 없도록 한다. 사탕, 쿠키, 술을 막론하고 초콜릿이 든 음식도 고양이가 먹지 못하게 해야 한다. 초콜릿은 고양이에게 치명적이다.

고양이뿐만 아니라 다른 반려동물들이 크리스마스에 겪는 또 다른 문제는 낯선 사람이 갑자기 침입하는 것이다. 고양이의 관점에서 보자면 낯선 사람들이 갑자기 문을 박차고 자기 집에 들어오는 셈이다. 만약 크리스마스 기간에 손님이 잔뜩 온다면 아무도 발을 들여놓지 않는 곳을 골라 임시 은신처를 마련해주자. 고양이 화장실과 함께 물그릇도 놓아준다. 자율 급여를 한다면 밥그릇도 같이 놓아준다. 나는 은신처에서 고양이와 놀아준 뒤 조용한 클래식 음악을 틀어놓고 나온다. 내가 방을 나가 손님 접대를 하는 동안 고양이들은 마음 놓고 낮잠을 즐길 수 있다. 음악은 문 너머에서 들리는 소음을 누그러뜨리는 역할을 한다. 굴리면 한두 알씩 사료가 나오는 장난감(퍼즐 먹이통)이나 고양이 터널 등을 두어 고양이들이 놀 수 있는 환경을 만들어주는 것도 잊지 않는다. 그리고 방문에는 이 방에 들어가지 말아 달라는 글을 써서 붙여둔다.

이는 생일날에도 마찬가지다. 생일 파티를 집에서 열면 고양이는 시끌벅적한 사람들과 각종 이벤트, 게다가 자기를 마구 들어올리거나 쓰다듬는 행위를 견뎌내야 한다. 그러니 조용한 방에서 파티가 끝날 때까지 지낼 수 있도록 해주자.

마지막 당부의 말은, 아무리 파티를 열고, 쇼핑을 하고, 손님을 맞이하느라 바쁘더라도, 절대 고양이를 방치해서는 안 된다는 것이다. 고양이는 습관의 동물이라서 늘 하는 익숙한 행위에서 안도감을 얻는다. 놀이 시간, 털 손질 시간, 식사 시간, 화장실 청소 시간 등 일상적으로 되풀이하는 일정은 빼먹지 말자!

우리 고양이를 구해 주세요!

아무리 조심한다 하더라도 응급상황이나 예상치 못한 사건이 발생하기 마련이다. 그것도 우리가 집을 비워서 고양이를 구할 수 없는 시간대를 골라서 말이다. 집에 불이 나는 등의 응급상황이 발생했는데 집에 아무도 없을 때를 대비해, 반려동물이 집 안에 있음을 알리는 표지판을 집 밖에 마련해 둔다. 창이나 문에 걸어두는 스틱 형태의 제품도 좋고, 마당에 꽂는 표지판도 좋다. 공간이 된다면 표지판에 반려동물의 종류와 수를 적어 넣는 것도 좋다. 표지판을 설치한 후에는 집에서 좀 떨어진 곳에서 잘 읽히는지 확인해보자.

보호자에게 불상사가 생긴다면?

듣기 껄끄러운 이야기라는 것은 안다. 이런 상황을 생각하기 좋아하는 사람은 아무도 없을 것이다. 하지만 일어날 수 있는 상황이다. 만약 급하게 병원에 입원하게 된다면? 더 이상 고양이를 보살필 수 없게 된다면? 혼자 사는 보호자라면 반드시 고려해 보고 대비해야 할 문제다. 17장은 주로 고양이를 잃었을 때의 상황을 다루고 있지만 우리가 사망했을 때를 대비해 고양이에게 해줄 수 있는 일도 다루고 있다.

04

건강 돌보기

고양이가 아플 때 알아야 할 것들

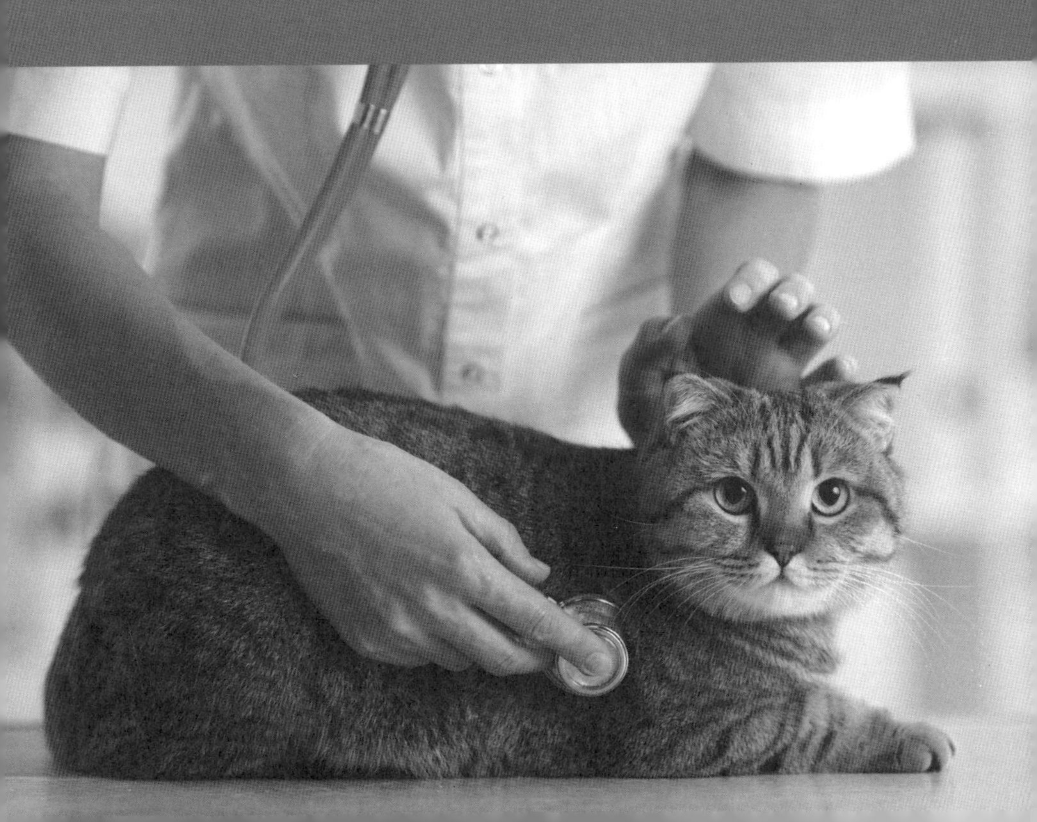

고양이는 반드시 동물병원에 데려가야 한다. 입양을 했든 구조해 데려왔든 간에 평생 수의사의 진료를 받아야 한다. 보호자와 수의사의 관계는 단순히 1년에 한 번 예방접종을 위해 만나는 것 이상의 의미가 있다. 보호자와 수의사는 고양이를 건강하게 돌볼 책임을 함께 지는 존재다. 보호자의 협조로 수의사는 고양이의 변화를 알아차리고 즉시 진료를 시작할 수 있다. 보호자가 고양이를 관찰해 얻은 정보는 수의사가 진단을 내리는 데 없어서는 안 될 중요한 역할을 한다.

좋은 동물병원 찾기

제1단계

먼저 우리가 수의사에게 바라는 것이 무엇인지, 동물병원의 진료 서비스 중 무엇이 가장 중요하다고 생각하는지를 파악해야 한다. 수의사가 여러 명 있는 대형 병원을 선호하는지, 아니면 수의사가 한 명 있는 소형 병원을 선호하는지, 고양이 진료 전문의를 원하는지 등을 따져보자. 직접 고양이를 키우는 수의사를 선호할 수도 있다. 물론 고양이를 키우지 않는다고 멀리할 이유는 없지만, 고양이 보호자 겸 수의사라면 동료 의식을 느낄 수 있다. 수의과를 졸업한 지 얼마 안 되는 젊은 수의사를 택할 수도 있고 연륜 있는 수의사를 택할 수도 있다. 수의사의 능력과는 아무 상관이 없지만 성별도 선택 고려 사항이 될 수 있다. 또 선택한 병원이 응급실을 운영하는지도 확인하고, 그렇지 않다면 집 주변에 24시간 운영하는 병원을 알아둔다. 반려동물은 공휴일이나 밤늦은 시간을 골라 병이 나는 신통한 재주가 있으니 말이다.

수의사가 해줄 수 있는 것들

- 고양이의 전 생애에 걸친 예방 차원의 건강 관리
- 영양 섭취 가이드
- 돌보기, 행동, 훈련에 대한 궁금증 해소
- 응급처치
- 획기적인 진료 방식이나 치료법 소개
- 고양이 관련 서비스에 대한 정보 제공(예 : 펫시터pet sitter)
- 실종 고양이 관련 정보
- 목욕/털 관리 및 호텔링 서비스(병원마다 다름)
- 안과, 피부과, 행동학 등 각 분야의 전문가 추천
- 진행중인 질환에 대한 장기적인 케어
- 건강상 위기에 놓인 고양이 보호자에 대한 정신적인 지지

제2단계

반려동물을 특히 잘 돌보고 있는 친구나 이웃에게 동물병원이나 수의사를 추천받는다. 이름만 묻지 말고 그 병원이나 수의사가 어떤 점이 좋고 어떤 점은 마음에 안 드는지도 물어본다. 그리고 인터넷 검색을 통해 그 병원에 다녀온 사람들의 후기를 찾아 읽어본다.

제3단계

추천받거나 인터넷으로 찾은 동물병원이 여러 곳이라면 가장 마음에 드는 후보 두세 곳을 추린다. 이때 아무리 괜찮은 병원이라도 집에서 한 시간 거리라면 후보에서 제외하는 편이 낫다.

이제 최종 후보로 낙점한 동물병원을 하나하나 찾아가 시설을 살펴보고 수의사를 만난다. 미리 전화를 해서 사정을 설명하면 병원 직원에게 안내를 받을 수 있을 것이다. 병원 문을 들어서는 순간부터 평가를 시작한다. 병원에서 나는 냄새는 어떠한가? 안은 깨끗해 보이는가? 직원은 친절하고 각종 정보를 잘 알고 있는가? 병원을 둘러보는 동안 직원들이 서로를 어떻게 대하는지도 잘 살핀다. 직원들이 서로 싸우거나 심지어 동물에게 욕설을 하는 경우도 있다. 그러니 눈과 귀를 활짝 열어야 한다.

케이지에 있는 입원 중인 동물들도 잘 살핀다. 내가 주의 깊게 관찰하는 사항 중 하나는 수술을 받은 동물 환자들이 수건이나 담요에 덮여 체온을 유지하고 있는지, 아니면 케이지 바닥에 깔린 신문지 몇 장에 의지해 오들오들 떨고 있는지 여부이다. 케이지 안이 깨끗하고 대소변은 그때그때 바로 치워지는지도 확인한다.

수의사를 직접 만날 때는 수의사가 환자를 돌보느라 바빠서 오랜 시간 이야기를 나누지 못할 수 있다는 사실을 명심해야 한다(이것 때문에라도 병원에 미리 전화해 두는 게 좋다). 몇 분 안 되는 시간에 수의사가 말이 잘 통하는 사람인지, 좋은 사람이라는 느낌이 드는지 판단해야 한다.

수의사와 보호자의 관계는 아주 중요하다. 둘 다 고양이의 평생 건강을 책임지기 때문이다. 고양이를 데리고 몇 번 동물병원을 찾았는데 그다지 편안한 느낌이 들지 않는다면 병원을 바꾼다. 고양이 진료기록 사본을 달라고 한 다음 다른 동물병원을 찾아가면 된다. 편안한 느낌이 들지 않는 곳을 계속 찾아가야 할 이유는 없다. 하지만 병원을 바꾸기 전에 우리가 병원이나 수의사에 기대하는 사항이 비현실적인 건 아닌지 생각해볼 필요가 있다. 어떤 보호자는 하루에도 몇 번씩 병원에 전화해 그때마다 담당 수의사를 바꿔달라고 요구한다. 수의사가 수술 중이거나 다른 동물 환자를 돌보고 있으리라는 생각은 전혀 하지 않는 것이다.

수의사에게 우리가 불편하게 느꼈던 점을 고칠 기회를 줄 필요도 있다. 우리가 기대하는 바가 비현실적이지 않으며 수의사에게 이야기하거나 병원 직원에게 건의했음에도 불편한 상황이 고쳐지지 않는다면 그때는 미련 없이 다른 병원을 찾아간다.

반드시 이동장에 넣어 이동한다

작디작아서 품에 쏙 들어오는 새끼고양이라도 병원에 갈 때는 이동장에 넣어야 한다. 이동장 안이라면 낯선 상황에 노출되어도 고양이가 숨을 곳이 있다는 안도감을 느낀다. 팔에 안고 가다가는 고양이가 갑자기 겁을 먹고 뛰쳐나가 버리는 사고가 발생할 수 있다. 고양이가 어릴 때부터 미리 이동장에 익숙해지도록 하면 나중에 훨씬 편해질 것이다. 동물병원 대기실에 있을 때도 이동장 안에 있는 편이 낫다. 다른 동물 환자들 중에 그리 예의바르지 못한 동물이 있을 수 있으니 말이다. 이동장에 대한 자세한 정보는 8장에서 소개한다.

첫 진료

고양이를 어디서 데려왔든 그 입양처에서 고양이의 건강을 보증했든 아니든 간에 반드시 고양이는 수의사에게 데려가야 한다. 특히 이미 집에 다른 고양이가 있다면 새 고양이를 집에 데려가기 전에 병원부터 데려가 진료를 받는 것이 중요하다. 고양이를 데려올 때 대변 표본도 함께 가져오면 수의사가 내부 기생충이 있는지 여부를 검사하기 편하다(구충제를 먹은 적 없는 새끼고양이는 십중팔구 내장 기생충이 있다). 대변 검사는 수의사가 일반적인 구충 과정으로는 없앨 수 없는 다른 기생충까지 발견할 수 있도록 도와준다. 대변 표본을 채취할 때는 되도록 가장 최근의 대변을 택한다. 고양이가 아침에 대변을 보았지만 병원 예약 시간은 그날 오후라면 표본을 비닐봉지나 용기에 넣어 냉장고에 보관한다. 물론 수의사가 병원에서 대변을 채취할 수도 있지만 고양이 입장에서는 자기 화장실을 이용하는 것이 마음 편하다.

고양이가 고양이백혈병(FeLV) 및 고양이 면역부전 바이러스(FIV) 검사를 받지 않았다면(혹은 이전에 받은 다른 검사 결과의 신뢰도가 의문스러운 경우에도) 검사를 받아야 한다. 검사를 위해 아주 소량의 혈액을 채취한다(FeLV 및 FIV에 대한 자세한 사항은 〈의료 정보 부록〉을 참조한다).

혈액과 대변 검사, 몸무게, 체온 측정이 끝나면 수의사가 본격적으로 고양이 건강 진료를 시작한다. 수의사는 머리부터 꼬리 끝까지 세심하게 고양이를 살필 것이다. 온몸을 만지며 촉진하고 귀 진드기가 있는지, 눈과 코에 분비물이 있는지, 치아에 이상은 없는지 등을 확인하고, 청진기로 심장과 폐 소리도 들을 것이다. 백신 접종 일정을 검토하고, 보호자에게 고양이의 영양, 벼룩 제거, 털 손질, 교육에 대한 기본적인 사항도 알려줄 것이다(처방약 먹이는 법부터 사료 급여량, 발톱 깎는 법 등에 대해 이날 배워두도록 하자).

이제 백신을 접종해야 한다. 백신은 여러 차례에 걸쳐 접종하므로 3주나 4주 후에 다시 병원을 방문해야 한다. 고양이의 연령과 위험 요소에 따라 몇 번을 더 와야 하는지, 어떤 백신을 접종하게 되는지 등 수의사가 친절히 설명해줄 것이다. 또한 접종 후 발생할 수 있는 부작용과 보호자가 살펴야 할 사항, 24시간 내에 고양이에게 나타날 수 있는 반응도 설명해줄 것이다.

대변 표본에서 기생충이 발견되면 구충제를 투여할 것이다. 구충제에 따라 며칠 후에 다시 투여해야 하는 종류도 있다. 귀 진드기가 발견되었다면 귀 진드기 퇴치를 위한 약을 투여해야 한다(귀 진드기에 대한 자세한 정보는 〈의료 정보 부록〉에 나와 있다).

일반적인 고양이 백신 일정

수의사는 연령, 건강 상태, 특정 질병에 대한 노출 가능성, 지리적 위치와 같은 위험 요소를 고려하여 고양이가 언제 어떤 백신을 접종받아야 할지 일정을 짤 것이다. 모든 고양이에게 권하는 핵심 백신이 있고, 위험도가 높은 고양이에 권하는 비핵심 백신이 있다. 또 효능에 의문점이 있어 권하지 않는 비핵심 백신도 있다. 이 외에 일련의 구충제를 정기적으로 경구 투여해야 한다.

병원 스트레스 줄이는 법

동물병원에 데려갈 때마다 고양이가 그 경험을 긍정적으로 여기도록 만들어줘야 한다. 고양이가 동물병원에 가는 것을 자연스럽게 받아들이고 두려워하지 않도록 처음부터 교육시키면 좋다.

고양이는 경험할 때마다 배운다. 그러니 항상 교육시킨다는 마음가짐으로 임한다. 교육이 좋은 효과를 낳느냐 역효과를 낳느냐는 보호자에게 달려 있다. 동물병원과 관련된 행동은 비교적 수정하기 쉽다. 새끼고양이는 물론 이미 수의사라면 경기부터 일으키는 성묘도 가능하다.

동물병원으로 향할 때 간식이나 평소 먹는 사료를 약간 가져간다. 동물병원에 도착하면 창구 직원에게 간식을 줘도 되는지 물어본다(어떤 목적으로 동물병원에 갔느냐에 따라 먹이를 줘도 되는지 여부는 달라진다). 고양이가 편안해한다면 이동장에서 꺼내 창구 직원이 고양이를 쓰다듬거나 안을 수 있게 한다.

대기실에서 기다리는 동안 고양이에게 간식을 준다. 고양이가 불안해한다면 이동장에 넣은 채로 수건이나 신문지로 덮어둔다.

진료실에 들어가면 수의테크니션에게 체중이나 체온을 재기 전에 잠시 시간을 달라고 부탁한다. 수의테크니션이 고양이에게 간식을 주거나 쓰다듬거나 안을 수도 있다(고양이가 안기는 것을 좋아한다면). 고양이가 수의테크니션이 주는 간식을 받아먹지 않는다면 진찰대 위에 놓고 고양이가 직접 가서 먹게 한다.

고양이가 진료실을 덜 두렵게 느끼게 하려면 차갑고 딱딱한 진찰대에 몸이 최대한 닿지 않게 하는 것도 방법이다. 이동장이 상부를 떼어낼 수 있는 형태라면 걸쇠를 풀어 상부를 분리해 고양이가 이동장 바닥에 앉은 채 검사를 받게 한다. 이때 이동장 바닥에 수건을 깔아두면 고양이가 더욱 편안함을 느낄 수 있다.

수의테크니션이 체중이나 체온 등을 재기 위해 고양이를 꺼내야 할 때가 되면 고양이에게 계속 간식을 준다. 고양이가 너무 불안해하면 통조림이나 제일 좋아하는 간식을 소량 준다. 이렇게 간식이나 사료를 이용하면 체온을 재는 것 같은 불유쾌한 일에서 고양이의 관심을 돌릴 수 있다.

수의사가 들어오면 진찰을 시작하기 전에 고양이와 인사하는 시간을 가져야 한다. 백신 접종 같은 불유쾌한 과정을 거칠 때 또 한 번 사료로 관심 끌기 작전을 쓴다. 진찰대 위에 통조림 사료 한 숟가락만 놓아두어도 고양이는 여기에 정신이 팔려 주사바늘이 꽂히는 줄도 모를 것이다.

동물병원은 고양이가 평생에 걸쳐 수차례 가야 하는 곳이니만큼 긍정적인 연관을 형성할 수 있도록 시간을 투자해야 한다. 동물병원에 자주 드나들며 쓰다듬어 주고, 간식을 주고, 최소한으로 보정restraint 한다면 동물병원에 가는 것에 대해 고양이가 스트레스를 덜 받을 것이다. 동물병원에 갈 필요가 없을 때에도 데려가서 직원들이 쓰다듬어주고 간식을 주게 한 다음 그냥 집에 돌아오는 방법도 좋다. 고양이가 새끼 때부터 동물병원의 풍경, 소리, 냄새에 익숙해지면 모두가 스트레스를 덜 받게 된다.

일반적인 진단 절차

X-레이 촬영

X-레이는 인간의 경우와 마찬가지로 골절, 폐색, 종양, 기형 등을 진단하는 데 쓰인다. 고양이는 대체로 X-레이 촬영을 두려워하지 않지만, 골절이나 그 외 부상 때문에 통증을 느끼는 상태라면 진정제를 투여한 다음 촬영한다.

혈액 검사

혈액 검사로 진단할 수 있는 질병은 광범위하다. 고양이에게 질병이 있을 때 특정 장기가 제대로 기능을 하고 있는지의 여부는 물론, 적혈구와 백혈구 수도 알 수 있다. 물론 동물병원에서 바로 확인할 수 있는 검사도 있지만 외부의 진단 실험실에 혈액을 보내 검사를 해야 하는 경우도 있다. 혈액이 소량 필요할 경우에는 고양이의 앞다리 정맥에서, 대량으로 필요할 때는 목의 경정맥에서 채취한다.

초음파 촬영

고주파 음파를 사용하여 고양이의 내장을 그려내는 검사법으로, 장기의 형태, 크기, 상태 등에 대한 유용한 정보를 얻을 수 있다.

심전도 검사

전극을 고양이 피부에 부착시킨 상태로 심장의 수축에 따른 활동 전류 및 전위치를 기록하여 이상 여부를 판별하는 검사다. 고통이 없으므로 대개의 고양이들이 매우 참을성 있게 검사를 마친다.

소변 검사

요도 질환, 당뇨, 신장병 등의 여부를 진단하고 다른 기관의 기능을 판별할 수 있다. 소변 표본은 수의사가 바늘과 주사기를 사용해 채취한다(방광천자). 바늘을 방광에 꽂아 주사기 안으로 소변을 빨아들이는데, 이는 무균 표본이 필요할 때 사용하는 방법으로 소변이 체외 박테리아에 오염되지 않은 상태다. 또 도뇨관을 쓰거나, 진정제를 투여한 상태에서 손으로 방광을 압박하거나(압박 배뇨), 고양이가 소변을 볼 때 용기에 담거나, 소변을 흡수할 모래가 없는 화장실에서 소변을 보게 해 채취할 수도 있다.

조직 검사

채취한 조직 표본을 진단 실험실로 보내 분석하는 검사로, 종양을 확인하고 양성인지 악성인지 판단한다. 또한 암이 완전히 사라졌는지를 확인하는 데도 사용한다(이 경우 종양의 가장자리를 떼어내어 검사한다).

대변 검사

대변의 색, 농도, 악취 정도를 통해 고양이의 건강과 관련된 여러 가지 귀중한 단서를 얻을 수 있다. 수의사나 수의테크니션이 대변 표본을 검사하여 정상적으로 보이는지, 혈액이나 점액이 섞여 있지 않은지 등을 확인한다. 소량의 표본을 특수 용액에 섞어 기생충이 있는지 현미경으로 검사하기도 한다. 편모충 같은 기생충은 찾아내기가 몹시 어렵기 때문에 편모충 감염이 의심될 경우 수일에 걸쳐 대변 표본을 모아 동물병원에 가져가야 할 수도 있다.

중성화 수술은 언제 할까?

암고양이는 난소를 제거하고 수고양이는 거세하는 수술을 흔히 '중성화'라고 한다. 일부 동물 보호소는 생후 8주째에 중성화 수술을 시행하기도 하는데, 대개 암고양이는 첫 번째 발정이 오기 전인 생후 약 6개월에, 수고양이의 경우는 흔히 생후 6~8개월에 한다.

중성화 수술은 단순히 고양이의 개체 수를 늘리지 않기 위해서만 하는 것이 아니다. 중성화 수술을 받지 않은 고양이는 행동 문제를 일으킬 가능성이 훨씬 높다. 중성화 수술을 받지 않은 수고양이는 영역 의식이 강해 집 밖을 돌아다니며 싸움을 벌이고, 집 안 여기저기 오줌을 뿌리기(스프레이로 뿌리듯) 때문이다. 수고양이의 오줌 냄새를 맡아본 적 없다면 각오를 단단히 해야 할 정도다. 또한 의학적 측면에서 볼 때도 중성화 수술을 받지 않은 고양이는 중성화 수술을 받은 고양이에 비해 특정 유형의 암에 걸릴 확률이 높다.

고양이가 아프다는 징후들

고양이의 건강과 편안한 삶은 우리 손에 달려 있다. 보호자라면 평소 고양이의 모습을 잘 살펴둬야 한다. 평소에 물을 얼마나 마시는지 알아두는 것이 중요하다. 마시는 물의 양이 갑자기 늘거나 줄어드는 것은 특정 질환의 증상일 수 있다. 고양이의 화장실 습관도 잘 알고 있어야 한다. 알고 있다면 설사, 변비, 요로 관련 질환을 조기에 발견할 가능성이 커진다. 고양이의 대변과 소변의 색상 및 양도 알아둔다.

정기적으로 털 손질을 해주면 자연스럽게 고양이의 몸을 검사할 수 있어 혹, 상처, 외부 기생충, 부분 탈모, 발진 등의 증상이 나타날 경우 금방 알아챌 수 있다. 고양이의 귀, 눈, 이빨, 생식기, 배, 꼬리 아래쪽은 물론이고 발바닥 볼록살까지 평소에 잘 살펴봐야 한다.

고양이는 웬만큼 아파도 절대 내색하지 않는다. 그러니 우리가 고양이의 행동에서 드러나는 아주 작은 변화만 보고도 알아채야 한다. 그리고 고양이에게 생긴 문제를 수의사에게 알릴 때는 문제 자체에 대한 자세한 설명은 물론, 고양이가 언제부터 그런 문제를 보였는지, 얼마나 자주 문제가 나타나는지를 말해야 한다. 가령 "고양이가 구토를 해요."라고만 말해서는 안 된다는 말이다. 구토물 내용이 먹이인지 액체인지, 또 고양이가 오늘부터 구토를 시작했는지, 아니면 어젯밤부터인지, 얼마나 자주 구토를 하는지, 먹이를 먹은 직후 구토를 하는지, 오늘만 1시간 간격으로 다섯 번 토했는지 등등 우리가 상황을 정확하게 설명하면 수의사는 진단에 필요한 귀중한 단서를 얻을 수 있다.

눈여겨봐야 할 중요 신호들

- 털 외양의 변화 : 윤기가 없어지거나, 건조해지거나, 듬성듬성해지거나, 털이 뭉텅 빠져 피부가 드러나거나, 기름이 끼어 번들거림
- 일상적인 그루밍 행동의 변화
- 피부 : 염증이 생기거나, 가려워하거나, 피부색이나 촉감이 달라지거나, 피부에 상처가 있거나 멍이 들었음
- 행동상의 변화 : 더 이상 활기차게 놀지 않거나, 무기력해하거나, 구석진 곳에 숨거나, 불안해하거나, 공격적인 태도를 취하거나, 짜증을 냄
- 식습관의 변화 : 식욕이 증가 또는 감소하거나, 먹이를 잘 먹지 못하거나, 체중이 변함
- 음수량의 변화 : 마시는 물의 양이 증가하거나 감소함
- 구토 : 내용물(먹이를 토하는지 액체를 토하는지 여부), 빈도, 색깔, 양
- 배뇨 변화 : 화장실 바깥에 오줌을 누거나, 오줌을 자주 누거나, 오줌을 누기 힘들어하거나, 오줌에 피가 섞여 있거나, 오줌을 아예 누지 못하거나(이 경우 당장 응급실로 달려가야 한다), 오줌을 누면서 울부짖거나, 오줌 냄새가 평소와 다름
- 배변 변화 : 화장실 바깥에 배변을 하거나, 설사를 하거나, 똥이 점액으로 덮여 있거나, 평소와 색이 다르거나, 피가 섞여 있거나, 악취가 심하거나, 똥의 양이 평소와 다름
- 절뚝거리거나 아파함
- 힘이 없음
- 지나치게 많이 울거나, 울부짖거나, 아우성을 치듯 울어댐
- 열이 나거나 체온이 내려감
- 재채기나 기침을 함
- 눈의 변화 : 분비물이 나오거나, 얇은 막이 덮이거나, 순막이 넓게 드러나거나, 눈을 가늘게 뜨거나, 한쪽 또는 양쪽 눈의 동공이 커지거나 줄어들거나, 발로 눈을 자꾸 긁음
- 코에서 분비물이 나옴(색과 농도를 살펴본다)
- 귀에서 분비물이 나오거나, 삼출액이 있거나, 발로 귀를 자꾸 긁거나, 머리를 자꾸 흔듦
- 몸의 한 부분이 부어오름

- 몸을 부들부들 떪
- 피부 위 또는 표면 아래에 혹이 있음
- 호흡 변화 : 가쁘고 얕게 숨을 쉬거나 숨쉬기 힘들어 함
- 잇몸 변화 : 부어오르거나, 창백해지거나, 색이 파란색 또는 회색으로 변하거나, 붉은빛이 연해짐
- 심한 입 냄새가 나거나 침을 지나치게 많이 흘림
- 몸에서 악취가 남
- 신경의학적 변화 : 발작, 근육 떨림, 풍 등

고양이를 위한 의료보험

돈은 반려동물이 사느냐 죽느냐를 결정짓는 중요한 요소가 될 수 있다. 고양이를 처음 데려왔을 때 보호자가 가장 생각하고 싶지 않은 것은 이렇게 건강해 보이는 고양이가 끔찍한 질병, 부상, 또는 장애를 겪을 수도 있다는 점일 것이다. 다행히 수의학이 끊임없이 발전을 거듭하고 있어 많은 질병을 치료할 수 있긴 하지만, 감당할 수 없을 정도로 큰 비용이 들기도 한다. 가능한 동물 의료보험에 대해 수의사와 상의해보자. 여러 종류의 보험이 있으므로 시간을 들여 잘 살펴본 다음 결정한다. 또한 동물 의료보험은 일상적인 병원 방문 및 백신 접종은 적용 대상이 아니라는 사실도 알아두자(2016년 현재 국내에는 한 종류의 고양이 의료보험이 있다. - 편집자주).

집에서 하는 건강 체크법

체온 측정

고양이의 체온을 잰다는 것은 거의 불가능한 일인 것처럼 느껴지곤 하지만, 차분하고 부드럽게만 한다면 무사히 미션을 성공할 수 있다. 물론 보호자가 직접 고양이의 체온을 잴 상황이 생길 가능성은 적지만 그래도 알아두면 도움이 된다.

고양이의 체온은 항문용 체온계를 직장에 넣거나 디지털 체온계를 귀에 넣어 측정한다. 입 속에 체온계를 넣어 측정하려는 시도는 절대 금물이다. 고양이는 반사적으로 입안의 것을 씹어 삼키는데, 이때 체온계가 깨지면서 상처가 날 수 있다.

직장으로 체온을 잴 때는 두 명이 하는 편이 훨씬 수월하다. 우선 고양이를 탁자 위에 놓고 적응할 시간을 준다. 등을 부드럽게 쓰다듬거나 꼬리를 살짝 쥐면서 먹이를 고양이 앞에 놓아보자. 고양이가 먹이에 집중하느라 체온계 따위에는 신경 쓰지 않게 된다면, 일단 체온계 끝 부분에 바셀린을 약간 바른 다음(윤활제 역할을 해준다), 고양이의 꼬리를 한 손으로 들어올리고 체온계를 항문 속으로 1인치(약 2.5센티미터) 정도 부드럽게 밀어 넣는다. 그리고 체온계에 동봉된 설명서에 쓰인 시간만큼 체온계를 붙잡고 있는다. 만약 체온계를 넣기 어렵다면 직장 쪽 근육이 이완되도록 고양이의 꼬리와 등이 만나는 부분을 부드럽게 긁거나 톡톡 두들겨준다. 또한 체온계를 살짝 비틀면서 넣으면 훨씬 쉽게 미끄러지듯 들어간다. 조바심을 내지 말고 부드럽게 살짝 밀어넣는다. 고양이가 너무 불안해하면 체온이 정확하게 측정되지 않으니 고양이가 최대한 차분하게 있을 수 있게 한다.

체온계를 빼내고 나면 티슈로 닦고 눈금을 읽은 다음 알코올로 세척하거나 설명서에 쓰인 방법대로 보관한다.

디지털 귀 체온계는 체온을 금방 측정할 수 있어 고양이가 스트레스를 덜 받는다. 이 체온계는 귀 속에 넣기만 하면 된다.

어떤 체온계를 쓸 것인가는 고양이의 반응에 따라 다를 수 있다.

맥박 측정

고양이의 뒷다리 안쪽, 사타구니와 만나는 부분에 대퇴골 동맥이 있다. 고양이를 일으켜 세운 상태에서 손가락으로 이 동맥을 찾아 맥박을 짚고, 15초 동안 맥이 몇 번 뛰는지를 세어본다. 그 숫자에 4를 곱하면 1분 동안 맥이 몇 번 뛰는지를 알 수 있다. 성묘의 경우 1분당 160~180번이 보통이다. 새끼고양이는 이보다 훨씬 많아서 일반적으로 1분에 200번 정도 뛴다.

호흡 속도 측정

고양이의 가슴이나 배가 오르락내리락 하는 모습을 관찰하며 60초 동안 그 움직임을 세면 호흡 속도를 알 수 있다. 고양이가 흥분해 있거나 성이 난 상태에서는 호흡이 비정상적으로 빨라지므로 이럴 때는 측정하지 않는다. 차분한 상태일 때 고양이는 대개 1분에 20~30번 정도 숨을 쉰다.

호흡 속도가 이보다 빠르다면 통증, 충격, 탈수, 또는 질병이 있다는 의미일 수 있다. 힘이 많이 드는 신체 활동을 했다면 숨을 헐떡거리는 것이 정상이다. 하지만 힘들게 숨을 쉬면서 헐떡거리거나 안절부절못하면서 헐떡거린다면 열사병 같은 심각한 상황일 수 있다.

약 먹이는 법

알약

고양이 보호자라면 잘 알겠지만 이건 정말 보통 일이 아니다. 고양이에게 알약을 먹이느니 치과에서 사랑니를 뽑겠다는 보호자도 있다. 이건 보호자와 고양이가 서로 적이 되어 벌이는 한 판 레슬링과도 같다. 고양이는 몸을 비틀며 발버둥을 치고, 보호자는 차력사라도 된 듯 꽉 다문 고양이의 입을 벌리려고 기를 쓴다.

알약을 먹이에 섞어 놓으면 간단하지 않을까 싶지만, 여러 가지 이유에서 이 방법은 쓰지 않는 편이 좋다. 알약 중에는 위산에 파괴되지 않고 장까지 가서야 흡수될 수 있도록 특수 코팅을 한 것도 있고, 어떤 알약은 냄새가 특이하거나 맛이 쓰기 때문에 먹이에 섞어주었다가는 고양이가 먹이마저 거부하게 되기도 한다. 고양이는 후각이 아주 뛰어나기 때문에 알약을 먹이 속에 아무리 잘 숨겨놓아도 찾아낼 수 있다. 또 먹이와 같이 섭취하면 안 되는 알약도 있으니 수의사에게 먼저 물어봐야 한다.

어떤 고양이는 탐린Tomlyn에서 나오는 고양이용 뉴트리칼Nutri-cal 같은 젤에 숨겨두면 더 쉽게 약을 먹기도 한다.

내가 가장 좋아하는 방법은 '필포켓Pill Pocket'을 쓰는 것이다. 이 제품은 말랑말랑한 덩어리 간식으로 가운데 기다란 틈이 있어 그 안에 골치 아픈 알약을 넣을 수 있다. 모든 고양이가 이 '알약 주머니'에 속아 넘어가지는 않지만 대개는 통한다(필포켓은 반려동물 용품점이나 온라인숍에서 구매할 수 있다).

그 어떤 방법도 통하지 않고 직접 알약을 먹이는 수밖에 없다면, 믿을 것은 절묘함과 번개 같은 손놀림뿐이다. 특히 후자가 아주 중요하다. 일단 수선을 떨어서는 안 된다. 보호자가 부산하게 굴수록 고양이는 더더욱 긴장할 것이다. 미리 계획을 짜둔 다음 신중하게 기회를 엿보자. 기회를 잡았다면 고양이를 탁자나 싱크대에 올려놓고 한 손바닥을 고양이의 머리 위에 얹어 머리를 가볍게 뒤로 젖힌 다음, 엄지손가락과 가운뎃손가락으로 각각 고양이의 양쪽 입가, 송곳니가 난 부분의 뒤쪽을 살짝 눌러 고양이의 입을 벌린다. 그리고 다른 한 손의 엄지와 검지로 알약을 쥐고, 중지로 고양이의 아래턱을 눌러 입을 더 벌려 알약을 혀 안쪽에 떨어뜨린다. 알약에 버터를 발라두면 목구멍 안으로 부드럽게 넘어갈 수 있다(하지만 반대로 알약이 손가락에 붙어 잘 떨어지지 않을 수도 있다). 고양이의 입을 놓아 삼킬 수 있게 하되, 달아나 약을 뱉지 못하도록 그대로 붙잡고 있는다. 입을 잡아 억지로 다물게 하면 고양이가 알약을 삼키지 못하기 때문에 목을 아래쪽으로 부드럽게 쓸어줘 알약이 식도를 잘 통과하게 해준다.

알약을 먹인 다음에는 알약이 무사히 위장으로 들어갔는지, 약을 뱉어내지는 않는지 한동안 살펴야 한다. 고양이가 혀를 내밀어 코나 입을 핥으면 알약을 삼켰다는 확실한 증거다. 기침을 시작하면 알약이 식도 어딘가에 걸렸다는 의미일 수 있다. 이럴 때는 고양이를 놓아줘 기침으로 알약을 뱉어낼 수 있게 해준다. 알약이 나오지 않는다면 고양이의 허리 부분을 잡고 거꾸로 들어올려 알약을 토해내게 한다.

알약이 식도에 걸린 채 방치되면 염증이 발생할 수 있으니 정말 잘 살펴야 한다. 사람이 알약을 삼킬 때 물을 같이 마시면 알약이 위장까지 원활하게 도착하듯이, 고양이에게도 물, 닭고기 국물, 아니면 최소한 습식 사료 몇 입을 주는 것이 도움이 된다. 단, 습식 사료를 줄 경우에는 해당 알약과 같이 줘도 안전한지 확인하다. 알약을 먹일 때 취할 수 있는 또 한 가지 자세는 바닥에 무릎을 꿇은 다음 발뒤꿈치로 엉덩이를 받치고 앉은 채 다리를 V자로 벌리는 것이다. 고양이를 뒤에서 껴안듯 하여 다리 사이에 놓는다. 이러면 고양이가 뒤로 도망가려 해도 갈 수가 없다.

손가락으로 알약을 잡고 있기가 힘들거나 고양이가 손가락을 물어뜯으려 한다면, 동물병원이나 반려동물 용품점에서 플라스틱 '필건pill gun'을 구입한다. 이 알약 투약기는 플라스틱 손잡이가 알약을 주사기 끝에 붙잡아두는 형태로, 이 상태에서 주사기를 누르면 알약이 입안으로 떨어진다. 나는 손가락보다 필건을 쓰는 것이 더 어렵게 느껴지지만, 물어뜯기지 않고 알약을 먹일 수 있다는 장점이 있으니 자신에게 편한 방법을 사용하면 된다.

필건으로 약 먹기에 적응시키려면, 먼저 고양이 사료를 필건 끝에 끼워서 핥아먹게 하는 연습을 몇 번 해야 한다. 또 고양이가 몸부림을 치면서 할퀴려 하면 고양이를 수건으로 감싸고, 그래도 도저히 다루기 어려울 정도로 날뛰면 다른 사람에게 도움을 청하자.

물약

물약을 먹이기 위해서는 일회용 주사기 같은 도구가 필요하다. 숟가락은 물약을 엎지를 가능성이 높아 정확한 양을 먹일 수 없으니 사용하지 않는다.

가장 쉬운 방법은 뺨과 어금니 사이 공간인 볼주머니에 물약을 넣는 것이다. 고양이를 탁자에 올려놓고 정확한 양의 물약을 주사기에 넣은 다음, 주사기 끝을 볼주머니 안에 넣고 물약을 조금씩 흘려 넣어서 고양이가 그때그때 삼킬 수 있게 한다. 한 번에 너무 많이 흘려 넣으면 숨을 쉬다 물약이 기도로 빨려들어갈 위험도 있고 그냥 입 밖으로 흘러내릴 수도 있다. 고양이가 겁을 먹지 않고 차분하게 약을 삼킬 수 있도록 한다. 도와주는 사람이 있다면 우리가 물약을 먹이는 동안 고양이를 조심스럽게 안고 쓰다듬어 주게 한다.

물약이 먹이기가 불가능하다면 해당 물약을 사료와 섞어서 줘도 되는지 수의사에게 문의한다. 사료와 섞어 줘도 된다면 물약 맛을 가릴 수 있는 강한 맛의 사료를 택한다. 고양이가 사료를 다 먹어야 적정 양의 물약을 다 먹는 셈이니 남기지 않도록 주의한다.

조제약

알약 중에는 조제 전문 약사가 녹여서 물약으로 만들 수 있는 종류도 많다. 고양이에게 알약보다 물약을 먹이기가 더 쉽다면 수의사에게 부탁하여 조제 전문 약사를 추천받도록 하자. 또 물약은 대체로 좋은 맛을 첨가하여 거부감을 줄인 경우가 많다. 어떤 약은 제형을 바꿔 피부에 바르면 스며들게 만들 수도 있다. 그 외에도 약품은 물약, 젤, 또는 씹을 수 있는 형태로 만들고 맛을 첨가해 먹기 편하게 만들 수 있다. 닭고기, 참치, 소고기 등 고양이가 좋아하는 각종 맛을 첨가하는 것도 가능하다. 이런 조제 약품이 인기를 얻으면서 전문 약사가 있는 조제실도 많아지고 있다. 처방전에서 조제가 가능한 약품이 있는지 수의사에게 물어보자. 살고 있는 지역에 조제실이 없고 수의사가 특정 약품을 조제 약품으로 만들 수 있는지 잘 모른다면(모든 약품을 조제 약품으로 만들 수 있는 것은 아니다), 온라인 조제실에 문의하여 도움을 받을 수 있다.▼

가루약

가루약은 보통 습식 사료와 섞어서 먹인다. 가루약 맛이 좋지 않다면 강한 맛의 사료와 섞어서 준다. 어떤 방법으로 투여하는 편이 가장 좋은지 수의사에게 문의한다.

연고 및 크림과 패치

먹는 약 중 일부는 피부에 바르는 형태로 재조제할 수 있다. 크림 형태의 약을 고양이 귀 안쪽에 바르면 성분이 피부 속으로 스며든다. 온갖 방법을 동원해도 고양이에게 약을 먹일 수 없다면 수의사에게 문의해 크림 형태로 약을 재조제하는 것도 방법이다.

약을 바를 때는 의자에 앉아 고양이를 무릎 위에 앉히고, 쓰다듬어서

▼ 국내의 경우 아직 활성화되지 않고 있는 실정이다. - 편집자주

안정시키면서 계속 쓰다듬듯이 연고를 바른다. 또 손가락에 의료용 골무를 착용하는 것이 좋다. 그래야 적정량을 모두 발라줄 수 있고 약이 보호자의 피부에 스며드는 것을 막을 수 있다. 약을 바른 뒤에는 반드시 손을 씻는다.

약을 다 바른 뒤에도 고양이를 쓰다듬어 주면서 계속 무릎에 앉혀둔다(하지만 고양이가 싫어한다면 강제로 앉혀두지는 말자). 그러면 약이 피부 속으로 스며들 시간을 벌 수 있고 나중에 고양이가 핥아내더라도 씻겨나갈 양이 줄어든다. 고양이가 약을 바르자마자 무릎 위에서 뛰어내린다면 같이 놀아주거나 사료를 주면서 약이 흡수될 시간을 확보한다. 고양이가 약을 자꾸 핥으려 한다면 수의사와 의논해 넥칼라neck collar를 씌우는 편이 좋다.

한편 진통제는 피부에 붙이는 패치가 약효가 좋다. 오랜 시간에 걸쳐 약 성분이 천천히 흡수되기 때문이다. 고양이가 핥거나 씹어서 떼어낼 수 없는 부위에 털을 밀고 조심스럽게 패치를 붙인다. 처음에는 수의사가 패치를 붙여줄 것이다.

주사

당뇨병 같은 일부 질환은 주사로 약제를 투여해야 하며, 이 상태가 계속된다면 보호자가 직접 고양이에게 주사를 놓는 법을 익혀야 하는 상황이 될 수 있다. 주사에는 약제의 종류에 따라 피부 바로 아래에 주사하는 피하 주사와 근육 주사가 있다. 이 경우 수의사가 주사를 놓는 법을 가르쳐주는데 대개 피하 주사법이다.

안약 또는 눈 전용 연고

안약을 넣을 때는 고양이를 무릎 위에 앉히거나 안은 채 머리를 살짝 뒤로 젖히고, 안약을 든 손을 고양이의 뺨에 대어서 고양이가 갑자기 움직여도 눈이 찔리지 않게 한다. 정해진 양을 눈에 떨어뜨리되, 약병 끝이 눈을 건드리지 않도록 조심한다. 다 넣은 다음에는 고양이를 놓아줘 눈을 깜빡이게 한다. 당연한 얘기지만 수의사가 처방하지 않은 안약은 절대 고양이의 눈에 넣어서는 안 된다.

눈 전용 연고를 바를 경우에는 먼저 비누로 손을 깨끗이 씻고 한 손으로 고양이의 머리를 살짝 위로 젖힌다. 연고를 든 손을 고양이의 뺨에 대어서 고양이가 갑자기 움직여도 연고 끝이 고양이의 눈을 찌르지 않도록 한다. 고양이의 아래 눈꺼풀을 조심스럽게 끌어내리고 연고 끝이 눈을 건드리지 않도록 조심하면서 눈꺼풀 안쪽을 따라 연고를 짠다. 자칫 고양이가 아플 수 있으니 눈꺼풀을 문지르지는 않는다. 고양이가 눈을 깜박이면 자연스럽게 연고가 안구로 퍼져나갈 것이다.

귀에 넣는 약

귀에 넣는 약은 귀가 깨끗할 때 잘 스며들기 때문에 먼저 화장솜이나 티슈로 귀를 닦아준다. 귀 세정제를 사용해야 할지 여부는 수의사에게 문의한다. 고양이를 무릎에 앉히거나 다리 사이 바닥에 두고, 미리 깨끗이 씻은 손으로 고양이의 귀를 잡고 머리를 고정시킨다. 귀 끝을 잡는 것이 아니라 귀의 뿌리 쪽을 잡거나 귀 끝을 뒤로 젖힌다. 귀에 약을 넣어야 할 정도라면 귀에 염증이 생겼거나 민감한 상태니 부드럽게 다뤄야 한다. 이 상태에서 처방받은 양만큼 약을 귓속에 넣는다. 고양이가 약을 넣자마자 고개를 흔들지 못하도록 고양이의 머리를 살짝 잡아 고정시킨다. 그래야 약이 외이도로 흘러들어갈 수 있다. 귀에 염증이 있는 상태가 아니라면 귀 아래쪽을 살살 문질러 약 성분이 잘 퍼지도록 해줘도 좋다. 귀에 이미 염증이 생긴 상태라면 문지르지 않아야 한다. 고양이는 귀에 약이 들어가면 고개를 흔드는데 이때 약이 사방으로 튀어 옷이나 주변 천을 버려놓으므로 미리 조심한다.

아픈 고양이 돌보기

아픈 고양이를 집에서 돌보려면 막중한 책임감이 필요하다. 고양이 입장에서야 낯선 병원보다는 익숙한 집에 머무는 편이 더 좋겠지만, 보호자 입장에서는 수의사가 알려준 지시사항을 모두 지킬 능력과 고양이에게 쾌적한 환경을 마련해줄 역량이 되는지 확신이 있어야 한다. 의문 사항이 있거나 필요한 절차들을 해낼 자신이 없다면 혼자 해보기 전에 수의사에게 먼저 시범을 보여 달라고 청하는 것도 좋다.

방과 잠자리

아픈 고양이는 조용하고 아늑한 방에 머물러야 한다. 아이들이나 다른 반려동물이 있어 늘 시끌시끌한 집이라면 특히 신경 써야 할 부분이다.

고양이가 추위에 떨지 않도록 따뜻하고 외풍이 없는 방을 택하고, 턱이 낮은 화장실을 방 안에 넣어줘 고양이가 볼일을 보러 멀리까지 걸어가지 않게 한다. 고양이가 일어서지 못하는 상태라면 안아서 화장실 안에 넣어주고 볼일을 보는 동안 잡아주도록 한다.

잠자리는 깨끗하고 건조하게 유지해야 한다. 잠자리에 수건을 깔아두면 고양이가 실수를 하더라도 수건만 갈면 되므로 청결을 유지할 수 있다. 관절 및 뼈 질환이 있는 동물을 위한 두꺼운 폼 재질로 만든 침대orthopedic bed를 준비한다면 고양이가 훨씬 더 안락함을 느낄 것이다. 이런 침대를 구하기 힘들다면 포장재로 쓰이는 우레탄 폼을 알맞은 크기로 자르고 수건으로 감싸 잠자리로 써도 좋다.

고양이가 추워하면 갖가지 종류의 반려동물용 전기방석이 있으니 그중에서 적당한 것을 사용한다. 전기방석 잠자리를 마련해 줄 때는 바로 옆에 일반 잠자리도 같이 놓아 고양이가 선택할 수 있게 한다.

먹이

아픈 고양이는 식욕이 없을 수 있고 적은 양을 여러 번 먹는 것을 선호할 수도 있다. 고양이가 충분한 영양을 섭취할 수 있도록 해야 한다. 특별식을 먹어야 하는 상황이 아니라면 냄새가 강한 사료를 주거나 살짝 데워주면 잘 먹는다. 수의사가 따로 기호성이 좋은 요양식을 처방해 주기도 한다. 고양이가 먹이를 토해버린다면 구토제를 처방받을 수 있다.

갖은 수단을 동원해도 고양이가 먹이를 먹으려 하지 않는다면 주사기로 먹이는 방법이 도움이 된다(단, 수의사가 권하지 않는다면 이 방법은 되도록 사용하지 않는다). 주사기 공급을 하기로 결정되면 수의사가 묽은 액체 먹이를 처방해줄 것이며, 한 번에 먹어야 하는 양과 급여 횟수도 알려줄 것이다.

고양이가 물을 충분히 마시지 않는다면 마찬가지로 주사기로 물을 공급해 줄 수 있다. 물에 먹이나 닭고기 국물을 약간 섞어 고양이가 맛을 느낄 수 있게 한다. 하지만 주사기로 물을 먹이는 방법은 아주 위험할 수 있으니 조금씩 줘야 하고, 고양이가 물을 삼키고 조금 쉴 수 있도록 기다렸다가 다시 줘야 한다. 수의사의 지시 없이는 주사기로 물을 주는 것은 삼간다. 고양이가 물기 많은 먹이를 먹을 수 있다면 그것만으로도 수분 흡수는 충분하다.

털 손질

고양이는 평소 아주 깔끔한 동물이지만 몸이 아프면 청결을 유지하기가 힘들어진다. 몸이 아파서 구토를 하거나, 주사기로 먹이를 공급받거나, 설사를 하거나, 잠자리에 소변을 보는 경우 고양이의 털과 피부를 잘 살펴줘야 한다.

주사기로 먹이를 공급하게 되면 상당량이 턱 밖으로 흘러 목까지 내려가기 때문에 먹이를 주기 전에 작은 수건을 목에 둘러 턱받이를 만들어 주고, 급여가 끝나면 바로 따뜻한 물을 적신 수건으로 얼굴을 닦아준다. 먹이나 약이 털에 묻은 채 말라붙도록 두지 말자.

고양이가 잠자리에 오줌을 싸거나 설사를 했을 때 이를 즉시 닦아주지 않으면 피부가 짓무르거나 염증이 생길 수 있다. 만성 비뇨기 질환이 있거나 설사를 오래 할 경우 항문과 생식기 주변 털을 짧게 잘라주면 청결을 유지하기 쉽다.

정기적으로 빗질을 해서 고양이의 피부와 털을 건강하고 깨끗하게 관리해준다. 특히 장모종은 털이 엉키지 않도록 매일 꾸준히 빗질해 줘야 한다. 고양이가 몸을 움직이지 못할 정도로 아프다면 이따금씩 몸을 돌려 눕혀줘야 피부에 공기가 통하고 욕창이 생기지 않는다.

외로움과 우울증 달래주기

아픈 고양이와 함께하는 시간을 늘려서 기분을 북돋워주자. 고양이가 쓰다듬거나 만지는 것을 싫어한다면 그냥 옆에 앉아 있어 준다. 보호자가 곁에 있다는 것만으로도 편안한 느낌을 받을 것이다. 고양이와 한 방에서 책을 읽거나 노트북으로 할 일을 한다.

만약 아픈 고양이가 다른 반려동물이나 가족과 함께 있을 때 편안함을 느낀다면 같이 있게 해주되, 조용하고 차분한 분위기를 유지해야 한다. 반려동물이 여럿 있는 집에서 긴장감이 조성되거나 다른 반려동물들이 아픈 고양이에게 공격적이거나 불안해하는 태도를 보인다면 아픈 고양이가 스트레스를 받지 않도록 회복될 때까지 격리시켜야 한다.

입원과 수술

여기서 설명할 수술 절차는 일반적인 개요다. 고양이의 나이, 수술의 종류 등에 따라 많은 부분이 달라진다는 것을 염두에 두자.

수술 전날 밤

수술을 하는 날 아침에 위장이 비어 있어야 하므로, 아마 수의사가 자정 이후부터 금식할 것을 지시할 것이다. 물도 주지 말아야 하는 경우도 있다. 고양이가 약을 복용하고 있는 상황이라면 전날 저녁과 수술 당일 아침에 약을 먹여야 하는지 수의사에게 꼭 문의한다.

입원 수속

아침에 병원 문이 열리자마자 고양이를 병원에 데려가면 수술동의서를 받게 될 것이다. 수술동의서는 의사가 고양이에게 마취를 시행하고 예정된 수술을 진행하는 것에 보호자가 동의한다는 내용으로 구성된다. 대부분 동물병원의 수술동의서는 추가 진통제 투여를 별도 섹션으로 마련해 놓고 있다. 추가로 약물을 투여하면 비용을 따로 지불해야 하므로 별도 동의를 구하는 것인데, 이 섹션에도 동의해두는 편이 좋다. 사람도 그렇지만 고양이마다 참을 수 있는 통증의 수준이 다르기 때문이다. 되도록이면 고양이를 편하게 해주는 편이 좋다.

프리메드premed

입원 수속을 밟은 후 수의사는 고양이를 검사하고 '프리메드' 절차를 거치기도 한다. 프리메드란 한 가지 또는 그 이상의 약한 진정제를 주사해 고양이를 진정시키는 절차다. 진정제 덕분에 고양이의 불안감을 해소하고 나중에 사용할 전신 마취제의 양도 줄일 수 있다.

마취

진정제 약효가 돌면 고양이를 수술 준비실로 옮긴다. 여기에서 앞다리 한쪽 부위의 털을 작은 직사각형으로 깎고 소독을 한다. 다리 정맥으로 마취제를 주사하기 위해서다. 고양이는 마취제를 주사하자마자 의식을 잃는다. 그런 다음 고양이의 기도에 기관 내 튜브를 삽입하고 다른 쪽은 마취 기계에 연결한다. 이 기계는 산소와 마취제를 주입시켜 고양이가 적정 수준의 마취 상태를 유지할 수 있게 한다. 수술 내내 마취제의 양과 고양이의 바이탈 사인을 모니터링하게 된다.

수술 전 절차

수술 담당 간호사가 해당 부위의 털을 깎은 다음 수술용 항박테리아 스크럽으로 피부를 닦아낸다. 그동안 수의사는 수술용 항박테리아 비누로 손과 팔을 북북 문질러 닦는다. 살균한 수술 가운, 모자, 눈 보호구, 장갑을 착용한다. 수술 담당 간호사도 동일한 절차를 거친다.

수술

해당 수술에 필요한 기구가 든 무균 수술용 팩을 개봉한다. 추가로 기구가 필요한 경우 무균 팩에서 꺼내 놓는다. 수술을 시작하기 전 수의사나 수술 담당 간호사가 소독한 수술용 천으로 고양이를 덮는다. 천에는 절개를 가할 부위를 드러낼 수 있도록 구멍이 뚫려 있다.

수술 후 회복기

마취 기계를 분리한 후 고양이를 회복실로 옮기고 고양이가 의식을 회복할 때까지 병원 직원이 모니터링한다. 마취제 때문에 체온이 내려간 상태므로 발열 패드를 깔아준다. 필요한 경우 추가로 진통제를 투여한다.

퇴원

어떤 수술을 했느냐에 따라 고양이를 당일 오후 또는 다음날 아침에 집에 데려올 수 있다. 하지만 수의사가 하룻밤을 병원에서 지내는 편이 좋겠다고 말한다면 굳이 서둘러 데려오지 않는다. 수술 후 24시간 동안은 합병증이 발생할 확률이 높기 때문이다. 수의사가 권하는 대로 따르고, 입원 중인 고양이를 보기 위해 방문해도 괜찮을지 수의사에게 문의한다.

고양이를 집에 데려오기 전, 병원은 여러 가지 지시 사항 및 추후 검사 또는 실밥 제거를 위해 다시 내원해야 할 날짜를 알려줄 것이다.

집에 오면 지시 사항을 하나하나 정확히 지키고, 충분한 휴식을 통해 고양이가 잘 회복될 수 있도록 보살핀다. 밖에 내보내서는 안 되며, 약을 먹는 중이라면 (특히 진통제를 먹는다면) 반사 작용이 느려지고 균형 감각이 떨어져 높은 곳으로 뛰어올랐다가는 떨어질 수 있으니 주의해야 한다. 고양이를 안전한 곳에 두고 수의사가 지시한 대로 처방받은 약을 모두 복용시킨다.

또한 봉합 부위의 실을 고양이가 씹지는 않았는지 정기적으로 확인하고, 수술 부위에 분비물이 있는지, 붓기나 감염이 있는지도 꼼꼼히 살핀다. 이상한 낌새가 있다면 곧장 수의사에게 연락한다.

05

기본 예절 교육

집에서 지켜야 할 규칙 가르치기

'훈련'이란 말에 많은 오해가 있다. 흔히 사람들은 훈련을 훈육이나 군림으로 착각한다. 그래서 고양이에게 누가 명령을 내리는 존재인지 가르쳐주려고 애를 쓰다가 포기하고는 고양이는 훈련이 안 되는 동물이라고 결론지어 버린다. 반대로 초보 보호자 중에는 고양이가 원래 훈련을 받은 상태라고 생각하는 경우도 있다. 으레 모래 화장실을 사용할 줄 알고, 가구에 발톱을 갈지도 않을 것이며, 바깥에 내보내도 길을 잃지 않을 것이라고 생각한다. 이렇게 생각하는 보호자들도 가엾지만 더욱 가여운 것은 이들의 고양이다. 그 고양이들은 십중팔구 버려져 동물 보호소 신세를 지거나 안락사 될 것이기 때문이다.

이 장을 시작하기 앞서 '훈련'이라는 용어의 정의를 다시 생각해보자. 훈련이란 고양이가 알아들을 수 있는 언어로 고양이와 대화한다는 의미가 내포되어 있다. 또한 고양이가 행동으로 무엇을 말하고 싶은지를 이해하는 것이 보호자의 책임이라는 의미도 담겨 있다. 즉, 고양이의 머릿속에 들어가 고양이의 언어를 배우고 어떻게 하면 고양이가 특정 행동을 하게 만들 수 있을지를 파악하는 것이다. 이를 위해 고양이가 어떤 방식으로 의사소통을 하는지, 일반적으로 고양이는 어떤 행동을 하는지 알아둬야 한다. 그래야만 고양이의 수준에서 생각하고 고양이가 보는 식으로 사물을 보면서 귀중한 통찰을 얻을 수 있다.

예를 들어 고양이가 가구에 발톱을 가는 건 우리에게는 몹시 화가 나는 행동일 테지만 고양이 입장에서는 지극히 정상적인 행동이다. 이럴 때 고양이를 훈련시키는 가장 좋은 방법은 먼저 발톱을 가는 것이 당연한 행위임을 이해하는 것이며, 그 다음은 고양이에게 발톱을 갈아도 좋은 장소를 제공하는 것이다.

이것이 바로 '고양이처럼 생각하기' 교육법으로, 핵심은 다음과 같다.

1. 문제가 되는 행동을 어떤 목적에서 하는 것인지 이해한다.
2. 가치가 동일하거나 더 높은 대체 행동을 제시해준다.
3. 고양이가 대체 행동을 택하면 보상을 해준다.

고양이를 올바르게 훈련시키면 즐거운 동반자가 될 수 있을 뿐 아니라 흠집이 날 걱정 없이 좋아하는 가구를 집 안에 둘 수 있다. 고양이는 우리가 부르면 언제든지 와줄 것이고, 손님에게 덤벼들지 않을 것이며, 기분 좋은 가족 구성원이 되어줄 것이다.

클리커 트레이닝

클리커 트레이닝은 누르면 '클릭' 소리가 나는 작은 도구인 '클리커clicker'를 사용하는 훈련법으로, 놀랄 만큼 간단하면서 행동수정과 재주 학습 두 가지 목적을 한꺼번에 달성할 수 있다.

방법은 간단하다. 고양이가 보호자가 원하는 행동을 하면 클릭 소리를 낸 다음 즉시 먹이 보상을 준다(고양이들은 대개 먹이를 얻을 수 있을 때 동기 부여가 잘 된다).

클리커 트레이닝이 효과가 뛰어난 것은 어떤 행동이 보상을 가져다주는지 고양이에게 정확하게 말해주기 때문이다. 클리커를 쓰지 않고 그냥 먹이 보상을 준다면 먹이를 던져줄 때쯤에는 이미 고양이가 다른 행동을 하고 있어 어떤 행동 때문에 보상을 받는 것인지 모호해진다. 하지만 클리커는 지금 한 행동이 올바른 행동이라는 사실을 바로 그 순간에 고양이에게 알려줄 수 있다.

또, 클리커가 내는 소리는 고양이가 사는 환경에서 흔히 들을 수 있는 소리가 아니어서 청각 표식으로 쓰기에 그만이다. 클리커는 반려동물 용품점이나 온라인숍에서 쉽게 구할 수 있다.

시작하기

1단계에서는 고양이가 클리커 소리를 보상과 연결시킬 수 있도록 가르친다. 즉 클릭 소리가 들리면 곧 먹이가 주어진다는 사실을 고양이에게 알려주는 것이다. 먹이를 지나치게 많이 주지 않도록 미리 소량으로 나눠둔다. 클리커를 눌러 클릭 소리를 낸 다음 바로 먹이를 준다. 고양이가 우리를 쳐다볼 때까지 기다렸다가 이 과정을 되풀이한다.

그러면 고양이가 우리와 보상을 연관시키는 데 도움이 된다. 열 번 정도 반복하거나, 고양이가 흥미를 보이며 교육에 참여하는 한 계속해도 좋다. 고양이가 제한 급여 중이거나 처방식을 먹고 있다면, 한 끼에 먹는 양을 소량으로 나눠 먹이 보상으로 사용한다. 습식 사료를 먹는 고양이라면 이를 부드러운 이유식용 숟가락이나 압설자 끝에 소량씩 얹어서 준다.

처음에는 교육 시간을 짧게 한다. 고양이가 흥미를 보이지 않는다면 배가 고프지 않거나 먹이가 그다지 동기부여가 되지 않는 것이다. 만약 자율 급여를 하는 중이라면 먹이를 교육 목적으로 활용할 수 있도록 제한 급여로 바꿔야 할 수도 있다.

바람직한 행동에 보상 주기

클리커 트레이닝으로 불과 2분도 안 되어 고양이에게 첫 번째 재주를 가르칠 수 있다. 믿기 어려운가? '앉아'는 쉬운 편이니 맨 처음 가르치기에 좋다. 먼저 고양이와 마주 보며 바닥에 앉는다. 손에 든 사료 한 알 또는 습식 사료를 얹은 숟가락을 고양이의 머리 약간 위쪽으로 들어올린다. 고양이의 시선이 먹이를 따라가면 엉덩이가 자연스럽게 바닥에 닿으며 앉는 자세가 된다. 먹이를 너무 높이 들어올리면 고양이가 먹으려고 달려들기 마련이니 높이를 잘 조절한다. 고양이의 엉덩이가 바닥에 닿자마자 클리커를 누르고 곧장 먹이를 준다. 이 과정을 여러 번 반복한다. 고양이가 일관되게 이 행동을 되풀이하면 '앉아'라는 신호를 덧붙여도 좋다. 얼마 지나지 않아 고양이는 먹이를 든 우리 손만 바라보지 않고 '앉아'라는 말에 반응할 것이다. 그러면 차츰 먹이 보상 주는 횟수를 줄여나간다.

이런 식으로 고양이에게 가르칠 수 있는 행동은 엎드려, 굴러, 하이파이브, 돌아, 이리 와 등 상당히 많다. 핵심은 일관성을 유지하고, 교육 시간이 즐거워야 한다는 것이다. 우리가 초조해하거나 고양이가 교육받을 기분이 아니라면 성과를 낼 수 없다.

고양이가 한 가지 행동을 배우고 이를 일관되게 반복한다면, 점차 먹이 보상을 띄엄띄엄 주도록 한다. 고양이 먹이를 항상 주머니에 넣고 있을 필요가 없어지는 때다. 먹이 보상은 칭찬, 쓰다듬어주기, 장난감으로 대체될 수도 있다.

타이밍 맞추기

클리커 트레이닝을 하다 보면 너무 열중한 나머지 자칫 고양이가 긍정적인 행동을 할 때마다 클리커를 마구 눌러댈 수 있다. 아니면 고양이의 행동을 미처 보지 못했다가 한 발 늦게 클리커를 누르는 경우도 있다. 클리커 트레이닝에서는 타이밍을 맞추는 것이 정말 중요하다. 고양이는 클릭 소리가 나는 순간 하고 있던 행동과 클릭 소리를 연관시킨다. 클리커를 너무 늦게 누르면 고양이가 이미 다른 행동을 하고 있어 엉뚱한 행동을 강화하게 된다. 또 클리커를 여러 번 누르면 고양이는 대체 무엇 때문에 먹이 보상을 받는지 알지 못한다. 클리커는 딱 한 번만, 그리고 정확한 순간에만 눌러야 한다.

클리커 트레이닝의 장점

왜 고양이에게 굳이 '굴러'나 '하이파이브'를 가르쳐야 하는지 이해할 수 없는가? 물론 고양이가 이런 특정 행동을 알아야 할 필요는 없다. 하지만 두어 가지 행동을 가르치면서 보호자도 고양이도 클리커 트레이닝 기술을 발전시킬 수 있다.

고양이는 보상을 얻을 수 있는 긍정적인 방식을 배우게 된다. 좋은 행동을 하면 좋은 결과가 따르고, 보호자가 바라지 않는 행동은 좋은 결과가 따르지 않는다는 것을 알게 된다. 고양이는 영리한 동물이다. 좋은 결과가 나오는 행동을 더 자주 하기 시작할 것이다.

클리커 트레이닝은 또한 고양이에게 자신이 주변 환경을 장악하고 있다는 느낌을 갖게 한다. 이런 느낌을 갖는 고양이는 느긋해지기 때문에 부정적인 행동으로 스트레스를 표출하려는 성향이 줄어든다. 게다가 클리커 트레이닝은 고양이와 보호자 사이의 애착 및 유대감을 강화하는 훌륭한 방법이기도 하다.

클리커를 이용해서 고양이가 '앉아'나 '엎드려' 같은 특정 신호에 반응하는 행동을 하게 교육시킬 수도 있지만, 특정 신호를 적용할 수 없는 행동도 강화시킬 수도 있다. 예를 들면 상대를 공격하려고 빤히 노려보다가 그만두거나, 화장실이 아닌데도 항상 오줌을 싸놓던 장소를 그냥 지나가거나, 집에 손님이 왔을 때 침대 밑에 숨지 않고 손님이 있는 방으로 들어올 때 클리커를 눌러 이를 칭찬해줄 수 있다는 말이다. 이렇게 클리커 트레이닝을 통해 고양이와 완전히 새로운 방식으로 의사소통이 가능하다. 절묘한 행동에 때맞춰 클릭 소리를 내고 먹이를 보상으로 주는 과정을 몇 번이고 되풀이하다 보면 고양이는 반복을 통해 좋은 행동이 좋은 결과를 낳는다는 사실을 알아차리게 된다.

이 책에는 클리커 트레이닝을 사용할 기회라고 소개하는 부분이 꽤 많다. 하지만 클리커 트레이닝을 실제로 시작할 것인지는 보호자가 결정할 문제다. 클리커 없이도 고양이의 행동을 수정하는 것도 가능하며, 반대로 행동 수정의 한 방법으로 클리커를 활용할 수도 있다.▼

이름 부르면 오기 가르치기

가르쳐야 할 행동 중에서 가장 중요한 것이다. 보호자가 외출하기 전에 고양이가 어디 있는지를 확인할 수 있고, 위험한 장소나 상황에서 이름을

▼ 고양이 행동 전문가, 마릴린 크리거가 쓴 〈고양이 클리커 트레이닝〉이란 책에서 자세한 방법을 배울 수 있다. - 편집자주

불러 고양이를 오게 할 수 있다면 고양이의 목숨을 구할 수도 있다.

고양이에게 자기 이름을 가르치려면 세 가지 법칙을 지켜야 한다.

첫째, 고양이 이름은 알아듣기 쉬운 것으로 선택한다. '신데렐라의 왕자님'이라든가 '멋쟁이 프레드릭' 같은 이름은 좋지 않다.

둘째, 이런저런 별명을 10개쯤 붙여 매번 다른 별명으로 고양이를 부르지 않는다. 한 가지 이름으로만 불러서 고양이가 그 이름과 자신을 연관시키도록 해야 한다.

셋째, 화가 난 상태에서 고양이의 이름을 부르지 않는다. 이름을 불러서 다가갔는데 벌을 주려 한다면, 고양이는 다시는 보호자에게 다가오고 싶지 않을 것이다.

먼저 고양이가 자기 이름을 긍정적인 것과 연관 짓도록 가르친다. 고양이를 쓰다듬으면서 차분하고 친근하며 달래는 어조로 이름을 반복해서 말한다. 그릇에 먹이를 부어주기 전에 소량을 손바닥에 얹어 고양이에게 먹인다. 사료를 한 알 주면서 이름을 계속 부른다. 몇 번 반복한 다음 사료를 그릇에 부어주고 고양이가 먹도록 한다. 교육 세션 시간은 너무 오래 끌지 않는 것이 핵심이다. 세션은 짧게, 긍정적인 상태로 끝내야 한다.

하루에 몇 번 정도, 식사와 식사 사이에 간식 몇 조각을 들고 고양이의 이름을 부른다. 고양이가 다가오면 간식을 한 조각 준다. 클리커 트레이닝 중이라면 이름을 부른 다음 '이리 와'라는 음성 신호를 덧붙여도 좋다. 고양이가 다가오면 즉시 클리커를 누르고 바로 먹이 보상을 준다.

다음 단계로 넘어가 다른 방에서 고양이를 불러본다. 고양이가 자기 이름을 알고 반응을 하면 간식은 띄엄띄엄 줘도 좋지만, 칭찬은 빼먹지 말고 해줘야 한다. 고양이가 이름을 듣고 다가가면 더 이상 먹이는 매번 받지 못하더라도 무언가 좋은 일이 기다리고 있다고 인식하는 것이 중요하다.

슬슬 고양이가 이름에 반응하는 법을 배우게 되었다면, 세 번째 법칙을 잊지 않도록 하자. 절대 화가 난 상태에서 고양이의 이름을 불러선 안 된다. 사실 집에 돌아왔는데 고양이가 무얼 망가뜨렸거나 카펫이나 이불에 오줌을 싸놓았다면 이 법칙을 준수하기가 쉽지 않다. 하지만 고양이를 불러 벌을 주고 싶은 마음을 꼭 참아야 한다. 지금까지 쌓아온 고양이와의 신뢰 관계가 깨어질 수 있음을 잊지 말자.

고양이 안고 다루기

고양이를 안아 올려서 어루만지고 쓰다듬고 약을 먹이고 털을 손질하는 것이 소망인 보호자들이 많다. 이를 시도했다가 온몸이 발톱자국투성이가 된 보호자들이 많다는 말이다. 반면 새끼 때부터 키운 경우 안아 올려 쓰다듬어주는 손길에 익숙해지게 하느라 애썼던 시간에 보답을 받는 보호자도 있다.

핵심은 일찍 시작하는 것이다. 먼저 새끼고양이를 두 손으로 안아 올린다. 아무리 작아도 반드시 두 손으로 안아야 고양이가 안전하다는 느낌을 받는다. 허리를 움켜잡히고 다리는 공중에 대롱대롱 늘어진 자세로 안기고 싶어 하는 새끼고양이는 없다.

안고 쓰다듬는 중간마다 부드럽게 몸을 만져 새끼고양이가 안긴 채 보살핌을 받는 것에 편안함을 느끼게 한다. 먼저 새끼고양이를 무릎 위에 내려놓고 발을 한쪽씩 부드럽게 어루만진다. 발가락 쪽을 향해 털을 손가락으로 부드럽게 쓸고, 발을 살짝 잡은 다음 조심스럽게 눌러 조그마한 발톱이 드러나게 한 다음 발톱 끝을 하나하나 건드려도 본다. 그러면 발을 만지는 것에 새끼고양이가 익숙해지므로 나중에 발톱을 깎기 수월해진다.

다음은 귀를 살짝 건드리면서 안을 들여다본다. 한 손으로는 고양이를 계속 쓰다듬으면서 나직한 어조로 말을 건다. 나중에 귀를 닦아주거나 귀에 약을 넣어야 할 때를 대비하는 것이다. 이런 식으로 고양이의 몸 곳곳을 만져본 다음에는 간식이나 소량의 먹이를 보상으로 준다.

새끼고양이의 입가를 따라 쓰다듬어주고(고양이들이 아주 좋아한다), 턱 밑도 쓰다듬어준다(정말로 좋아한다). 그런 다음 조심스럽게 한 손가락을 입술 안쪽으로 넣어 잇몸을 부드럽게 마사지한다. 나중에 이빨을 닦아줄 때 도움이 될 것이다. 간식을 주고, 다시 턱 밑에서 시작해 목으로 내려갔다가 입으로 돌아온다. 한 손을 고양이 머리에 얹고 위턱을 가볍게 잡은 다음 다른 한 손으로는 아래턱을 살짝 잡아당겨 입을 벌린다. 이 동작을 빠르게 해치운 다음 손을 치워서 고양이가 입을 다물게 한다. 간식을 준다. 다시 한동안 털을 쓰다듬어준 다음 같이 놀아주는 시간을 갖는다. 이 과정을 꾸준히 반복하면 새끼고양이는 보호자가 몸을 만질 때 편안함을 느끼는 고양이로 자라날 것이다.

사람에게 안기는 것이 익숙하지 않은 성묘를 고양이로 들였다면, 고양이가 갇혔거나 덫에 걸렸다는 느낌을 받지 않도록 아주 조금씩 서서히 적응시켜나가야 한다. 처음에는 한두 번 쓰다듬는 정도로만 그치고 서서히 더 느린 손길로 쓰다듬으면서 고양이의 몸에 손이 닿는 시간을 늘려나간다. 각 단계마다 클리커 트레이닝을 적용하면 고양이가 보호자의 손길을 긍정적인 경험으로 받아들일 것이다. 클리커 트레이닝을 하지 않는다면 간식이나 먹이를 보상으로 준다.

고양이를 안아 올릴 때는 항상 두 손을 쓴다. 목 뒤쪽을 잡아 올려 뒷다리가 허공에 늘어지도록 안아서는 안 된다. 한 손으로 허리를 감아서 들어올리는 행동도 절대 삼간다. 이러면 고양이는 가슴이 부서지는 듯한 느낌을 받게 된다.

고양이를 안아 올리는 적절한 방법은, 한 손을 고양이의 앞다리 바로 뒤쪽 가슴에 대고 다른 한 손으로 뒷다리와 궁둥이를 부드럽게 잡는 것이다. 들어올린 고양이를 가슴에 가까이 대어 고양이가 우리 품에 기댈 수 있게 하고, 고양이의 앞발은 한쪽 팔뚝에 놓게 한다. 이렇게 안으면 고양이는 갇혔다는 느낌이 아니라 받쳐준다는 느낌을 받을 것이다. 아기 안듯이 안는 것은 고양이에게 자연스러운 자세도 아니고 덫에 걸린 느낌을 주므로 피한다.

고양이를 내려놓을 때는 조심스럽게 내려놓는다. 고양이가 몸을 비틀기 전에 내려놓아 고양이가 보호자에게 안기는 경험을 구속당하는 것과 연관 짓지 않도록 한다. 안았을 때 고양이가 초조해하면 재빨리 고양이를 내려줘야 한다. 처음에는 안기는 시간이 짧겠지만 차츰 좋은 경험임을 깨닫게 되면 결국 우리 품에서 느긋이 쉬게 될 것이다.

또 고양이를 안아 올리기 전에 고양이가 우리를 봤는지를 확인해야 한다. 뒤쪽에서 불쑥 나타나 고양이를 놀라게 하면 우리가 몸을 만지는 것을 불안하게 느낄 것이다.

고양이를 안는 또 다른 방법은, 고양이가 품속에서 뛰쳐나가지 않게 안는 것이다. 어떤 행동을 할지 도무지 예측하기 힘든 고양이를 다루거나 동물병원처럼 낯선 환경에서 고양이를 안아야 할 때 유용하다. 먼저 고양이의 엉덩이 부위를 한 팔로 감싸 옆구리에 대어 고양이의 양쪽 뒷다리가 팔뚝 아래쪽으로 내려가 우리 허리 쪽에 밀착되게 한다. 고양이를 감싼 쪽의 손은 고양이의 가슴 아래에서 양쪽 앞다리를 부드럽게 잡는다. 다른 손으로는 고양이의 머리 위를 덮고 가볍게 토닥이거나 살짝 누른다. 이렇게 하면 고양이가 몸을 뒤틀어 빠져나가거나 뛰어내리는 사태를 방지할 수 있다.

허용되는 행동의 기준 정하기

허용되는 행동의 기준이 왔다 갔다 하면 안 된다. 교육에서 가장 중요한 것은 일관성이다. 예를 들어 가족 중 누군가는 고양이가 침대에 올라가도 내버려두는데 다른 가족은 이를 못하게 한다면 고양이는 혼란과 당혹감을 느낄 것이다. 고양이가 주방 조리대에 올라가도 내버려둘 것인가? 평소에는 괜찮지만 음식이 있을 때는 안 된다? 고양이가 무슨 수로 그 차이를 알아차리겠는가?

가족 모두를 불러 모아 기준을 확실하게 정해야 한다. 보호자들이 확실하게 기준을 지키지 않는다면 고양이는 억울할 수밖에 없다. 순전히 보호자의 잘못 때문에 곤경에 처하게 될 테니까 말이다.

같이 잘 것인가?

고양이가 어디에서 잘 것인지를 정했다면 이 규칙도 일관성을 유지해야 한다. 이 규칙은 일단 굳어지면 나중에 바꾸기가 무척 어렵다.

고양이와 한 침대를 쓰고 싶은 보호자라면 별 문제가 없다. 새끼고양이라면 십중팔구 침대에 누운 보호자에게 바싹 붙어 온기와 동지애를 즐길 것이다. 보호자와 고양이가 강한 유대감을 맺을 수 있는 가장 애정 어린 방법이다. 성묘를 입양한 경우에는 좀 다르다. 보호자의 침대에서 자는 것을 택하는 성묘도 있지만 그렇지 않은 성묘도 있다. 고양이의 성격과 현재 느끼는 편안함의 수준에 따라, 집 안의 다른 곳에서 자거나 아예 자신만의 은신처를 찾아 잠을 청하기도 한다. 어떤 보호자들은 고양이와 한 침대에서 자고 싶은 나머지 고양이를 침실로 데려오기도 한다. 하지만 고양이가 침실로 들어오긴 했으나 여전히 침대를 탐탁지 않게 여긴다면 침실 내에서 잘 만한 곳을 찾을 수도 있다. 이렇게 해서라도 고양이와 한 방에서 자고 싶다면 적어도 침실에 캣타워나 창문 해먹window perch 정도는 마련해 주도록 하자.

고양이 잠자리를 구매하려 한다면 고양이는 대개 높은 곳에서 자거나 앉아 있는 것을 좋아한다는 사실을 명심하자. 고양이 잠자리를 방 한쪽 바닥에 놓아두면 제아무리 비싼 돈을 주고 샀더라도 거들떠보지도 않을 것이다. 고양이가 좋아하는 장소, 촉감, 높이를 잘 관찰하면 가장 안락한 장소를 마련해주는 데 도움이 될 것이다.

고양이를 다른 방에서 재우기를 원하는 경우, 반드시 고양이가 있고 싶어 하는 방을 선택해야 하며, 그 방에 고양이가 잘 만한 곳이 두 군데 이상 있어야 한다. 방에 여분의 공간이 있다면 캣타워를 넣어주고 고양이 전용 창문 해먹을 설치해 준다. 방이 고양이 감옥이 되지 않도록 구석구석 세심하게 살핀다. 잠자리에는 보호자가 입던 낡은 상의를 깔아 체취를 느끼게 해준다. 외풍이 있거나 추운 방이라면 반려동물용 전기방석을 깔아주는 것을 고려해본다. 고양이를 침대에 들이고 싶지 않다면 새끼고양이를 두 마리 입양하는 것이 효과가 있다. 녀석들은 외로움을 느낄 사이도 없이 서로 껴안고 놀며 시간을 보낼 것이다.

밤 시간에 활발해지는 고양이도 있으므로 고양이를 다른 방에서 재우겠다면 고양이가 그 방에서 신나게 놀 수 있는 환경을 마련해주는 것도 잊지 않는다. 구멍이 뚫려 있어 굴리면 사료가 나오는 퍼즐 먹이통, 혼자서도 갖고 놀 수 있는 장난감 등을 갖춰준다.

고양이가 우리가 마련해준 방과 잠자리를 좋아하지 않는다면 교육을 통해 그 장소를 긍정적으로 여기게 만든다. 고양이가 캣타워나 창문 해먹에 올라갈 때마다 클리커를 누르고 보상을 주는 것이다. 나중에는 '자러 가'라는 음성 신호를 덧붙일 수도 있다.

고양이가 문턱을 발톱으로 긁으며 방에서 나가려 한다면 자러 가기 직전에 놀아준 다음 먹이를 약간 준다(과잉 급여가 되지 않도록 하루 급여량에서 일부를 떼어두었다가 준다). 그리고 고양이가 자는 방에 퍼즐 먹이통이나 그 외 재미있는 장난감을 넣어두었는지 확인한다. 또한 문턱에 플라스틱 보호대를 붙여두면 발톱 자국이 나는 것을 방지할 수 있다.

지루함은 싫어

고양이가 말썽을 부리는 것은 대개 그 외에는 다른 할 일이 없어서인 경우가 많다. 고양이는 타고난 사냥꾼으로 주변 환경이 다채롭고 탐색거리가 많아야 만족해한다.

새끼고양이는 보호자의 옷에서 떨어진 실오라기 하나만 가지고도 잘 놀지만, 성묘가 되면 고양이를 만족시킬 만한 자극을 마련해주기 위해 보호자가 꽤나 머리를 굴려야 한다. 함께 놀아주는 시간을 정기적으로 갖고(9장 참조), 고양이가 혼자 가지고 노는 장난감들은 일정 기간마다 바꿔줘 지겨워지지 않게 한다. 굴리면 사료가 나오는 장난감, 고양이 터널, 그 외 고양이가 혼자서 오래 가지고 놀 수 있는 퍼즐 장난감 등을 마련해 혼자서도 즐겁게 놀도록 해준다. 일이나 사교 활동 때문에 바빠서 낮은 물론이고 밤에도 종종 집을 비우는 보호자라면 두 번째 고양이를 들이는 것을 고려해본다.

하루 일과를 마치고 현관문을 들어설 때는 고양이가 하루 종일 집에 혼자 있으면서 우리와 다시 만날 시간만을 기다리고 있었다는 사실을 기억하자. 신선한 자극과 애정을 골고루 보여준다면 당신의 고양이는 행복하고 사교성 넘치며 행동 문제 없는 의젓한 고양이로 자라날 것이다.

수직 공간도 생각하기

인간은 수평의 세계에서 살지만 고양이는 수직의 세계에서 산다. 그러니 집 안에 수직적인 공간을 많이 만들어줄수록 고양이에게는 영역이 더욱 넓어지는 셈이다. 아무리 작은 아파트라도 벽을 잘 활용하면 고양이의 입장에서는 집이 몇 배나 넓어지게 된다. 고양이 통로, 선반, 안락한 은신처를 벽에 잘 배치하면 근사한 고양이 전용 공간이 만들어진다. 한쪽 벽에 선반을 몇 개 달고 천장 가까이 높직하게 방을 빙 둘러 통로를 만들어주는 정도만으로도 고양이에게는 환경이 확 바뀌어 보인다. 고양이가 통로에 올라설 수 있게 조그마한 계단을 만들어줘도 좋고, 징검다리처럼 선반을 몇 개 배치해 뛰어 올라갈 수 있게 해도 좋다. 안전을 위해 선반과 통로 표면을 미끄러지지 않는 재질로 덮는다. 고양이가 여러 마리 있다면 통로로 오르내리는 길을 양쪽으로 만들어 한 고양이가 다른 고양이 때문에 통로에서 오도 가도 못 하게 되는 일이 없도록 한다.

고양이가 두 마리 이상이라면 수직적인 공간을 만드는 것이 무엇보다 중요하다. 고양이들이 평화롭게 공존하는 데 도움이 되기 때문이다. 적극적이고 다른 고양이와 대립하는 것을 즐기는 고양이는 제일 높은 곳을 차지하고 앉아 자기 위치를 과시하는 것으로 만족감을 느끼기 때문에 고양이끼리 싸우는 경우가 크게 줄어들 수 있다.

고양이가 한 마리뿐이라도 높은 곳, 중간, 낮은 곳에 여러 가지 수직 영역을 만들어 신선한 자극이 많은 환경을 조성해주는 것이 좋다. 최소한 높이가 다른 선반이 여러 개 있는 캣타워를 마련해주는 것부터 시작해보자.

겁쟁이 고양이로 키우지 않는다

새끼고양이 때부터 다양한 상황에 조금씩 노출시켜 익숙해지도록 해야 한다. 그래야만 성묘가 되어서 진공청소기나 낯선 손님과 같은 일상 속 평범한 대상을 두려워하지 않게 된다.

새끼고양이가 진공청소기나 헤어드라이어가 내는 소리에 익숙해지게 하려면 처음에는 다른 방에 진공청소기나 헤어드라이어를 켜놓은 채 고양이와 놀아주거나 간식을 준다. 고양이가 먼 곳에서 들리는 소리에 신경을 쓰지 않는다면 거리를 조금씩 좁혀본다. 이후에는 헤어드라이어를 고양이가 있는 방으로 가져와 가장 약한 단계로 튼다. 욕실에서 헤어드라이어를 쓸 때는 간식이나 장난감을 갖고 있다가 새끼고양이가 근처에 있을 경우 이 무시무시한 소음을 이겨낸 것에 대한 보상으로 준다. 고양이가 헤어드라이어 소리에 익숙해지게 하려는 이유는 언젠가는 고양이를 목욕시키고 헤어드라이어로 털을 말려야 하는 상황이 올 것이며, 대부분 고양이들에게 그 상황에서 가장 무서운 것은 헤어드라이어의 소리이기 때문이다.

우리 집 고양이들은 처음에는 진공청소기를 켜면 침대 밑, 찬장 안, 심지어 높직한 붙박이장 안으로 뛰어들었다. 그래서 녀석들이 청소기 소리에 익숙해지도록 먼 방 안에서 문을 닫은 채 청소기를 트는 것으로 시작했다. 소리가 멀리서 들리자 고양이들은 크게 불안해하지는 않았다. 그런 다음 나는 고양이들과 놀아주고 먹이를 주었으며, 그동안 남편이 다른 방에서 청소기를 돌렸다(고백하자면, 나는 남편에게 이게 다 고양이들의 행동수정을 위해서라고 말하고는 1주일 동안 청소기 돌리는 일을 남편에게 떠넘길 수 있었다). 매일 진공청소기와 고양이들 사이의 거리를 조금씩 좁히는 한편, 내가 고양이들과 무언가 긍정적인 행동을 할 때만 남편이 청소기를 돌렸다. 마침내 진공청소기가 집 안에서 가장 넓은 탁 트인 공간으로 나오게 되었지만, 처음부터 진공청소기를 켜지 않았다. 나는 고양이들이 진공청소기와 같은 공간에 있어도 편안함을 느낄 때까지 기다렸다. 마침내 진공청소기를 켜자 고양이들은 처음에는 깜짝 놀랐지만 곧 적응했다. 이 훈련에서 핵심은 아주 천천히 진행하는 것이다. 고양이들이 그때그때 들리는 진공청소기 소음에 완전히 적응해 편안함을 느낀다는 확신이 섰을 때 다음 단계로 넘어가야 한다.

이렇게 점진적인 탈감각화desensitization와 역조건 형성counter counditioning을 통해 새끼고양이가 겁을 먹는 상황들을 거의 의식하지도 못하게 만들 수 있다. 역조건 형성이란, 특정 상황에서 고양이가 일반적으로 경험하는 느낌과 반대되는 느낌을 갖게 해주는 것이다. 나는 멀리서 진공청소기를 켜고 점점 거리를 좁히는 방식으로 내 고양이들이 그 소리에 차츰 무감각해지게 만들었다(탈감각화). 그리고 진공청소기가 돌아가는 동안 녀석들과 놀아주고, 간식이나 먹이를 줘서 역조건을 형성했다.

털 손질도 어려서부터 시작해 고양이가 익숙해지게 한다. 새끼 때에는 아직 털이 뭉칠 염려가 없을 것이고 심지어 털이 많이 나지도 않았겠지만, 그래도 브러시와 발톱깎이의 감촉, 털 손질을 받는 느낌에 익숙해지게 하는 게 좋다.

1인 가구의 고양이는 단 한 사람(보호자)의 소리, 손길, 움직임에 너무나 익숙해진 나머지 손님이라도 오면 패닉 상태에 빠져 행동 문제를 보일 때가 많다. 새끼고양이에게 다양한 상황을 조금씩 겪게 하면 적응력이 좋은 고양이로 키울 수 있다. 그렇지 않았다가는 낯선 이가 오면 어디론가 틀어박혀 절대 보이지 않는 '투명고양이'가 되거나, 더 심하게는 집에 놀러오는 친구들을 공격해 '사람을 공격하는 고양이'라는 별명을 얻을 확률이 높다.

중요한 사항을 다시 강조하자면, 이 교육의 목적은 고양이가 특정 상황에 서서히 무뎌지게 만드는 것이다. 고양이가 겁을 먹는다면 진도를 너무 많이, 너무 빨리 나간 것이다. 이만하면 충분하다고 생각하는 것보다 더 천천히 진행해야 한다. 적응력 좋은 고양이로 만드는 두 가지 중요한 도구는 '사랑'과 '인내심'이다. 고양이 보호자들은 대개 '사랑'이라는 도구는 잔뜩 가지고 있으며 잘 활용하고 있다. 반면 '인내심'이라는 도구는 잘 활용하기가 어렵다.

올바른 사회화를 위한 고양이 유치원

새끼고양이를 입양했다면 주변에 고양이 유치원이 있는지 한번 찾아보자. 고양이 유치원에서는 새끼고양이들이 동물병원에서 경험하는 각종 상황에 익숙해지게 함은 물론이고 다른 새끼고양이나 사람들 틈에서 좀 더 편안함을 느끼도록 돕는다. 보호자는 고양이 화장실을 만들고 관리하는 법을 비롯해 고양이를 보살피는 데 필요한 각종 지식을 배울 수 있다. 고양이 유치원에 등록하려면 질병이 퍼지는 것을 막기 위해 백신 접종을 미리 해야 한다. 또한 연령 제한도 있다(국내에는 아직 강아지 유치원만 있지만 차츰 고양이 유치원도 생겨날 것으로 보인다. - 편집자주).

목줄 교육

나는 바깥세상은 고양이가 마음대로 돌아다니기에 안전한 곳이 아니라고 생각한다(교통사고, 이, 벼룩, 전염병, 다른 고양이와의 싸움 등). 그러니 고양이에게 바깥세상을 경험하게 해주고 싶다면 목줄 교육을 한 뒤 안전하게 외출할 것을 권한다. 고양이를 외출시킬 생각이 전혀 없더라도 목줄 교육은 유용하다. 고양이와 함께 여행을 떠날 경우 이동장에서 꺼내 놓을 때 목줄을 매면 뜻밖의 상황에서 고양이를 통제할 수 있다.

고양이 목줄 교육은 상쾌한 산책과는 거리가 멀다. 무엇보다도 산책의

범위를 집 마당 안으로 한정시켜야 한다. 그래야 다른 동물과 마주칠 가능성이 줄어들어 훨씬 안전해진다. 고양이가 흥분하거나 보호자가 목줄을 놓쳐버리더라도 집 마당이라는 익숙한 영역 안에 있다면, 멀리까지 고양이를 찾아가 집 안으로 데리고 들어가야 하는 고생을 겪지 않아도 된다. 목줄 훈련을 했다 해도 산책 범위를 마당으로 제한해야 하는 또 다른 이유는, 고양이에게 영역 너머의 세계를 돌아다녀도 괜찮다는 인식을 심어주지 않기 위해서다. 마당으로만 산책 범위를 제한하면 고양이가 집 밖으로 나오게 되더라도 집 가까이에 머물려 할 것이다. 단, 모든 고양이가 목줄 훈련을 받기 적합하지는 않다. 소심하거나 신경질적인 고양이는 집에서만 편안함을 느끼므로 굳이 데리고 나가지 않는다.

목줄 교육법

우선 가벼운 리드줄을 구입한다. 이때 사슬이나 묵직한 가죽 소재는 피한다. 우리가 산책시키고 싶은 동물은 고양이지 덩치 크고 사나운 사냥개가 아니니 리드줄은 가벼울수록 좋다. 그래야 고양이가 줄에 익숙해지는 시간도 단축된다. 또한 목줄보다는 가슴까지 두르는 하네스harness를 구입하는 것이 좋다. 목에만 거는 목줄은 고양이가 훌렁 벗어버릴 수 있다.

고양이를 바깥세상에 노출시키기 전에 백신을 모두 맞았는지 확인한다. 또 고양이가 목줄을 풀어버리고 달아날 경우를 대비해 인식표도 채워야 한다.

처음 몇 주 동안은 집 안에서 하네스를 착용하고 있는 연습을 한다. 처음 하네스를 채울 때 부산떨지 말고 무심한 태도를 유지하며, 채운 다음에는 간식이나 먹이를 주거나 같이 놀아줘서 고양이의 관심을 딴 데로 돌린다. 식사 시간에 고양이가 먹이를 먹는 동안 하네스를 채우는 것이 제일 좋다. 하네스를 채우고 5~15분 정도 있다가 벗겨준다. 다음 식사 시간이 되기 전에 이 과정을 한 번 더 반복한다. 자율 급여를 하는 고양이라면 하네스를 채우고 바로 간식을 주거나 같이 놀아주면서 관심을 돌린다. 하네스를 채웠을 때 고양이가 심하게 몸부림을 친다면 하네스를 잠그지 말고 그냥 몸 위에 얹기만 한 다음 바로 간식이나 놀이로 관심을 돌린다.

고양이가 하네스에 서서히 익숙해지면 착용 시간을 늘려나간다. 고양이가 저항하기 시작하면 바로 긍정적인 방법(간식이나 놀이)을 쓴다. 하네스를 채운 채 고양이를 혼자 두지 않도록 한다. 하네스가 거슬리는데 보호자가 벗겨주지 않으면 몹시 흥분할 수 있다.

고양이가 하네스에 익숙해지면 이제 리드줄을 소개할 차례다. 하네스에 리드줄을 연결하되, 잡아당기지는 말자. 고양이가 무언가에 연결되어 있다는 느낌에 익숙해져야 한다. 리드줄이 가볍다면 고양이와 놀아주면서 고양이가 줄을 등 뒤로 늘어뜨려 끌고 다니도록 해준다. 이때 줄이 어딘가에 걸리지 않도록 주의해야 한다. 이 과정은 방 안에서 해야 고양이가 달아나다가 어딘가에 줄이 걸리는 불상사를 막을 수 있다. 고양이가 줄에 익숙해지면 다음 단계로 넘어간다.

이쯤에서 아주 중요한 경고 하나를 하자면, 이 시점에서 줄을 잡아당기는 것은 금물이다. 얌전하기만 하던 고양이가 순식간에 털을 세우고 그르렁거릴지도 모른다. 먼저 정적 강화positive reinforcement를 통해 목줄을 매고 산책한다는 행위에 익숙해지게 해야 한다. 클리커 트레이닝이 좋은 효과를 발휘할 수 있다. 먼저 주머니에 간식 몇 조각을 넣어둔다. 고양이가 습식 사료를 더 좋아한다면 소량을 덜어 작은 용기에 옮긴 다음 끝이 부드러운 유아용 숟가락으로 조금씩 떠 먹인다. 줄, 클리커, 먹이, 숟가락까지 챙기기에 손이 부족하다면 막대기를 하나 준비하여 한쪽 끝에는 숟가락을, 다른 한쪽 끝에는 클리커를 테이프로 붙인다. 그러면 클리커를 누르고 보상을 주는 일을 한 손으로 할 수 있다. 허리띠에 주머니를 달고 그 안에 습식 사료를 담은 용기를 넣어두면 된다.

리드줄을 길게 늘어지도록 한 손에 쥐고는 고양이 앞쪽으로 한 발짝 나간다. 다른 손에 간식을 들고 고양이의 눈높이에 둔다. 고양이가 간식 쪽으로 걸어오면 클리커를 누르고 간식을 준다. 다시 다른 간식 조각을 들고 한 발 더 나아간 다음 고양이가 따라오면 똑같은 과정을 반복한다. 타깃 막대기를 사용할 수도 있다. 타깃 막대기를 고양이 앞쪽으로 내민 다음 고양이가 앞으로 나가면 클리커를 누르고 간식을 준다. 고양이가 우리와 함께 걷는 것에 익숙해질 때까지 이 과정을 반복한다. 절대 줄을 끌거나 홱 당기지 않도록 주의한다. 앞으로 한 발 나가면서 조금씩, 살살 잡아당겨야 한다. 거의 알아차리지 못할 정도로 부드럽게 당기는 것이 핵심이다. 고양이가 간식을 다 먹을 때까지 기다리고, 고양이가 계속해서 움직일 거라는 기대는 버려야 한다. 즉, 고양이가 멈춰 섰을 때 목줄을 당기지 않도록 신경 써야 한다.

고양이가 이 단계에 적응했다면, 고양이가 걸음을 옮길 때마다 '가자' 같은 음성 신호를 더해 행동과 신호를 연결시켜도 좋다. 이 단계도 집 안에서 연습한다. 고양이가 하네스를 착용하고 걷는 것에 완전히 익숙해지기 전에는 절대 밖에 나가서는 안 된다. 조금씩 리드줄을 당기는 강도를 높여도 고양이가 몸부림을 치지 않는 정도가 되어야 한다. 이 단계를 완성하고 밖으로 산책을 나갈 수 있으려면 적어도 1~3주는 걸릴 것이다.

드디어 밖에 나가게 되었다면, 처음에는 집 근처에서만 걸어 다니고 집에서 너무 멀리 나가지 않도록 한다. 고양이에게는 완전히 새로운 경험이니 주눅이 들 수 있다. 처음 몇 번은 뒷마당 정도까지만 진출하는 것이 좋다. 수건을 하나 가지고 있다가, 고양이가 흥분하면 수건으로 감싸서 안아 올린다. 그러면 발톱에 긁히는 일 없이 집으로 데리고 올 수 있다. 또한 언제든 고양이의 관심을 끌어야 할 때 사용할 수 있도록 먹이를 챙겨 나간다.

고양이에게 하네스를 착용시키고 바깥 산책을 한다는 것이 고양이에게 과연 정말로 좋은 일인지를 오래, 깊이 생각해 보아야 한다. 바깥 환경에서 긍정적인 경험을 많이 겪을지, 부정적인 경험이 더 많을지 곰곰이 따져보아야 한다.

고양이만의 공간, 캣타워

캣타워는 높이가 다른 기둥 몇 개에 두세 개 또는 그 이상의 선반을 얹은 형태로, 기둥은 그냥 나무이기도 하지만 삼줄을 감아놓은 것도 있다. 캣타워 맨 위에 올라선 고양이는 안도감과 자신감을 느낀다. 캣타워는 여러 용도로 쓰인다. 창밖을 내다보는 전망대이자 단단한 스크래칭 기둥이기도 하다. 선반이 여러 개 있는 캣타워는 여러 마리의 고양이가 좁게 붙어 앉지 않고서도 창밖 풍경을 감상할 수 있게 해준다. 캣타워가 지닌 가장 중요한 의미는 뭐니뭐니해도 고양이만의 체취가 묻은 고양이 전용 가구라는 점일 것이다. 의자나 소파 같은 다른 가구에는 손님의 낯선 체취까지 배어 있다. 우리 집 고양이들은 내내 캣타워에서 놀고, 발톱을 갈고, 새를 구경하고, 잠을 잔다. 그 덕분에 소파에 들러붙는 고양이털의 양이 확 줄었다.

06

건강한 식사

사료 선택부터 다이어트까지

반려동물 사료의 종류는 정말 다양하다. 마트 사료 코너에 가보면 눈이 빙글빙글 돌아갈 지경이다. 게다가 동물병원에 가면 치료용 사료 및 처방전이 필요한 사료도 있고, 유기농 식품점과 온라인숍에서 각종 유기농 사료를 판매하고 있으며, 이 모든 걸 떠나서 고양이에게 생식을 급여하는 보호자도 많다.

반려동물 사료 산업은 거대한 시장이다. 반려동물 사료 광고는 우리가 음식에 대해 지니고 있는 인식에 호소하도록 만들어지기 때문에 오해의 여지가 많다. 어떤 회사는 쇠고기 조각, 맛있어 보이는 소스, 콩, 조그마한 당근 등 사람이 먹는 음식과 똑같아 보이는 반려동물 사료를 만든다. 그런데 이런 인간이 갖고 있는 기준이 과연 고양이에게도 중요할까?

필요한 영양분이 무엇인지, 그리고 그런 영양분을 어떻게 공급해야 할지 고양이 입장에서 생각해야 한다. 보호자들이 부디 광고가 그럴싸하다는 이유만으로 필요 이상으로 비싼 값을 치르고 사료를 구입하는 일이 없기를 바란다. 그렇다고 싸구려 사료만 사서 먹이는 바람에 여러분의 고양이가 제대로 자라지 못하는 것도 바라는 바가 아니다. 알맞은 영양 공급이야말로 고양이가 최적의 건강, 반지르르한 털, 넘치는 활력을 갖출 수 있는 기본 조건이다. 균형 잡힌 영양이 주어진다면 녀석은 질병 저항력도 강하고, 행동문제도 별로 없으며, 행복하고 건강한 노년을 맞이할 것이다.

고양이에게 필요한 기본 영양성분

단백질

단백질은 고양이가 성장하고 몸의 각 조직과 기관을 구성하고 유지하는 데 필요하다. 고양이는 개보다 더 많은 단백질을 섭취해야 하며 새끼고양이는 성묘보다 더 많은 단백질을 필요로 한다.

단백질은 아미노산으로 구성되며, 아미노산에는 필수 아미노산과 비필수 아미노산이 있다. 비필수 아미노산은 체내에서 합성할 수 있다. 아미노산은 대략 22가지가 있는데 이 중 11가지는 체내에서 합성되지 않으므로 필수 아미노산으로 분류된다. 필수 아미노산은 음식을 통해 섭취해야만 한다.

아미노산 중 하나인 '타우린'은 고양이에게 아주 중요하다. 오래전에는 고양이 사료에 타우린 성분이 부족해 많은 고양이가 건강 문제를 겪었다. 고양이의 식단에 타우린이 부족하면 발생하는 가장 치명적인 질환 두 가지는 실명과 심장병이다. 다행히 이후 사료 제조업체에서 고양이 사료에 타우린을 넣기 시작했다. 고양이에게 개 사료를 주면 안 되는 이유도 개 사료에는 타우린이 따로 첨가되지 않기 때문이다.

왜 고양이는 채식주의자가 될 수 없는가

고양이는 육식동물이다. 고양이는 고기에서 비타민 A를 비롯한 각종 필수 영양소를 얻어야 한다. 우리 인간과는 달리 고양이는 체내에서 베타카로틴을 비타민 A로 바꿀 수 없다. 그러니 보호자가 채식주의자라 하더라도 고양이는 반드시 고기를 먹여야 한다. 그렇지 않으면 고양이의 건강은 급속히 나빠질 것이다.

지방

지방이라는 단어만 들어도 경기를 일으키는 게 요즘 사회 분위기다. 먹거리에서 지방을 없애려고 온갖 노력을 다한다. 하지만 고양이는 인간보다 더 많은 지방이 필요하다. 지방 때문에라도 고양이는 반드시 고기를 먹어야 한다. 고양이 보호자라면 우리 인간에게 필요한 영양성분과 고양이에게 필요한 영양성분이 다르다는 사실을 깨달을 필요가 있다.

지방은 많은 에너지를 얻을 수 있는 영양소로 동물성 지방은 체내 필수 지방산을 공급해준다. 또한 지방산이 모여 지방을 형성하는데 지용성 비타민인 비타민 A, D, E, K가 체내에 흡수되어 몸 곳곳으로 전달되려면 지방이 있어야 한다. 고양이는 우리보다 더 많은 식이지방이 필요하지만 모든 지방이 다 체내에서 쓰이는 것은 아니다. 식물성 기름에 들어 있는 고도 불포화 지방은 고양이의 체내에서 분해되지 않으므로 반드시 동물성 먹이로부터 필수 지방산인 아라키돈산을 섭취해야 한다. 또한 지방은 음식을 더욱 맛있게 만들어준다.

탄수화물

탄수화물은 당, 전분, 섬유소로 구성된다. 에너지와 섬유질을 공급할 뿐 아니라 지방의 소화를 돕는다. 탄수화물에 들어 있는 섬유소는 소화되지 않으며 체내에 섬유질로 남아 장에서 수분을 흡수하기 때문에 설사가 아닌 정상적인 대변을 보는 데 도움이 된다.

비타민

비타민에는 **수용성 비타민**(비타민 B군, 니아신, 엽산, 판토텐산, 비오틴, 콜린, 비타민 C)과 **지용성 비타민**(비타민 A, D, E, K)이 있다. 고양이의 연령에 맞추어 품질이 좋고 균형이 잘 잡힌 식단을 공급한다면 비타민을 따로 공급할 필요는 없다. 수의사와 상의 없이 먹이에 비타민을 첨가하면 독성 효과를 초래할 수도 있다. 수용성 비타민은 체내에 너무 많으면 오줌으로 배설되지만 지용성 비타민은 체내에 쌓여 위험한 수준까지 축적될 수 있다. 하지만 나이가 들거나 질환이 있는 고양이는 비타민이 더 필요할 수 있으니 수의사와 상의한다.

앞에서도 말했지만 고양이는 베타카로틴을 체내에 필요한 비타민 A로 전환하지 못하므로 고기를 통해 비타민 A를 따로 섭취해야 한다. 고양이에게 베타카로틴이 풍부한 당근을 줘봤자 아무 소용 없는 것은 이 때문이다. 당근은 우리가 먹으면 된다.

미네랄 오일이나 바셀린이 들어간 헤어볼 예방 제품은 지용성 비타민 흡수를 방해할 수 있다. 고양이가 헤어볼을 자주 토하는 경우라 해도 이런 제품을 너무 많이 먹이지 않도록 한다. 미네랄 오일이나 바셀린의 과도한 사용도 물론 삼간다(헤어볼 예방에 대해서는 7장에서 자세히 다룬다).

미네랄

비타민과 마찬가지로 칼슘과 인 같은 미네랄도 반드시 일정량 이상을 섭취해야 건강을 유지할 수 있다. 체내 미네랄 균형이 심하게 깨지면 여러 가지 합병증이 생길 수 있다. 고기가 부족한 식단을 공급받는 고양이는 칼슘이 부족해져서 뼈 질환이 생길 수 있다. 반대로 칼슘이 너무 많은 식단을 먹으면 갑상선 기능에 이상이 생기기도 한다. 고양이에게 필요한 미네랄을 모두 그리고 적정량을 섭취하도록 하는 가장 좋은 방법은 고양이의 연령에 맞는 고품질의 균형이 잘 잡힌 사료를 공급하는 것이다.

물의 중요성

물은 생명을 유지하는 모든 과정에 쓰인다.

고양이의 몸은 약 70퍼센트가 물로 이루어져 있는 만큼 최고의 영양을 공급하기 위해서는 물이라는 필수 영양소를 빼먹어선 안 된다.

고양이가 언제든 깨끗하고 신선한 물을 마실 수 있도록 해야 한다. 물그릇이 빌 때마다 물을 채워주는 것이 전부가 아니다. 물을 얼마나 많이 마시는지, 아니면 얼마나 적게 마시는지를 살펴야 한다(외출고양이도 마찬가지다). 물 마시는 양에 변화가 생기면 당뇨병이나 신장병 같은 질환이 있다는 의미일 수 있다.

물그릇의 물은 매일 갈아주고, 물그릇 자체도 깨끗이 관리해 신선한 물을 담았을 때 오염되지 않게 한다. 큼지막한 물그릇을 마련해서 1주일에 한 번만 물을 부어주면 된다는 생각은 버리자. 신선하지 못한 물은 고양이가 금방 알아차린다. 물에 사료 찌꺼기나 먼지가 떠 있으면 물그릇을 비우고 씻은 다음 신선한 물을 다시 부어준다. 그릇의 모양이나 크기에 민감한 고양이도 있는데 얕은 그릇을 더 좋아한다면 그만큼 물을 자주 보충해줘야 한다.

고양이뿐 아니라 개도 키운다면, 게다가 중·대형견이라면, 고양이는 개와 같은 물그릇에서 물을 마시는 것을 달갑지 않게 여길 수 있다. 고양이의 덩치가 작다면 물그릇이 마치 수영장처럼 느껴질지도 모른다. 이런 경우 개가 닿을 수 없는 높은 곳에 고양이 전용 작은 물그릇을 따로 마련해 준다.

물을 마시면서 동시에 노는 것을 좋아하는 고양이가 상당히 많다. 이런 녀석들은 수도꼭지에서 나오는 물을 마시는 것을 좋아해 물그릇의 물은 아예 쳐다보지도 않는 경우가 있다. 처음에는 아주 귀여워 보이지만, 곧 생각이 바뀌기 마련이다. 얼마 안 가 고양이에게 '훈련' 당해 수도꼭지 앞에 앉아 야옹거릴 때마다 물을 틀어줘야 하는 처지에 놓이고 더 심하게는 아예 체념하고 항상 물이 떨어지도록 약하게 수도꼭지를 틀어 놓게 될 테니 말이다. 새끼고양이라면 처음부터 수도꼭지를 재미있는 놀잇감으로 여기지 못하게 해야 한다. 이미 고양이가 수도꼭지에 집착하고 있다면 수돗물처럼 떨어지는 물을 마시고 싶어 하는 욕구를 채워줄 수 있는 반려동물 용품을 활용한다. 반대로 물을 잘 마시지 않는다면 반려동물용 식수대를 구입하는 것도 방법이다. 특히 하부요로질환이나 신부전이 있는 경우 물을 많이 마셔야 하는데 식수대가 재미와 음수 두 가지 면에서 큰 도움이 된다.

고양이가 변기 물을 마신다면 뚜껑을 항상 닫아 놓는다. 청소에 쓰는 세제와 각종 화학약품은 고양이에게 치명적인 독이 될 수 있다.

건식 사료를 먹는 고양이라면 특히 물을 많이 마셔야 한다. 습식 사료는 약 70퍼센트가 물이므로 사료를 먹으면서 물을 공급받는 셈이다.

고양이에게 개 사료를 먹여선 안 된다

고양이 사료를 개에게 먹이거나 개 사료를 고양이에게 먹여도 된다고 생각하는 사람들이 의외로 많다. 고양이와 개를 함께 키우는 사람들은 고양이가 개 사료를 먹거나, 개가 고양이 사료를 빼어먹으려고 코를 들이미는 경우를 많이 보았을 것이다. 유감스럽게도 이런 상황이 계속되다가는 고양이와 개 모두 건강이 나빠질 수 있다.

고양이가 개 사료를 먹으면 비타민과 미네랄이 부족해지므로 건강이 악화될 수 있다. 반대로 개가 고양이 사료를 먹으면 필요한 양보다 단백질을 많이 섭취하게 되므로 건강이 악화될 수 있다. 더구나 고양이 사료에는 지방이 많이 들어 있어 개 사료보다 더 맛있게 느껴지는 데다 비만을 유발한다. 매 식사 시간마다 각자 자기 사료 그릇에만 집중하는지 지켜보는 감독관 노릇이 힘들겠지만 내버려뒀다가는 감당하기 힘든 결과를 겪을 수 있다.

좋은 사료 고르는 법

고양이 사료는 종류가 정말 많다. 어떤 기준으로 선택해야 할까? 유기농? 싸고 양 많은 브랜드? 냉동 사료? 생식? 프리미엄이라는 이름이 붙은 것? 아니면 아예 직접 만들어 먹일까? 이 정도로 머리에 쥐가 날 지경이다. 도움이 될 만한 기본 가이드라인은 다음과 같다.

• 라벨 읽는 법을 익힌다. 들어간 재료를 전부 알 수는 없다 하더라도 적어도 여러 회사 제품을 비교해 볼 수는 있다. 이 장의 뒷부분에 보다 자세한 설명을 수록해 놓았다. 하지만 라벨에 쓰인 정보도 오해의 소지가 있으므로 해당 브랜드의 영양 성분을 파악하기 어렵다면 제조업체에 전화를 걸어 알아보고 수의사와 상의한다.

• 고양이의 연령에 맞는 사료를 선택한다. 한창 자라나는 새끼고양이나 임신 및 수유 중인 고양이는 영양이 많이 필요한 만큼 이에 맞는 사료를 먹여야 한다. 고양이가 나이가 들어감에 따라 식단에 어떤 변화를 줘야 할지 알아보기 위해 수의사와 상의한다. 그리고 과체중이라면 저칼로리 사료를 먹일 필요가 있다. 그 외에도 털을 윤기 나게 하거나, 헤어볼을 예방하거나, 체중을 조절하거나, 위장이 예민한 고양이용이거나, 특정 식품에 알레르기가 있는 고양이를 위한 사료 등 구체적인 필요성을 충족시키는 사료가 많이 판매되고 있다.

• 한 가지 사료만 먹여도 되는지 여부는 어떤 사료를 먹이느냐에 따라 다를 수 있다. 특정 문제가 있어 그 문제를 해결할 수 있는 사료를 먹는 경우라면 그 사료만 먹여야 한다. 건강상 문제가 없는 고양이라면 입맛 까다로운 고양이가 되지 않게 다양한 맛으로 사료를 자주 바꿔준다. 다른 제조업체의 사료를 먹여보는 것도 좋다. 사료를 바꿀 때는 현재 먹는 사료에 새로운 사료를 조금씩 섞고 양을 차츰 늘려가는 식으로 바꾼다. 그러면 사료를 거부할 일도 없고 장에 탈이 날 일도 없다. 여러 가지 맛의

사료를 제조업체를 바꿔가며 먹이면 나중에 그 중 어떤 사료가 단종되거나 잠시 재고가 떨어지더라도 발을 동동 구르지 않아도 된다.

- 처방 사료는 수의사의 지시에 따라 동물병원에서 받아온다. 고양이가 특별한 처방 사료를 먹어야 한다면 왜 그 사료를 먹여야 하며 얼마나 오래 먹여야 하는지 확실히 이해해야 한다. 신부전 때문에 특정 처방 사료를 먹어야 하는데 녀석의 밥에 먹다 남은 햄을 섞어주는 어리석은 행동을 하면 안 되니 말이다.
- 직접 만들어 먹이겠다면 수의사에게 승인을 받은 조리법을 따른다.

습식 사료

고양이들은 대체로 습식 사료의 맛을 좋아하며 제조업체별로 무궁무진한 맛의 습식 사료가 나와 있다. 습식 사료는 건식 사료보다 탄수화물이 적고 수분 함량이 훨씬 많다. 보통 습식 사료는 70~76퍼센트가 물이다. 육식동물인 고양이에게는 탄수화물이 적은 습식 사료가 이롭다. 고양이로서는 여러 모로 손해 볼 것이 없는 식사인 셈이다.

습식 사료는 대체로 건식 사료보다 가격이 비싸다. 고양이가 여러 마리라면 대형 캔을 사는 것이 경제적이다.

반면 고양이에게 자율 급여를 한다면 습식 사료는 좋은 선택이 아니다. 그릇에 부어준 뒤 20분이 지나면 말라버리기 때문에 급격히 맛이 떨어진다.

고양이에게 냉장고에 보관해둔 남은 통조림을 줄 경우엔 반드시 미리 꺼내놓아 상온이 되게 한 다음에 준다. 차가운 사료는 고양이의 위장에 좋지 않을뿐더러 하루가 지난 차가운 사료덩어리는 고양이가 거부할 가능성이 크다. 보관할 때는 통조림 입구를 잘 닫고 일단 개봉한 통조림은 이틀 안에 다 먹인다.

건식 사료

건식 사료는 습식 사료보다 탄수화물 함량이 높다. 건식 사료의 수분 함량은 대체로 10퍼센트 정도이다.

자율 급여를 한다면 건식 사료가 알맞다. 아침에 그릇에 부어줘도 그 맛이 저녁때까지 유지된다. 건식 사료는 습식 사료보다 대체로 값이 싸며 용량도 다양하다. 건식 사료는 포장을 뜯은 후에는 밀폐 용기에 보관하면 몇 달 동안 신선도가 유지된다.

하지만 보통 탄수화물이 많기 때문에 비만을 유발할 수 있고 다른 건강상의 문제가 생길 수도 있다.▼ 보호자의 편의성이 아니라 고양이의 건강에 기준을 두고 가장 좋은 유형의 사료를 선택해야 한다.

반습식 사료

습식과 건식 사료를 합쳐 놓은 듯한 사료로 건식 사료처럼 생겼으나 상당히 말랑말랑하다. 다른 형태의 사료보다 당 함량이 높다. 작고 귀여운 알갱이 형태로 여러 가지 색깔을 띠고 있는 제품이 많다. 개인적으로 고양이보다는 우리 인간의 취향에 맞춘 사료가 아닐까 한다. 또 반습식 사료는 습식 사료보다 냄새가 덜 난다.

사료 라벨 읽는 법

미국 사료관리협회(Association of American Feed Control Officials, AAFCO)는 반려동물 사료 제조업계 표준을 개발하고 그 일관성을 유지하기 위해 설립된 협회이다. 미국 각 주의 사료검사관으로 구성된 자문위원회가 반려동물 사료 제조업체의 영양 처리 과정에 대한 가이드라인을 만들고 있다.

▼ 요즘은 곡물을 넣지 않은 노 그레인 사료도 많이 나와 있다. - 옮긴이주

또한 AAFCO는 자신들의 테스트 요건에 따라 제품 라벨 가이드라인을 정해놓고 있다. AAFCO는 자신들의 가이드라인을 지키도록 강요할 권한은 없지만 AAFCO의 규정은 FDA(미국 식품의약국)의 승인을 받았으며 일류 반려동물 사료 제조업체들이 그 가이드라인을 따르고 있다. 이 제조업체들은 제품 라벨에 해당 제품이 AAFCO가 제시하는 기준과 방법에 따라 제조되었음을 명시한다. 제조업체가 이를 입증하는 방법은 두 가지이다. AAFCO 프로토콜에 따라 사료 테스트 및 영양 분석을 하는 것이다. 사료 테스트를 거쳤다는 것은 실제로 고양이에게 해당 사료를 먹였으며 제조업체가 영양 기준을 지켰다는 의미이므로 이런 제품을 선택하는 것이 좋다. 고양이 사료를 구입할 때는 항상 라벨을 읽고 AAFCO 사료 테스트를 거쳤다는 설명이 적혀 있는지 확인한다.

성분 목록

성분은 제품에서 차지하는 비율 순서대로 나열된다. 맨 앞자리의 성분 몇 개는 주요 단백질 공급원이다. 습식 사료의 경우 목록 맨 앞에 나오는 성분은 물이다. 성분 목록을 보면 '부산물'이라는 용어가 나오기도 하는데, AAFCO 가이드라인은 일부 부산물 성분을 사용하지 못하도록 제한하고 있다. 즉 AAFCO 가이드라인을 따르는 사료에는 동물의 깃털, 발, 이빨, 머리, 털, 발굽, 뿔, 위장의 내용물, 창자가 들어가지 않는다. 사료에 첨가된 비타민, 미네랄, 방부제도 성분 목록에 표시된다.

회분

회분ash은 어떤 식품의 영양을 분석하기 위해 단백질, 수분, 지방, 섬유질, 탄수화물을 모두 태워버리고 난 후 재 속에 남아 있는 미네랄 성분을 의미한다. 회분 함량이 높을수록 식품에 미네랄이 많이 들어 있는 것이다. 물론 미네랄이 많다고 해서 고양이의 건강에 좋은 것만은 아니며, 미네랄이 지나치게 많으면 요로 관련 질환이 생길 수도 있다.

성분을 제품명에 넣는 경우

AAFCO는 주성분을 제품 이름으로 사용할 때의 규정을 정해놓고 있다. 가령 사료 이름을 '고양이용 닭고기 사료'라고 지으려면 닭고기가 전체 성분의 총 무게에서 최소 95퍼센트를 차지해야 한다(처리 과정에서 사용하는 물의 무게는 뺀다). AAFCO에 따르면 닭고기 성분이 95퍼센트가 못 되어도 최소 25퍼센트가 되면 제품 이름에 넣을 수는 있으나, 대신 '디너', '그릴' 또는 그 외 다른 용어를 넣어야 한다. 그러니 이 경우 이 제품의 이름은 '고양이용 닭고기 디너 사료' 정도로 바꿔야 한다. 두 가지 이상의 성분을 제품명에 넣으려면 무게 순으로 나열해야 하고, 여러 성분을 제품명에 넣으려면 제품 무게에서 각 성분이 최소 3퍼센트를 차지해야 한다(마찬가지로 처리 과정에서 사용하는 물의 무게는 뺀다).

적정 영양 요구량

이는 해당 사료가 어느 연령대에 적합한지를 알려주는 정보이다. 제조업체는 라벨에 적힌 '완전하고 균형 잡힌' 사료라는 표현의 의미를 보장할 수 있음을 보여줘야 하므로, AAFCO 프로토콜을 사용한 사료 테스트를 거쳤다거나 영양 분석을 시행했다고 명시하고 있다. 앞에서도 말했지만 영양 분석만 한 사료보다는 사료 테스트를 거친 사료가 더 낫다.

팁! 고양이에게는 동물성 단백질이 풍부하고 적정량의 지방이 들어 있으며 탄수화물은 적은 식단이 필요하다.

급여 지침

몸무게에 따른 사료 급여량을 명시한 부분이다. 하지만 어디까지나 일반적인 지침임을 잊지 말자.

성분 분석 보증

성분의 최소량 또는 최대량을 보증하는 부분이다. 최소량 보증이라고 하면 해당 성분이 사료에 들어가야 하는 최소량은 정해져 있으나 최대량은 정해져 있지 않다는 의미이다.

제조업체명과 연락처 정보

이 정보는 해당 제품의 품질에 책임을 지는 회사를 밝히기 위해 반드시 라벨에 포함되어야 한다. 대부분 제조업체는 소비자들이 질문을 하거나 제품에 대한 의견을 밝힐 수 있도록 수신자 부담 전화번호와 홈페이지 주소를 라벨에 기입하고 있다. 제품이나 성분에 대해 질문이 있거나 불만사항을 전달하고 싶다면 주저 없이 연락하자. 제조업체는 대체로 소비자들의 의견을 환영한다.

사료의 등급

프리미엄

프리미엄 사료는 반려동물 용품점과 동물병원에서 판매하며 대체로 품질이 일정하고 단백질과 지방이 많이 들어 있다. 프리미엄 사료는 영양이 농축되어 있어 레귤러 사료보다 적은 양을 섭취해도 필요한 영양을 얻을 수 있다. 건식이나 습식 또는 연령대에 맞추어 다양한 프리미엄 사료가 나와 있으며 대부분 고양이들은 프리미엄 사료의 맛을 선호한다. 프리미엄 사료 제조업체는 AAFCO의 사료 테스트 프로토콜을 토대로 자신들만의 영양 요구량을 정해놓고 있다.▼

레귤러·스탠더드

반려동물 용품점이나 마트에서 주로 판매하는 사료이다. 고양이의 연령대에 맞추어 다양한 형태와 무궁무진한 종류의 맛을 내는 제품들이 출시되어 있다. 습식 사료 역시 뭉근하게 끓인 것, 잘게 찢은 것, 얇게 저민 것, 한입 크기로 자른 것 등 갖가지 농도와 질감의 제품이 나와 있다. 레귤러·스탠더드 사료는 프리미엄 사료보다는 싸지만 고양이가 건강하게 오래 사는 데 필요한 영양은 모두 갖추고 있다.

식성 까다로운 고양이로 키우지 않으려면 여러 종류의 상표와 맛을 바꿔가면서 먹여야 한다.

올 내추럴·유기농

유기농 식품점, 반려동물 용품점, 온라인에서 구할 수 있으며 천연이 아닌 재료는 일체 넣지 않고 천연 지방 방부제를 쓴다. '내추럴'이라는 이름 때문에 좋아 보이지만 덥석 믿어서는 안 된다. 내추럴이라고 해서 고양이가 필요로 하는 영양을 모두 갖추었다는 의미는 아니다. 라벨을 잘 읽고 고양이에게 알맞은 사료인지 의문이 든다면 수의사와 상담하자. 또한 영양 요구량을 보장하고 있는지도 확인해야 한다.

보급형(제네릭)

일반 마트, 창고형 마트, 할인 마트 등에서 판매되는 사료인데, 사실 이런 사료를 평가하는 일은 몹시 조심스러울 수밖

▼ 최근에는 프리미엄 등급보다 높다는 홀리스틱 등급의 사료도 시중에 나오고 있는데 사람도 먹을 수 있는 재료를 사용해서 만든다고 한다. - 편집자주

에 없다. 영양분의 품질이나 농도가 제품마다 사뭇 다를 수 있다. 고양이에게 품질 좋은 영양을 공급해야만 녀석이 건강하게 오래 살 수 있음을 명심하자.

보급형 사료는 가격이 싸기 때문에 이득이라고 생각하기 쉽지만, 이런 사료를 먹이고 모래 화장실 청소를 해보면 배설물 양이 많아진 것을 알 수 있다. 즉 보급형 사료는 몸속에서 상당수가 흡수되지 않고 배설물로 나온다는 의미다. 즉 싸게 산 만큼 영양 면에서 얻는 것도 적다. 또한 고양이가 보급형 사료에서 적정한 양의 영양을 섭취하려면 고품질 사료를 먹을 때보다 훨씬 많은 양을 먹어야 하므로 쓸데없는 열량을 잔뜩 섭취하게 된다. 그러니 싼 게 비지떡이란 말이 딱 들어맞는다.

더 좋은 사료로 바꾸기

지금까지 고양이에게 품질이 좋지 않은 사료를 먹였거나 연령대에 맞지 않는 사료를 먹여 제대로 영양을 공급해주지 못했음을 깨달았다 해도 너무 빨리 사료를 바꾸지는 말자. 급하게 다른 사료로 바꾸면 소화기에 부담을 줘 배탈이 날 수 있으며 고양이가 거부감을 느낄 수도 있으니 천천히 바꿔나가야 한다. 처음에는 새로운 사료를 기존의 사료에 조금 섞고, 약 5일에 걸쳐 차츰 새로운 사료의 양을 늘리고 기존 사료의 양을 줄여나간다. 고양이가 새로운 사료에 거부감을 보이면 더 천천히 진행한다. 시일이 오래 걸리더라도 인내심을 가져야 한다. 새로운 사료를 먹고 고양이의 건강, 외양, 기질이 바뀌는 것을 보면 보람을 느낄 것이다.

사료 보관법

식이요법 중인 고양이의 경우, 사료를 향한 녀석의 결연한 의지에 대비해 남은 사료를 고양이의 손에 닿지 않는 곳에 안전하게 보관해둬야 한다.

건식 사료는 밀폐 용기에 넣어야 한다. 나는 뚜껑을 꽉 닫을 수 있는 플라스틱 용기를 선호한다. 용기 안에 작은 계량컵도 같이 넣어두면 누가 사료를 주게 되든 어느 정도가 적정량인지 금방 알 수 있다.

건식 사료를 개봉 후 포장지 윗부분을 접어서 찬장 구석에 박아놓지 말자. 사료가 부패할 수 있고 고양이나 개가 몰래 먹어치울 수 있으며 개미와 쥐가 꼬일 수 있다.

습식 사료는 뚜껑을 딴 후에는 무조건 냉장고에 보관해야 한다. 캔째 보관하기보다는 내용물을 밀폐 용기에 넣어 보관한다. 캔째 보관하겠다면 캔 전용으로 나오는 플라스틱 뚜껑으로 꼭 닫는다. 그냥 랩을 씌워 보관하면 내용물이 빨리 상하는 것은 물론이고 냉장고 문을 열 때마다 냄새가 진동할 것이다.

사료 급여량

이 질문을 하는 보호자는 생각보다 많지 않다. 많은 이가 삼계탕 닭 뱃속에 찹쌀을 채우듯 고양이 배를 빵빵하게 채워준다. 이런 집을 방문할 때면 우선 뒤뚱뒤뚱 걸어 나오는 고양이에 놀라고, 다음으로는 그런 고양이를 지극히 정상이라고 생각하는 보호자 때문에 충격을 받는다. 대체 어떻게 된 일이냐고 물었을 때 가장 흔히 듣는 대답은 사료 포장지에 적힌 양만큼 주었을 뿐이라는 것이다. 포장 라벨에 반 컵을 주라고 써 있다고 해서 반 컵을 줘야 한다는 의미는 아니다. 고양이의 상태에 따라 사료의 양을 조절하는 것이 당연하다. 고양이에게 사료를 얼마나 줘야 할지를 판단할 때 고려할 사항은 다음과 같다.

- 나이 • 건강 • 체형 • 체중 • 활동량 • 사료 유형
- 임신이나 수유 여부

포장지에 쓰여 있는 지침은 어디까지나 일반적인 가이드라인이다. 우리 고양이는 위의 사항에 따라 사료가 더 필요할 수도, 덜 필요할 수도 있다. 고양이를 살펴보고 손으로 만져보면 지금 주는 사료량이 적절한지 알 수 있다. 고양이에게 이상적인 체중 범위를 알고 주기적으로 체중을 측정한다. 먼저 본인의 체중을 잰 다음 고양이를 안고 체중을 재어 후자에서 전자를 빼면 고양이의 체중을 알 수 있다. 사료를 얼마나 줘야 할지 모르겠다면 가장 좋은 조언을 해줄 수 있는 사람은 수의사다. 고양이를 동물병원에 데려가 체중을 재보는 것도 좋은 방법이다.

고양이는 절대 과식을 하지 않는다는 속설을 지금도 믿고 있는가? 주변을 돌아보자. 사방에 과체중 고양이가 널려 있으니 말이다.

급여 방법

자율 급여

그릇에 항상 건식 사료를 부어놓아 고양이가 배고플 때면 언제나 먹도록 하는 방식이다. 집을 하루 종일 비우는 보호자라면 이 방법이 좋다. 하지만 습식 사료는 자율 급여로 주면 안 된다. 금방 말라버려 맛이 없어지기 때문이다.

고양이가 적정 체중이고 언제라도 사료를 먹을 수 있는 자율 급여를 좋아한다면 굳이 바꿀 필요는 없지만 고양이가 과체중이라면 제한 급여를 택하는 편이 나을 수 있다.

제한 급여

제한 급여는 습식 사료를 먹는 고양이나 너무 많이 먹는 경향이 있거나 고양이가 여러 마리인 집에서 한 녀석이 특별 식단을 먹어야 할 때 적합한 방법이다. 또 행동 문제 수정 교육 중일 때도 좋다(행동 문제 예방에도 마찬가지다). 밥그릇에 언제나 사료가 담겨 있다면 사료나 간식이 행동을 강화하는 중요 동기가 될 수 없기 때문이다.

불안감이 심하거나 쭈뼛쭈뼛하는 고양이가 보호자를 신뢰하고 유대감을 쌓게 만들 때도 제한 급여가 효과적이다. 보호자를 먹이 제공자로 인식하게 되면 보호자를 받아들이는 속도가 빨라진다.

제한 급여를 할 때는 몇 번에 나눠서 줘야 한다. 하루 한 번 또는 이틀에 한 번 급여하는 것은 바람직하지 않다. 고양이가 굶주린 나머지 사료를 씹지도 않고 꿀꺽꿀꺽 삼켜버릴 수 있다. 12시간마다 주는 것도 고양이에게는 너무 긴 시간이다. 고양이는 위장이 작기 때문에 하루에 한두 번 많은 양을 주는 것보다 몇 번에 걸쳐 조금씩 주는 것이 좋다. 집을 하루 종일 비우기 때문에 하루에 여러 번 밥을 줄 수가 없다면 타이머가 달린 자동 급식기와 퍼즐 먹이통이 도움이 된다.

제한 급여를 하면 고양이가 먹는 양을 좀 더 정확히 체크할 수 있다. 다묘 가정에서는 모든 고양이가 적정량의 사료를 섭취하고 있는지 알 수 있는 유일한 방법이기도 하다.

자연식을 만들어 먹이려면

고양이를 위해 요리하는 시간이 전혀 아깝지 않다 해도, 그리고 각종 채소와 고기를 고양이가 한입에 먹을 만한 크기로 잘게 써는 일을 즐겁게 할 수 있다 해도, 고양이가 먹을 밥을 직접 만드는 것은 득보다는 해가 될 수 있다. 무엇을 어떻게 먹여야 하는지 정확하게 모른다면 말이다. 고양이의 식사를 직접 만들기로 결심했다면 먼저 수의사와 상의해 앞으로 만들 식단이 과학적 근거가 있는지, 그리고 고양이의 연령대에 맞게 균형 잡힌 영양을 공급할 수 있는지를 확인한다.

생식

생식Raw Food은 요즘 뜨거운 논쟁거리다. 생식에 찬성하는 사람들은 고기가 주성분이며 수분 함량이 많고 탄수화물이 적으며 적정량의 지방이 들어 있는 생식이야말로 고양이가 야생에서 섭취하는 먹이에 가장 가까운 형태라고 주장한다. 생식을 비판하는 사람들은 생식이 안전하지 못하고 고양이가 각종 세균, 특히 살모넬라균과 대장균에 감염될 위험이 있으며 생식만으로는 영양 균형을 맞추기 어렵다고 주장한다. 전문가들도 찬성파와 반대파로 나뉜다.

고양이에게 생식 급여를 하고 싶다면 먼저 수의사와 상의해 고양이가 필요로 하는 영양을 공급하는 데 도움이 되는 가이드라인과 영양공급원에 대한 정보를 알아본다. 또 자료 조사를 철저히 해 앞으로 어떤 상황이 있을 수 있고 어떤 일을 해야 할지에 대해 광범위한 정보를 수집하고 숙지한다.

고양이에게 생고기를 먹일 때는 다음과 같은 예방 조치를 확실히 지켜야 한다.

- 고기는 마트에서 구입하지 말고 믿을 만한 정육점에서 직접 구입한다.
- 생고기를 썰고 다듬을 도마를 따로 마련해 이 용도로만 쓴다.
- 생식을 준비할 때 사용하는 도마, 주방 도구, 밥그릇은 철저히 세척하고 소독한다.

- 고양이의 물그릇은 최소한 하루에 한 번 말끔히 세척한다.
- 과학적 근거가 확실하고 믿을 만한 식단을 따른다.
- 고기는 한 번 먹을 양만큼 나누어 냉동 보관한다. 그래야 냉장실에 너무 오래 넣어둔 고기를 고양이에게 먹이는 실수를 저지르지 않는다.

간식

고양이를 교육에 참여시키려면 간식treat만 한 것이 없다. 나는 우리 집 고양이들이 긍정적인 행동을 할 때, 특히 바람직하지 않은 행동을 하지 않기로 선택한 듯 보일 때 보상으로 간식을 준다. 우리 집에서 간식은 별 이유 없이 주는 음식이라기보다는 어떤 일을 해서 받는 보상이고 그렇기에 아주 효과적인 훈련 보조 도구다.

그러니 간식을 습관처럼 규칙적으로 주는 것은 좋지 않다. 고양이는 아무 노력 없이도 간식을 먹을 수 있다는 사실을 금방 알아차린다. 그러면 행동 수정에 효과적인 도구를 잃는 셈이다. 심지어 고양이가 간식을 보관해 놓은 서랍장이나 찬장 앞에 앉아 간식을 내놓으라고 칭얼거릴지도 모른다. 이때야말로 절대 간식을 줘서는 안 되는 순간이다. 고양이가 울어대거나 달갑지 않은 행동을 할 때마다 진정시키려고 간식을 주는 것은 우리가 원하지 않는 바로 그 행동을 강화하는 셈이다.

또 간식은 어디까지나 간식이지 식사가 아니라는 것을 명심하자. 행동에 대한 보상으로는 한 알이면 충분하다. 한입 가득 줄 필요는 없다.

팁! 고양이가 먹이를 먹지 않을 때, '정 배고프면 먹겠지.'라며 강경하게 나가서는 안 된다. 고양이는 이틀 이상 아무것도 먹지 않으면 건강에 심각한 문제가 생길 수 있고, 이럴 경우 당장 동물병원에 데려가야 한다.

먹으면 안 되는 음식

우유

고양이는 젖을 떼고 나면 우유를 소화시키지 못한다. 우유 속 유당을 소화하는 데 필요한 효소인 락타아제가 몸속에서 충분히 분비되지 않기 때문이다. 고양이는 우유를 좋아한다는 속설이 무색하게도, 유당을 소화시키지 못해 설사를 할 수 있다. 이따금씩 고양이에게 간식 삼아 우유를 소량씩 준다면 소화 장애를 일으키지는 않는지 유심히 관찰해야 한다.

어미고양이의 젖은 우리가 먹는 우유와 다르다. 단백질이 더 많고 새끼고양이에게 필요한 아라키돈산이 들어 있다. 아직 젖을 먹어야 하는 새끼고양이를 키우고 있다면 수의사에게 문의해 새끼고양이에게 적합한 우유를 추천받는 것이 좋다.

참치

고양이가 아주 좋아하는 음식이지만, 사람이 먹는 참치 제품은 고양이에게 좋지 않다. 고양이는 참치에 많은 고도불포화 지방을 대사시키지 못한다. 사람용 참치를 오래 급여하면 몸속에서 비타민 E가 고갈되어 아주 고통스러운 질병인 황색지방증이 생길 수 있다. 고양이용 참치 제품은 이 질병을 예방하기 위해 비타민 E가 따로 첨가되어 있다.

고양이는 참치의 강렬한 맛을 거의 중독 수준으로 좋아한다. 아무리 다른 먹이를 줘도 참치만 찾을 것이다. 이런 사태를 피하려면 참치에 다른 먹이를 조금씩 섞어주며 양을 늘리는 수밖에 없다. 고양이가 참치 중독에서 벗어나기란 여간 어렵지 않으니 미리 예방하는 편이 낫다.

날달걀

날달걀의 흰자에는 아비딘avidin이라는 효소가 들어 있다. 이 효소는 섭취한 식품을 에너지로 전환하는 데 쓰이는 체내의 비오틴(비타민 B복합체)을 파괴한다.

초콜릿

소량만 섭취해도 고양이가 죽을 수 있다. 초콜릿에는 고양이에게 치명적인 테오브로민theobromine이라는 성분이 들어 있다. 테오브로민은 고양이의 심장, 위장관, 신경계를 손상시키며, 이뇨제 역할을 하기 때문에 체액 손실을 일으키기도 한다. 고양이가 초콜릿을 먹었다면 즉시 동물병원에 데려간다. 고양이의 몸 크기, 초콜릿의 유형(제빵용 초콜릿은 일반 초콜릿보다 훨씬 치명적이다), 먹은 양을 수의사에게 정확하게 말해야 한다.

양파와 마늘

날것이든 조리를 했든 건조시켰든 간에 양파는 고양이에게 독극물이다. 양파에는 고양이의 적혈구를 파괴하는 성분이 들어 있어서 고양이가 양파를 먹으면 하인즈소체 빈혈Heinz body anemia▼을 일으킬 수 있다. 마늘 역시 하인즈소체를 형성하는 성분이 들어 있으나 양파보다는 독성이 덜하다. 수의사가 고양이에게 시중에 판매하는 사람용 이유식 제품(베이비 푸드)을 먹여보라고 했다면 양파나 마늘 성분이 들어 있지 않은 제품을 선택한다.

사람이 먹다 남긴 음식

사람이 먹다 남긴 음식을 고양이에게 먹이

▼ 흔히 '양파 중독'이라고도 한다. - 옮긴이주

면 고양이의 영양 균형을 심하게 뒤흔들어 놓을 수 있다. 좋은 품질의 고양이 사료는 정확한 양의 단백질과 지방, 올바른 비율의 비타민과 미네랄이 들어 있어 영양 균형이 잘 잡혀 있다. 그런데 이런 사료를 먹이면서 따로 먹다 남은 닭고기, 햄버거, 베이컨 조각을 주면 균형이 깨지고 만다. 무쇠처럼 튼튼한 인간의 위장은 매운 요리와 달달한 후식을 반길지 몰라도, 고양이에게는 절대 좋지 않다. 배탈과 심한 설사의 원인이 될 수 있다.

또한 식탁에서 우리가 먹던 음식을 주기 시작하면 고양이가 음식을 달라고 칭얼대는 행동을 장려하는 꼴이 된다. 게다가 사람이 먹는 음식을 고양이에게 주면 고양이가 음식이 놓인 조리대 위로 올라오지 못하게 하는 일이 더더욱 어려워진다. 더 나아가 틈만 나면 쓰레기통을 뒤지게 될지도 모른다. 사실 고양이 입장에서 보면 당연한 일이다. 보호자가 음식을 건네줄 때까지 칭얼대며 기다릴 필요 없이 조리대나 쓰레기통에서 스스로 찾아먹으면 되니까 말이다.

아이가 있는 가정에서는 사람이 먹던 음식을 고양이에게 주지 않는다는 규칙이 지켜지기 힘들다. 아이가 말귀를 알아들을 나이라면 사람이 먹는 음식을 고양이에게 주면 해롭다는 사실을 잘 설명한다. 아이가 아직 이해하지 못할 나이라면 식사 시간에 뒤통수에도 눈이 달린 것처럼 아이가 고양이에게 음식을 주는 순간을 잡아낼 수밖에 없다. 아기 엄마라면 이런 능력쯤은 다 갖추고 있지 싶다.

그래도 가끔 구운 닭고기 한 조각을 고양이에게 주고 싶은 마음을 억누를 수 없다면, 식탁에서 떨어진 장소에서 주고 반드시 어떤 좋은 행동에 대한 보상으로 줘야 한다. 그래야 고양이가 가족이 식탁에 앉아 밥을 먹을 때면 자기에게 음식을 준다는 연관을 형성하지 않는다. 또 고양이가 음식을 달라고 조를 때는 절대 주지 않도록 한다. 고양이가 조른다고 음식을 주면, 이런 행동을 강화시키는 꼴이 된다. 수의 영양학자들은 사람이 먹던 음식을 고양이에게 줄 경우 하루에 먹는 전체 사료량의 10퍼센트를 넘기지 말라고 권고하고 있다.

사료 그릇도 중요하다

그릇은 그릇일 뿐이라고 생각하는 보호자도 있을 것이다. 하지만 먹이를 어떤 그릇에 넣어 어디에 놓느냐 하는 것은 고양이가 식사 시간이 되면 밥그릇으로 즐겁게 달려가느냐, 아니면 뚱하니 앉아 밥그릇과 보호자를 노려보기만 할 것이냐에 큰 영향을 미친다. 그릇은 생각보다 중요하다. 고양이의 밥그릇과 물그릇을 선택하기 앞서 고양이에게 무엇이 필요한지부터 찬찬히 따져보자.

재질

반려동물의 밥그릇과 물그릇은 주로 플라스틱, 유리, 도기, 스테인리스 재질로 되어 있는데, 고양이용 밥그릇·물그릇을 선택할 때 따져봐야 할 사항들은 다음과 같다.

플라스틱 그릇은 가장 흔하다. 값싸고, 가볍고, 깨지지도 않는다. 하지만 플라스틱 그릇에서 먹이를 먹으면 털이 빠지거나 턱에 여드름이 나는 등 알레르기 증상이 나타나는 고양이가 있다. 또 플라스틱 그릇은 아무리 깨끗하게 씻어도 악취가 남고 쉽게 흠집이 나며, 그 흠집 속에 음식 잔여물과 박테리아가 모인다. 게다가 고양이의 예민한 혀에 거슬리기 때문에 흠집이 나면 새 그릇으로 바꿔줘야 한다. 결국 처음에는 플라스틱 그릇을 사는 편이 싸게 먹힐 것 같지만 계속 바꿔주다 보면 그렇지 않다는 사실을 깨닫게 된다. 단점을 하나 더 덧붙이자면 너무 가볍다. 밥을 먹다 보면 그릇이 바닥에서 미끄러지므로 그릇을 따라 온 집을 헤매 다녀야 한다. 보고 있으면 귀엽고 재미있긴 하지만, 다묘 가정일 경우 고양이들끼리 적대 관계에 있다면 밥그릇을 서로 멀리 두는 것은 아주 중요한 일이다. 적대 관계의 고양이의 영역에 밥그릇이 들어가면 큰 문제가 발생할 수 있다.

유리나 도자기 그릇은 무거워서 고양이가 그릇을 따라다니면서 먹을 일은 없지만 깨질 수 있다는 것이 단점이므로 씻을 때 조심해야 한다. 깨진 조각이나 틈이 있으면 고양이가 혀를 다칠 수 있고, 도자기 그릇의 경우 불량품은 표면이 울퉁불퉁해서 혀에 거슬린다. 도자기 그릇을 선택할 때에는 납 성분이 들어 있는지 꼭 확인한다.

스테인리스 스틸 그릇은 좋은 선택이다. 절대 깨지지 않는다. 하지만 가벼울 수 있으니 바닥에 미끄럼 방지 고무 테두리가 붙은 것을 고른다. 이 고무 테두리를 떼고 세척할 수 있다면 세척 시 바닥도 잘 씻는 것을 잊지 말자. 테두리와 그릇 사이는 박테리아의 은신처이다.

크기와 모양

고양이에게 알맞은 크기의 그릇을 택해야 한다. 새끼고양이에게 큼직한 밥그릇을 주었다가는 십중팔구 밥을 먹다 밥그릇 안으로 들어간다. 큰 그릇은 녀석이 더 자랐을 때를 위해 아껴두자. 깊고 좁은 밥그릇은 밥을 먹을 때 고양이의 콧수염을 건드리게 되므로 좋지 않다. 장모종 고양이라면 깊은 그릇에 입을 넣고 밥을 먹느라 얼굴 주변의 털이 더러워진다. 또 코가 납작한 페르시안이나 히말라얀 종 고양이에게도 좋지 않다. 이런 고양이에게는 넓고 얕은 접시형 그릇이 적합하다.

밥그릇은 따로따로

고양이가 두 마리 이상인데 같이 먹으라고 큼직한 밥그릇을 하나만 샀다면 문제가 일어날 수 있다. 어떤 고양이는 밥을 먹을 때 주변 공간이 넓어야 한다. 이런 고양이를 다른 고양이와 나란히 밥을 먹게 하면 공격적인 성향이 강한 녀석이 덜한 녀석을 위협할 수 있다. 공격성이 덜한 고양이는 겁이 나서 공격성이 강한 고양이가 밥을 다 먹은 후에야 밥그릇에 가 보지만 그릇은 싹 비워졌을 것이다. 이런 경우에는 각자의 밥그릇에 사료를 주는 것은 물론 밥그릇을 몇 미터씩 떨어뜨려 놓아야 한다. 상황이 심각하다면 아예 각자 다른 방에서 먹게 해야 할 수도 있다.

밥그릇·물그릇 일체형

두 부분으로 나뉘어 한쪽에는 사료를 넣고 다른 한쪽은 물을 넣는 그릇이 있는데 나는 몇 가지 이유에서 이런 그릇을 권하지 않는다. 고양이들 중에는 물 바로 옆에 있는 먹이를 좋아하지 않는 녀석도 있어서 결국 밥을 잘 먹지 않는 까다로운 고양이가 되거나 다른 물, 예를 들면 화장실 변기의 물을 마시려고 든다. 또 사료 찌꺼기가 바로 옆 물속으로 들어가 물이 더러워진다. 고양이는 더러워진 물을 좋아하지 않는다.

자동 급식기와 급수기

고양이가 물을 많이 마시는 편이어서 저녁에 집에 돌아오기 전에 물그릇이 빌까 봐 걱정이라면 중력을 이용한 자동 급수기를 마련하는 것이 좋다. 자동 급수기라면 고양이가 여러 마리인 집에서도 물그릇이 빌 걱정은 없다. 단, 거꾸로 꽂아놓는 물병을 너무 오래 방치하면 물에서 퀴퀴한 냄새가 날 수 있으므로 물이 충분히 남았더라도 며칠에 한 번씩은 물병을 비우고 신선한 물을 다시 채워줘야 한다.

타이머를 맞추어 놓으면 정해진 시간에 일정량의 사료를 쏟아내는 자동 급식기도 있다. 직업상 하루 종일 집을 비워야 하는 보호자가 고양이에게 제한 급여를 하고 싶을 때 안성맞춤이다. 습식 사료를 먹는 고양이라면 냉각 팩을 장착할 수 있는 자동 급식기를 쓰면 된다. 타이머로 지정해둔 시간이 되면 뚜껑이 열리고 냉각 팩으로 신선하게 보관된 습식 사료가 나오는 구조다. 자동 급식기는 보호자가 하루나 이틀 정도 집을 비워야 하거나 고양이가 두 마리 이상인 가정에서 이미 잘 알려져 있다.

하지만 며칠 집을 비워도 자동 급식기와 급수기가 할 일을 100퍼센트 잘 해낼 것이라고 너무 믿어서는 안 된다. 전자기기는 고장을 일으킬 수도 있고 쓰러지기도 하며 배터리가 나가기도 한다. 또한 자동 급식기를 설치해 두었다 하더라도 집을 비운 동안 누군가는 주기적으로 들러서 고양이들을 점검하고 화장실을 치워줘야 한다. 또 정기적으로 자동 급식기와 급수기의 사료와 물을 모두 빼내고 깨끗이 세척해주지 않으면 고양이가 사료나 물을 먹지 않게 되기도 한다.

물그릇·밥그릇 씻기

어떤 유형의 그릇을 선택했든 간에 매일 씻어줘야 한다. 제조업체의 지침에 따라 설거지용 세제를 써서 손으로 씻거나 식기세척기를 이용한다. 손으로 씻을 때는 세제가 남지 않게 말끔히 헹군다. 세제 성분이 남아 있으면 고양이의 입과 혀에 자극을 줄 수 있다. 자율 급여를 하는 경우 그릇이 비면 내용물을 채워주면서 세척은 하지 않곤 하는데, 결국 사료와 물이 상하고 그릇은 박테리아의 온상이 되기 쉽다. 그러니 매일 그릇을 씻도록 한다.

그릇의 위치

앞에서도 말했지만 고양이의 물그릇·밥그릇을 절대 고양이 화장실 옆에 놓아서는 안 된다. 다시 한 번 고양이의 생존 본능을 살펴보자. 야생에서 살아가는 고양이는 보금자리에서 멀리 떨어진 곳에서 배설을 한다. 배설물 냄새를 맡고 위험한 포식자가 보금자리에 접근하는 것을 막기 위해서다. 음식과 물이 화장실과 너무 가까이 있으면 고양이는 여기에서 밥을 먹어야 할지 배설을 해야 할지 갈등하게 되고 결국 밥을 먹을 수 있는 곳은 이곳뿐이니 그 대신 배설을 다른 곳에서 하기로 결정할 확률이 높다.

물그릇·밥그릇을 놓지 말아야 할 곳이 또 있다. 시끄럽거나, 고양이가 겁을 먹을 만한 상황이 발생하거나, 예상치 못한 일이 일어나는 곳이다. 조그만 자극에도 놀라 펄쩍 뛰는 소심한 성격인데 물그릇·밥그릇을 세탁기가 있는 다용도실에 두었다면 어떻게 될까? 세탁기가 헹굼에서 탈수로 바뀌는 순간 밥을 먹던 고양이는 총알같이 뛰쳐나갈 것이다. 또는 개와 고양이를 같이 키우고 있는데 개가 고양이의 사료를 몹시 탐낸다면 개가 쉽게 접근할 수 있는 바닥에 밥그릇을 두는 것은 좋은 선택이 아니다.

물그릇·밥그릇을 주방에 두는 경우가 많은데 주방은 대개 번잡하고 시끄러운 편이니 고양이가 겁이 많다면 좀 더 조용한 곳을 찾아 물그릇·밥그릇을 놓아준다.

물그릇·밥그릇을 놓을 최적의 장소를 찾았다면 되도록 위치를 바꾸지 않는다. 고양이는 습관의 동물이기 때문에 늘 있던 곳에서 물그릇·밥그릇이 사라져버리는 상황을 좋아하지 않는다.

반면 나이 든 고양이는 평소에 사료와 물을 먹는 습관이나 위치를 바꿔줄 필요가 생길 수 있다. 만약 높은 곳에 물그릇·밥그릇을 두었다면 녀석이 그곳까지 올라갔다 내려오는 데 지장이 없는지 살펴봐야 한다. 물그릇·밥그릇을 바닥으로 옮기거나, 천으로 덮은 작은 계단이나 반려동물 전용 발판을 마련해 쉽게 오르내릴 수 있게 배려해 준다.

반려동물용 플레이스 매트 사료나 물을 질질 흘리고 여기저기 흩뿌리며 먹는 고양이에게 필요한 물건이다. 사람용 식탁 매트와 달리 가장자리

가 솟아 있어 물이 흘러내리는 것을 막아주므로 마룻바닥이나 카펫이 더러워지지 않는다. 반려동물 용품점이나 온라인숍에서 구매할 수 있다.

입맛 까다로운 고양이

사실 이 문제의 일등공신은 우리다. 고양이가 어떤 사료를 좋아하면 그 사료만 쌓아놓고 대령하니 말이다. 그렇게 몇 년을 똑같은 사료만 먹을 경우 다른 사료는 거들떠보지 않을 수 있다. 또 우리가 먹던 음식이나 맛이 강한 음식을 주면서 고양이의 입맛을 까다롭게 만들기도 한다. 이런 고양이에게 맛이 심심한 고양이 사료를 주면 녀석은 단식 투쟁을 하며 밥그릇을 등지고 앉을 테고, 애가 탄 보호자는 결국 다시 '맛있는' 음식을 바치게 된다. 이렇게 입맛 까다로운 고양이가 탄생한다.

하루에도 몇 개씩 캔이나 사료 봉지를 이것저것 따서 일일이 고양이의 코앞에 대령하면서 마음에 드는지 검사를 받는 보호자가 되고 싶지 않다면 제조업체 두 군데를 골라 이들 회사에서 제조하는 여러 가지 맛의 사료를 골고루 먹인다. 건식 사료와 습식 사료를 번갈아 급여하여 고양이가 여러 가지 맛, 냄새, 질감에 익숙해지게 한다. 나는 습식 사료는 밥그릇에 주고 건식 사료는 퍼즐 먹이통에 넣어두는 식으로 골고루 급여하고 있다.

고양이에게는 맛뿐만 아니라 냄새, 질감, 크기, 심지어 형태도 중요하다. 건식 사료의 경우 어떤 고양이는 삼각형 사료를 입안에 넣었을 때의 질감을 선호하고, 또 어떤 고양이는 오로지 동그란 형태의 사료만 먹는다. 이에 맞춰 사료 제조업체들은 어떤 형태, 크기, 맛, 향, 질감을 고양이들이 더 선호하는지 알아내는 데 어마어마한 돈을 쏟아 붓고 있다.

고양이의 비만은 보호자의 탓

야생동물 다큐멘터리에서 뚱뚱한 사자나 과체중 표범을 목격한 적이 한 번도 없다. 집 주변을 돌아봐도 길고양이나 야생에서 살아가는 고양이 중에 뚱뚱한 녀석은 본 적이 없다.▼

반면 뚱뚱한 집고양이는 아주 흔하다. 어떤 녀석들은 어찌나 뚱뚱한지 조금 움직이는 것도 힘들어한다. 고양이를 애지중지하면서 실제로는 녀석들을 죽이고 있는 셈이나 마찬가지다. 우리가 끝없이 사다가 그릇이 넘치게 부어 주는 각종 사료가 녀석들의 수명을 줄이고 있다.

야생에서 살아가는 고양이는 먹이를 먹으려면 사냥이라는 일을 해야 한다. 사냥감이 제 발로 고양이 앞에 나타나 날 잡아 잡수 할 리는 없다. 배 터지게 먹으려면 일단 사냥을 해야 한다. 자, 이제 눈길을 돌려 우리가 그리도 물고 빨고 사랑하는 응석받이 고양이를 보자. 녀석들이 먹이를 얻기 위해 하는 일이라고는 그냥 존재하는 것밖에 없다. 게다가 내가 아는 보호자 중에는 자고 있는 고양이 앞에까지 먹이를 갖다 주는 사람도 있다. 호텔 룸서비스가 따로 없다. 이런 고양이들은 사냥을 할 필요가 없다. 사냥이라는 과정은 생략하고 바로 배 터지게 먹는다. 심각한 문제는, 말 그대로 '배 터지게 먹는다'는 것이다. 우리는 고양이를 너무 많이 먹이고 있다. 그리고 고양이의 삶에서 더없이 중요한 부분인 활동은 없애버렸다. 정리하자면 이렇다. 섭취하는 칼로리는 너무 많고 소비되는 칼로리가 적어 '뚱냥이'가 되는 것이다.

보호자들이 저지르는 또 다른 실수는 고양이가 천방지축 날뛰는 새끼 고양이에서 점잖은 성묘로 성장할 때까지 동일한 양의 사료를 준다는 것이다. 중성화나 스프레이 방지 수술을 한 고양이에게 사료를 너무 많이 주는 경우도 흔하다. 많은 보호자가 고양이의 체중이 늘었다며 수술 탓

▼ 길고양이 중에 뚱뚱해 보이는 고양이는 사람들이 버린 짠 음식을 많이 먹어 부은 것이다. - 옮긴이주

을 하지만 사실은 그렇지 않다. 중성화나 스프레이 방지 수술을 받은 고양이는 성숙해졌으니(성숙해진 다음에 수술을 받았을 테니까) 기초대사량이 낮아져 새끼 때처럼 많은 칼로리가 필요하지 않게 된 것이다.

자기 고양이의 체형은 고려하지 않고 오로지 사료 포장지에 쓰여 있는 대로 양을 급여하는 보호자도 많다. 이 경우 고양이가 점점 체중이 늘고 있어도 똑같은 양을 주게 되므로 고양이를 과체중으로 만들게 된다.

뚱뚱한 고양이는 심장병, 당뇨, 관절염에 걸릴 확률이 높다. 과체중 고양이가 나이가 들어 관절염이 생기면 체중 때문에 더 많은 고통을 느끼게 된다. 뚱뚱한 고양이는 수술할 때 마취 과정에서 위험한 상황에 처할 확률도 높다.

먹다 남은 음식을 주고 간식까지 퍼다 바치는 것은 비만 고양이를 만드는 지름길이다. 하루 종일 찔끔찔끔 주게 되므로 고양이가 칼로리를 얼마나 섭취했는지 알 수가 없다. 예를 들어 아침식사 때 베이컨 한 조각, 식사 후 오전 10시쯤에 고양이용 간식 조금, 그런 다음 밥그릇에 사료를 부어준다. 점심때는 샌드위치를 먹다가 남은 고기를 간식으로 주고 오후 내내 이따금씩 고양이용 간식을 준다. 저녁에도 식사 중에 남는 음식을 조금씩 주고, 몇 시간 있다가 고양이용 간식을 준다. 야식으로 아이스크림을 먹다가 좀 질리자 고양이에게 큼직하게 한 순갈 퍼준다. 그러면서 이 고양이 녀석은 다이어트용 저칼로리 사료를 먹는데도 왜 살이 안 빠질까 하고 생각한다.

과체중인지 판단하는 법

먼저 고양이를 데리고 병원에 가서 신체검사를 받는다. 추가로 진단용 검사를 몇 가지 할 수도 있다.

순종 중에는 다른 고양이와 체형이 아주 다른 종들이 있다. 페르시안은 땅딸막해야 이상적이고 샴 고양이는 늘씬한 체형이 표준이다. 고양이의 이상적인 체중을 모른다면 수의사의 상담을 받아 보아야 한다.

고양이를 발치에 두고 일어서서 내려다보자. 녀석의 옆구리가 어때 보이는가? 엉덩이 앞쪽 허리선이 약간 들어가 있는가? 정상 체중인 고양이는 갈비뼈에 약간의 지방이 있다(다시 한 번 말하지만 약간이다). 그리고 맨 아래 갈비뼈와 엉덩이 사이가 눈으로 보아도 표가 나게 약간 들어가야 한다. 약간 들어간 허리선은커녕 털이 북실북실한 럭비공이 보인다면 녀석은 과체중이다.

한 손으로 고양이의 옆구리를 쓸어보자. 약간 힘을 주면 갈비뼈가 만져질 것이다(갈비뼈가 보여서는 안 된다. 갈비뼈가 보인다면 저체중이다). 손에 힘을 꽤 주었는데도 갈비뼈가 만져지지 않는다면 녀석은 과체중이다. 갈비뼈가 손으로 만져지지 않거나 가슴이 말랑말랑한 지방으로 덮여 있어 푹신하거나 등뼈를 따라 쓸어보았을 때 지방층이 느껴진다면 녀석은 과체중 정도가 아니라 비만이다.

이제 고양이의 옆모습을 바라보자. 배 부분이 마치 지방을 담은 복주머니처럼 축 늘어져 있는가? 그렇다면 녀석은 과체중이다.

고양이의 꼬리를 들어올려 항문 부근을 보자. 그루밍이 잘 되어 깨끗한가 아니면 그루밍을 하지 않아 더러운가? 너무 뚱뚱한 고양이는 혀가 항문에 닿지 않아 그루밍을 할 수가 없다.

고양이가 코를 고는가? 뚱뚱한 고양이 중에는 자면서 쌕쌕거리거나 코를 고는 경우가 많은데 지방이 불어나 폐를 압박하기 때문이다.

다이어트 시키기

수의사와 상담하면 고양이의 이상적인 체중과 어떻게 하면 그 체중에 안전하게 도달할 수 있는지 알 수 있다. '안전하게'라는 말을 강조한 이유는 고양이에게 단기간에 혹독한 다이어트를 시키거나 칼로리를 갑자기 크게 줄이면 고양이의 간이 견뎌내지 못해 간

지질증이라는 질환이 생길 수 있기 때문이다. 제대로 먹이를 먹지 못하면 지방이 간에 축적되어 간부전이 발생하는 것이다. 그러니 반드시 수의사의 감독하에 다이어트를 진행해야 한다.

우선 수의사와의 상담을 통해 고양이에게 얼마나, 또 어떤 먹이를 급여해야 하는지 파악하자. 고양이가 어느 정도 과체중이냐에 따라 그리고 지금까지 하루 식사량이 얼마였느냐에 따라 그냥 평소에 먹던 사료를 주되 양만 줄이면 된다는 처방을 받을 수도 있다. 평소 식사량에서 4분의 1을 줄이는 정도는 대체로 의학적으로 안전하며 고양이가 크게 스트레스를 받지도 않을 것이다. 하지만 지금까지 주던 사료를 끊고 처방식으로 바꿔야 하는 경우도 있다. 수의사가 고양이에게 필요하다고 판단한 방법이 무엇이든 간에 고양이 다이어트는 보호자가 그 방법을 지켜야만 성공한다. 즉 고양이를 굶기는 게 미안해서 슬쩍슬쩍 간식을 줘서는 안 된다는 얘기다. 고양이를 다이어트 시키려면 단호해져야 한다. 고양이 다이어트 시키기란 세상에서 가장 힘든 일 중 하나다. 미리 경고하지만, 고양이는 우리 무릎에 올라앉아 세상에서 가장 애처로운 표정으로 우리를 쳐다보고, 갑자기 자취를 감춘 사료를 애도하듯 빈 밥그릇 앞에서 하염없이 앉아 있을 것이다. 처량한 목소리로 울면서 우리를 졸졸 따라다닐 수도 있다. 이 가공할 위력의 '나는 세상에서 제일 불쌍한 고양이' 공격을 피하려면 사료를 퍼즐 먹이통에 넣어 고양이가 먹는 시간을 늘려주면 도움이 된다.

또 절대 다이어트용 사료를 맛있게 만들려고 하지 말자. 수의사가 처방해준 처방식을 그릇에 부어 주었는데 고양이가 맛이 없다고 제대로 먹지 않으면 연민에 가득 찬 보호자는 처방식에 맛있는 사료를 조금 섞어서 녀석을 달래려 하기 십상이다. 제발 사랑이라는 이름으로 다이어트를 망치지 말자.

고양이에게 다이어트를 시킨다면 자율 급여는 당연히 중단해야 한다. 시간에 맞춰 정량의 사료를 급여하면 고양이의 일일 섭취량을 점검할 수 있다. 일일 섭취량을 소량으로 나누어 자주 주면 고양이는 일일 섭취량보다 많이 먹고 있다는 착각에 빠질 것이다. 또 그릇에 부어 준 사료를 단번에 삼켜버리고 더 달라고 칭얼거리는 일도 줄어든다.

캣킨스 다이어트

로버트 앳킨스 박사가 주장해 유명해진 '앳킨스' 다이어트란 정제된 당과 탄수화물의 양을 줄이고, 단백질 위주로 식단을 구성하는 다이어트로, 미국 수의학계에서는 농담으로 이를 '캣킨스' 다이어트라고 부른다. 실제 육식동물인 고양이는 단백질에 의존하므로 탄수화물이 그리 많이 필요하지 않다. 그런데 반려동물 사료, 특히 건식 사료는 양을 늘리고 성분들끼리 결합시키기 위해 탄수화물이 제법 들어 있다. 고양이는 육식동물이므로 탄수화물보다는 단백질과 지방에서 에너지를 얻는다. 그러니 탄수화물을 과다섭취하면 비만해진다. 하지만 탄수화물만이 비만의 주범이라고 생각해서는 안 된다. 식사량을 제한하는 것도 아주 중요하다. 어쨌거나 비만을 유발하는 것은 열량이다.

운동의 중요성

당연한 말이지만 사람이건 고양이건 운동을 하고 활동량을 늘려야만 체중을 줄일 수 있다. 그렇다면 고양이를 러닝머신에 올려놓거나 고양이 에어로빅이라도 시켜야 할까? 고양이에게 가장 좋은 운동은 녀석이 좋아하는 활동, 즉 놀이다. 상호작용 놀이를 통해 고양이의 포식자로서의 사냥 본능을 한껏 이끌어내자(이에 대한 자세한 정보는 9장에서 다룬다).

퍼즐 먹이통 활용하기

퍼즐 먹이통을 집 안 여기저기 놓아두어 고양이를 기쁘게 해주자. 사료를 과다하게 공급하지 않도록 고양이가 하루에 먹을 사료의 양에서 일정 분량을 덜어내 먹이통에 넣는다. 퍼즐 먹이통에 사료를 넣어놓으면 고양이가 사료를 먹기 위해 활동을 해야 하므로 할 일이 생긴 셈이며, 사료는 일을 한 보상이 된다. 우리 집 고양이들은 퍼즐 먹이통을 무척 좋아한다. 나는 외출을 할 때면 퍼즐 먹이통을 여러 개 두고 나가는데, 녀석들이 내심 내가 외출을 자주 하기를 바란다는 느낌이 들 때가 있다.

조금씩 자주 주기

자율 급여는 과체중 고양이에게는 대체로 맞지 않다. 사료를 그릇에 부어 주자마자 홀랑 먹어치우고는 하루 종일 굶을 테니까 말이다. 그러니 하루 중 정해진 시간에 소량의 사료를 몇 번에 나누어 먹이도록 한다. 처방 받은 양을 정확히 나눠 줘야 정해진 양보다 더 주지 않을 수 있다. 소량을 자주 주면 고양이는 배가 덜 고플 것이고 사료를 와구와구 먹어치우는 버릇도 줄어든다.

소량을 자주 주는 방법으로는 퍼즐 먹이통을 이용하는 것이 아주 좋지만 그냥 정해진 시간에 그릇에 사료를 부어 주는 것으로도 충분하다. 고양이가 정해진 시간에 소량을 섭취하는 방식에 익숙해지게 만드는 것이 중요하다.

식품 알레르기

식품 알레르기 반응은 설사, 구토, 그 외 소화 장애와 같은 몇 가지 형태로 나타난다. 피부가 간지럽고 발진이 나는 증상이 나타나기도 한다. 또 불안감, 초조함, 공격성 같은 행동 변화를 일으키기도 한다.

희한하게도 고양이가 몇 년 동안 먹어도 아무 문제가 없었던 식품이 어느 날 갑자기 알레르기 반응의 원인이 되기도 한다.

수의사가 식품 알레르기를 의심한다면 저자극성 식단을 처방해 줄 것이다. 이 식단에는 일반적으로 고양이 사료에는 들어 있지 않은 성분이 포함되며 쇠고기나 닭고기 같은 흔한 성분은 들어 있지 않다. 이 식단을 먹고 발진이 가라앉으면 원래 먹던 사료를 다시 먹여 식품 알레르기인지를 확진하게 된다. 발진이 다시 나타나면 원래 먹는 사료의 성분 중 한 가지 또는 그 이상이 알레르기를 일으키는 원인임이 확실해진다. 어느 성분인지를 구체적으로 알아내려면 피부 민감도 테스트 등을 거쳐야 하므로 절차도 어려울 뿐 아니라 비용도 많이 든다. 대개의 경우 저자극성 식단을 계속 먹여야 한다.

새끼고양이의 사료 급여

양질의 단백질과 영양은 새끼고양이의 성장 발달에 아주 중요하다. 녀석은 단 몇 달 만에 몸이 두 배로 커지는 성장을 몇 번씩 겪는다.

젖을 떼고 난 새끼고양이는 하루에 네 번 식사를 해야 한다. 생후 4~5개월이 되면 하루 세 번으로 줄여도 된다. 자율 급여를 한다면 생후 1년이 될 때까지 성장 기능에 초점을 맞춘 사료를 떨어지지 않게 항상 공급해준다. 생후 1년이 되면 성묘용 사료로 바꾼다. 새끼고양이가 두 마리 이상이고 자율 급여를 한다면 모든 고양이가 아무 문제없이 적정량의 사료를 섭취해야 하며 적절하게 체중이 증가해야 한다. 다 먹지 않은 사료는 자주 새 사료로 갈아주고 그릇도 자주 세척해서 항상 신선하고 맛있는 식사를 할 수 있게 해준다. 나이 든 고양이의 급여에 대해서는 16장에서 자세히 다룬다.

07

그루밍

털 손질과 위생 관리

고양이를 관찰해보면 그 어떤 행동을 하든지 마무리는 그루밍▼(털 손질)으로 끝나는 것 같다. 털을 몇 번 핥고 끝내기도 하지만 몸 전체의 털을 빈틈없이 다듬는 전신 그루밍까지, 고양이는 그야말로 몸단장의 대가다. 그루밍은 고양이의 삶에서 여러 가지 중요한 기능을 한다.

거칠거칠한 혀로 몸을 핥아 죽은 털을 떼어내고, 털에 붙은 먼지, 먹었던 음식의 흔적, 흙, 그 외 찌꺼기들도 청소한다. 또한 벼룩 같은 기생충도 최대한 물어뜯고 핥아서 제거한다. 다음으로는 발가락을 벌리고 발가락 사이, 발바닥, 발톱 주변을 핥아 깨끗이 한다. 털을 깨끗이 하는 작업이 만족스럽게 끝나면 이번에는 혀로 털을 평평하고 가지런하게 다듬어 더운 기운과 추운 기운을 최대한 막아주는 단열재가 되게 한다. 이 과정에서 천연 기름 성분이 털에 골고루 발라져 방수도 될 뿐 아니라 반지르르한 윤기가 감돌게 된다.

고양이를 쓰다듬어주고 나면 고양이가 바로 그 부분을 열심히 그루밍하는 모습을 볼 수 있다. 털에 자기 냄새를 더 묻히는 것과 동시에 우리 냄새를 즐기고 있는 것이다. 한편 수의사가 만졌다거나 하는 등의 부정적인 접촉이 있고 난 후 집에 돌아왔을 때에도 정성 들인 그루밍 의식이 시작된다. 이때는 나쁜 냄새를 씻어내고 기분 좋은 자기 냄새를 다시 묻히기 위한 것이다.

고양이는 사냥을 마치고 사냥감을 먹어치운 후에도 그루밍을 한다. 사냥감의 냄새를 전부 지우고 털에 붙은 먹이 찌꺼기를 제거하기 위해서다. 이렇게 냄새 흔적을 말끔히 지우면 다른 사냥감이나 포식자에게 자신의 존재를 들키지 않을 수 있다.

동료 고양이들이 서로의 털을 그루밍하는 것은 각자의 냄새를 섞어 유대감을 형성하는 방법이기도 하다.

그루밍은 또 감정을 다른 곳으로 돌리기 위한 행위이기도 하다. 고양이는 원하는 행동을 하지 못할 때 자기 털을 열심히 핥아서 초조감을 해소한다. 고양이가 창밖의 새를 보다가 갑자기 맹렬하게 그루밍을 하는 것은 당장 뛰쳐나가 새를 잡을 수 없기 때문에 그루밍으로 대신 사냥 욕구를 해소하는 것이다.

▼ 넓은 의미의 그루밍에는 털 손질뿐만 아니라 발톱 깎기, 귀 청소, 목욕 같은 청결 위생 관리도 포함된다. - 편집자주

왜 털 손질을 해줘야 하나

고양이 혼자서도 자기 몸을 깨끗이 단장하긴 하지만 그래도 보호자의 도움이 필요하다. 장모종 고양이의 아름다운 털은 보기에는 우아하기 그지없지만 인위적 교배의 산물인 탓에 장모종 고양이는 자기 털을 혼자서 관리할 수 없다. 단모종도 털을 빗어주는 것이 좋다. 장모종만큼 자주 빗어줄 필요는 없지만 브러시로 꼼꼼하게 빗어주면 녀석의 털과 살결은 더욱 아름답고 건강해질 것이다.

고양이는 1년에 두 번, 겨울이 오기 전과 여름이 오기 전에 한바탕 털갈이를 한다. 건조하고 따뜻한 실내에서 사는 고양이는 1년 내내 조금씩 털갈이를 하므로 더더욱 보호자가 털 손질이 필요하다. 털 손질은 고양이에게 여러 모로 좋다. 브러시로 털을 빗어 죽은 털을 제거해주면 가구와 카펫에 들러붙는 털의 양은 물론 고양이가 핥아서 삼키는 털의 양이 주는 만큼 헤어볼이 생길 가능성도 줄어든다. 헤어볼은 털을 너무 많이 삼키는 고양이에게는 심각한 문제가 될 수도 있다. 또 정기적인 털 손질은 가족 중에 알레르기가 있는 사람에게도 도움이 된다.

건강 점검을 할 수 있는 기회이기도 하다. 나는 털을 빗어줄 때면 손으로 고양이들의 몸을 꼼꼼하게 더듬어서 덩어리, 혹, 발진, 염증이 있는지 살피고, 체중이 늘었는지 줄었는지도 판단한다. 귀를 닦아줄 때는 벼룩이 있는지 감염이나 염증은 없는지 관찰한다. 이빨을 닦아주면서는 잇몸이 붓거나 벌겋게 되었는지를 살핀다. 외출고양이라면 털 손질을 할 때 전신은 물론 발가락 사이, 귀가 접힌 부분, 꼬리 밑쪽까지 꼼꼼히 살펴서 벼룩이 숨어 있지 않은지 살펴보아야 한다.

정기적인 털 손질이 필요한 이유가 하나 더 있다. 평소에 털 손질을 해주지 않았다면 고양이에게 약을 발라줘야 할 때 골치 아파진다. 귀 청소 서비스를 받아본 적 없는 고양이라면 귀에 약을 넣을 때 가만있을 리 없다. 약을 넣는 순간 녀석이 고개를 흔들어 버리면 귀에 들어가는 양보다 우리 옷이나 벽에 튀는 양이 더 많다.

손질에 필요한 도구

필요한 도구는 별도의 상자를 마련해 한데 넣어두면 편리하다. 어떤 도구가 필요한지는 고양이의 털 상태에 따라 다르다. 다음은 털을 깨끗하고 건강하며 엉킴이 없는 상태로 유지하는 데 필요한 기본적인 도구들이다.

장모종

가늘고 촘촘한 금속 핀이 박힌 핀브러시가 가장 좋다. 핀이 일직선이어서 조밀하고 고운 털을 빗기에 적합하다. 또 빗살이 성긴 빗, 중간 정도인 빗, 가늘고 촘촘한 빗도 하나씩 필요하다. 털이 엉켜 브러시나 빗으로도 풀 수 없으면 특별한 엉킴 제거용 스프레이를 뿌려줘야 한다. 옥수수 전분을 약간 뿌려 엉킴을 풀어주는 방법도 있지만 스프레이 쪽이 덜 지저분하다. 털 손질 마지막 단계에서 부드러운 브리슬 브러시bristle brush로 빗어주면 털에 더 윤기가 흐른다.

또한 장모종 고양이는 눈 밑에 얼룩이 생기는 경우가 많아 고양이에게 안전한 전용 눈물 얼룩 제거제도 있어야 한다.

단모종

단모종에게는 가늘고 부드러운 금속 핀이 살짝 꺾인 채 촘촘히 박혀 있는 슬리커 브러시slicker brush가 알맞다. 털이 아주 짧고 조밀하다면 슬리커 브러시 대신 부드러운 브리슬 브러시를 써도 좋다. 죽은 털을 훑어내고 고양이가 빗질을 마사지처럼 느끼게 하려면 빗살이 굵고 듬성듬성한 고무나 실리콘 재질의 커리콤currycomb▼으로 시작한다. 고양이가 빗질을 거부한다면 그루밍 글러브로 쓰다듬는 것부터 시작해 털 손질에 익숙해지게 만드는 것이 좋다. 그루밍 글러브는 손바닥 부분에 고무 돌기가 촘촘히 나 있어 고양이를 쓰다듬으면 죽은 털이 딸려 나온다. 커리콤(실리콘 브러시)보다는 효과가 떨어지지만 고양이가 빗질을 일체 거부한다면 안 쓰는 것보다는 낫다. 벼룩잡이용 빗처럼 빗살이 아주 촘촘한 빗을 사용하면 벼룩뿐 아니라 벼룩의 배설물(말라붙은 피)과 알까지 훑어낼 수 있다. 그리고 반드시 새미 가죽이나 벨벳 천으로 털이 자라는 방향을 따라 쓰다듬는 것으로 마무리한다.

Furminator 사에서 만드는 퍼미네이터(FURminator)라는 제품은 죽은 털을 모으는 데 아주 탁월한 효과를 발휘하는 털 손질 도구다. 단, 이 제품을 쓸 때는 털을 살살 긁는 정도의 약한 힘만 주고 뼈가 튀어나오거나 민감한 부위에는 사용을 피한다.

새끼고양이

장모종이든 단모종이든 일단 정기적으로 자묘용 빗으로 털을 빗겨줘 털 손질에 익숙하게 만드는 것이 중요하다.

특수한 털

와이어헤어wirehair나 크림프 헤어crimped hair처럼 털이 말리거나 구불구불한 고양이는 단모종과 같은 도구를 써야 한다. 털이 몹시 듬성듬성하다면 부드러운 자묘용 브러시를 쓴다. 벼룩잡이용 빗도 필요하다. 털이 없는 스핑크스는 실리콘 브러시로 마사지를 해주고 피부를 덮은 고운 솜털을 훑어낸다. 스핑크스의 피부는 기름기가 많아 주

▼ 커리콤은 우리나라에서 실리콘 브러시로 통한다. - 옮긴이주

름 사이에 먼지가 많이 낀다.

공통 물품

고양이가 미끄러지지 않도록 탁자 위에 깔 목욕용 고무 매트가 필요하다(이 매트는 목욕을 시킬 때도 쓸 수 있다).

고양이용 발톱깎이도 있어야 한다. 발톱 제거 수술을 받은 고양이라도 뒷발톱은 다듬어줘야 하므로 필요하다(사람용 손톱깎이는 고양이의 발톱 모양에 맞지 않기 때문에 발톱을 제대로 깎을 수 없다). 너무 바짝 깎으면 피가 날 수 있으니 주의하고 만약을 대비해 지혈 가루약과 면봉을 준비해 둔다.

목욕을 시킬 때는 물이 들어가지 않게 귀를 막을 탈지면이 필요하다. 탈지면은 귀와 귀 아래쪽을 닦아줄 때도 쓴다. 고양이용 귀 세정제도 준비한다. 어떤 종류를 사면 좋을지는 수의사와 상담한다.

고양이의 이빨을 닦을 때에는 반려동물용 칫솔, 손가락에 끼워 쓰는 칫솔, 아기용 칫솔 등을 쓸 수 있다. 치약은 반드시 반려동물용을 쓴다. 사람용 치약은 고양이의 목구멍, 식도, 위에 화상을 입힐 수 있다. 이빨을 닦아줄 때 칫솔을 쓰기 어렵다면 거즈를 손가락에 감아 닦아줘도 좋다. 거즈는 귀 청소에도 쓸 수 있다(나는 면봉으로 고양이의 귀를 닦는 것은 권하지 않는다. 고양이의 민감한 고막을 찌를 수도 있기 때문이다).

시작하기

보호자의 털 손질과 위생 관리에 익숙해지게 하려면 고양이를 집에 데려왔을 때부터 시작해야 한다. 처음에 고양이가 쓰다듬는 손길을 불편해한다면 한 번 쓰다듬을 때마다 클리커를 누르고 보상을 준다.

털 손질 및 위생 관리 도구를 하나하나 천천히 보여준다. 옆에 앉아 녀석을 쓰다듬으며 브러시를 집어 옆에 놓는다. 고양이가 브러시 냄새를 맡으면 클리커를 누르고 간식을 보상으로 준다. 다른 브러시와 도구들도 이런 식으로 소개한다.

빗질을 하기 앞서 고양이의 몸을 양손으로 부드럽게 쓸어주며 피부가 빨갛거나, 딱지가 앉거나, 혹이 난 곳은 없는지 살핀다. 이렇게 하면 빗질을 할 때 어느 부위를 조심해야 할지 알 수 있고 고양이가 보호자의 손길을 편안하게 느낀다.

이 단계까지 고양이가 불편한 기색을 보이지 않으면 브러시를 집어 들고 녀석의 머리 뒤쪽을 부드럽게 쓸어준다(고양이들은 대개 머리 뒤쪽을 쓰다듬거나 빗질해 주는 걸 좋아한다). 편안히 받아들이면 클리커를 누르고 먹이 보상을 준다. 고양이가 빗질을 긍정적이고 일상적인 경험으로 여기게 만드는 것이 핵심이다.

털 손질을 할 때는 몇 가지 지켜야 할 규칙이 있다. 첫째, 고양이를 아프게 하면 안 된다. 많은 고양이가 보호자의 털 손질을 싫어하는 가장 큰 이유 중 하나가 녀석들에게는 고문에 가까운 행위이기 때문이다. 어떤 상황에서든 끌어당기거나 홱 잡아채거나 거칠게 대해서는 안 된다. 고양이의 몸은 아주 예민하다. 피부가 약해서 쉽게 상처가 난다. 게다가 피부가 얇기 때문에 척추처럼 뼈가 튀어나온 부위를 강하게 빗질하면 큰 통증을 느낀다. 고양이를 아프게 하는 바로 그 순간, 녀석은 온몸을 긴장하면서 털 손질을 받는 것을 싫어하게 된다. 내 고양이들은 털 손질을 하는 동안 달아나려 하지 않고 가만히 있는다. 내가 자기들을 절대 아프게 하지 않을 거라고 믿기 때문이다. 브러시나 빗을 고양이에게 갖다대기 전에 먼저 우리 팔뚝 안쪽을 쓸어보면서 빗질을 얼마나 살살 해야 할지 가늠해보자.

고양이가 보호자의 털 손질을 싫어하는 또 다른 이유는 시간을 너무 끌어서 인내심이 바닥나기 때문이다. 장모종인데 어쩌다 생각날 때 또는 털이 엉켜 있을 때만 빗질을 해주게 되면 한 번 빗질하는 데 30분도 넘게 걸릴 것이다. 반면 매일 빗질을 해준다면 3분씩이면 족하다. 그러니 장모종은 매일 빗질해주는 것이 이롭다. 털이 엉키는 것을 방지하려면 이 방법밖에 없다. 털이 잘 엉키지 않더라도 매일 빗질해줘야 결이 유지되고 헤어볼이 생길 가능성도 줄어든다.

단모종은 일주일에 한두 번 빗질만으로도 윤기 있는 털을 유지할 수 있다. 하지만 고양이가 헤어볼을 자주 토한다면 더 자주 빗질해줘야 한다.

귀 세정과 발톱 손질은 털 손질을 할 때마다 해줄 필요는 없다. 발톱은 한 달에 한 번 정도만 손질하면 충분하다. 귀가 매우 깨끗하다면 몇 주에 한 번 정도면 되지만 매주 귀 세정이 필요한 경우도 있다. 그래도 고양이의 귀를 매번 들여다본다면 문제가 생겼어도 조기에 발견할 수 있다.

또 매일 칫솔질을 해줘야 한다. 칫솔질은 요령만 익힌다면 10초 만에 간단히 끝낼 수 있다. 그럼에도 불구하고 대부분 보호자들은 이를 지키지 않는다. 심지어 고양이의 이빨을 한 번도 닦아준 적 없는 보호자도 수두룩하다. 큰 문제다. 칫솔질을 꼬박꼬박 해주면 훗날 고양이를 마취시켜 치석을 제거해야 할 필요가 줄어든다. 또 매일 칫솔질을 하면 치은염과 치주질환을 예방할 수 있고 입냄새도 나지 않는다. 매일이 어렵다면 일주일에 최소 세 번이라도 해주자.

털 손질 및 위생 관리를 하는 장소

탁자나 높은 곳에서 고양이의 털 손질을 하면 보호자의 허리가 훨씬 덜 아플 것이다. 대개 탁자 표면은 미끄러우니 목욕용 고무 매트를 깔아서 고양이가 발톱으로 움켜잡을 것을 만들어준다. 고양이는 발톱으로 잡고 발을 디딜 수 있으면 훨씬 더 안정감을 느낀다. 고양이의 털 손질을 하는 탁자는 원래부터 고양이가 올라와도 되는 곳이어야 한다. 평소에는 올라가지 못하게 하면서 털 손질을 할 때만 예외로 하면, 고양이로서는 혼란스러울 수밖에 없다. 장모종이라면 아예 털 손질용 탁자를 사는 것도 고려해볼 만하다.

고양이를 무릎에 앉히고 털 손질을 하는 것이 더 편하다면, 털이 옷에 붙지 않게 하고 고양이가 발톱을 깊이 박을 때 다치지 않도록 무릎에 두터운 수건을 깐다. 하지만 고양이들은 털 손질을 받는 동안 보호자의 무릎에 앉는 것을 그리 좋아하지 않는데 점점 더워지기 때문이다. 게다가 고양이가 무릎에 웅크리고 앉으면 털을 구석구석 빗기기도 어렵다.

빗질 테크닉

단모종

실리콘 브러시로 둥글게 빗질하며 비듬과 죽은 털을 솎아낸다. 고양이가 아주 좋아하는 과정이다. 그런 다음 슬리커 브러시로 부드럽게 머리 뒤쪽에서부터 몸을 따라 척추 양쪽을 길게 빗질한다. 뼈가 솟아나온 부분은 브러시를 눌렀다가 들어올린다는 느낌으로 조심조심 부드럽고 짧게 빗질해야 한다.

고양이의 가슴과 배는 빗질하기 까다로운 부위다. 고양이를 들어올려 뒷발로 서게 한 뒤에 빗질해준다. 나는 고양이를 돌려세운 다음 앞다리 아래쪽에 팔을 넣어 부드럽게 받치면서 녀석을 뒤에서 껴안듯이 들어올린다. 고양이가 앉는 것을 더 좋아한다면 한 번에 한 다리씩 조심스럽게 들어올려 겨드랑이와 그 아래 부위를 노출시킨다. 다리를 구부리지 말고 겨드랑이가 드러날 정도로 들어올리기만 한다.

벼룩이 창궐하는 계절에는 촘촘한 빗으로 털을 꼼꼼히 빗어 벼룩과 배설물을 잡아낸다(털이 자라는 방향으로 빗질한다). 빗질이 다 끝나면 가죽이나 벨벳 천으로 털을 결대로 쓸어 광택을 낸다.

장모종

빗살이 굵고 듬성듬성한 브러시로 빗질을 시작한다. 꼬리 밑동에서 시작하여 몸을 작은 부분으로 나누어 한 부분씩 빗어나간다. 털을 한 움큼 들어올리고 그 아래를 빗질한다. 장모종의 빽빽한 털을 빈틈없이 빗고 숨어 있는 엉킨 부분을 찾아내려면 이 방법이 최선이다. 이런 식으로 빗어 머리까지 올라간다. 겨드랑이, 귀 뒤쪽, 사타구니처럼 털이 엉키거나 뭉치기 쉬운 부위는 특히 조심해서 빗어야 한다. 엉킨 부분이 빗에 걸릴 수 있으므로 아주 신중하게 빗는다. 털이 엉키거나 뭉친 부분을 발견하면 손가락으로 부드럽게 푼다. 이때 고양이의 피부를 잡아당기면 안 된다. 털이 잘 풀리지 않을 때는 털 정리용 스프레이를 쓰거나 옥수수 전분을 뿌린 다음 빗질하면 풀린다. 목의 러프,▼ 가슴, 배 부위도 빗어줘야 한다. 단모종처럼 고양이를 안고 일으켜세운 뒤 빗는다. 고양이가 옆으로 누워 몸을 쭉 뻗은 자세에서 빗질하는 것이 더 쉬울 수도 있다(빗질을 꾸준히 하다 보면 어떤 자세가 보호자와 고양이 모두에게 편한지 알게 될 것이다). 빗살이 듬성듬성한 브러시로 빗고 나면 이번에는 빗살이 중간 정도인 브러시로 다시 한 번 더 천천히 조심스럽게 빗어나간다. 이렇게 하면 놓친 털 엉킴을 잡아낼 수 있다.

빗질을 하다 보면 고양이 꼬리의 움직임이 눈에 들어올 때가 있다. 인내심이 슬슬 바닥난다는 신호일 수 있으니 손길을 잽싸게 놀리자. 꼬리 이야기가 나왔으니 말인데 꼬리를 빗질할 때는 조심스러우면서도 빠르게 빗질해야 한다. 고양이는 누가 자기 꼬리를 잡는 것을 좋아하지 않는다.

장모종은 털의 끝부분부터 빗고 차츰차츰 피부에 가까운 쪽으로 들어가듯 빗으면 털 속에 숨어 있는 엉킨 부분이나 뭉친 부분을 잡아당기지 않고도 빗질할 수 있다.

▼ 목도리처럼 둘러진 목 털. - 옮긴이주

털 없는 고양이

스핑크스는 피부에 기름기가 많아서 7~10일에 한 번씩은 목욕을 시켜야 한다. 털이 없어서 항상 따뜻하게 해줘야 하니, 목욕을 시킬 때는 욕실에 미리 더운 물을 틀어 공기를 데워놓아야 한다. 목욕을 마친 후에는 수건을 바꿔가며 물기를 빨리 말린다. 수건은 미리 헤어드라이어로 따뜻하게 만들어 놓는다.

목욕을 한 지 며칠 되지 않았는데 기름기가 너무 많다면 물수건으로 주름 사이의 기름기를 닦아낸다. 피부에 기름기가 너무 많아 모공이 막히면 수의사에게서 안전한 수렴제를 처방 받아 발라준다.

발톱 깎기

처음에는 고양이의 앞발을 하나씩 건드린 다음, 고양이가 가만히 있으면 클리커를 누르고 먹이 보상을 준다. 다음에 앞발을 쓰다듬고 이 단계도 통과하면 이제 앞발을 살짝 잡아본다. 고양이가 편하게 느끼는 수준에 따라 여러 번 시도해야 할 수도 있으므로 인내심 있게 진행한다. 앞으로 발톱을 깎을 때 고양이의 협조를 바란다면 그만큼 공들일 가치가 충분한 훈련이다.

다음으로는 엄지손가락을 앞발에 얹고 나머지 손가락은 발을 받친 자세로 앞발을 눌러 발톱이 나오게 한 다음, 발톱의 끝부분만 자른다. 발톱을 잘 들여다보면 안에 분홍색으로 보이는 정맥이 있다. 실수로 이 정맥을 자르면 출혈이 생기므로, 분홍색 부분을 자르지 않도록 주의한다.

발톱을 자르다 실수해서 피가 난다면 가루 소독제를 발톱 끝에 바른다. 가루 소독제가 없다면 옥수수 전분을 약간 발라서 문지른다. 발톱을 자를 때 계속 실수를 하면 고양이는 보호자 때문에 통증을 겪는다는 사실을 기억해 발톱을 자르지 못하게 저항하기 시작할 것이다. 게다가 발톱이 감염될 우려도 있다. 자르기 전 너무 깊게 들어간 것은 아닌지 두세 번 확인하고, 고양이가 심하게 저항하면 더 이상 억지로 깎지 않는다.

발톱 색이 짙으면 분홍색 정맥이 보이지 않으므로 발톱 끝부분을 다듬는 정도로만 잘라야 한다. 발톱이 휘어지기 시작하는 부분보다 더 깊이 자르면 안 된다. 발톱을 어떻게 잘라야 할지 모르겠다면 수의사에게 시범을 보여 달라고 요청한다. 앞발 위 다리 맨 안쪽에 마치 엄지손가락처럼 보이는 며느리발톱을 다듬는 것도 잊지 않는다.

처음에는 발톱을 한 번에 모두 자르지 않아도 된다. 고양이의 인내심을 바닥내고 방금 그렇게 열심히 다듬어 놓은 발톱에 긁혀가면서까지 한 번에 끝낼 필요는 없다. 발톱을 한 개 자르고는 클리커를 누르고 보상을 준다. 시간이 조금 흐른 후에 발톱을 하나 더 자르고는 클리커를 누르고 보상을 준다. 이런 식으로 한 번에 몇 개씩을 잘라나간다.

고양이가 발톱 자르는 일에 익숙해지게 만들려면 처음에는 2~3주에 한 번씩 발톱을 자른다. 발톱이 그리 빨리 자라지는 않을 테니 발톱을 모두 다듬을 필요는 없고 한 번에 몇 개씩 끝부분만 살짝 자른다. 되도록 고양이가 편안해하는 상태에서 발톱을 잘라야 앞으로 보호자와 고양이 모두 평온한 삶을 살 수 있다. 고양이가 발톱을 다듬기에 익숙해지면 발톱이 자라나는 속도에 맞춰 한 달에 한 번 정도로 횟수를 줄인다.

> 새끼고양이라면 녀석을 안아 등을 보호자의 가슴에 대는 자세가 더 편하게 느껴질 수 있다. 한 팔로 고양이를 받치면서 그 받친 손으로 녀석의 앞발을 잡고 살짝 눌러 발톱이 나오게 한 다음, 다른 손에 든 발톱깎이로 발톱을 깎는다.

칫솔질

손가락에 끼우는 칫솔, 반려동물용 칫솔, 사람 아기용 칫솔 등을 쓸 수 있다. 이런 칫솔을 쓰기 힘들다면 거즈를 손가락에 감아 사용해도 된다. 이 경우 잇몸을 너무 세게 문지르면 염증이 생길 수 있으니 주의한다. 치약은 반드시 반려동물용을 쓴다(요즘은 반려동물이 좋아하는 맛을 첨가한 치약이 많다).

처음에는 녀석이 칫솔질에 익숙해지도록 짧은 교육으로 끝내는 편이 좋다. 먼저 고양이의 입가를 쓰다듬는다. 칫솔을 천천히 움직여 입술 안으로 살짝 밀어 넣어 이빨에 닿게 한다. 고양이가 저항하지 않으면 클리커를 누르고 보상을 준다. 클리커 트레이닝을 하지 않는다면 간식을 주거나, 칭찬하거나, 쓰다듬거나, 놀아주는 것으로 보상을 준다.

칫솔질은 짧게, 되도록 고양이가 불편해하기 전에 끝낸다. 빨리 끝낼수록 다음번에도 칫솔질을 참아줄 가능성이 높아진다.

온갖 방법을 다 동원해도 고양이의 이빨을 닦아줄 수 없다면 입안에 뿌려서 치석을 줄이는 제품을 써본다. 칫솔질만큼 효과적으로 치석을 없애지는 못하지만 아무것도 안 하는 것보다야 낫다. 수의사와 상의해 액체형이나 스프레이형 제품을 택한다. 라벨에 적힌 사용법을 신중하게 지켜야만 효과가 있다. 예를 들어 이런 제품은 고양이가 식사를 하기 최소한 30분 전에 사용해야 한다.

귀 청소

먼저 고양이의 귀 안쪽을 들여다보고 감염, 염증, 귀 진드기가 없는지 확인한다. 진한 갈색에 잘 바스러지는 가루 같은 것이 보인다면 귀 진드기가 있다는 증거이므로 동물병원에 데려가 약을 처방받아야 한다(귀 진드기에 대한 자세한 정보는 〈의료 정보 부록〉에서 다루고 있다).

귀에 염증이 있거나 만지면 민감하게 반응하거나 악취가 나는 경우에도 수의사의 검진을 받아야 한다. 이때는 귀를 청소하지 말고 원래 상태 그대로 데려간다. 감염되었거나 염증이 있는 귀를 청소하다가 병을 더 키울 수 있다. 귀가 건강해 보이지만 때나 귀지가 있다면 탈지면에 귀 세정제를 약간 묻혀 귀 안쪽을 살살 닦는다. 예민한 고막에 상처를 입힐 수 있으므로 면봉은 쓰지 않는다.

귀 청소는 맨 마지막에 한다. 세정제 때문에 귀가 간지러워지면 다른 과정들을 얌전히 견뎌주지 않기 쉽다.

고양이가 귀 청소에 익숙해지게 하려면 녀석의 귀를 살짝 건드리고는 클리커를 누르고 간식을 준다. 귀를 건드리는 강도와 시간을 조금씩 늘려나간다.

벼룩과 그 외 가려움 유발 요인들

몸에 이런 것들이 있으면 고양이는 긁고, 긁고, 또 긁는다. 고양이가 광적으로 피부를 긁어댄다면 알레르기, 진균성 질병, 기생충이 있을 가능성이 높다. 그중에서도 가장 흔한 요인은 벼룩이다. 벼룩에 알레르기가 있는 고양이라면 딱 한 마리만 있어도 잠 못 드는 밤이 된다. 고양이뿐 아니라 보호자도 말이다.

벼룩은 반려동물이 아니다

벼룩은 고양이에게서 발견되는 가장 흔한 기생충으로 요 작디작은 생명체가 큰 문제를 일으킬 수 있다. 벼룩 성체는 잽싸고 아주 높이 뛰어오르기 때문에 우리 손으로 잡기가 여간 힘든 게 아니다. 게다가 고양이는 시도 때도 없이 그루밍을 하기 때문에 보호자가 벼룩의 존재를 미처 알아차리기도 전에 증거를 핥아버리기 일쑤다.

벼룩은 숙주(영양 공급 생물)의 피를 빨아먹고 배설하고 알을 낳는 일생을 반복하면서 숙주의 털 속에서 살아간다. 벼룩 암컷이 고양이의 털 속에 낳은 알은 곧 떨어져나와 카펫, 침구, 땅바닥 또는 가구에 안착하고, 열흘쯤 후면 알에서 유충이 나온다. 이 유충은 카펫 속이나 가구 아래에 숨어 찌꺼기, 특히 벼룩 성체의 배설물을 먹고 산다. 약 1주일이 지나면 유충은 고치를 만들고 그 속에서 번데기가 되며, 이 번데기를 탈피해 벼룩 성체가 된다. 환경에 따라 다르지만 벼룩 성체는 고치에서 나올 만한 조건이 될 때까지 그 속에서 최대한 몇 달을 버틸 수 있다. 그리고 고치에서 나오면 곧장 숙주를 찾기 시작한다.

어떤 고양이는 벼룩의 타액에 들어 있는 항원에 알레르기 반응을 일으켜 벼룩 알레르기 피부염이 생기기도 한다. 피부가 벌겋게 되고 가려우며 털이 벗겨져 맨 피부가 드러나는 것이 그 증상이다. 벼룩 알레르기는 벼룩이 한 마리만 있어도 나타난다.

벼룩은 촌충류의 중간 숙주이기도 하다. 즉, 고양이가 그루밍을 하다가 벼룩을 삼키면 벼룩의 몸 안에 들어 있던 촌충이 고양이의 몸에 들어가 번식하는 것이다.

몸에 벼룩이 많은 고양이는 피를 많이 빨리기 때문에 빈혈이 생길 수 있다. 새끼고양이, 질병으로 몸이 약해진 고양이, 나이 든 고양이는 특히 위험하다. 그러니 벼룩이 고양이에게 안착하기 전에 퇴치하는 것이 중요하다. 다행히 효과적인 벼룩 퇴치 제품은 많다.

벼룩 찾기

고양이의 몸에서 벼룩을 찾아내려면 털을 양옆으로 갈라가며 작은 흑갈색 점이 있는지 살펴본다. 아주 빨리 움직이기 때문에 벼룩 자체는 못 볼 수 있지만 배설물은 찾기 쉽다. 피를 빨아먹고 소화시킨 후 남은 찌꺼기인 벼룩 배설물은 얼핏 후춧가루처럼 보인다. 가끔은 털 속에 하얀 반점 같은 것이 있는데 이것은 벼룩의 알이다. 벼룩이 주로 서식하는 곳은 엉덩이, 꼬리, 목, 사타구니이다.

털색이 짙거나 검은 고양이라면 녀석을 하얀 수건이나 종이 위에 눕히고 털을 빗겨본다. 수건이나 종이에 까만 점이 떨어질 수도 있고, 벼룩잡이용 빗으로 털을 빗으면 빗에 벼룩과 찌꺼기가 잡혀 나올 것이다. 벼룩잡이용 빗은 고양이의 털에서 벼룩뿐 아니라 그 배설물와 알까지 제거할 수 있는 아주 훌륭한 도구이다. 이 빗으로 털을 빗으면 촘촘한 빗살에 벼룩이 걸려든다. 하지만 벼룩잡이용 빗만으로는 벼룩을 완전히 퇴치할 수 없다. 빗질은 고양이에게 벼룩이 있는지 확인하고 털에서 벼룩의 배설물을 제거하는 용도일 뿐이다.

벼룩 퇴치 제품

벼룩 퇴치 작전을 시작하려면 먼저 동물병원을 찾아가 어떤 방법을 선택할 수 있는지, 그리고 고양이에게 가장 잘 맞는 방법은 무엇인지 파악한다. 수의사가 고양이의 연령, 건강 상태, 감염의 심각도, 특정 제품을 사용해본 경험 등을 고려해 몇 가지 방법을 골라줄 것이다. 이 단계를 빼먹고 바로 반려동물 용품점이나 마트로 달려가 잘 알지도 못하는 제품을 사들이는 일은 하지 말자. 제품마다 독성이 다르기 때문에 함부로 썼다가는 오히려 역효과를 낼 수도 있다. 특히 새끼 고양이라면 신중하게 제품을 선택해야 한다. 고양이에게 뿌리는 제품은 결국 고양이가 핥아서 먹게 된다는 점을 잊어선 안 된다. 또 마트에서 파는 제품 중에는 아무 효과가 없어 돈만 버리게 되는 것도 있다.

제품 중에는 벼룩뿐 아니라 진드기와 체내 기생충까지 퇴치하는 것도 있다. 또 최장 한 달까지 약효가 지속되는 국소용 제품은 효과도 좋고 바르기도 쉬워서 편리하다. 주로 병에 들어 있는데 뚜껑을 연 다음 고양이의 목 뒤쪽에 발라주면 된다. 그러면 24시간 동안 고양이의 체내로 약이 퍼져나간다. 그 24시간 동안 고양이의 목 뒤를 쓰다듬지 않아야 한다는 것만 기억하자. 효과가 좋은 제품을 쓰면 벼룩 퇴치용 샴푸, 스프레이, 파우더 등을 사용할 필요가 줄어든다.

벼룩을 효과적으로 퇴치하려면 집 안의 모든 반려동물을 다 치료해야 한다. 보호자들이 흔히 저지르는 실수 중 하나가 밖으로 나가는 반려동물만 벼룩 퇴치를 하는 것이다. 벼룩은 집 안에만 사는 고양이에게도 전파될 수 있다.

벼룩 퇴치의 효과를 보장하는 또 한 가지 요소는 치료 기간이다. 사는 곳의 기후에 따라 1년에 한 번씩 벼룩 퇴치약을 써야 하는 경우도 있다. 겨울이 따뜻한 지역이라면 벼룩은 1년 내내 번식을 한다. 겨울이 추운 지역에 산다 하더라도 집 안에서 벼룩을 확실히 퇴치하지 않으면 바깥 기온에 상관없이 따뜻한 집 안에서 벼룩이 번식할 가능성은 충분하다.

집 안의 벼룩 퇴치

아주 심각한 상황이 아니라면 고양이에게 벼룩 퇴치 제품을 쓰는 것만으로도 충분할 것이다. 하지만 벼룩이 심각하게 많다면 벼룩 퇴치 제품을 고양이에게 발라준 다음 진공청소기로 집 안의 벼룩을 없애야 한다.

나는 진공청소기 돌리기를 싫어해서 늘 안 해도 되는 핑계를 찾지만 사실 집 안의 벼룩을 퇴치하기에는 효과 만점인 방법이다. 카펫, 가구 밑, 의자의 쿠션에서 벼룩의 알과 유충을 많이 빨아들일수록 벼룩 박멸의 길은 가까워진다. 진공청소기를 자주 돌리면 벼룩의 수가 크게 줄어든다. 무자비하게, 철저하게 빨아들인 다음 청소기 속 먼지는 반드시 집 바깥의 쓰레기통에 버리자. 진공청소기를 돌리기만 하고 그 속의 먼지를 제때 없애지 않으면 벼룩의 알은 그 먼지 속에 도사린 채 다음 기회를 노릴 것이다.

진공청소기를 돌릴 때는 가구 밑은 물론이고, 의자와 소파의 쿠션 아래까지도 싹싹 훑어야 한다. 벼룩과 그 유충은 의자와 소파 깊숙이까지 숨어들 수 있기 때문이다. 물론 고양이가 자는 잠자리, 캣타워, 창턱도 철저하게 청소해야 한다. 시어머니나 장모님이 집에 쳐들어와 하얀 장갑을 끼고 창턱을 문질러볼지도 모른다는 마음가짐으로 청소를 하자.

진드기

고양이는 자주 그루밍을 하기 때문에 진드기가 있다는 것을 보호자가 눈치 채지 못할 때가 많다. 진드기는 주로 고양이가 직접 그루밍할 수 없는 머리, 목, 귀 안쪽에 있을 확률이 높다. 발가락 사이에 기생하기도 한다.

진드기는 고양이 피부에 달라붙어 머리를 살 속에 파묻는다. 피부에 들러붙기 전의 진드기는 아주 작은 거미처럼 생겼지만, 일단 피부에 붙으면 마치 사마귀가 난 것처럼 보인다. 피를 빨아먹으면 몸이 부풀어 오르는데, 대개 이때쯤 보호자가 진드기의 존재를 알아차리거나 발견하게 된다.

진드기를 퇴치하려면 진드기 몸에 알코올이나 미네랄 오일을 한 방울 떨어뜨린다. 몇 초만 기다리면 고양이 살 속에 파고든 부분이 느슨해지므로 이때 진드기 제거 도구로 조심스럽게 떼어낸다. 이 도구는 반려동물 용품점에서 구입할 수 있는데, 가운데에 구멍이 난 플라스틱 숟가락처럼 생겼다. 핀셋을 사용해도 좋지만 그러면 진드기 몸만 떨어져 나오고 머리는 그대로 살 속에 박혀 있을 수 있으니 핀셋을 사용할 때는 최대한 진드기의 머리에 가까운 부위를 집는다. 떼어낸 진드기는 알코올을 담은 컵에 넣어 죽인 다음 화장실 변기에 흘려보내 확실히 처치하자.

성냥에 불을 붙였다가 끈 직후 진드기에 갖다대어 죽인다는 민간요법이 있지만 절대 사용해선 안 된다. 고양이가 화상을 입을 가능성이 높다. 진드기를 떼어내기가 너무 어렵거나 머리가 그대로 살 속에 박혀 있는 것 같다면 고양이를 동물병원으로 데려가자. 고양이가 외출고양이라면 벼룩·진드기 예방약을 발라줘야 한다.

과활성 기름샘

꼬리샘 증후군stud tail은 피지가 과다 분비되는 현상으로 수고양이의 꼬리 밑동이 기름에 절인 것처럼 보인다(주로 중성화 수술을 받지 않은 경우에 나타난다). 기름기를 줄이는 샴푸로 꼬리 밑동을 씻어주면 조절 가능하지만 증상이 악화되어 털이 빠지거나 염증이 생기면 동물병원에 데려가야 한다.

고양이 여드름은 턱의 피지선에서 이 피지가 과도하게 분비되어 나타나며 까맣고 딱딱한 블랙헤드처럼 보인다. 더 심해지면 고름집이 생기기도 한다. 증상이 심하지 않다면 거즈나 천에 따뜻한 물을 적셔 닦아준다. 여드름이 사라지지 않으면 수의사에게 치료를 받는다(꼬리샘 증후군과 고양이 여드름에 대해서는 〈의료 정보 부록〉에서 자세히 다루고 있다).

헤어볼

고양이의 혀에 돋아 있는 가시(미늘)는 목구멍 쪽으로 휘어 있기 때문에 그루밍할 때 입안에 들어온 털을 삼킬 수밖에 없다. 이렇게 삼킨 털은 대체로 별 문제 없이 소화기관을 통과해 대변에 섞여 나오지만, 털을 너무 많이 삼켰다면 길쭉한 관 모양의 젖은 털뭉치를 토해낸다. 우리가 집 안에서 밟게 되는 '헤어볼'의 정체가 이것이다. 또 고양이가 삼킨 털은 장에 머물러 폐색을 일으키기도 한다. 고양이가 돌처럼 딱딱한 대변을 누거나 아예 대변을 누지 못한다면 헤어볼이 장의 일부 또는 전체를 막아서일 수 있으니 당장 동물병원에 데려가자.

이런 문제를 평생 겪지 않는 고양이도 많지만 장모종 고양이뿐 아니라 단모종 고양이에게도 생기는 일이다. 해결책은 무엇일까? 빗질이다.

부지런히 빗질을 해주는데도 헤어볼이 생긴다면 헤어볼 방지 제품을 써본다. 튜브에 담긴 젤 형태로 보통 미네랄 오일을 기반으로 만들어져 몸에 흡수되지 않고 윤활유 역할만 한다. 하지만 미네랄 오일은 지용성 비타민의 흡수를 방해하므로 일주일에 두 번 정도만 먹이는 게 좋다(물론 수의사가 더 줘도 된다고 하면 상관없다). 손가락에 3센티미터 정도 길이로 짜내어 고양이에게 준다. 대개 잘 핥아먹을 것이다. 고양이가 이 제품을 좋아하지 않는다면 입을 벌리고 윗니 가장자리를 손가락으로 문질러 젤을 입천장에 묻힌다.

어떤 보호자는 젤을 고양이 앞발에 묻혀 놓으면 그루밍을 하면서 핥아먹을 거라고 기대하지만, 까다로운 고양이는 젤을 혀로 핥아 없애기보다는 앞발을 흔들어 튕겨낼 것이다. 게다가 털이 지저분해지기도 하니 정 이 방법을 써야겠다면 앞발에 소량만 바른 다음 녀석이 다 핥아먹는지 꼭 확인한다. 헤어볼 방지 젤을 일주일에 한두 번 먹이는데도 효과가 없다면 수의사와 상담해 사료에 식이섬유를 첨가하는 방법이 괜찮은지 물어본다.

사료 중에도 헤어볼 방지 기능을 첨가한 제품들이 많다. 이런 사료로 바꾸는 방법에 대해서는 수의사의 조언을 듣는다. 간식 중에도 헤어볼 방지 제품이 있다.

목욕시키기

제목을 보자마자 머리를 절레절레 흔들며 "죽어도 목욕은 안 돼!"라고 소리치는 보호자도 있을 것이다. 물에 흠뻑 젖은 고양이가 손톱으로 칠판 긁는 소리로 울부짖으며 온 집 안을 뛰어다니고, 우리는 허둥지둥 그 뒤를 쫓아가는 장면부터 떠올리면서 말이다.

장모종은 털에 기름이 많이 끼기 때문에 자주 목욕시켜야 하며, 단모종은 털 상태나 그 외 조건에 따라 가끔 시켜주면 된다. 고양이를 목욕시키는 것은 비교적 쉬운 일일 수도 있고 상상처럼 온 집 안이 엉망이 되는 한바탕 전투가 될 수도 있다. 이제 보호자에게도 고양이에게도 스트레스가 되지 않는 쉬운 목욕법에 대해 알아보자.

먼저 목욕에 필요한 물품을 한 자리에 모은다. 기껏 고양이의 몸에 물을 묻힌 다음에야 샴푸를 찾으려 하면 참 곤란하다. 샴푸는 당연히 반드시 고양이 전용 샴푸를 써야 한다. 미백, 기름기 제거 등 특정 목적을 위한 샴푸가 많이 나와 있으니 고양이의 상태에 따라 고른다. 장모종은 털이 엉키지 않도록 샴푸 후에 컨디셔너도 발라줘야 한다. 또 샤워기 또는 휴대용 호스, 목욕타월이나 수건도 여러 장 있어야 한다. 집에 있는 헤어드라이어가 업소용 못지않게 크고 강력한 제품이라면 소음이 적고 바람을 약하게 설정할 수 있는 것으로 다시 구입하는 것이 좋다.

고양이 목욕에 필요한 물품

- 고양이 전용 샴푸
- 컨디셔너(장모종인 경우)
- 물기를 잘 흡수하는 수건 여러 장
- 탈지면
- 브러시
- 목욕용 고무 매트
- (치료용이 아닌) 일반 눈 연고
- 헤어드라이어

필요한 물품들을 갖췄다면 고양이를 욕실에 데려오기 전에 따뜻한 물을 틀어 욕조와 욕실 안 공기를 따뜻하게 한다. 샴푸 뚜껑을 미리 열어놓으면 나중에 뚜껑을 열려고 고군분투하지 않아도 된다. 나는 따뜻한 물을 튼 수도꼭지 아래에 샴푸 병을 두어 샴푸를 데워놓기도 한다.

이제 고양이를 준비시킬 차례다. 먼저 녀석의 털을 빗질해 얽히거나 뭉친 부분을 풀어준다. 털이 엉킨 채로 목욕을 하면 엉킴이 너무 심해져서 가위로 잘라내야 하니 목욕 전에 꼼꼼하게 빗질한다. 고양이의 양쪽 귀에는 탈지면을 조심해서 넣는다. 절대 쑤셔 넣어서는 안 된다. 물이 귀로 들어가지 않게 막는 정도면 된다. 나는 고양이가 머리를 흔들어 탈지면이 빠질 경우에 대비해 여분의 탈지면을 손닿는 곳에 둔다.

(치료용이 아닌) 일반 눈 연고를 고양이의 양쪽 눈에 조금씩 넣어 샴푸가 눈에 튈 경우에 대비한다. 물론 연고를 넣었다고 해서 방심해서는 안 된다. 고양이의 눈에 샴푸가 들어가지 않도록 조심하고 또 조심하자.

세면대나 욕조 바닥에 목욕용 고무 매트를 깔고(고양이가 매트를 발톱으로 잡을 수 있기 때문에 안정감을 느낀다), 고양이를 잡아 그 위에 둔다. 필요 이상으로 꽉 누르면 안 되겠지만 그렇다고 너무 느슨하게 잡았다가는 녀석이 빛의 속도로 뛰쳐나가 버릴 것이다.

자, 본격적으로 목욕을 시작한다. 샤워기로 고양이 머리를 제외한 몸 전체를 충분히 적신다(절대 머리에 물을 뒤집어씌워서는 안 된다. 머리와 얼굴은 젖은 수건으로 닦아야 한다). 욕조에 물을 받아 고양이를 푹 담그는 것은 삼간다. 물은 아주 따뜻해야 한다. 팔뚝 안쪽에 샤워기를 대 보아 물의 온도를 확인한다. 샴푸는 목 부분부터 한다. 등 부분을 먼저 씻기면 혹시 벼룩이 있을 경우 놈들이 머리로 도망쳐 귀, 눈, 코, 입으로 숨어들어갈 수 있다. 목 다음으로 몸과 다리에 샴푸를 칠한다. 꼬리 밑쪽과 다리도 꼼꼼히 거품을 낸다. 너무 박박 문지르면 특히 장모종의 경우 털이 엉킬 수 있으니 주의한다.

얼굴은 젖은 수건으로 골고루 닦는다. 눈물 얼룩이 있으면 눈 밑 부분을 특히 주의해서 닦아낸다.

이제 샴푸를 철저하게 씻어낸다. 샤워기를 고양이의 살에 바짝 갖다대어 털이 일어나게 해야 한다. 그래야 털 속에 남은 샴푸 성분을 씻어낼 수 있다. 샴푸 성분이 조금이라도 남아 있으면 털이 마른 후에 가려움증이나 염증을 일으킬 수도 있으니 물로 씻고 씻고 또 씻는다.

다 헹궜다면 손으로 털을 살살 눌러 물을 어느 정도 제거한 다음 고양이의 귀에서 탈지면을 빼낸다. 고양이를 수건으로 감싸 톡톡 두들기듯 물을 흡수한다. 수건을 문질러 물을 닦으면 털이 엉킬 수 있다. 게다가 고양이들은 수건으로 박박 문지르는 감촉을 별로 좋아하지 않는다. 수건을 여러 장 갈아가면서 톡톡 두들겨 물기를 거의 흡수한다.

헤어드라이어를 써야겠다면 바람을 약하게 하고 계속 움직여야 한다. 헤어드라이어를 고양이 몸 한 부분에 계속 들이대면 화상을 입기 쉽다. 또 절대 고양이의 얼굴에 직접 바람을 쏘여서는 안 된다. 부드러운 브러시로 고양이의 털을 세우듯 빗겨서 속까지 헤어드라이어 바람이 닿게 한다.

단, 물기를 남김없이 말리겠다는 생각은 버린다. 어느 정도 말려주고 나면 그 다음은 고양이가 알아서 마무리할 것이다. 특히 고양이가 헤어드라이어를 격하게 싫어하면 털이 마를 때까지 따뜻한 방에 두고 추위로 떨지 않는지 관찰한다. 필요하다면 히터를 틀어준다.

목욕이 끝나면 고양이에게 보상을 주고, 녀석이 자기 털을 자기가 원하는 상태로 돌려놓기 위해 그루밍을 시작하면, 우리는 조용히 욕실로 가서 수챗구멍에 잔뜩 쌓인 녀석의 털을 치우면 된다.

물 없는 목욕

고양이가 도무지 목욕을 하려 하지 않는다면 물로 헹구지 않아도 되는 제품으로 씻기는 방법도 있다. 파우더형 제품은 역사가 꽤 오래된 편이고 거품형 제품도 많이 나와 있는데, 개인적으로 거품형이 더 나은 것 같다. 효과는 덜하겠지만 물로 하는 목욕이 불가능할 때 사용하면 편하다.

08

여행

고양이와 여행하는 법

'여행'은 고양이 세계에서 터부시되는 단어다. 고양이는 대부분 집에 있는 것을 선호한다. 보호자도 함께 말이다. 우리는 모험을 좋아하지만 고양이는 일상을 좋아하고, 우리는 이국적인 낯선 장소에 가는 것을 사랑하지만 고양이는 익숙한 장소에 머무는 것을 좋아한다. 하지만 여행을 좋아하든 아니든 고양이에게도 여행은 필요하다. 동물병원에도 가야 하고, 어쩌면 미용실에 가야 할 수도 있고 멀리 새 집으로 이사를 갈 수도 있으니 말이다.

새끼고양이라면 어릴 때부터 외출 및 여행에 익숙하게 만들어서 트라우마를 크게 줄여줄 수 있다. 물론 그래도 이동장만 보면 후닥닥 숨어버리는 성묘로 자랄 수 있지만, 외출이라고는 1년에 딱 한 번 백신 접종을 위해 동물병원에 가는 것이 전부인 고양이보다는 훨씬 사정이 나을 것이다. 성묘도 충분히 여행을 덜 두려워하도록 만들 수 있다. 한 번도 여행이라곤 해본 적 없다 해도 여행에 대한 불안감을 줄이고 장기적인 부정적 결과도 피할 수 있다.

이동장이 필요한 이유

고양이를 안전하게 이동시키는 유일한 방법은 고양이를 이동장에 넣는 것이다. 고양이와 함께 해외여행을 떠나든 그저 길 건너편으로 가든지 간에 무조건 고양이를 이동장에 넣어야 한다. 이동장이 은신처 역할을 하므로 고양이는 그 안에서 안정감을 느낀다. 특히 집 밖에 나온 고양이가 겁을 먹었거나 공격적으로 변한다면 고양이를 품에 안고 있기는 불가능할 것이다. 또 차 안에 고양이를 풀어두어 마음대로 돌아다니게 하는 것은 보호자에게도 고양이에게도 지극히 위험하며 교통사고가 일어날 수도 있다.

이동장은 고양이에게 가장 중요한 안전관리 도구다. 여행이나 이사 계획도 없고, 수의사는 친히 집으로 왕진을 오고, 휴가철에 어디 가는 것이 질색인 집이라 해도 이동장은 있어야 한다.

이동장이 있으면 응급상황 발생시 고양이를 안전하게 집 밖으로 데리고 나올 수 있다. 우리 집에는 언제라도 고양이 셋을 넣을 수 있도록 이동장을 상비해 두고 있다. 내가 사는 지역은 토네이도가 꽤 흔히 발생하는 곳이어서 고양이를 넣을 이동장을 준비해 두는 것은 재해 대처법의 일부이기도 하다(재해 대처법에 대해서는 18장에서 자세히 다룬다).

이동장 고르기

이동장은 고양이가 안전하다고 느껴야 하며 세척하기 쉽고 누구도 다치는 일 없이 고양이를 넣었다가 꺼낼 수 있어야 한다.

철망 이동장

최악의 이동장 중 하나다. 이런 이동장 안에

들어간 고양이는 철창에 갇혔다는 느낌뿐 아니라 온몸이 사방에 노출되었다는 두려움에 시달린다. 목적지에 도착해 고양이를 꺼내려 할 즈음에는 고양이가 몹시 화가 난 상태일 것이고, 화가 잔뜩 난 고양이를 다루기란 결코 쉽지 않다.

천가방 이동장

우리가 쓰는 여행용 천가방과 비슷하다. 천가방 이동장은 무게가 가볍고 고양이를 데리고 비행기를 탈 때 기내 반입도 가능하다. 반면 여행 중에 이동장 위로 무언가 무거운 것이 떨어지기라도 하면 고양이를 제대로 보호해주지 못한다. 그리고 고양이가 안에서 실례를 했을 경우 세척하기가 어렵다. 천가방 이동장을 구매하겠다면 바느질이 튼튼하고 바닥이 단단하며 심이 들어 있어 옆구리가 찌그러지지 않는 것을 고른다.

바구니 이동장

예쁠지는 몰라도 최악의 선택이다. 고양이가 안에 싼 똥이나 오줌을 씻어내야 하는 처지가 되면 백 번 이해할 것이다. 게다가 고양이들도 편안해하지는 않는 것 같다. 이런 재질은 고양이 발톱에 긁히기 십상이다.

플라스틱 이동장

모든 면에서 최고의 이동장이다. 튼튼하고 세척도 쉽다. 대개 앞문은 금속이나 플라스틱제 격자로 되어 있고, 입구가 위에 있는 것도 있다. 대부분 비행기에 실을 수 있으며 작은 이동장은 기내 반입도 가능하다. 부서질 일도 없으니 고양이가 다칠까 걱정할 일도 없다. 여행 중에 고양이를 되도록 편하게 해주고 싶겠지만 너무 큰 이동장을 사는 것은 좋지 않다. 고양이는 이동장 안에서 돌아다닐 필요가 없으며 사실 이동장이 자기 몸을 둘러싸는 듯한 크기여야 안정감을 느낀다. 큼직한 이동장은 들고 다니기도 어려울뿐더러 그 안에서 고양이는 이리저리 떠밀리기 십상이다. 하지만 장기간 여행일 때는 이동장 안 공간이 넓은 것이 좋다.

입구가 위에 있거나 상부가 분리되는 형태는 동물병원에 가는 것을 무서워하는 고양이에게 안정감을 줄 수 있다. 겁먹은 고양이를 이동장에서 끄집어내느라 고군분투할 필요 없이 위쪽 뚜껑만 열면 된다. 그러면 고양이는 상체만 노출되었다 하더라도 이동장 안에 들어 있으므로 불안감을 덜 느낀다. 바닥에 수건을 깔아주면 더 좋다.

골판지 이동장

가격이 싸고 심지어 공짜로 얻을 수도 있다. 보호소에서 고양이를 데려올 때면 거의 대부분 이런 상자에 고양이를 넣어 데려오게 된다. 하지만 골판지 이동장은 새끼고양이일 때는 괜찮으나 성묘는 감당하지 못한다. 절박해진 고양이는 눈 깜박할 사이에 발톱이나 이빨로 종이를 찢어버릴 수 있다. 또 상자 안쪽에 방수 코팅이 되어 있다 하더라도 똥이나 오줌을 싸면 이동장을 버리는 편이 낫다. 나는 동물병원에서 너덜너덜하고 이음새가 벌어지기 직전인 골판지 이동장에 화가 잔뜩 난 큼직한 고양이를 집어넣으려고 애쓰는 보호자를 보면 조마조마해진다. 결국 이동장 바닥이 터져 고양이가 바닥으로 뛰어내리고 주차장으로 도망치는 최악의 상황을 몇 번이나 목격했기 때문이다.

하지만 골판지 이동장이 좋은 점도 있다. 골판지 이동장은 싸기도 하거니와 해체해서 납작하게 만들어 보관할 수 있다. 만약 고양이를 열 마리 키우는데 이동장을 열 개씩 마련할 여유가 없거나 열 개씩 놓아둘 장소가 없다면, 몇 개는 플라스틱 이동장으로 구비하고 나머지는 골판지 이동장으로 갖추면 된다. 그러면 열 마리 모두를 집 밖으로 운반해야 하는 상황이 닥쳤을 때 한 마리 한 마리 모두 이동장에 넣을 수 있다.

이동장에 익숙하게 만드는 법

대개 고양이들은 이동장에 들어가는 것을 무척 싫어한다. 그런 만큼 틈틈이 이동장에 들어가는 훈련을 하지 않으면 필요한 순간에 엄청 애를 먹게 된다.

훈련은 먼저 이동장을 방 한구석에 놓아두는 것부터 시작한다. 출입구는 떼거나 젖혀서 열어놓는다. 이동장 바닥에는 수건을 깐다. 벌써부터 고양이가 의심 가득한 눈으로 이동장을 본다면, 이틀 정도 이동장을 그대로 놔둔 채 여느 때와 다름없는 일상을 보낸다. 고양이는 차츰 이동장이 거기 있다는 사실에 익숙해지겠지만 그래도 가까이 접근하지는 않을 수 있다. 이동장 주변에서 상호작용 장난감으로 놀아주되, 장난감을 이동장 근처로 가져가지는 않도록 한다.

다음 단계는 이동장 앞에 간식을 놓는 것이다. 단 고양이가 편안함을 느끼는 거리만큼 떨어뜨려 놓는다. 고양이가 불안해한다면 하루에 몇 번씩, 며칠 동안 계속한다. 고양이가 이동장 근처에서 간식을 먹는 것에 익숙해지면 간식을 조금 더 이동장에 가깝게 놓는다.

하루 총 섭취량이 늘어나지 않도록 간식은 조금씩 줘야 한다. 건식 간식인 경우는 쪼개서 주고, 습식 간식은 작은 접시에 소량을 덜어서 준다. 간식은 이동장의 양쪽에 하나씩, 앞쪽에 두 개를 놓는다. 이동장과의 거리를 천천히 좁혀나가야만 고양이가 의심하거나 위협 당한다는 느낌을 받지 않는다. 간식을 먹지 않으려 한다면 그대로 놔둔다. 나중에 보호자가 없을 때 돌아와 먹기도 한다. 하지만 보호자가 없을 때에도 몹시 불안해한다면 거리를 너무 빨리 좁힌 것이니 간식과 이동장 간의 사이를 다시 벌린다.

고양이가 이동장 바로 앞에서 간식을 먹을 정도로 긴장을 풀었다면 이제는 간식을 이동장 입구 가장자리에 놓는다. 그리고 다음부터는 조금씩 이동장 안쪽으로 놓는다. 이 단계가 되면 고양이는 이동장을 간식을 먹는 장소 정도로 여기게 된다.

고양이가 자유로이 이동장을 들락날락하며 이동장에 들어가는 것이 별일 아니라고 인식하게 되었다면, 이제부터는 고양이가 간식을 먹으러 이동장 안으로 들어갔을 때 문을 닫되 다섯까지 세고는 다시 연다. 고양이가 이동장에서 나오면 바로 상호작용 장난감으로 놀아준다. 이 단계를 몇 번 반복하면서 고양이가 이동장 문이 닫히는 것에 익숙해지게 만든다.

아예 밥그릇을 열려 있는 이동장 안에 넣는 것도 한 방법이다. 처음에는 밥그릇을 이동장 바로 앞에 놓는다. 고양이가 스스럼없이 사료를 먹으면 다음에는 조금씩 그릇을 이동장 안쪽으로 넣는다. 나중에는 고양이가 이동장 안에서 식사를 하는 동안 문을 닫아놓는다(잠그지는 않는다).

고양이가 이동장 안에 들어가는 것을 편안하게 여기게 되면 다음 단계로 넘어간다. 간식을 이동장 안으로 던져 넣고, 고양이가 안으로 들어가면 문을 닫는다. 이동장을 들어올려 몇 걸음 걸은 다음 다시 내려놓는다. 문을 열고 고양이를 나오게 한 다음 바로 놀아준다.

이 단계를 매일 반복한다. 고양이에게 긍정적인 경험이 되도록 부드러운 어조로 말을 걸고, 걷는 동안 되도록 이동장이 흔들리지 않도록 조심한다. 고양이는 차츰 이 단계 내내 차분하고 무심한 태도를 유지하게 될 것이다. 고양이가 불안해하는 바람에 이 단계를 중지하고 간식을 이동장 안에 던져 넣는 단계로 되돌아가게 되더라도 걱정할 필요는 없다. 고양이가 가장 편안해하는 속도로 교육을 진행하면 된다. 교육을 시작한 지 얼마 안 가 금방 이동장 속에 들어가는 고양이가 있는가 하면, 그보다 적응

시간이 훨씬 더 많이 필요한 고양이도 있다.

이 즈음에서 고양이가 음성 신호를 알아듣고 이동장 안으로 들어가도록 가르친다. 이동장 안에 간식을 던져 넣을 때마다 "이동장."이라고 말하는 것으로 충분하다. 활발하고 긍정적인 어조로 말하고, 고양이가 이동장 안으로 들어가면 간식을 보상으로 준다. 여기서도 클리커 트레이닝을 적용하면 고양이가 '이동장'이란 말이 이동장에 들어가는 행동을 뜻하며 맛있는 보상이 따른다는 것을 금세 알아차리게 될 것이다.

다음 단계는 고양이가 들어간 이동장을 들고 주차해 놓은 차에 타는 것이다. 여러 번 반복하면서 고양이가 익숙해지게 한다. 고양이가 차 안에서 얌전히 있으면 보상을 준다. 이 단계까지 성공하면 이제는 차에 태우고 시동을 건다. 하지만 실제로 차를 몰고 도로로 나가지는 않는다.

여기까지 성공했다면 이제는 고양이를 차에 태우고 짧게 드라이브를 한다. 처음에는 너무 멀리 가지 않고 골목을 한 바퀴 도는 정도로 그치고, 아주 서서히 운행 거리를 늘려나간다.

고양이들이 이동장을 싫어하는 이유는 이동장에 들어가면 대개 동물병원이라는 유쾌하지 않은 장소로 직행하기 때문일 것이다. 고양이가 이동장에 들어가는 것을 오로지 동물병원 행차와만 연관 짓지 않게 하려면 치료할 일이 없어도 녀석을 이동장에 넣어 동물병원으로 간다. 그냥 들르는 것이다. 그러면 고양이는 이동장에 들어가 동물병원에 간다 해도 항상 나쁜 일이 일어나는 것은 아니라고 인식하게 된다. 새끼고양이라면 정기적으로 동물병원에 데려가 수의사나 직원들이 환영하고 쓰다듬어주는 것에 익숙해지게 만들자. 그러면 녀석은 동물병원의 냄새, 광경, 소리를 덜 무서워하게 될 것이다.

비협조적인 고양이를 이동장에 넣기 위한 응급절차

고양이를 이동장에 넣는 훈련을 하지 않았는데 갑자기 녀석을 지금 당장 이동장에 넣어야 하는 상황이 닥쳤다면 어떻게 해야 할까? 가장 신속하고도 둘 다 스트레스가 덜한 방법을 소개한다.

입구가 위쪽으로 오도록 플라스틱 이동장을 세워서 놓는다. 한 손으로 고양이의 목덜미를 잡고 다른 손으로는 뒷다리를 받쳐서 안아 올린다(목덜미를 잡는다는 것은 목덜미 자체가 아니라 목덜미의 헐렁한 가죽을 잡는다는 의미이고, 이때는 반드시 한 손으로 뒷다리를 받쳐 고양이의 체중을 지탱해야 한다. 목덜미만 잡아 대롱대롱 매달듯 해서는 절대 안 된다). 그런 다음 녀석을 재빨리, 조심스럽게 뒷다리부터 이동장 안에 넣는다. 녀석이 들어가자마자 신속하게 손을 빼고 이동장 문을 닫는다. 문을 닫을 때 고양이의 앞발이나 귀가 문에 끼이지 않게 조심한다. 고양이가 뛰쳐나오기 전에 얼른 문을 잠그고, 천천히 이동장을 눕혀 이동장 바닥이 방바닥에 닿게 한다. 미션 완료다. 고양이는 이동장 안에 들어갔고, 아무도 다치지 않았다. 단, 이렇게 고양이를 이동장에 넣는 방법은 고양이가 외상을 입지 않았을 때에만 쓰도록 한다. 또한 이 방법이 있다고 해서 고양이가 이동장에 들어가는 교육을 안 해도 되는 것은 아니다.

여행에 꼭 데려가야 할까?

고양이에게 이동장에 자진해서 들어가게 교육시켰다고 해서 고양이와 어디든지 여행을 해야 한다는 의미는 아니다. 고양이의 기질, 건강 상태, 나이, 여행의 유형, 여행을 떠나는 계절을 하나하나 따져봐야 한다. 고양이가 스트레스를 쉽게 받는 성격이라면 온 가족이 떠들썩하게 놀이공원으로 향하는 여행에 동행하느니 집에 혼자 남아 있는 편이 훨씬 낫다. 여행의 목적지가 고양이에게도 좋은 곳인지 생각해볼 필요가 있다. 보호자가 매주 바닷가에 놀러가는 것을 좋아한다고 해서 고양이도 그래야 한다는 법은 없다. 명절이라고 고양이를 싫어하는 큰댁에 고양이를 데려가는 것은 고양이와 보호자, 일가친척 모두에게 스트레스 가득한 일일 수 있다.

비행기를 타야 하는데 고양이를 기내에 태울 수 있는 상황이 아니라면 고양이를 집에 두는 편이 낫다. 화물칸에 실려 비행기를 타는 것은 끔찍한 경험이 될 수 있고 가능성은 낮지만 목숨을 잃을 수도 있다.

페르시안, 히말라얀 등 코가 납작한 종은 에어컨 없이 더운 계절에 여행을 시켜서는 안 된다.

고양이를 여행에 데려가도 될지 망설여지고 여행 중에 진정제를 먹일 것을 고려한다면 제발 부탁이니 수의사와 신중하게 상의하기 바란다. 대부분 고양이는 진정제를 먹지 않아도 무리 없이 여행할 수 있다. 고양이에게 특정 진정제를 먹인 적이 없다면 하늘에 뜬 비행기나 도로를 달리는 차에서 고양이가 그 진정제에 부작용이 있다는 사실을 확인하고 싶지는 않을 것이다. 수의사가 약한 진정제를 먹여도 괜찮을 것이라고 추천한다면 여행 전에 미리 약을 처방 받아 먹여보는 것도 좋은 방법이다. 고양이가 그 약에 부작용이 있는지 여부를 알 수 있고 만약 부작용이 있다면 즉시 동물병원으로 달려갈 수 있으니까 말이다. 차 안이나 비행기 안에서 그런 부작용이 발생한다면 너무 끔찍한 일이 될 것이다.

차로 여행할 경우

자동차로 여행하면서 모텔이나 호텔에 투숙할 예정이라면 반려동물을 받아주는 곳인지 미리 확인해야 한다. 우리가 방에 없을 때 청소 직원이 방문을 열었다가 고양이가 탈출하는 불상사가 발생하지 않도록 프런트에 고양이를 데리고 투숙한다는 사실을 밝혀야 한다.

반려동물을 받아주는 호텔이라면, 문손잡이에 걸어 반려동물이 방에 있음을 청소 직원에게 알리는 표지를 제공해줄 것이다. 그런 표지를 받지 못했다면 직접 메모를 써서 문에 붙여놓도록 한다. 그래도 안심이 되지 않는다면 고양이를 욕실에 넣은 다음 문을 닫고, 안에 고양이가 있으니 문을 열지 말라고 큼직한 종이에 써서 붙여놓는다.

이동장

여행하는 내내 고양이는 이동장 안에 있어야 한다. 여행 기간이 길다면 커다란 이동장을 마련해 안쪽에 작은 모래 화장실을 넣어준다. 아니면 모래 화장실을 차에 싣고 다니면서 도중에 차를 세우고 쉴 때마다 고양이도 화장실에 가게 해준다. 단, 반드시 하네스나 목줄을 채우고 차문과 창은 모두 닫아둔 상태여야 한다.

이동장을 조수석에 둬서는 안 된다. 에어백은 성인용으로 설계되었지 고양이용이 아니다. 고양이를 이동장에서 꺼내 무릎에 앉혀서도 안 된다. 잊지 말자. 차로 여행할 때 고양이에게 가장 안전한 장소는 이동장 안이다.

이동장은 뒷좌석에 놓고 안전벨트로 고정한다. 커다란 이동장을 차 뒤쪽에 싣는 경우에는 신축성 있는 고무끈으로 단단히 고정한다. 그러면 충돌 사고가 나도 고양이가 내동댕이쳐질 위험이 줄어들 뿐 아니라 차가 갑작스럽게 멈추거나 커브를 돌아도 이동장이 덜 흔들린다.

하네스, 인식표, 리드줄

고양이를 산책시킬 생각이 전혀 없다 하더라도 안전한 여행을 위한 차원에서 고양이에게 하네스(또는 목줄)를 하는 교육을 시켜야 한다. 여행 중에는 고양이에게 하네스를 채우고 인식표도 항상 걸어둔다. 그리고 고양이를 이동장 밖으로 꺼낼 때는 리드줄을 연결한다. 호텔이나 목적지에 도착하면 하네스를 벗기고 인식표가 있는 목걸이를 채운다. 인식표는 항상 고양이 몸에 채워져 있어야 하며, 인식표에는 언제나 연락 가능한 보호자의 휴대전화번호가 적혀 있어야 한다.

팁! 고양이를 여행에 데려가려면 몸에 마이크로칩을 삽입시키는 것도 좋은 방법이다. 동물병원에서 마이크로칩을 삽입하는 절차는 빠르고도 간편하다. 이사를 갈 때는 마이크로칩 등록 회사에 연락해 새 주소로 바꾸는 것을 잊지 말자.

모래 화장실과 배설물 처리

여행 중에는 방수 코팅된 골판지로 만든 일회용 모래 화장실 패키지를 구입해 쓰면 편리하다. 차에 여유 공간이 있고 여행 중에 차 안에서 보내는 시간이 많다면 고양이가 평소에 쓰는 화장실을 가지고 간다. 물론 고양이에게는 이쪽이 더 편할 것이며, 덩치가 큰 편이라면 더더욱 그럴 것이다. 평소에 쓰는 화장실 모래도 가져간다. 모래는 비닐봉지보다는 뚜껑이 꽉 닫히는 플라스틱 보관용기에 넣어 가는 편이 좋다. 화장실에 모래를 채울 때 쓸 컵도 잊지 않도록 한다.

화장실용 삽을 빼놓아선 안 된다. 여행 중이라 작은 화장실을 쓴다면 배설물을 부지런히 퍼서 치워야 한다. 삽은 밀봉이 되는 비닐봉지에 넣어서 가져간다. 화장실에서 떠낸 배설물을 넣을 비닐봉지도 여러 개 필요하다. 모텔이나 호텔에 숙박한다면 배설물은 밀봉할 수 있는 비닐봉지에 넣어서 버려야 한다. 모래와 배설물을 그대로 방의 쓰레기통에 쏟아 붓는 짓은 하지 말자. 호텔 청소 직원이 손댈 필요 없게 모래와 배설물은 밀봉해 건물 밖에 있는 쓰레기통에 버린다.

물로 씻지 않아도 되는 손 세정제를 차 안에 두고 화장실을 치운 다음에는 항상 손을 소독한다. 차 안에 수건과 물티슈를 갖춰두면, 여행 중 고양이가 배설물이나 구토물을 몸에 묻혔을 때 유용하다.

사료

습식 사료를 먹인다면 제일 적은 용량으로 여러 개 산다. 플라스틱 숟가락을 챙기고 캔에 잡아당겨 따는 고리가 없다면 캔 따개도 가져간다. 용량이 큰 캔밖에 없다면 캔을 따고 나서 보관할 아이스박스가 필요하다. 캔에 남은 사료는 캔에 딱 맞는 플라스틱 뚜껑을 덮거나 아예 다른 밀폐용기에 옮겨 담는다.

여행 중 틈틈이 물을 마실 수 있게 휴대용 물병도 챙긴다. 물이 바뀌면 탈이 날 경우를 대비하여 집에서 먹는 물도 챙겨간다. 목적지에 도착하면 물그릇에 집에서 가져온 물을 붓고 목적지의 물을 조금 섞은 다음, 차츰 양을 늘려나간다. 물론 밥그릇과 물그릇도 챙겨야 하고, 간식과 클리커도 가져간다. 여행 중에 통제해야 할 상황이 생기면 클리커가 유용하게 쓰일 수 있다.

다른 필수품

고양이가 처방약을 먹고 있다면 당연히 약을 챙겨가야 한다. 약이 얼마나 남았는지 확인하고, 약이 떨어질 경우를 대비해 양을 충분히 받아간다. 고양이의 의료 기록 사본도 챙겨놓으면 유용하다. 고양이가 장모종이라면 털 손질 도구도 모두 가져가야 한다.

장난감을 가져가지 않으면 고양이에게는 결코 즐거운 여행이 될 수 없다. 나는 어디를 가든 장난감은 물론 캣닢, 퍼즐 먹이통 한두 개, 골판지로 된 스크래처를 챙겨간다.

마지막으로 여행 도중 고양이를 잃어버리는 상황이 발생했을 경우 전단지와 포스터를 만들 수 있도록 고양이가 잘 나온 사진을 한 장 준비한다.

고양이를 혼자 차에 두는 것은 금물

여름에 고양이를 차에 혼자 두어서는 안 된다. 잠깐 식당에 들러 음식을 사가지고 오는 정도의 짧은 시간에도 고양이의 생명이 위험할 수 있다. 여름에는 차 안의 온도가 단 몇 분 만에 치명적인 수준까지 올라간다는 사실을 잊지 말자.

비행기로 여행할 경우

항공사들은 극도로 덥거나 추운 날씨에는 동물을 화물칸에 싣지 못하게 규제하고 있으며, 요즘은 동물의 안전을 위해서 이런 규제를 더욱 강화하는 실정이다. 특정 계절에 동물의 탑승을 허용하는지 여부는 항공사마다 다르다. 화물칸에 동물을 싣는 것을 허용하는 항공사는 실외 기온에 따른 규제가 있으므로, 본인이 비행기에 탑승하는 날의 기온이 몇 도가 될지 알아둬야 한다. 반려동물의 탑승을 아예 허용하지 않는 항공사도 있다.

소형 동물은 기내에 데리고 타는 것을 허용하는 항공사라도 반드시 해당 항공사에서 승인하는 이동장에 넣어야 한다. 기내에 탑승할 때는 플라스틱 이동장이나 천가방 이동장을 택한다(물론 항공사에서 승인을 받아야 한다). 기내 전체에 동물을 한 마리만 허용하는 항공사도 있으니 출발하기 한참 전에 고양이의 예약이 확정되었는지 확인한다. 고양이를 기내에 태우면 대개 그에 따른 요금을 지불해야 한다. 가능하면 기내에 데리고 탈 수 있는 항공사를 택한다.

또 한 가지 항공사에 확인해야 할 사항은 제출해야 할 서류 목록이다(예 : 건강 진단서). 건강 진단서는 출발하기 열흘 전에 발급받도록 하고 준비한 서류는 화물칸에 싣는 여행가방에 넣을 것이 아니라 필요할 때 제출할 수 있도록 기내에 가지고 탄다. 비행기에 태우려면 반려동물은 최소 생후 8주 이상은 되어야 한다.

고양이뿐만 아니라 이동장에도 인식표를 달고, 반드시 '살아 있는 동물'이라는 스티커를 부착한다. 기내에 데리고 타는 경우에도 마찬가지다. 예기치 못한 위기 상황이 발생해 고양이와 떨어질 수도 있기 때문이다. 이동장과 고양이에 달아놓는 인식표에는 본인의 휴대전화번호를 꼭 기입한다.

출발하기 전, 집에서 고양이를 이동장에 넣을 때는 먼저 이동장에 이상이 없는지 살핀다. 플라스틱 이동장이라면 이어주는 볼트가 풀어지지 않았는지 점검한다. 천가방 이동장은 봉제선과 앞쪽의 그물망이 멀쩡한지, 그리고 지퍼가 고장나지는 않았는지 확인한다.

짐을 쌀 때는 '차로 여행하기' 항목을 참고하여 필요한 물품을 모두 챙긴다. 자동차로 여행할 때만큼 많은 짐을 가져가지는 못하겠지만 필수품을 빼먹으면 곤란하다.

해외여행을 계획 중이라면 목적지 국가의 해당 기관에 연락하여 반려동물이 허용되는지, 허용된다면 검역 기간은 어느 정도이며 추가로 준비할 서류는 무엇이 있는지 확인한다. 그리고 출발하기 4주 전에 다시 연락해 변경사항이 없는지 점검한다.

고양이를 집에 두고 여행 갈 경우

펫시터 고용하기

단언컨대 고양이에게 이상적인 상황은 보호자가 여행하는 동안 자신은 집에 머물러 있는 것이다. 이 꿈을 이루어줄 수 있는 사람이 펫시터이지만, 보호자가 주의 깊게 살피지 않으면 지옥 같은 상황이 될 수도 있다.

펫시팅pet sitting, 즉 반려동물 돌보기는 이웃 사람에게 하루에 두 번 정도 집으로 와서 고양이에게 밥을 주고 화장실을 청소해 달라고 부탁하는 것에서부터 전문 펫시터를 고용해서 여행을 떠나 있는 동안 아예 입주하여 고양이를 돌보게 하는 것까지를 지칭한다.

주변에 고양이를 키우는 친구에게 부탁하면 기꺼이 우리 집에 하루 두 번 와줄 것이다. 내 생각에도 이 방법이 좋다고 본다. 친구라면 믿을 수 있고, 해야 하는 일도 성실하게 해줄 테니까 말이다. 고양이(들)도 낯익은 사람이 와서 돌봐준다면 더 편안하게 생각할 것이다. 친구에게 부탁할 때는 상호작용 장난감이 어디 있는지 알려주고 고양이와 놀아주는 방법도 직접 보여준다.

전문 반려동물 돌보기 서비스도 좋은 선택이다. 주변의 고양이 보호자 중에 이 서비스를 이용해 본 사람이 있다면 업체 이름과 서비스 품질에 대해 물어본다. 동물병원에서 추천을 받는 방법도 있다. 인터넷에서 서비스 사용자들의 평도 찾아 읽어본다. 그리고 전문 펫시터를 고용하기 전에 다음과 같은 사항을 물어 확인한다.

- 이 일을 시작한 지 얼마나 되었습니까?

(초보 펫시터의 첫 고객이 되는 건 별로 내키지 않을 것이다.)

- 증빙 서류를 갖고 있습니까?

(증빙 서류를 보여주지 않는다면 다른 펫시터를 택하자. 증빙 서류는 모두 꼼꼼히 살펴본다.)

- 자연 재해가 닥치면 어떻게 대처할 계획입니까?

(펫시터 서비스 측에서 어떤 차량을 보유하고 있는지, 만일의 사태에 대비하여 어떤 행동 수칙을 마련해 놓고 있는지 확인한다. 이 때문에라도 되도록 같은 지역에 사는 펫시터를 고용하는 것이 좋다.)

- 예약 기간 동안 같은 사람이 매일 오는 것이 맞습니까?

(대형 업체의 경우 근무 날짜에 따라 다른 펫시터를 보내기도 한다. 면담한 사람이 고양이를 매일 돌보게 되는지를 반드시 확인한다.)

- 서면 동의서를 작성하겠습니까?

(뭐든지 문서로 남기는 게 좋다.)

- 방문 기간 동안 어떤 서비스를 제공받게 됩니까?

(다시 한 번 말하지만, 문서로 남기자.)

- 약을 투여할 수 있습니까?

(고양이가 처방약을 먹고 있다면 중요한 사항이다. 해당 펫시터가 어떤 교육을 받

았는지, 그리고 고양이에게 필요한 약을 먹일 줄 아는지 확인하자.)

펫시터 서비스는 철저히 점검해야 한다. 고양이와 집을 통째로 내맡기는 것이 아닌가. 펫시터에게 집에 와 달라고 부탁해 직접 만나보고 이야기를 나눠봐야 한다. 그래야 어떤 서비스가 필요한지를 정확히 보여줄 수 있다. 또한 고양이가 펫시터에게 어떻게 반응하는지도 살필 수 있다.

펫시터가 주의해야 하는 사항이 있다면 미리 솔직하게 밝힌다. 가령 고양이가 사람을 무는 습성이 있다거나, 문을 열면 총알같이 밖으로 뛰쳐나가려 한다든가 등등 말이다. 응급상황에 대비해 펫시터에게 알아야 할 모든 정보를 알려준다. 우리 휴대전화번호 외에도 여행 중 머물 장소의 연락처도 알려줘야 하며, 펫시터가 급히 도움이 필요할 경우를 대비해 믿을 만한 이웃의 전화번호도 알려준다. 동물병원의 주소, 수의사 이름, 전화번호도 빼놓아선 안 된다. 그리고 동물병원에 전화해 펫시터가 고양이를 데리고 가면 필요한 치료를 해줄 것을 부탁하고, 수의사에게도 우리 휴대전화번호를 알려준다. 고양이를 넣어 데려갈 이동장이 어디 있는지도 알려준다.

여행 기간이 길어질 때를 대비해 사료와 화장실 모래뿐 아니라 고양이가 투여 받아야 하는 약도 넉넉히 챙겨놓도록 하고, 펫시터의 전화번호는 여행 중에 항상 몸에 지니고 다닌다. 예정된 날짜에 집에 돌아오지 못할 경우를 대비해 동일한 서비스를 연장할 수 있는지도 확인한다. 집에 돌아올 때는 펫시터에게 미리 전화해 우리가 안전하게 집으로 돌아가는 중임을 알린다.

반려동물 호텔에 맡기기

제아무리 시설이 좋은 반려동물 호텔이라도 고양이에게는 불안하기 짝이 없는 장소일 수 있다. 고양이가 겁을 잘 먹거나 예민하다면 낯익은 집에 두는 편이 더 낫지만 반려동물 호텔 외에는 선택의 여지가 없는 경우도 있을 것이다.

반려동물 호텔에 맡겨야 한다면, 몇몇 호텔을 직접 방문해 다음과 같은 사항들을 확인해본다. 호텔 방은 환기 장치가 있어야 한다. 방 안에 들어설 때 마치 거대한 고양이 화장실에 들어선 것처럼 악취가 코를 찌른다면 고양이에게는 얼마나 끔찍한 환경일지 짐작이 가고도 남을 것이다.

반려동물 호텔은 보호자에게 백신 접종 증명서를 요구해야 한다. 고양이가 맞아야 할 백신을 모두 맞았는지 확인하지 않는 호텔은 위험하다. 그 호텔에 들어오는 모든 고양이가 전염병에 걸릴 위험에 처하는 셈이니 말이다. 또 백신을 다 접종받지 않은 새끼고양이는 호텔에 맡겨서는 안 된다.

반려동물 호텔은 케이지를 그저 몇 줄 늘어놓은 곳에서 텔레비전이나 바깥을 내다볼 창문을 갖춘 방에 한 마리씩 배정되는 호화로운 곳까지 수준이 다양하다. 처음에는 이렇게까지 해야 하나 싶기도 하겠지만, 사람이 묵는 일류 호텔처럼 잘 갖춰진 반려동물 호텔에 고양이를 맡기는 것은 그만한 장점이 있다. 직원들이 고양이 맞춤형 서비스를 해주고, 방 안에는 고양이가 몸을 숨길 은신처가 많으며, 무엇보다 매일 놀이 시간이 있다.

반려동물 호텔에 고양이를 맡길 때는 지금 먹는 사료, 화장실 모래, 약을 가져간다. 하지만 지금 쓰는 화장실을 가져가지는 말자. 케이지 크기에 맞지 않을 것이며, 고양이가 화장실에 부정적인 연관을 형성할 위험이 있다. 고양이가 보호자의 냄새를 맡으며 위안을 받을 수 있도록, 입던 T셔츠를 하나 챙기는 것도 잊지 않는다.

반려동물 호텔에 맡겨진 고양이가 처할 수 있는 가장 두려운 상황은 마땅한 은신처가 없는 것이다. 이런 경우 그나마 숨을 곳을 찾아 (뚜껑 있는) 화장실 속에 하루 종일 웅크리고 있는 고양이도 많다. 화장실을 은신처로 삼아야 하는 고양이가 얼마나 스트레스를 받을지는 상상에 맡기겠다. 옆으로 눕혀 놓은 종이가방에 들어가는 것만으로도 고양이는 안도감을 느낀다. 그러니 반려동물 호텔에 갈 때 종이가방을 가져가자. 가방 안에 수건을 하나 깔아준다면 더욱 편안한 은신처가 될 수 있다. 고양이가 아주 겁이 많다면 종이가방의 입구를 구석 쪽으로 돌려서 녀석이 '전시되고 있다'는 느낌을 받지 않게 해준다. 또한 입구 부분을 3센티미터 정도 한 번 접어올려 종이가방이 찌그러지는 것을 방지한다. 그래도 고양이가 스트레스를 너무 많이 받는다면, 직원에게 부탁해 케이지 앞쪽을 신문지로 가려준다.

팁! 반려동물 호텔은 휴가 기간이면 일찌감치 방이 없으니 미리 예약해야 한다.

새 집으로 이사 갈 때

고양이 입장에서 보자면 이보다 나쁜 상황도 별로 없을 것이다. 어느 날 갑자기 저 끔찍한 이동장에 밀어 넣어진 채 차에 실려 어디론가 한참을 가더니, 간신히 도착한 곳은 완전히 낯선 장소다. 그런데도 보호자는 여기를 '집'이라고 부른다.

'집이라고? 너 머리가 어떻게 된 거 아니냐옹? 집은 우리가 몇 시간 전에 나왔던 거기가 집이다옹. 그러니 빨리 여길 나가서 돌아가자옹. 난 거기서 낮잠을 자야 한다냥.'

새 집으로 이사를 가는 것은 흔히 일어나는 상황이니 이왕이면 고양이가 힘들지 않게 이사를 하는 편이 좋다. 그래야 보호자도 힘들지 않다.

외출고양이라면 이사 가기 약 1주일 전부터 녀석을 밖에 내보내지 않도록 한다. 이사 준비를 하는 1주일 동안 집 안은 어수선하기 마련이다. 때문에 고양이는 무언가 긴장할 만한 일이 진행되고 있다는 것을 감지하고는 외출한 후 집에 돌아오지 않고 어디론가 은신해 버릴 수 있다(실제 이사 가기 전에 고양이가 자취를 감추는 일이 많이 벌어지니 주의한다).

이삿짐을 싸는 것은 힘들면서도 지겨운 일이다. 하지만 고양이에게는 아주 강렬한 경험이다. 녀석들은 대체로 좋아서 어쩔 줄 모르며 상자 안에 뛰어들어갔다가 나왔다가를 반복한다. 보호자가 자신을 위한 놀이공원을 만들고 있다고 생각하는 듯하다. 혹은 평화로웠던 자신의 영역이 혼돈으로 소용돌이치고 있는 것이 무서워 숨는 고양이도 있다. 어느 쪽이든, 녀석이 상자 안으로 들어간 것을 모르고 포장해버리지 않도록 주의한다. 농담이 아니라 실제로 일어나는 일이다.

이사 가기 1주일 전, (앞으로는 이사 가는 곳의 동물병원에 다닐 예정이라면) 기존 동물병원에서 고양이의 의료 기록 사본을 받아놓는다. 또 이사 가기 1주일 전 새 주소와 전화번호를 넣은 ID 태그를 만들어 고양이의 목걸이에 달아둔다. 목걸이는 이사 가는 날 걸어주면 된다.

이사 당일에는 고양이의 사료, 약 등을 따로 상자에 넣어 이삿짐 차에 싣지 말고 직접 챙긴다. 새 집에 막 발을 들여놓았는데 고양이의 사료를 어느 상자에 넣었는지 기억나지 않는다면 곤란하니 말이다. 이삿날은 정신이 없으니 고양이는 작은 방에 넣어두거나 아예 반려동물 호텔에 숙박시키는 것도 좋은 방법이다. 욕실이 두 개라면 잘 안 쓰는 쪽에 고양이를 넣고 화장실, 물그릇, 잠자리를 놓아준다. 클래식이나 조용한 음악을 작게 틀어놓아 욕실 문 밖의 소음을 차단해준다. 또한 문에는 '들어가지 마시오'라고 써 붙인다.

새 집에 도착하면 곧장 방 하나를 고양이의 은신처로 만들어준다. 욕실도 좋지만 침실이 제일 좋다. 화장실, 스크래칭 기둥, 잠자리, 물, 사료는 물론이고 장난감도 몇 개 놓아준다. 침실을 은신처로 택했다면 숨을 수 있도록 가구도 몇 개 배치한다(나중에 위치를 바꾸거나 다른 가구를 놓을지라도, 고양이를 위해 임시로 놓아주자). 익숙한 가구가 있으면 고양이가 마음을 가라앉히는 데 도움이 된다.

몇 분도 안 되어 새 집에 적응하는 고양이도 있고, 하루 또는 1주일은 족히 은신처에서 지내야 하는 고양이도 있다. 조급해하지 말자. 은신처에서 나와 집 안 구석구석을 돌아볼 때를 결정하는 주체는 보호자가 아니라 고양이다.

이삿짐을 풀고 가구를 배치하는 중간마다 시간을 내어 고양이와 놀아준다. 짬짬이 15분 정도 놀이 시간을 갖는다고 해서 일정에 차질이 생기진 않으며, 고양이에게는 새 집에 적응하는 데 큰 도움이 된다. 새 집으로 이사 온 기념으로 캣닢 파티를 여는 것도 좋은 방법이다. 은신처에서 머무는 시간이 감옥에 갇혀 있는 시간이 되어서는 안 된다. 고양이는 보호자의 감정을 그대로 흡수하는 작은 스펀지와 같다는 사실을 기억하자. 우리가 긍정적이고도 무심한 태도를 보인다면 고양이 역시 그런 태도를 흡수하여 갑작스레 낯선 환경에 놓인 불안감을 차츰차츰 극복할 수 있을 것이다.

드디어 고양이가 은신처 밖으로 나왔더라도 며칠은 은신처를 그냥 놓아둔다. 녀석이 불안감을 느끼고 다시 숨고 싶어 할 수도 있으니 말이다.

외출고양이라면 지금이 녀석을 완벽한 실내 고양이로 키울 절호의 기회다. 지금은 집 안의 환경 자체가 녀석에게 완전히 새로운 영역이다. 집 안을 탐험하는 것만으로도 바쁠 지경이다. 새로 이사 온 집 밖의 환경은 낯설고 위험할 수 있다. 이 동네에는 어떤 고양이들이 사는지 알 수 없을 뿐더러 녀석들이 새로 이사 온 고양이를 여유롭게 받아줄지도 확실하지 않다.

그래도 고양이를 외출고양이로 키우겠다면, 녀석이 집 안 환경에 온전히 편안함을 느끼고 완전히 적응할 때까지 최소 한 달은 기다리자. 그리고 처음에는 하네스를 채워서 같이 나가야 한다. 마당까지만 나간다고 해도 지금 고양이에게는 완전히 낯선 환경이다. 매일 집 근처를 같이 산책

하면서 고양이가 주변 환경과 계속 접촉하게 해준다. 날씨가 좋다면 뒷마당에 같이 나가 저녁을 먹이면서 이곳이 녀석의 '본거지'란 사실을 느끼게 한다. 녀석을 데리고 현관문으로 들어왔다 나갔다를 반복해서 이곳이 집으로 들어오는 입구임을 확실히 가르쳐준다.

고양이를 잃어버렸을 때

보호자가 아무리 주의하고 조심한다 해도 불행한 일이 일어날 수 있다. 이 위기를 극복하는 데 도움이 될 만한 대책을 몇 가지 소개한다.

전단지를 만든다

'고양이를 찾습니다'라는 문구를 맨 위에 넣고, 그 아래에 고양이가 선명하게 찍힌 사진을 싣는다. 흑백이 아니라 칼라로 만들어야 털 색깔이나 줄무늬 등 알아보기 쉬운 특징이 뚜렷하게 보인다. 사진 아래에는 독특하거나 쉽게 알아볼 수 있는 특징을 적는다. 고양이를 잃어버린 날짜, 마지막으로 목격된 장소, 연락처도 기입한다. 사례금을 제시하여 사람들의 의욕을 돋운다. 모든 글씨는 큼직하고 읽기 쉬운 서체로 적어야 한다. 특히 전화번호를 알아보기 쉽게 써야 한다.

전단지는 넉넉히 인쇄해 동물병원, 교차로, 마트, 반려동물 용품점 등 붙일 수 있는 장소에는 모조리 붙인다.

발로 뛴다

지역 동물보호소에 즉각 전화해서 고양이를 잃어버렸다고 알린 다음, 전단지를 들고 직접 찾아간다. 동네 동물병원도 모두 찾는다. 대부분 동물병원에는 '반려동물을 찾습니다' 게시판이 마련되어 있다. 전단지를 붙일 공간이 모자란다면 직원에게 부탁해 고양이의 사진과 간단한 정보를 적은 색인 카드만이라도 붙여놓자.

> **팁!** 그 외에 지역 정보지, 소식지 등에 '반려동물을 찾습니다' 게시판이 있다면 글을 게재한다. 지역 인터넷 정보망도 이용한다.

이웃에게 알린다

고양이의 사진이나 전단지를 들고 이웃집들을 찾는다. 겁먹은 고양이가 이웃집 정원 덤불이나 차고 안에 숨어 있을 가능성이 높다.

고양이를 찾고 나면 지금까지 붙였던 전단지를 모두 뗀다. 동물보호소, 동물병원 등에 전화하여 고양이를 찾았으니 이제 전단지를 떼도 된다고 알린다. 지역 정보지나 소식지, 인터넷에 올린 글도 삭제한다. 사람들이 이미 집으로 무사히 돌아온 고양이를 찾아 헤매게 해서는 안 된다.

고양이를 찾아준 사람이 사례금을 거부한다면 그 사람의 이름으로 동물보호소에 기부해도 좋을 것이다.

THINK LIKE A CAT

심화편

09

놀이의 모든 것

행동 수정에 유용한 놀이 기법

이 장의 제목을 보고 "고양이는 놀 때도 기술이 필요하단 말이야?"라고 놀랐는가? 사실 기술이 필요한 것은 고양이가 아니라 보호자다. 고양이와 놀아줄 때 혹시 다음과 같은 실수를 저지르지 않는지 점검해보자.

• 두 손을 장난감처럼 써서 고양이와 놀아주거나 손으로 고양이와 '레슬링'을 하는가?
• 장난감을 사주기만 하면 고양이 혼자 자기가 놀고 싶을 때 알아서 논다고 생각하는가?
• 고양이와 가끔 놀아주는가, 아니면 시간 날 때마다 놀아주는가? 혹시 한 달에 한 번 놀아주지는 않는가?

이 장을 읽고 나면 고양이와의 놀이 시간이 단순히 재미있고 게임을 즐기는 시간 이상의 의미가 있음을 알게 될 것이다. 놀이 시간을 통해 고양이의 행동 문제를 바로잡고, 스트레스나 우울증을 완화시키고, 체중을 줄이고, 전반적인 건강 상태를 개선시킬 수 있다. 또한 자신감 넘치고 사회성이 뛰어나며 의젓하게 행동하는 고양이로 키울 수도 있다.
고양이가 여러 마리 있는 집에 새로운 고양이가 들어왔을 때도 놀이를 통해 기존의 고양이들이 새 고양이를 더욱 빨리 받아들이게 만들 수 있다. 고양이와의 유대감을 강화하고 싶은 보호자 역시 놀이 시간을 통해 거의 기적을 맛볼 수 있을 것이다.

놀이의 중요성

고양이의 놀이는 '사회적' 놀이와 '사물' 놀이(또는 혼자 노는 놀이)로 나눌 수 있다. 사회적 놀이는 다른 고양이, 다른 반려동물, 또는 사람과 노는 것을 뜻한다. 새끼고양이는 한배에서 난 형제자매와 사회적 놀이를 시작하게 된다. 이런 유형의 놀이를 통해 새끼고양이는 운동협응력motor coordination을 기르고 그들과 유대감을 형성할 기회를 가진다. 새끼고양이들은 돌아가면서 공격자 역할을 맡아 자기 자신과 다른 고양이들의 능력에 대해 배워나간다. 새끼고양이들이 놀 때 보이는 행동은 포식동물의 행동이 절제 및 억제된 것이다. 물 때도 힘을 억제하며 몸짓이나 표정도 공격적이지 않아, 그런 행동들이 진짜가 아니라 재미와 학습을 위한 과정임을 나타낸다.

사물 놀이 또한 새끼고양이의 운동협응력을 발달, 강화 시켜주며, 동시에 주변 환경에 대해서 배울 기회를 준다. 보호자의 눈에는 그저 장난감을 쫓아 집 안을 휘젓고 다니는 것에 불과해 보이지만 실제로는 아주 중요한 학습 과정이다. 새끼고양이는 사물 놀이를 통해 여러 가지 표면과 질감을 익히고, 그 각각이 어떤 촉감이며 자신의 움직임에 어떤 영향을 미치는지를 배우게 된다. 또한 사물을 타고 오르는 능력이 점점 발달하는 것도 깨닫고, 어떤 사물에 내려앉아야 안전한지도 배운다.

한배에서 난 새끼고양이들은 생후 12주 이전까지는 주로 사회적 놀이를 즐기지만, 그 이후에는 사회적 놀이 시간이 짧아지면서 때로는 진짜 공격성을 드러내며 놀이가 끝나기도 한다. 새끼고양이가 자라면서는 사물 놀이가 주요 관심사가 된다. 우리에게는 이때가 중요한 시기로 새끼고양이에게 사물과 적절하게 노는 법과 사람이 손으로 쓰다듬고 이리저리 만지는 것에 익숙해지는 것을 가르쳐야 한다. 그래야 우리 손가락을 놀이 대상으로 삼지 않는다.

성공적인 놀이 시간을 자주 갖는 것은 고양이가 자신감을 키우는 데 도움을 준다. 고양이에게 자신감은 중요하다. 고양이는 포식자로 타고났기에 움직이는 사물에 관심을 가지며, 특히 사냥감의 행동과 비슷한 움직임에 끌린다. 사냥에 의존해 살아가야 하는 동물이 작은 나뭇잎 소리에 놀라 집중력이 흐트러진다면 배를 곯기 십상이다. 사냥감을 포착한 고양이는 자신이 위험에 처하지는 않을지 판단하고 사냥감에만 정신을 집중하며 재빨리 먹어치운다. 날아다니는 사냥감을 잡기 위해 공중 사냥 기술을 익히고, 설치류, 곤충, 그 외 기어다니는 사냥감을 잡기 위해서는 지상 사냥 기술도 익혀야 한다. 사냥에 성공할 때마다 자신감이 상승하는 것은 당연하다.

나는 보호자들을 상담할 때 제일 먼저 고양이와 얼마나 자주 놀아주는지 묻는다. 많은 보호자가 고양이 장난감으로 가득 찬 바구니를 보여주지만, 정작 그것을 가지고 논 경우는 별로 없다. 또 고양이와 자주 놀아준다고 대답하면 나는 시범을 보여 달라고 하는데 대부분 놀아주는 방법을 잘 모른다. 가장 최악의 상황은, 불안감, 지루함, 비만, 또는 다른 문제를 겪고 있는 너무 많은 고양이가 결국 놀이를 포기하는 것이다.

> **팁!** 길고양이나 야생에서 살아가는 고양이가 사냥감을 상처 입히거나 죽인 뒤 가지고 노는 모습을 보고 잔인하다고 생각하는 사람들이 많다. 하지만 이런 행동은 사냥 중에 느낀 흥분과 불안감을 회피하기 위함이다. 고양이는 사냥 중에 자신이 다칠지도 모른다는 불안감을 느낀다.

상호작용 놀이

새로 입양한 새끼고양이가 먼지덩어리 하나만 발견해도 하루 종일 온 집 안을 시속 150킬로미터로 질주하며 잘 논다면 보호자가 굳이 놀아줄 이유는 없어 보인다. 하지만 아무리 혼자서 잘 논다 하더라도 고양이와 보호자가 함께 놀이를 즐기는 시간은 더없이 중요하다. 바로 '상호작용' 놀이의 필요성 때문이다.

상호작용 놀이는 고양이의 전 생애에 걸쳐 아주 강력한 영향을 미친다. 새끼였을 때 처음 집에 데려온 날부터 나이가 들어 온 집안이 받드는 관록의 군주가 될 때까지 말이다(세 살 버릇 여든 간다는 말은 고양이에게도 유효하다). 새끼고양이의 경우는 상호작용 놀이를 통해 보호자와의 유대감이 발달되는 것은 물론, 물어도 되는 것과 안 되는 것을 가르치고, 잠재적인 행동 문제를 미리 예방할 수 있고, 성묘 특히 행동 문제가 많은 고양이의 경우는 이런 행동 문제들을 수정할 수 있다. 상호작용 놀이는 낚싯대 형태의 장난감을 사용해 '보호자'가 고양이와 놀아주는 것을 말한다.

고양이와 충분히 놀아주고 있다고 생각하는 보호자라도, 다시 한 번 생각해보자. 어떤 장난감을 사용하고 있는가? 손으로 놀아주는가, 아니면 작은 쥐 인형으로 놀아주는가? 불행히도 수많은 보호자가 자신의 손으로 새끼고양이와 놀아준다. 당장은 그리 해될 것이 없어 보이겠지만 새끼고양이가 자라서 성묘가 되면 사람에게 상처를 입히는 이빨을 갖게 된다. 게다가 손으로 새끼고양이와 놀아주는 것은 고양이에게 '사람을 물어도 괜찮다'는 아주 안 좋은 인식을 심어주는 행위이다. 아무리 놀이 중이라 해도 깨무는 것을 조장해선 안 된다. 새끼고양이 때부터 바른 인식을 심어주면 커서도 문제가 없다.

그렇다면 작은 쥐 인형은 어떨까? 아니면 스폰지 공은? 이런 장난감이 대체 뭐가 문제라는 것일까? 첫째, 이런 장난감을 손에 쥔 채 새끼고양이와 놀아주면 흥분한 새끼고양이가 장난감을 물어뜯다가 보호자의 손을 같이 물어뜯거나 발톱으로 할퀼 가능성이 아주 높다. 게다가 이런 장난감은 제대로 흔들어주기가 힘들다. 낚싯대 형태의 장난감은 아주 큰 움직임이 가능하므로 야생에서의 사냥에 가까운 동작을 연출할 수 있다.

상호작용 놀이에 적합한 장난감은 구조가 간단하다. 막대기에 끈으로 장난감을 매단 것이면 된다. 내가 이런 장난감을 특히 좋아하는 것은 고양이가 접하는 사냥감과 비슷한 움직임을 연출할 수 있기 때문이다. '고양이처럼 생각하기'가 가능하려면 고양이가 사냥감을 보고 어떻게 반응하는지를 파악해야 한다. 고양이가 좋아할 것이라 생각해서 잔뜩 사다 집 안에 놓아두는 작고 귀여운 장난감들은 사실 고양이 입장에서 보면 고양이가 계속 치지 않는 이상 그저 죽은 사냥감에 불과하다. 하지만 상호작용 장난감 앞에서는 보호자가 움직임을 담당하므로 그저 사냥꾼으로서 즐기기만 하면 된다.

시중에는 다양한 상호작용 놀이용 장난감이 있다. 기본에 충실한 것도 있고 아주 정교한 것도 있다. 장난감을 살 때도 '고양이처럼 생각하기'가 필요하다. 이 장난감은 어떤 사냥감을 닮았고 자신의 고양이가 성격상 어떻게 반응할지 상상해보자. 고양이는 기회만 되면 사냥을 하는 사냥꾼이므로 여러 유형의 상호작용 장난감을 고려해보자. 줄 끝에 달린 장난감도 새, 쥐, 곤충, 뱀 등 다양한 것이 좋다. 고양이는 똑같은 낚싯대라도 줄 끝에 달린 장난감이 매번 달라지면 예측 불가능 때문에 더욱 놀이에 관심을 보일 것이다. 고양이의 성향에 따라 좋아하는 장난감은 모두 다를 수 있고, 좋아하는 장난감을 찾기까지 수많은 장난감을 사야 할 수도 있다.

새끼고양이에게 상호작용 놀이가 필요한 이유

- 새 가족과 유대감을 쌓는 데 도움이 된다.
- 집 안의 가구나 기구에 흠집이 생기지 않는다.
- 신체 조정력과 근육 탄력 향상에 도움이 된다.
- 집 안 환경에 익숙해지는 시간이 된다.
- 고양이가 여러 마리인 집에 새끼고양이가 들어오며 생기는 긴장감이 완화된다.

- 트라우마를 겪은 고양이인 경우 불안감을 누그러뜨린다.
- 공포감이 줄어든다.
- 물어뜯거나 할퀴어도 되는 것과 그러지 말아야 하는 것을 가르칠 수 있다.
- 새끼고양이에게는 상호작용 놀이가 삶의 자연스러운 일부이다.

상호작용 놀이용 장난감 사용법-진짜 사냥감처럼!

고양이와 놀아주고 싶은 의욕은 충만하나 방법을 잘 모르는 보호자들이 흔히 저지르는 실수는, 고양이 앞에서 장난감을 대롱대롱 흔드는 것이다. 고양이는 일어나 앉아서 거의 권투를 하는 것처럼 장난감을 계속 툭툭 건드린다. 아무 문제 없어 보이고 고양이도 즐기는 것처럼 보이지만, 이 방식은 자연 상태에서의 놀이나 사냥 형태가 아니다. 고양이와의 놀이는 사냥 과정과 흡사해야 한다. 세상에 어떤 사냥감이 계속 두들겨 맞는데도 주위를 맴돌고 있겠는가? 이때 고양이는 반사 신경만 사용할 뿐 자신의 가장 뛰어난 무기, 즉 두뇌는 사용하지 않고 있다. 이런 방식의 놀이는 고양이를 짜증나게 만들 뿐이다.

또 다른 실수는 놀이 시간 내내 고양이가 장난감을 만져보지도 못하게 하는 것이다. 보호자는 낚싯대를 들고 온 집 안을 뛰어다니고 고양이도 그 뒤를 좇아가지만, 이렇게 마라톤 사냥을 하는 동안 고양이는 사냥감에 발톱 한 번 대보지 못한다. 고양이는 지칠 때까지 사냥감을 쫓는 동물이 아니다. 고양이는 주변의 바위, 나무, 덤불을 이용해 사냥감과의 거리를 조금씩 좁힌 다음 기습한다. 우리 고양이 역시 암살자 뺨치는 잠행 능력을 갖고 있으며 놀이 시간에 자기 능력을 마음껏 발휘하고 싶어 한다. 그러니 놀아줄 때는 자연 상태의 방법, 고양이를 만족시키는 방법으로 놀아줘야 한다.

먼저, 거실이나 집 전체가 사냥터로 변하게 될 것이라고 상상하자. 소파, 의자, 탁자는 이제부터 나무, 덤불, 바위, 그 외 고양이가 숨을 수 있는 은신처로 변할 것이다. 집 안에 넓고 탁 트인 공간이 있다면 베개나 쿠션, 상자나 가방 등을 흩어놓아 우리 조그마한 사냥꾼이 숨을 수 있는 곳을 만들어준다.

장난감은 사냥감이 실제 사냥 상황에서 움직이는 것과 비슷하게 흔들어 줘야 한다. 사냥감은 사정권에서 벗어나려 기를 쓰고 달리면서 숨을 곳을 찾아 헤맨다. 그러니 고양이에게서 달아나야지, 고양이 쪽으로 다가가서는 안 된다. 고양이는 시야를 가로지르는 움직임을 더 잘 포착하며 자신에게서 멀어지는 대상에 사냥 본능을 느낀다. 그러니 장난감을 고양이 앞쪽 은신처에 숨긴 다음 조금만 빼꼼 내밀어 고양이를 유혹해보자. 사냥감처럼 행동해야 한다!

상호작용 놀이의 목적은 고양이를 즐겁게 하는 것이지 짜증나게 하는 것이 아니다. 그러니 장난감을 빛의 속도로 마구 흔들거나 고양이가 아예 닿지도 못하게 해서는 안 된다. 고양이가 사냥감을 몇 번쯤 잡을 수 있도록 해주자. 고양이가 발톱으로 사냥감을 낚아채면 잠시 승리의 기쁨을 맛보게 기다렸다가 조심스럽게 빼낸다.

실제 사냥에서 나타나는 강도 곡선을 모방하자. 즉 준비 운동 → 실전 → 정리 운동의 순서를 도입하는 것이다. 격렬한 기세로 온 집 안을 헤집으며 놀아주다 출근 시간이 되었다고 갑자기 그만두는 식은 곤란하다. 고양이가 사냥감을 잡은 쾌감을 충분히 누리지 못했다면 짜증과 좌절감만 느낄 뿐이다. 정리 운동 시간이 있다면 만족스럽게 '사냥=놀이'를 마칠 수 있다. 새끼고양이를 정리 운동 단계에 들게 하려면, '장난감=사냥감'이 다친 것처럼 움직여서 고양이가 쉽게 잡을 수 있게 해준다.

또한 '사냥=놀이'가 끝나면 보상으로 간식을 준다. 눈에 띄는 사냥감을 모조리 잡아들이고 한바탕 연회를 벌이는 위대한 사냥꾼의 기분을 만끽하게 해주자.

팁! 놀이 시간이 끝나면 상호작용 놀이용 장난감은 고양이가 닿지 않는 곳, 가령 벽장 안에 숨겨두자. 그래야 더 재미있다! 또 줄을 씹어놓지 않는다.

비누방울과 레이저 포인터

비누방울을 불어서 고양이가 쫓아다니게 만드는 것도 잘 알려진 놀이다. 심지어 캣닢 냄새를 첨가한 비누방울도 있다. 비누방울 놀이를 무척 좋아하는 고양이도 있지만, 이 놀이의 문제는 비누방울이 터져버리기 때문에 결국 고양이가 아무것도 잡지 못한다는 것이다. 고양이는 촉각이 아주 발달한 동물로 포획한 사냥감의 감촉을 발로 느껴보고 싶어 한다. 고양이가 비누방울 놀이를 좋아한다면, 바로 이어서 상호작용 놀이를 시작하여 고양이가 장난감을 발로 잡는 기분을 느끼게 해주는 것이 좋다. 또 고양이에게 비누방울을 불어주는 것을 좋아하는 자녀가 있다면, 고양이에게 직접, 특히 얼굴에 대고 불지 않도록 가르친다.

아마 고양이 장난감 중에서 가장 유명한 것은 레이저 포인터일 것이다. 레이저 포인터가 각광을 받는 이유는 보호자의 입장에서 편하기 때문이다. 보호자는 의자에 앉아 텔레비전을 보면서 레이저 포인터를 방 이리저리 비추기만 하면 된다. 어떤 보호자들은 조그맣고 빨간 점을 잡으려고 코믹하게 펄쩍펄쩍 뛰고 야단법석을 부리는 고양이를 보는 재미로 레이저 포인터를 선호한다. 하지만 비누방울과 마찬가지로 레이저 포인터 역시 고양이가 실제로 뭔가를 잡을 수가 없다.

또 레이저 포인터를 너무 자주 쓰면 강박적 행동을 하게 될 위험도 있다. 전등이나 회중전등 같은 다른 형태의 빛에 예민한 반응을 보이게 될 수도 있다. 레이저 포인터의 레이저 자체가 안전한지 여부에 대해서도 의견이 분분하다. 확실한 것은 고양이의 얼굴에 레이저를 쏘지 말아야 한다는 것, 그리고 자녀가 레이저 포인터를 갖고 놀게 해서는 안 된다는 것이다. 정 레이저 포인터로 고양이와 놀아주고 싶다면 레이저 포인터로 놀고 난 직후 상호작용 장난감으로 놀아주도록 한다. 레이저 포인터로 상호작용 장난감의 끝부분을 조준하여 고양이가 사냥감의 감촉을 느낄 수 있게 해주는 것도 좋다. 상호작용 놀이의 목적은 고양이에게 자극을 주고 행복감과 자신감이 넘치게 하는 것이므로 고양이가 사냥감을 실제로 잡았다는 기분을 느끼게 해주는 것이 중요하다.

언제 놀아줘야 할까

놀이 시간의 효과를 높이고 긍정적인 영향이 오래 가게 하려면 매일의 일과에 놀이 시간을 편성해야 한다. 하루에 두 번 놀이 시간을 갖는다면 아주 이상적이다(한 번에 10~15분 정도, 아니면 시간 나는 대로). 고양이를 위해 하루 30분도 놀아줄 수 없다면 고양이 보호자가 되길 포기하는 편이 좋다고 생각한다.

하루에 15~30분이란 시간을 고양이와 유대감을 쌓는 데 할애하는 건 충분히 가능하다. TV를 보거나 전화 통화를 하면서도 놀아줄 수 있다. 핵심은 매일 놀아주는 것이다. 한 번에 놀아주는 시간이 5분이든, 10분이든, 45분이든, 고양이에게 필요한 것은 매일 자극을 받고 움직이는 것이다.

행동 문제를 수정하기 위해 특수 놀이 시간을 갖는 것이 아니라면(이에 대해서는 뒤에서 자세히 설명한다), 하루 중 첫 번째 놀이 시간은 출근 전 아침 시간이 가장 좋다. 보호자가 실컷 놀아주고 출근하면, 집에 남은 고양이는 사냥의 여운에 젖은 채 자다 깨다 하면서 하루를 보낼 수 있다. 이 경우 두 번째 놀이 시간은 물론 저녁 시간이 되어야 한다. 특히, 한밤중에 격렬한 활동으로 보호자의 잠을 깨워놓는 고양이라면 잠자리에 들기 직전에 세 번째 놀이 시간을 가지는 것도 좋다.

새끼고양이라면 낮 시간 동안 더 놀아달라고 보채기도 하지만 대신 한 번에 노는 시간은 짧아진다. 5분 정도 미친 듯이 격렬하게 놀다가 갑자기 잠에 곯아떨어지는 식이다. 새끼고양이에게 놀이는 반드시 필요한 시간이지만 짧게 자주 낮잠을 자는 것도 반드시 필요하다. 새끼고양이를 녹초로 만들지는 말자.

고양이가 활발하게 움직이는 시간에 맞춰 놀이 시간 일정을 짜는 것이 좋다. 우울증이 있거나 몸을 움직이기 싫어해서 24시간 내내 잠만 자는 고양이가 아닌 다음에야 자고 있는 고양이를 일부러 깨워서 놀아줄 필요는 없다(특히 새끼고양이라면 더더욱).

상호작용 놀이 요령

- 깃털 달린 낚싯대 장난감으로 새 잡는 놀이를 할 경우, 장난감을 계속 공중에 휘두르지만 말고 자주 '착지'를 시켜주자. 야생의 새는 날아다니기만 하는 게 아니라 땅에서 걷기도 한다. 고양이가 사냥 작전을 짜는 것도 이때다.
- 어떤 장난감이든 계속 휘두르지만 말고 자주 정지시킨다. 움직이던 사냥감이 얼어붙은 듯 갑자기 멈추는 모습은 고양이에게 굉장히 자극적이다. 고양이는 이때 열심히 머리를 굴리며 다음 행동을 계획한다.
- 음향 효과를 잊지 말자. 새가 짹짹거리는 소리나 쥐가 찍찍거리는 소리를 흉내 내라는 것은 아니다. 장난감을 바닥에 톡톡 치거나 종이 봉지 안에서 흔들어 바삭거리는 소리를 내는 것만으로도 충분하다.
- 장난감을 흔드는 속도를 다양하게 하자. 계속 빠르게만 움직여서는 효과가 없다. 장난감이 살짝 떨리게 만드는 것만으로도 미친 듯이 좋아할 것이다!
- 마라톤 대회에 내보낼 것도 아니니 놀이 시간에 고양이를 녹초로 만들지 말자. 장난감을 휘두르는 속도가 너무 빠르면 고양이가 생각을 하거나 잠행을 할 기회가 없다. 상호작용 놀이에서는 촉감을 만족시킨다는 신체적인 보상뿐 아니라 머리를 써서 사냥을 한다는 정신적인 보상도 중요하다는 사실을 잊지 말자.

- 고양이가 입이나 발톱으로 장난감을 잡으면 몇 초 동안 그대로 두어 사냥에 성공했다는 승리감을 만끽하게 하자.
- 사냥 후에는 간식이나 식사로 보상을 주자. 사냥감을 잡았으니 잔치를 벌여야 하지 않겠는가!

팁! 온 가족이 집을 비워 고양이가 낮에 혼자 집에 있다면 퍼즐 먹이통 같은 장난감을 여러 가지 배치해 고양이가 혼자서도 즐겁게 지낼 수 있게 해줘야 한다.

고양이가 여러 마리인 경우 상호작용 놀이

고양이는 사냥감에 몰입해서 공격 계획을 짜야 한다. 두 마리 또는 그 이상의 고양이가 장난감 하나를 노리게 되면 서로에게 신경이 쓰여 집중력이 흐트러진다. 또한 더 공격적인 고양이가 사냥을 주도하고 다른 고양이는 실전에 나서지 못하게 되므로 뒷전으로 밀려난 고양이는 별로 즐겁지 않다.

상호작용 놀이를 통해 즐거움과 자신감을 줘야 하므로 고양이 수만큼 장난감을 마련해야 한다. 녀석들이 장난감 하나에 달려들다가 서로 부딪치곤 한다면 놀이 시간은 하악 소리, 서로 얼굴을 갈기는 행위, 그리고 한 녀석은 겁에 질려 달아나는 것으로 끝난다. 그러니 한 번에 한 마리씩 다른 방으로 데려가 개별적으로 놀아주거나 양손에 낚싯대를 하나씩 들고 휘둘러서 이런 문제를 방지하도록 하자. 낚싯대를 두 개 휘두를 때 요령은 고양이들을 최대한 멀리 떨어뜨려 놓아 서로 충돌하는 일이 없게 하는 것이다. 낚싯대를 두 개나 휘두르다 보면 끝에 달린 장난감을 실제 사냥감의 움직임처럼 조종하기는 힘들겠지만 그래도 안 하는 것보다는 낫다.

아니면 다른 가족에게 도움을 청하자.

고양이가 세 마리 이상이라면 모든 고양이가 차례대로 사냥을 즐길 수 있도록 한 마리씩 따로 놀아줘야 한다. 이 경우에도 양손에 낚싯대를 하나씩 쥐고 '그룹 놀이'를 할 수 있다. 모든 고양이에게 사냥 차례가 골고루 돌아가게 신경 써야 하며 놀이에 끼지 못하고 물러나 있는 고양이가 없는지 주의 깊게 살펴야 한다. 모두가 사냥에 성공할 수 있게 배려하고, 사이가 좋지 않은 두 녀석이 갑자기 서로를 공격 대상으로 삼지 않도록 주의한다. 한 마리씩 다른 방으로 데려가 놀이 시간을 갖는다면 다른 고양이들이 남아 있는 방에 라디오나 텔레비전을 틀어 다른 방에서 상호작용 장난감이 내는 소리가 들리지 않도록 한다.

마찬가지로 놀이가 끝나면 고양이들에게 간식을 줘 사냥 성공을 축하하는 연회를 마련해준다.

행동 수정을 위한 상호작용 놀이

고양이는 뼛속까지 사냥꾼이기 때문에 뭔가 부정적인 것에서 긍정적인 것으로 고양이의 관심을 바꾸는 데 상호작용 장난감을 사용할 수 있다. 예를 들어, 고양이가 낯선 소리만 들리면 침대 밑으로 숨어버린다고 하자. 침대 밑을 들여다보면 겁에 질려 번뜩이는 두 눈이 보인다. 이때 상호작용 놀이 장난감을 하나 꺼내 무심히 휘두른다. 고양이는 십중팔구 장난감에 관심을 보일 것이다. 당장 침대 밑에서 나오지 않을지는 몰라도 최소한 눈길을 주기는 한다. 보호자가 무심한 태도를 취하는 것은 고양이에게 모든 것이 괜찮다는 신호를 보내는 것이다. 고양이가 무서워서 침대 밑으로 숨었을 때 고양이를 안아 주겠다고 손을 넣어 밖으로 끌어내는 행위는 오히려 역효과를 불러일으킨다. 고양이는 구속당한다는 느낌을 받게 되며(고양이는 대개 이런 상황을 좋아하지 않는다), 아까 그 낯선 소리가 무엇이든 간에 좋지 않은 신호라는 메시지를 전하는 셈이 될 뿐이다. 하지만 보호자가 무심한 태도로 장난감을 휘두르면 고양이가 침대 밑에 있는 게 편할지라도 꼭 그럴 필요가 없다는 것을 깨닫게 도와준다.

고양이는 어린아이와 같아서 안정감을 느끼려면 우리로부터 두 가지 특정 정서가 필요하다. 그중 하나는 애정이다. 사람이나 동물이나 불안감을 해소하기 위해 다정한 손길과 신체 접촉이 필요한 것은 마찬가지이다. 자녀를 안아주는 것을 싫어하는 부모가 없고, 고양이를 안아주거나 어루만져줄 기회를 마다할 보호자도 없을 것이다. 또 하나 필요한 정서는 안도감이다. 자녀가 있다면 아이가 해보지 못했던 일, 심지어 약간은 위험할 수도 있는 일을 혼자 해내는 것을 지켜본 경험이 있을 것이다. 가령 처음으로 미끄럼틀을 혼자 타도록 했다든가 말이다. 아이를 품에 꽉 끌어안고 두려움을 재확인시키며 미끄럼틀이 크고 위험하다는 것에 동의하기보다는 미끄럼틀이 얼마나 재미있는 것인지를 설명해줘야 한다. 밑에서 기다리고 있다가 미끄러져 내려오면 잡아줄 테니 걱정 말고 즐기라고 안심시켜줘야 한다. 안도감을 느끼게 하는 차분한 목소리와 밝은 태도가 아이의 두려움을 누그러뜨리고 아이는 또다시 미끄럼틀을 타고 싶어 할 것이다. 두려움에 질려 있는 고양이에게 무심한 태도로 상호작용 장난감을 휘두르는 것도 똑같은 효과를 발휘한다. 품에 안고 달래는 것은 두려움을 더 확신하게 만들 뿐이므로 장난감을 흔들어 긍정적인 쪽으로 관심을 돌리는 편이 낫다. 놀이에 동참하지 않아도 좋다. 중요한 것은 우리의 차분하고 무심한 태도를 통해 침대 밖 세상이 안전하다는 것을 알리는 것이다.

상호작용 놀이로 그 외 수많은 부정적인 상황에 대응할 수 있다. 고양이가 서로 잘 어울리지 못한다면 상호작용 놀이로 서로에게 쏠리는 관심을 장난감으로 돌리게 할 수 있다. 둘 사이에 긴장감이 고조되면 그 즉시 장난감 두 개를 꺼낸다. 고양이들은 장난감으로 관심을 돌리게 되고(녀석들이 서로 경쟁하지 않도록 반드시 장난감은 두 개여야 한다), 즐거운 놀이 시간과 둘이 함께 있다는 사실을 연관 짓기 시작한다. 차츰 긴장감 없이 한 공간에 있는 것에 익숙해진다.

상호작용 놀이는 정서적인 문제 해결에도 도움이 된다. 우울증에 빠진 고양이가 삶의 의욕을 찾게 만들 수도 있고, 새로 입양된 고양이가 낯선 집을 보다 편안하게 느낄 수 있게도 해준다. 또 공격 성향이 강한 고양이는 상호작용 놀이를 통해 공격성을 장난감에 표출하게 되므로 보호자나 다른 반려동물에게 보이는 공격성이 줄어든다.

고양이가 보호자의 새 배우자나 집에 자주 오는 가족·친지·친구를 싫어한다면 그 사람에게 상호작용 놀이 시간을 주로 담당하게 한다. 고양이의 입장에서 볼 때 안전한 거리를 두고 신뢰를 쌓을 수 있는 좋은 방법이다. 고양이는 새로운 사람과 긍정적인 경험을 연관 짓게 될 것이다.

고양이가 특정 장소에 스프레이(오줌을 뿌리는 행위)를 한다면 해당 장소에서 상호작용 놀이를 해 고양이가 그 장소에 대해 만든 연관을 바꿀 수 있다. 오줌을 뿌리는 장소가 아니라 재미있는 놀이터로 바뀌는 것이다(스프레이 행위에 대해서는 10장에서 자세히 설명한다).

집에 갓난아기가 태어나면 사람들에게는 더 없는 경사이지만 고양이에게는 낯설고 무서운 환경 변화이다. 이때도 상호작용 놀이로 고양이의 두려움을 줄일 수 있다. 아기가 옹알거리는 소리를 녹음했다가 상호작용 놀이를 할 때 낮게 틀어두면 고양이는 아기 소리가 들리면 즐거운 놀이를 할 수 있다고 연관 짓게 된다.

고양이가 겁이 많다면 노는 동안 숨을 곳이 많이 만들어준다. 야생에서 키 큰 풀, 나무, 덤불 등으 활용해 잠행하듯, 각종 상자, 봉지, 쿠션, 베개, 그 외 이리저리 옮길 수 있는 물체를 방 여기저기에 배치해 은신처를 만들어줌으로써 안전하게 사냥할 수 있다는 느낌을 준다. 부드러운 재질로 만들어진 고양이 터널을 몇 개 구매하여 하나로 죽 이어주는 것도 좋다. 이런 터널을 방 안에 여러 개 놓아주면 소심하고 겁 많은 고양이라도 자신이 적에게 보이지 않는다고 생각하게 되므로 용기를 내 사냥에 나설 것이다. 이처럼 상호작용 놀이는 고양이가 관심을 두는 대상이나 고양이의 행동 문제를 바꿀 수 있다.

성묘에게 상호작용 놀이가 중요한 이유

- 보호자와의 유대감을 강화해주고 신뢰를 형성한다.
- 과체중이거나 몸을 움직이기 싫어하는 고양이를 운동시킬 수 있다.
- 고양이가 여러 마리인 경우 고양이들 사이의 긴장감을 완화시킨다.
- 공격성을 누그러뜨릴 수 있다.
- 우울증에 빠진 고양이에게 이로운 자극을 준다.
- 겁이 많거나 소심한 고양이에게 자신감을 심어준다.
- 정상적이고 건강한 식욕을 갖게 한다.
- 두려움을 줄인다.
- 잘못된 행동(물기 및 스크래치 습관)을 수정할 수 있다.
- 새로 입양한 고양이가 빨리 적응하도록 돕는다.
- 트라우마가 있는 상황에 대한 반응을 약화시킬 수 있다.
- 새로운 환경에 대한 불편함을 완화시킨다.
- 행동을 예측할 수 없는 고양이인 경우, 상호작용 놀이를 통해 고양이가 다칠 염려 없이 교류할 수 있다.

캣닢

흔히 '고양이 마약'이라 불리는 캣닢catnip은 박하과의 허브로 네페탈락톤

nepetalactone이라는 물질이 들어 있다. 이 성분이 고양이의 뇌를 자극, 쾌락을 느끼게 해 캣닢 냄새를 맡은 고양이는 황홀경에 빠진다. 온몸을 비벼대고, 데굴데굴 구르고, 놀고, 핥아대고, 펄쩍펄쩍 뛰고, 우적우적 씹는 등 마치 새끼고양이로 다시 돌아간 듯한 반응을 보인다. 대부분 고양이들이 캣닢을 씹어 먹지만(물론 안전하다), 사실 쾌락을 느끼는 효과는 캣닢의 냄새를 맡아야만 발휘된다. 이 효과는 15분 정도 이어지는데 고양이에게 전혀 해도 없고 중독성도 부작용도 없다. 황홀하고 우스꽝스럽기까지 한 쾌락의 15분이 지나고 나면 고양이는 안정을 되찾고 낮잠 잘 준비를 한다.

캣닢은 고양이에게 스트레스를 유발하는 상황을 넘기게 할 때, 놀이 시간에 즉각 몰입하게 할 때, 또는 움직이기 싫어하는 고양이를 벌떡 일어나게 할 때 유용하다. 캣닢은 그야말로 고양이라는 존재만이 누릴 수 있는 특권인 듯하다.

그런데 많은 보호자가 모르는 사항이 하나 있다. 고양이가 캣닢이나 캣닢이 들어 있는 장난감을 24시간 접하게 되면 면역이 되어 더 이상 아무 영향도 받지 않게 될 수 있다는 것이다. 나는 내담자들의 집에 방문했을 때마다 캣닢 장난감이 열 몇 개씩 바닥에 널브러져 있는 모습을 숱하게 목격하곤 한다. 보호자는 고양이를 즐겁게 해주려고 그러겠지만 고양이로서는 특권을 빼앗기는 셈이다. 캣닢은 일주일에 한두 번 정도로 제한해서 주고, 이따금씩, 그러니까 동물병원에 다녀오는 등 스트레스를 받는 상황에서 추가로 주는 것이 좋다.

캣닢은 품질이 좋은 것으로 구매한다. 나는 캣닢을 넣은 장난감보다는 말린 캣닢을 선호한다. 장난감에 들어간 캣닢의 품질을 알 수 없기 때문이다. 심지어 진짜 캣닢을 쓰지 않는 제조업체도 있다. 말린 캣닢을 구매할 때는 라벨을 보고 잎과 꽃만 말린 것인지를 확인한다. 품질이 낮은 말린 캣닢은 줄기까지 들어 있는데, 줄기는 양을 늘릴 뿐 아무 효용이 없다. 게다가 말린 캣닢 줄기는 딱딱하고 날카로워서 캣닢을 먹는 것을 좋아하는 고양이에게(사실 대부분의 고양이가 캣닢을 먹는다) 좋지 않다. 반려동물 용품점이나 온라인숍에서 좋은 품질의 캣닢을 얼마든지 구매할 수 있으며, 심지어 직접 재배할 수도 있다!

캣닢이 든 장난감도 직접 만들 수 있다. 헌 양말에 캣닢을 넣고 발목 쪽을 묶으면 캣닢 장난감이 뚝딱 만들어진다. 또 캣닢이 든 장난감을 사는 것보다는 털 달린 쥐 인형을 몇 개 사서 캣닢이 든 용기에 담갔다가 빼는 방법을 추천한다. 좋은 품질의 캣닢을 골고루 묻힌 쥐 인형은 최고의 장난감이 된다. 고양이들은 캣닢을 뿌려주는 것도 좋아한다. 바닥이나 카펫이나 이불에 캣닢을 뿌려줄 때는 손으로 비벼서 네페탈락톤 성분이 든 오일이 배어나오게 한다. 캣닢이 든 양말을 손바닥으로 비비면 효과를 극대화할 수 있다.

팁! 캣닢을 다량으로 구매했다면 작은 밀폐 용기 여러 개에 나누어 담아 냉동실에 보관하면 신선함을 오랫동안 유지할 수 있다. 캣닢을 줄 때가 되면 용기 하나를 꺼내어 상온에 두었다가 주면 된다.

캣닢 재배하기

캣닢을 직접 재배하는 것도 좋은 방법인데 마당에 심었다가는 소문이 쫙 퍼져 조만간 온 동네 고양이가 우리 정원을 방문하게 될 것이다. 게다가 캣닢은 워낙 잘 자라기 때문에 자라는 대로 내버려두었다가는 마당 전체가 캣닢 밭으로 변하고 만다. 그러니 마당에서 키우려면 그나마 안전한 장소를 물색하고(쉽지 않은 일이니 행운을 빈다), 그렇지 않으면 햇볕이 잘 드는 창가에 화분을 놓고 키우는 편이 좋다. 캣닢 씨앗은 원예용품점이나 온라인숍에서 쉽게 구할 수 있고 심는 법과 키우는 법도 포장지에 적혀 있다. 고양이 환각 효과를 최대로 높이려면 캣닢이 꽃을 피울 때까지 기다려서는 안 된다. 꽃이 피고 나면 남는 것은 쭉

정이 가지뿐이다. 그러니 꽃봉오리가 맺혔을 때 바로 수확한다. 가지를 잘라 다발로 묶은 다음, 건조하고 어두운 곳에서 거꾸로 매달아 말린다. 잎이 쪼글쪼글해지면 잎과 봉오리를 조심스럽게 훑어내 밀폐 용기에 넣고 줄기와 가지는 전부 버린다. 잎이나 봉오리를 바스러뜨리면 네페탈락톤 성분이 빠져나가므로 조심조심 다룬다.

팁! 화분에 심은 캣닢 잎을 씹는 고양이도 있는데 안전하니 걱정하지 말자.

캣닢에 대한 반응은 모두 다르다

모든 고양이가 캣닢에 반응하는 것은 아니다. 실제로 캣닢에 반응하는 유전자를 갖고 있지 않은 고양이도 많다. 확실하지는 않으나 전체 고양이의 약 3분의 1이 이 특수한 유전자를 보유하지 않은 것으로 추정된다. 그러니 고양이가 캣닢에 반응하지 않는다고 해서 걱정할 필요는 없다. 고양이에게 뭔가 이상이 있는 것은 아니니까 말이다. 또 새끼고양이는 캣닢에 반응하지 않으니 최소한 생후 1년이 될 때까지 기다려야 한다. 어차피 새끼고양이는 캣닢이 아니어도 늘 생기가 넘치지 않는가!

고양이가 여러 마리인 집에서 수컷에게 처음 캣닢을 줄 때는 다른 고양이와 떨어뜨려 놓은 상태에서 준다. 수고양이 중에는 캣닢으로 황홀경에 빠지면 다른 고양이를 공격하는 경우가 있다. 또 수고양이든 암고양이든 평소 공격성이 강한 고양이라면 캣닢을 아예 주지 않는 편이 낫다. 캣닢으로 절제력을 잃어버리면 달갑지 않은 행동 문제가 강화될 수 있다.

장난감을 이용한 환경 풍부화

집고양이들이 과체중이 되는 이유 중 하나는 먹는 것 말고는 할 일이 없기 때문이다. 자다가 일어나서 뒤뚱뒤뚱 밥그릇에 가서 사료를 먹고 다시 뒤뚱뒤뚱 소파로 돌아와 다음 식사 시간까지 내리 잔다. 이를 위해 사냥을 할 필요가 없다. 아니, 먹을 것을 얻기 위해 아무것도 할 필요가 없다.

불충분한 자극 때문에 활동량이 부족하면 따분함과 우울증이 생길 수 있다. 오랜 시간 일을 하거나 상호작용 놀이를 잘 해주지 않는 보호자의 고양이는 생기를 잃어버릴 수 있다. 고양이에게 충분한 자극을 주려면 상호작용 놀이가 가장 좋은 방법이지만, 아침 일찍 나가 밤늦게 들어오느라 놀아줄 시간 자체가 없다면, 혹은 상호작용 놀이 시간이 적은 편이어서 보충해주고 싶다면 퍼즐 먹이통puzzle feeder과 활동 유발 장난감이 해답이 될 수 있다. 이런 유형의 장난감은 고양이의 삶에 큰 활력이 되고 행동 문제를 예방, 또는 해결해 준다.

퍼즐 먹이통

굴릴 때마다 조금씩 사료 알갱이가 나오는 퍼즐 먹이통은 먹을 것을 얻으려면 일을 해야 한다는 고양이 본연의 자세를 일깨워주는 장난감이다. 고양이의 식사를 넣어둘 것인지, 즉 밥그릇에 부어줄 사료를 넣어둘 것인지, 아니면 식사는 따로 주고 간식을 넣어둘 것인지는 고양이의 체중, 건강 및 어떤 행동 문제를 보이느냐에 따라 달라진다.

퍼즐 먹이통은 다양한 형태의 상품이 나와 있는데, 가장 기본적인 것은 안이 비어 있고 한쪽에 구멍이 하나 뚫려 있는 플라스틱 공 형태이다. 공을 비틀어 열고 건식 사료를 반쯤 채운 다음 다시 공을 닫아 고양이가 노는 공간에 던져둔다. 고양이가 공을 굴리다 보면 사료 알갱이가 하나 둘씩 튀어나온다.

퍼즐 먹이통은 사료를 먹으려면 공을 앞발로 굴려야 하니 과체중 고양이를 바쁘게 만들고, 사료가 한 알씩 나오므로 먹이를 천천히 먹게 하는 효과가 있다. 또한 따분해하거나 우울증에 걸린 고양이가 몸을 움직이게 만들고, 불안감이 많은 새끼고양이의 불안을 해소하는 데도 도움이 된다. 나는 고양이가 '생각하게 만드는' 장난감을 좋아한다. 고양이에게 '머리를 써야 하는' 행동을 계속하게 하면 행동 문제가 발생할 가능성도 줄고 고양이도 긍정적인 자극이 많은 삶을 누리게 된다.

퍼즐 먹이통은 고양이로 하여금 사냥을 하고 사냥한 보상을 얻게 한다는 점에서도 훌륭한 도구다. 고양이가 퍼즐 먹이통의 개념을 이해하지 못하는 것 같다면, 다음과 같은 방법으로 교육시킬 수 있다. 먼저 고양이가 건식 사료를 먹는 밥그릇 안에 공 형태의 빈 퍼즐 먹이통을 놓는다. 고양이는 사료를 먹으려면 먼저 공을 굴려서 치워야 한다. 이렇게 퍼즐 먹이통의 기본 개념을 파악하게 한 다음 공을 열고 한쪽에 사료를 반쯤 채운다. 사료를 채운 공 반쪽을 밥그릇 안에 놓아 고양이가 그 공에 든 사료를 먹게 한다. 다음 단계는 공에 사료를 넣고 닫은 다음 공을 빈 밥그릇 안에 놓는 것이다. 고양이가 공을 굴릴 수 있는 공간을 확보하려면 원래 밥그릇보다 더 넓고 큰 접시를 밥그릇으로 쓰는 것이 좋다. 고양이가 공을 굴려 사료를 꺼내 먹게 되면 마지막 단계로 사료를 채운 공을 바닥에 놔준다.

시중에 다양한 종류의 퍼즐 먹이통 제품이 나와 있으며, 직접 만들 수도 있다. 두루마리 휴지 심지 한가운데에 사료보다 큰 구멍을 몇 개 뚫은 다음 양쪽 끝을 막으면 훌륭한 퍼즐 먹이통이 된다. 더 큰 퍼즐 먹이통을 원한다면 키친타월 심지를 쓴다. 작은 종이상자로도 퍼즐 먹이통을 만들 수 있다. 상자에 고양이 앞발 크기의 구멍을 여러 개 내고 윗부분을 잘 봉한 다음 사료를 안에 넣으면 된다. 작은 접시 몇 개에 사료를 조금씩 담아 고양이가 노는 곳 여기저기 숨겨놓기만 해도 환경 풍부화에 도움이 된다.

> **팁!** 고양이와 개를 함께 키우고 있다면, 개가 접근할 수 있는 소형 퍼즐 먹이통은 사용하지 않도록 한다.

활동 유발 장난감

종이상자와 종이가방은 다양한 방법으로 장난감을 숨기고 터널을 만드는 등 고양이의 일상에 즐거움을 더해주는 것들이다. 빈 티슈 상자에 탁구공 하나만 넣어 줘도 새끼고양이에게는 놀이공원에 온 것이나 다름없다. 커다란 종이상자 안에 장난감을 넣어주는 것도 괜찮다.

시중에는 구멍이 여러 개 뚫려 있어 고양이가 앞발을 넣어 그 안의 공을 건드릴 수 있도록 만들어진 활동 유발 장난감도 있다. 또는 작고 평평한 종이상자로 직접 만들어도 좋다. 고양이 앞발이 들어갈 만한 크기의 구멍을 여러 개 뚫고 고무공이나 탁구공을 넣은 다음 위쪽을 봉하면 된다.

위험한 장난감

리본, 끈, 털실, 고무 밴드, 치실은 고양이가 갖고 놀면 무척 재미있어 할 듯한 장난감이지만 고양이가 삼킬 경우 위험한 상황을 초래한다. 안전한 장난감이 무수히 많은데 굳이 이런 것들을 장난감으로 줄 이유는 전혀 없다. 낚싯대 장난감에 붙어 있는 줄도 위험하니 놀이 시간이 끝나면 고양이가 닿지 않는 곳에 치워서 고양이 혼자 갖고 노는 일이 없도록 해야 한다.

새끼고양이일 경우 비닐봉지 역시 멀리 치워두어야 한다. 씹다가 질식할 수 있으며 뛰어다니다가 손잡이 부분에 걸려 목이 졸릴 수도 있다.

알루미늄 포일 역시 삼키면 위험하다. 그러니 알루미늄 포일을 뭉쳐서 공으로 만들어주는 놀이는 하지 않는 편이 낫다. 특히 음식을 쌌던 포일을 뭉쳐서 고양이 장난감으로 만드는 경우가 많은데, 이럴 경우 맛있는 냄새가 나기 때문에 고양이가 포일을 물어뜯어 삼킬 가능성이 높다.

고양이 간의 놀이

고양이가 여러 마리인 경우 한 고양이가 같이 놀자는 다른 고양이의 의도를 잘못 파악할 가능성이 있다. 개는 다른 개와 놀고 싶을 때 취하는 '놀이 인사play bow' 같은 공통의 동작이 있지만 고양이 세상에는 그런 것이 없다. 어미에게서 너무 일찍 떨어져 형제자매와 사회성 놀이를 할 기회가 없었던 새끼고양이는 혼자 장난감을 갖고 노는 것을 선호하기도 한다. 이런 새끼고양이를 집에 데려왔는데 기존 고양이 중에서 사회성이 강하고 놀기 좋아하는 고양이가 다가와 같이 놀자고 청하면 새끼고양이는 이를 위협의 몸짓으로 받아들일 수도 있다.

한배에서 난 새끼고양이들을 키우게 된 경우 수고양이들이 너무 공격적으로 놀지 않는지 잘 살펴봐야 한다. 이런 분위기 속에서 성장한 암고양이들은 나중에 다른 고양이들이 같이 놀자는 의사를 표현할 때 호의적으로 받아들이지 않을 수 있다.

고양이들이 노는 것인지 싸우는 것인지 구별하는 방법

- 한두 번 정도는 하악 소리를 낼 수 있다. 단, 여러 번씩 하악거린다면 싸움 중일 가능성이 높다.
- 고양이들은 대개 공격하는 역할과 방어하는 역할을 번갈아가며 한다. 이런 역할 교체 없이, 한쪽이 계속 공격적인 태도를 취하고, 다른 한쪽은 계속 방어적인 태도를 취한다면 싸우고 있는 상황이다.
- 놀고 있는 고양이들은 대체로 울부짖거나 비명 같은 소리를 내지 않는다.

- 고양이들은 놀이를 할 때는 상처를 입히지 않는다. 반면 싸우고 있다면 발톱이나 이빨에 긁히거나 물려서 상처가 날 수 있다.
- 놀이가 끝나면 고양이들은 평소의 태도로 돌아가 서로를 피하지 않는다. 하지만 싸움이 끝나면 한쪽이나 양쪽 고양이 모두 서로 거리를 유지하거나 서로를 쳐다보지 않으려 한다.
- 평소에 친하지 않던 고양이 두 마리가 놀고 있는 것처럼 보이면 주의해야 한다. 놀이가 아니라 실제 싸우는 것일 가능성이 높다. 싸우고 있다는 의심이 들면 고양이 통조림을 따거나 간식이 든 통을 흔들어 둘의 관심을 돌린다. 하지만 긍정적인 경험이 되도록 해야 한다. 만약 싸우는 것이 아니라 노는 것이라면 둘 사이에 모처럼 싹트는 우정을 없던 일로 해버릴 이유가 없다.

사진 촬영법

나는 카메라를 항상 손이 닿는 곳에 둔다. 내 고양이들은 비록 나이가 들었지만 그래도 영원히 간직하고 싶은 장면을 곧잘 연출하기 때문이다.

고양이 사진을 찍겠다고 비싼 카메라를 사거나 사진 찍는 법을 일부러 배울 필요는 없다. 고양이는 거의 모든 동작이 예술이니까 말이다. 기본 사항 몇 가지만 알고 인내심만 가지면 정지한 고양이든 움직이는 고양이든 문제없이 찍을 수 있다.

움직이는 고양이 찍기

새끼고양이라면 촬영 소재가 떨어질 걱정은 없다. 다만 초점이 나가 흐릿한 털뭉치로 나오게 되는 것이 문제다. 주로 카메라나 폰을 고양이의 움직임에 맞추어 움직이다 보면 이런 결과가 나온다. 선명한 사진을 얻으려면, 일단 카메라 뷰파인더나 폰 화면을 들여다보며 자신의 손이 고정될 때까지 기다려야 한다.

뭐가 뭔지 복잡해서 정신이 없어 보이는 사진이나 고양이가 배경에 묻혀버리는 사진을 피하려면 배경에도 신경을 써야 한다. 예를 들어 삼색 고양이가 여러 빛깔 무늬가 있는 카펫이나 이불 위에서 장난감을 갖고 노는 광경을 찍으면, 카펫 무늬와 고양이의 털 무늬가 섞인 데다 장난감도 카펫 무늬 때문에 제대로 보이지 않는다.

가만히 있는 고양이 찍기

고양이가 느긋한 기분일 때 사진을 찍어야 하니 고양이가 놀이 시간이 시작되었다는 기대감에 가득 차 있다면 다음을 기억하자.

깔끔한 배경을 자랑하는 사진을 찍고 싶다면 화방에서 커다란 종이를 사서 뒤편에 세워놓는 것도 좋다. 종이는 고양이의 털 빛깔을 돋보이게 하는 색으로 고른다. 고양이의 눈 색깔을 돋보이게 하고 싶다면 눈과 동일한 색깔의 종이를 고른다.

하지만 고양이가 보호자가 원하는 배경 앞에 언제까지나 얌전히 앉아 있어 주지는 않을 것이다. 고양이가 느긋하게 있지 못한다면 바구니, 베개, 그 외 자잘한 물건을 고양이 옆에 두어 안도감을 느끼게 해준다. 새끼 고양이를 찍을 경우엔 이런 소도구를 배경 앞에 배치한다. 장난감을 넣은 바구니를 배치했다면 고양이가 바구니 안에 들어가 장난감에 흥미를 보이기 시작할 때 고양이를 유혹하는 소리를 낸다. 고양이가 고개를 들고 바구니 밖으로 당신을 바라보는 찰나 셔터를 누른다. 물론 너무 큰 소리는 곤란하다. 겁에 질린 모습을 찍으려는 게 아니니까 말이다.

성묘를 찍는다면 지나친 정면 구도는 피한다. 약간 옆에서 고양이의 몸이 보이도록 찍어야 몸통 없이 머리에 다리가 달린 것 같은 사진이 나오지 않는다. 장난감이나 소리로 고양이를 유혹하면 귀가 앞쪽으로 나오고 눈이 초롱초롱한 사진을 얻을 수 있다. 고양이가 옆을 바라보는 사진을 찍고 싶다면 오른쪽이나 왼쪽에서 공작 깃털을 흔든다. 너무 신나게 흔들면 고양이가 놀이 시간인 줄 알고 앞으로 달려나올 테니 살짝 흔들어야 한다. 삼각대를 사용해 카메라를 고정하면 한 손이 자유로워진다. 모델이 포즈 취하는 것을 도와줄 조수를 두고 싶다면 고양이가 편하게 생각하는 사람을 선택한다.

눈이 붉게 나오는 적목 현상을 피하고 싶으면 고양이의 눈높이보다 약간 높은 각도에서 사진을 찍는다. 실패했더라도 좌절하지 말자. 포토샵이라는 만능 도구가 있다.

전위적인 각도로 찍어보겠다고 너무 애쓰지는 말자. 고양이가 괴상한 비율로 찍힌 사진만 잔뜩 나올 수도 있다.

인내심은 필수

고양이에게 포즈를 억지로 취하게 하지 말자. 나중에 보면 결국 가장 좋은 사진은 자연스러운 모습을 찍은 사진이다. 고양이에게 포즈를 취하게 하고 사진을 찍고 싶다면 고양이가 놀고 싶은 기분이 아닐 때를 선택한다. 식사를 하고 나서 느긋한 기분일 때가 가장 좋다. 배경을 그대로 두고 카메라를 대기시킨 채 기다리다 보면 고양이가 우리가 원하는 장소에서 우리가 원하는 포즈를 취할 것이다.

나는 자주 카메라를 들이밀어 녀석들이 사진 찍히는 경험에 익숙해지게 만든다. 이렇게 하면 고양이들이 사진을 찍는 행위와 플래시 불빛에 신경을 덜 쓰기 때문에 내가 원하는 포즈의 사진을 찍을 수 있는 확률이 높아진다.

고양이 장난감 고르기

고양이가 좋아할 것이라 생각해서 잔뜩 사다 두는 작고 귀여운 장난감들의 문제는 그것들이 고양이 입장에서 보자면 '죽은 사냥감'이라는 것이다. 이런 장난감들을 갖고 놀려면 고양이가 사냥감 노릇까지 해야 한다. 고양이가 툭 쳐야만 생명을 얻어 움직이고, 바닥을 조금 미끄러지다가는 다시 죽어버린다. 고양이가 또다시 툭 쳐서 움직이게 하지 않는 한은 계속 그렇게 늘어져 있다. 상호작용 놀이용 장난감은 보호자가 움직임을 담당하므로 고양이는 그저 사냥꾼으로서 실컷 즐기면 된다.

내가 추천하는 장난감은 낚싯대 형태로 낚싯줄 끝에 깃털 뭉치가 달려 있어, 낚싯대를 쥐고 흔들면 깃털이 허공을 가르며 마치 새가 날아다니는 듯한 소리와 모습이 연출된다. 고양이들이 그야말로 열광한다. 제아무리 움직이기 싫어하는 고양이라도 벌떡 일어나 묵혀두었던 사냥 기술을 선보일 것이다. 또, 귀뚜라미나 파리 같은 곤충 사냥감의 움직임을 재현하려면 캣 댄서 시리즈Cat Dancer Products의 캣 댄서Cat Dancer 만한 것이 없다. 긴 철사 끝에 판지를 조그맣고 단단하게 돌돌 말아 붙여 놓은 형태로, 살짝 흔들기만 해도 마치 파리가 날아다니듯 예측불허의 움직임을 선보인다. 고양이마다 취향이 다 달라서 우리 고양이가 정말 좋아하는 장난감을 찾기까지 여러 개를 사들여야 할 수도 있지만 그만한 가치가 충분하다.

고양이가 좋아하는 퍼즐 먹이통

시중에는 다양한 퍼즐 먹이통이 나와 있는데, OurPets사의 Play-N-Treat Ball이 아주 유명하다. Premier사가 내놓은 Egg-Cersizer라는 제품은 우리 집 고양이들이 제일 좋아하는 것이다. Egg-Cersizer는 구멍수를 조절해 난이도를 다양하게 만들 수 있다. Premier의 제품 중에는 문에 매달아 놓을 수 있는 퍼즐 먹이통도 있다. Aikiou Stimulo라는 고양이용 상호작용 퍼즐 먹이통은 바닥에 조그마한 플라스틱 컵이 몇 개 붙어 있고, 여기에 사료를 담아 놓으면 고양이가 앞발을 집어넣어 꺼내 먹게 되어 있다. 컵의 높이가 다양하기 때문에 어떤 컵에 사료를 담느냐에 따라 난이도가 조절된다. 또 다른 퍼즐 먹이통으로는 Kong이 있다. 원래 반려견용이지만 강아지용으로 나온 소형은 고양이에게 잘 맞는다. 크림치즈나 통조림 같은 습식 먹이를 사용할 수 있다는 것이 장점이다. 좀 더 복잡한 퍼즐 먹이통으로는 Nina Ottosson Dog Brick Game을 플라스틱으로 만든 것이 있다. 반려견용 장난감이지만 플라스틱으로 만든 것은 고양이에게도 안성맞춤이다. 납작한 플라스틱 상자를 여러 구획으로 나누고 구획마다 밀어서 열 수 있는 작은 뚜껑이 덮여 있는 형태로, 고양이가 그 작은 뚜껑을 밀어내야만 사료를 먹을 수 있다.

환경 풍부화

야생에서의 삶과 달리 한정된 공간과 자극에서 비롯될 수 있는 동물의 무기력증 및 비정상적 행동을 예방하기 위해 환경에 다양한 자극과 변화를 주는 것을 말한다. 다양한 방식으로 먹이 주기, 다양한 놀이 제공하기 등도 포함되며 동물의 복지에 중요한 역할을 한다.

10

모래 화장실

선택부터 문제 해결까지

고양이가 모래 화장실을 착실하게 써주기만 하면 평화의 시대를 맞이한다. 그러다가도 고양이가 모래 화장실을 쓰지 않기 시작하면 삶이 송두리째 바뀐다. 단란했던 고양이와의 관계는 끝이 나고, 매일매일 전투가 펼쳐진다. 심지어 보호소로 보내지거나 안락사 대상이 되기도 한다.

의외로 많은 보호자가 고양이의 화장실에 대해 제대로 알지 못한다. 화장실 문제 역시 고양이의 입장에서 이해하고 파악해야 한다. 고양이가 우리를 괴롭히기 위해 일부러 모래 화장실을 쓰지 않는 것이라 생각한다면 고양이의 시선으로 이 문제를 보지 않는다는 증거이다. 고양이 화장실을 단순히 모래를 채운 플라스틱 상자를 다용도실 한쪽 구석에 놓아두는 것이라 생각한다면 화장실이 고양이의 정서에 얼마나 큰 영향을 미치는지 과소평가하고 있는 것이다.

화장실을 올바른 장소에 배치하고 청결을 유지하는 법을 배우고, 고양이가 이에 대해 우리에게 보내고 있을지 모르는 신호를 이해한다면 앞으로 생길 수 있는 문제를 피할 수 있다.

숨겨진 비법 같은 것은 없다. 사람들은 고양이 화장실의 악취가 집 안 전체에 퍼지지 않게 별별 수단을 쓰지만 악취를 줄이는 가장 효과적이고도 유일한 방법은 화장실을 청결하게 유지하는 것뿐이다.

우리 인간이 고양이에게서 가장 매력적이라고 생각하는 요소 가운데 하나가 바로 녀석들이 대소변을 가리고 모래 화장실을 쓴다는 것이지만 정작 보호자들은 이 원초적 본능의 기원을 알지 못한다. 고양이가 똥오줌을 땅에 파묻는 본능은 그저 보호자가 치우기 편하라고 그러는 게 아니다. 이 본능의 동기는 바로 '생존'이다. 고양이의 오줌은 상당히 농축되어 있어 악취가 강하기 때문에 다른 포식자들이 알아차리기 쉽다. 야생에서 살아가는 고양이들은 새끼가 있는 보금자리에서 멀리 떨어진 곳에서 똥오줌을 눈 다음 흙으로 덮어 포식자들이 보금자리의 위치를 파악하지 못하게 한다. 즉, 고양이들은 자기가 먹고 자고 놀거나 새끼를 키우는 곳에서는 배설을 하지 않는다. 집에서 키우는 고양이들도 똑같은 본능을 가지고 있다.

화장실 고르기

요즘 나오는 모래 화장실은 너무 정교하고 복잡해서 감탄을 금할 수 없다. 내부를 쓱 훑어주기만 하면 체로 걸러내듯 똥오줌을 골라내주는 화장실이 있는가 하면, 심지어 콘센트를 꽂아놓으면 저절로 청소가 되는 제품도 있다. 하지만 이런 제품의 경우는 두 가지 문제가 우려된다. 첫째, 보호자가 화장실 청소를 자주 하지 않으면 고양이의 배변 변화를 알 수 없게 된다. 매일 화장실 모래를 뒤적이지 않는다면 고양이가 설사를 하고 있어도 모를 수 있다. 둘째, 오랜 경험에 따르면, 화장실 구조가 복잡할수록 고양이가 그 화장실을 제대로 쓸 가능성이 줄어든다.

우리에게 필요한 것은 더도 말고 덜도 말고 상자처럼 생긴 화장실이다. 시중에 나와 있는 수많은 상자형 화장실을 보면서 생각해야 할 것은 고양이의 연령, 몸 크기, 건강 상태이다. 새끼고양이라면 초대형 화장실 상자를 사들일 필요는 없다. 너무 높아서 들어가지 못할 수 있으니 처음에는 작은 상자를 샀다가 녀석이 커지면 큰 상자로 바꾸면 된다. 반면 고양이가 덩치가 큰 편이라면 녀석이 안에서 편안하게 몸을 돌릴 수 있을 정도의 크기가 되어야 한다.

시중에는 다양한 크기의 박스형 화장실이 있는데, 보호자들이 자주 하는 실수는 집 안 구석 어딘가에 바싹 붙여 놓으려고 너무 작은 크기를 고르는 것이다. 고양이의 크기를 고려하고 녀석이 두어 군데 볼일을 보고 난 후에도 여전히 깨끗한 부분이 남아 발을 디딜 수 있을 정도가 되는 크기를 고른다. 보편적인 가이드라인을 제공하자면, 상자의 세로 길이는 성묘 몸길이의 1배 반에서 2배가 적당하며, 가로 폭은 성묘 몸길이 정도가 되어야 한다. 고양이가 두 마리 이상이고 크기가 제각각이라면 제일 큰 고양이에게 맞춘다. 화장실은 고양이의 삶에서 중요한 부분을 차지하므로 집 안 어딘가에 정해둔 공간에 맞추려고 크기에 인색하지 말자. 화장실을 살 때는 고양이에게 필요한 것이 무엇인지를 염두에 두어야 한다. 반려동물 용품점을 다 뒤졌는데도 고양이에게 딱 맞는 제품을 못 찾았다면(가령 고양이가 오줌을 화장실 너머로 뿌리는 습관이 있다면), 플라스틱 수납 상자(리빙박스)를 찾아보자. 높이가 꽤 높은 수납 상자라면 오줌이 밖으로 뿌려지는 일은 없을 것이다. 차라리 덮개가 있는 화장실이 더 낫지 않느냐고? 다음을 읽어보자.

덮개 있는 화장실

덮개가 있는 화장실의 기능은 두 가지다. 냄새를 잡아두고 똥오줌이 상자 밖으로 나가지 못하게 한다. 하지만 문제는 그런 기능이 보호자에게나 매력적이지 고양이에게는 그렇지 않다는 것이다. 덮개가 있는 화장실은 실제로 냄새를 잡아둔다. 화장실 안쪽에 말이다. 그러니 고양이는 화장실에 들어갈 때마다 악취를 고스란히 견뎌야 한다. 덮개가 공기 순환을 방해해 모래 마르는 속도가 늦어져 악취를 생성하는 최적의 조건을 만드는 것이다.

또 덮개를 피해 편한 위치를 잡으려고 움직이다 보면 여기저기 부딪치거나 자세가 불편할 수 있다. 모래가 사방에 흩뿌려지거나 오줌이 화장실 벽을 넘는 것이 싫다면 덮개 있는 화장실보다는 벽이 더 높고 덮개가 없는 것을 택하는 편이 낫다. 효과는 동일하지만 고양이가 더 편안하게 화장실을 쓸 수 있다.

고양이가 여러 마리인 경우 덮개가 있는 화장실에 들어간 고양이는 다른 고양이가 다가오면 갇혔다는 느낌을 받을 수 있다(여기에 대해서는 이 장의 뒷부분에서 자세히 다룬다).

모래 고르기

시중에 나와 있는 고양이 모래는 하나같이

'악취 해소'를 간판 기능으로 내세우고 있다. 가루 날림이 없는 것을 장점으로 내세우는 제품도 있다. 소변이 잘 뭉친다는 것을 강조하기도 한다. 많고 많은 제품 중에 어떤 모래를 선택해야 할까?

맨 처음 결정해야 할 것은 뭉치지 않는 클레이 제품을 택할 것인지, 뭉침이 있는 제품을 택할 것인지, 아니면 또 다른 유형을 선택할 것인지의 여부이다. 클레이 모래는 고양이를 키우는 사람들이 땅에서 퍼온 모래로 화장실을 만들던 시절에 에드워드 로이Edward Lowe가 개발한 최초의 고양이 모래로 가장 기본적인 제품이며 악취 해소에는 그다지 효과가 없다. 뭉침이 있는 제품은 진짜 모래처럼 생겼으며 소변이나 액체에 닿으면 덩어리로 뭉친다. 이 덩어리를 삽으로 건져내기만 하면 아직 소변이 닿지 않아 뽀송뽀송하고 악취가 나지 않는 모래는 그대로 남게 된다.

이 외에 밀, 옥수수, 신문지 등 갖가지 재료로 만든 대체형 제품도 있다. 뭉침이 있는 것도 있고 그렇지 않은 것도 있다. 화장실 변기에 흘려보내도 되는 제품도 있고 그래서는 안 되는 제품도 있다.

고양이 모래를 선택할 때 또 하나 고려해야 할 것은 향이 첨가되지 않은 제품을 고르는 것이다. 굳이 사야 한다면 향이 되도록 덜한 것을 선택한다. 고양이 모래에 첨가되는 향은 우리에게나 향기롭고 좋지 고양이의 취향에는 안 맞는 경우가 태반이다. 고양이는 화장실 모래에서 자기 체취가 나길 원하며 모래 향이 너무 강하면 화장실 사용을 거부하기도 한다. 화장실을 정기적으로 관리하기만 한다면 향이 첨가되지 않은 모래를 써도 악취가 나지 않는다.

고양이 관점에서 보자면 화장실 모래는 다음 세 가지 요건이 충족되어야 한다.

1. 발로 밟을 때 싫어하지 않는 촉감이어야 한다.

2. 볼일을 보기 전 구멍을 파고 볼일을 본 후 덮을 수 있을 정도로 가볍고 부드러워야 한다.

3. 강한 냄새가 나지 않아야 한다.

새끼고양이나 성묘를 갓 입양했다면 처음에는 이전 보호자나 브리더가 사용한 모래를 사용하고, 모래를 바꾸겠다면 고양이가 거부하지 않도록 서서히 바꿔야 한다.

고양이 모래에 대한 내 철학은 고양이가 야생 환경에서 선택할 법한 모래를 선택해야 한다는 것이다(물론 약간 변형되긴 했지만). 개인적으로는 소변이 닿으면 뭉치는 제품으로 흙을 닮은 질감의 모래를 추천한다. 소변이 닿아 뭉친 모래 덩어리만 파내면 되므로 청소가 간편하고 악취도 크게 줄어든다.

많은 고양이가 이 유형의 모래를 선호하며, 특히 발톱 제거 수술(11장에서 자세히 언급된다)을 받은 고양이의 경우 이 유형의 모래가 부드럽기 때문에 볼일을 보기 위해 모래를 파기가 쉽다.

뭉침이 있는 제품이 좋은 또 다른 이유는 보호자가 고양이의 오줌 양의 변화를 알아차릴 수 있다는 것이다. 뭉친 모래 덩어리의 크기 및 개수를 보면 오줌 양이 늘었는지 줄었는지 금방 파악할 수 있다.

뭉침이 있는 모래 제품에 대해 논란도 있다. 고양이가 삼키게 되면 모래가 장 속에서 시멘트처럼 굳을 것이라는 주장인데, 고양이가 모래를 삼켜서 장에 문제가 생겼다는 수의학 논문은 아직 없다.

탈취제형

이런 제품은 대체로 고양이들이 좋아하지 않는다. 향이 아주 강하기 때문에 화장실에 접근하려 하지 않는다. 이를 원하는 보호자는 아마 없을 것이다.

특별한 모래 모래 중에는 특별 배합 허브가 들어 있어 배설을 유도하는 제품이 있다. Precious Cat 사에서 만든 Dr. Elsey's Cat Attract는 수의사가

개발한 모래로 먼지도 거의 날리지 않으며, 잘 뭉치기 때문에 화장실 청소도 쉽다.

적절한 모래의 양

모래의 양은 악취와 연관이 있다. 뭉치는 모래를 너무 많이 넣는 것은 낭비이다. 고양이가 모래를 파거나 덮다가 화장실 주변에 흩뿌려지기 일쑤다. 반면 너무 적게 넣으면 오줌이 화장실 바닥에까지 닿게 되고 오줌을 흡수할 모래가 충분하지 않아 바닥에 웅덩이를 형성하므로 악취가 코를 찌르게 된다.

모래는 10~15센티미터 깊이가 되게 넣는 것이 가장 좋다. 이 정도 깊이면 고양이가 파고 덮기에 충분하다. 고양이가 모래 파는 습관을 지켜보았다가 그에 맞추어 높이를 조절한다. 고양이가 여러 마리인 집에서는 화장실에 모래를 더 붓는 게 아니라 화장실을 더 마련해줘야 한다.

모래 덩어리를 제거하면 모래가 그만큼 줄어들므로 며칠에 한 번씩 모래를 추가해 적정 높이를 유지하도록 한다.

올바른 화장실 위치

고양이 화장실에서 중요한 것은 첫째도 위치요, 둘째도 위치요, 셋째도 위치다. 화장실을 어디에 놓느냐 하는 문제는 우리 생각보다 훨씬 더 중요하다. 제아무리 완벽한 화장실을 구매해서 세상에서 제일 좋은 모래로 채웠다 하더라도 고양이가 가고 싶지 않은 장소에 둔다면 말짱 도루묵이다.

보호자가 그 어떤 상황에서도 절대 깨서는 안 될 규칙이 하나 있다. 화장실을 밥그릇과 물그릇 옆에 두지 않는 것이다. 앞서 말했듯 고양이는 보금자리에서 멀리 떨어진 곳에 배설을 한다. 밥그릇과 화장실을 나란히 놓으면 고양이는 혼란스럽다. 그 장소를 먹이를 먹는 곳으로 봐야 할지, 아니면 배설 장소로 봐야 할지 결정해야 하는데, 먹이를 먹을 수 있는 곳은 이곳뿐이므로 고양이는 다른 곳을 찾아 배설하기로 마음먹게 된다.

보호자들이 고양이 화장실을 가장 많이 놓는 장소는 욕실(화장실)이다. 공간만 충분하다면 아주 좋은 장소이다. 청소가 쉽고 정기적으로 대소변을 치워주기도 편하다. 하지만 뜨거운 물로 자주 목욕을 한다면 화장실 안이 습해져 모래가 건조되는 데 시간이 걸릴 수 있다. 보호자들이 선호하는 또 다른 장소는 다용도실이다. 욕실과 마찬가지로 타일 바닥인 경우가 많아 청소가 편하다. 단점은 볼일을 보고 있는 중에 예약 시간이 되어 세탁기가 갑자기 작동하는 바람에 놀란 고양이가 다시는 화장실을 사용하지 않을 수 있다는 것이다.

고양이가 호젓하고 안전한 기분으로 볼일을 볼 수 있도록 집에서 번잡하지 않은 곳에 화장실을 두되, 너무 구석이어서 청소를 잊어버릴 정도면 곤란하다. 하루에 최소 두 번은 살필 수 있는 곳에 두지 않으면 결국 화장실 관리가 소홀해져 고양이는 엉뚱한 곳에 볼일을 보기 시작한다.

2층집이라면 한 층에 하나씩 화장실을 둬야 한다. 또 고양이가 외출고양이고 집 안의 모래 화장실보다는 집 밖에서 볼일을 보는 것을 선호한다 해도, 날씨가 안 좋거나 몸이 아파 밖에 나가지 못할 때를 대비해 집 안에도 화장실을 둔다.

고양이가 여러 마리라면 화장실도 여러 개여야 한다. 화장실이 한 개뿐이면 빨리 더러워지기 때문이기도 하지만, 누군가가 다른 고양이와 화장실을 함께 쓰기를 거부할 수도 있으니 말이다. 잊지 말자! 화장실 수는 적어도 고양이의 수와 같아야 한다.▼ 고양이가 여러 마리인 집에서는 화장실 위치 때문에 문제가 생길 수도 있다. 고양이끼리 영역 다툼을 벌이거나 사이가 좋지 않다면 화장실 간격을 되도록 떨어뜨려서 배치한다. 그래

▼ 최근에는 고양이 수+1개를 둬야 한다고 권하는 행동학자들이 증가하고 있다. - 편집자주

야 한 고양이가 화장실 하나를 자기 영역으로 선포하더라도 나머지 고양이들은 다른 화장실을 이용할 수 있다. 고양이를 한 마리씩 관찰하며 각자 집 안 어디에서 대부분의 시간을 보내는지 알아볼 필요가 있다. 각 고양이가 선호하는 방 안에 화장실을 두면 앞으로 생길 문제를 예방할 수 있다. 그리고 한 곳에 여러 개를 바짝 붙여 두는 것보다 집 안 여기저기 띄엄띄엄 화장실을 두는 것이 훨씬 낫다. 또 하나, 구석에 바싹 붙여 놓은 화장실은 고양이가 갇혔다는 느낌을 받을 수 있다. 만일의 상황에서 달아날 도주로가 없고 공격을 받을 수도 있다는 공포심이 커지면 화장실을 사용하지 않을 수 있다(이 문제에 대해서는 이 장의 뒤편에서 자세히 다룬다).

화장실 청소

화장실 모래를 훑어 대변이나 소변으로 뭉친 모래 덩어리를 골라내려면 구멍이 난 삽(또는 스쿱)이 필요하다. 뭉치지 않는 모래를 사용한다 해도 가느다란 구멍이 뚫린 삽으로 대변 덩어리를 찾아낼 수 있다. 물론 이 경우 오줌으로 젖은 모래는 손잡이가 길고 구멍이 없는 삽으로 파내는 것이 좋다. 오줌으로 젖은 모래를 방치하면 악취의 원인이 되므로 뭉침이 있는 모래가 여러모로 더 유리한데, 새로운 종류의 모래를 조금씩 섞으면서 점점 양을 늘리면 결국 새 모래에 적응시킬 수 있다. 삽은 화장실 바로 옆에 비치한 용기 안에 넣어두면 편하다.

모래 화장실 청소는 최소한 하루에 두 번은 해야 한다. 한 번에 1분도 채 걸리지 않으며 악취가 놀라울 정도로 줄어들 것이다. 제아무리 뭉침이 좋은 모래를 사용한다 해도 며칠씩 청소를 하지 않아 고양이가 깨끗한 부분을 찾다 못해 며칠 전에 만들어진 덩어리 위에 오줌을 눠야 한다면 악취 감소 효과는 전혀 기대할 수 없다.

뭉침이 있는 모래, 특히 강력한 뭉침을 자랑하는 제품은 변기에 넣고 흘려보내면 안 된다. 클레이 모래 역시 절대 변기에 넣어서는 안 된다. 나는 뚜껑이 있는 작은 플라스틱 저장용기 안에 비닐봉지를 넣어 가장자리를 고정한 다음 화장실 옆에 둔다. 아침에 삽으로 훑어 건져낸 덩어리를 이 용기에 넣고 뚜껑을 닫는다. 저녁에 다시 한 번 덩어리를 모두 건져 용기에 넣은 다음 비닐봉지를 묶어 집 밖 쓰레기통에 버린다. 반려동물 용품점에서 고양이 모래 처리기 같은 제품도 살 수 있다. 이런 제품은 아기 기저귀 처리기 제품과 비슷하다. 가족 중 누구도 모래 화장실 청소가 어렵고 불편해서 하기 힘들다는 핑계를 대지 못할 정도로 편한 방법이라면 그 어떤 것도 좋다.

하루에 두 번씩 청소하면 화장실도 항상 깨끗할 뿐 아니라 고양이의 건강 상태도 빨리 알아차릴 수 있다. 고양이가 화장실에 얼마나 자주 가는지, 매일 누는 오줌 양이 얼마나 되는지, 똥의 형태와 밀도 등 배변 상태를 알게 되고, 변화가 생기면 금방 알아차릴 수 있으므로 즉각 의학적인 조치를 취할 수 있다.

매일 화장실 모래를 훑어 덩어리를 청소하는 것 외에 화장실 자체도 주기적으로 청소해야 한다. 클레이형이나 뭉침이 없는 모래를 사용한다면 최소한 1주일에 한 번은 화장실 상자를 철저히 세척한다. 모래를 비우고, 상자와 관련 비품을 모두 수세미와 세제로 닦는다. 뭉침이 있는 모래를 쓴다면 한 달에 두 번 정도 화장실을 깨끗이 세척하고 모래를 완전히 새로 갈아준다.

팁! 가능성이 거의 희박하긴 하지만 톡소플라스마증에 걸릴 수 있으므로 임신한 여성은 고양이 화장실을 치울 때 조심해야 한다. 이 병은 톡소플라스마 곤디이(Toxoplasma gondii)라는 원생 기생충이 원인으로 태아에게 영향을 미쳐 선천적 장애를 일으킬 수 있다. 고양이의 배설물에 알이 섞여 나와 전염된다. 따라서 임신부가 있다면 되도록 다른 사람이 고양이 화장실을 치우는 것이 좋다. 또한 이 기생충의 알은 부화하여 전염 상태가 되기까지 며칠이 걸리므로 배설물을 매일 치우면 감염 확률을 크게 줄일 수 있다. 임신을 했으나 화장실을 치워야 한다면 반드시 1회용 장갑을 착용하고, 청소가 끝나면 손을 깨끗이 씻는다. 가족들에게도 똑같은 예방법을 쓰도록 한다.

화장실 상자 바닥에 비닐 깔기에 대해

화장실 상자 바닥에 비닐을 깔고 그 위에 모래를 부으면 청소할 때 비닐을 통째로 들어올리면 되니 편하다고 생각할지도 모른다. 하지만 이 방법은 별로다. 고양이가 화장실 모래를 파다 비닐이 발톱에 걸리기 때문에 비닐을 들어올려 보면 비닐에 구멍이 뚫려 모래가 줄줄 새기 일쑤다. 게다가 오줌이 비닐 틈과 접힌 부분에 고이거나 구멍으로 새어 악취가 훨씬 심해진다. 우리의 목적은 고양이의 마음을 사로잡고 사용하기 편한 화장실을 만드는 것이니 고양이가 모래를 파거나 덮을 때 발톱이 비닐에 자꾸 걸리게 만드는 것은 적합하지 않다.

모래 화장실 체크리스트

- 적절한 형태인가.
- 알맞은 위치에 배치되었는가.
- 모래 질감이 고양이가 좋아하는 것인가.
- 모래를 퍼내는 삽에 구멍이 나 있는가.
- (뭉침이 없는 모래를 사용할 경우) 삽이 젖은 모래를 퍼낼 수 있게 구멍이 없고 크기가 큰가.
- 삽을 두는 용기가 안쪽을 씻을 수 있는 형태인가.
- 대소변으로 뭉쳐진 모래를 모아두는 뚜껑 있는 용기가 안쪽을 씻을 수 있는 형태인가.
- 비닐봉지가 있는가.

- 화장실 주변에 흩어진 모래를 치울 수 있는 청소기, 쓰레받기 같은 청소 도구 및 모래 매트가 있는가.
- 모래 화장실을 세척하는 전용 솔이나 수세미가 구비되어 있는가.
- (사고 처리를 위해) 반려동물용 얼룩·악취 제거용 효소세제가 있는가.

양변기 훈련의 심각한 문제점

고양이가 사람용 양변기에 배변하도록 훈련시킬 수 있다는 이야기는 많이 들어보았을 것이다. 유튜브에도 사람 가족과 같은 양변기를 쓰는 고양이의 동영상이 꽤 많다. 이론상으로는 고양이가 양변기를 사용하도록 가르치면 아주 편리할 것 같지만 심각한 단점이 몇 가지 있어 나는 이를 권하지 않는다.

• 고양이가 양변기에 배설을 하면 오줌 양이나 횟수에 변화가 생겼을 때 이를 알아챌 수 없어 의학적 조치를 즉각 취할 수 없다.

• 양변기에 배설을 하는 것은 땅을 파고 흙을 덮어서 자기 배설물을 숨기는 고양이의 자연적인 본능에 어긋난다. 양변기 배설에 쉽게 적응하는 고양이도 있지만 이런 변화를 쉽게 받아들이지 못하는 고양이도 많다.

• 양변기 훈련을 시작하면 변기 뚜껑을 항상 열어놓아야 한다. 실수로 뚜껑을 닫게 되면 고양이는 다른 곳에 배설을 하는 수밖에 없다. 볼일이 급한데 양변기를 이용할 수 없다면 매우 혼란스럽고 스트레스를 받는다.

• 양변기 물을 내리는 것까지 훈련시키지 않는 이상, 누군가 물을 내릴 때까지 고양이 똥오줌의 악취는 계속될 것이다. 그러니 고양이에게 양변기 훈련을 시키면 악취가 사라질 것이라는 생각은 옳지 않다. 고양이에게 물 내리는 교육을 시키면 된다고? 물론 영리한 고양이는 금세 해낼 것이다. 하지만 양변기 물이 소용돌이치며 내려가는 모습이 재미있어 하루 종

일 물을 내리게 될 수도 있다는 걸 염두에 두자.

• 고양이가 여러 마리인 경우, 같은 양변기를 쓰기 싫어할 수도 있다.

• 어린 고양이, 아픈 고양이, 관절염이 있는 고양이, 움직임이 자유롭지 못한 고양이는 양변기 사용이 불편하거나 불가능할 수 있다.

• 양변기 커버는 고양이에게 몹시 미끄럽다. 고양이가 실수로 변기에 빠지기라도 한다면, 곧장 밖으로 나올 수 있었다 하더라도 그 공포와 스트레스 때문에 다시는 양변기에서 볼일을 보지 않으려 할 것이다. 또한 볼일을 본 후 그 물에 빠졌다면 고양이를 목욕시켜야 하기 때문에 걱정거리가 추가된다. 게다가 녀석이 집에 혼자 있는 상황이었다면 보호자가 돌아올 때까지 배설물 섞인 물에 젖은 채로 있어야 한다.

• 고양이가 입원을 하거나 여행을 가면 일반적인 모래 화장실을 써야 한다. 그러다가 집으로 돌아와 다시 양변기를 사용하려면 혼란스럽기 마련이다.

고양이 화장실이 더럽고 악취가 나기 때문에 양변기 훈련에 관심이 있다면, 고양이 화장실은 원래 더럽고 악취가 나는 물건이 아니라는 사실을 먼저 알아야 한다. 그저 보호자가 제때 배설물을 치우지 않고 자주 청소를 하지 않았기 때문이다. 아무리 좋은 고양이 모래도 오줌을 흡수하는 데는 한계가 있으니 제때 덩어리를 치우고 모래를 보충해주지 않으면 냄새가 나는 것은 당연하다. 그러니 화장실 악취를 피하고 싶어서 변기 훈련을 고려한다면 부디 생각을 고쳐먹기 바란다. 화장실 청소를 자주 해주는 것이 훨씬 낫다. 변기를 사용하게 가르쳤다가 재앙에 가까운 행동 문제를 보이는 사례를 수없이 만났다.

모래 화장실 사용법 가르치기

우선 화장실 위치를 알려주는 것이 첫 단계이다. 새끼고양이라면 녀석이 화장실을 무사히 사용하고 새로운 환경에 익숙해질 때까지 한정된 공간에 둔다. 새끼고양이가 화장실 개념을 모른다면 식사가 끝난 뒤 녀석을 화장실 안에 넣고 손가락으로 모래를 살살 긁어 보인다. 하지만 배설할 때까지 화장실에 억지로 가둬두어서는 안 된다. 덮개가 있는 화장실이라면 적어도 사용법을 가르치는 동안만큼이라도 덮개를 벗겨둔다. 그래야 빨리 가르칠 수 있다.

새끼고양이가 똥오줌을 방바닥에 눈다면 배설물을 모아서 화장실 안에 둔다. 그러면 다음에는 자기 배설물 냄새를 따라가 그곳에 똥오줌을 눌 것이다.

> **팁!** 고양이는 성별에 관계없이 쭈그리고 앉아 오줌을 눈다. 수고양이가 네 발을 꼿꼿이 하고 서서 오줌을 누는 것은 스프레이를 할 때뿐이다. 또 수캐와 달리 수고양이는 오줌을 눌 때 한쪽 뒷다리를 들지 않는다.

고양이가 화장실 사용을 꺼리는 이유

"날 괴롭히려고 일부러 그러는 거예요!"

"나쁜 짓인 줄 뻔히 알면서 그런다니까요!"

"우리 집 고양이는 얼마나 멍청한지 카펫에다 오줌을 싸요!"

"너무 게을러 화장실 가는 것도 귀찮은 거예요!"

보호자들이 나에게 늘어놓는 불평 중 일부다. 그들의 좌절감과 짜증은 백 번 이해하지만, 이중에 진실인 것은 하나도 없으며 이런 관점으로 본다면 좀처럼 고양이 화장실 문제를 해결할 수도 없다.

우선 고양이가 보이는 행동 유형을 파악하는 것이 중요하다. '아무데나 오줌을 싸는 것'은 일반적으로 방바닥, 카펫이나 이불, 통 안 같은 수평면에 하는 것이며, '스프레이'는 벽, 가구, 커튼 같은 수직면에 오줌을 싸는 것을 뜻한다(수평면에 스프레이로 영역 표시를 하는 고양이도 간혹 있는데, 자신감이 부족한 것이 원인일 수 있다). 이중 어떤 것인지 파악해야 한다(다른 이유에 대해서는 뒤에서 다룬다).

먼저 '아무데나 오줌을 싸는 경우'는 고양이 하부요로질환(FLUTD)이라는 병 때문일 확률이 높다. 하부요로질환을 앓는 고양이는 흔히 화장실을 자주 들락거리지만 한 번에 누는 소변의 양은 적다. 병이 악화되면 방광에 오줌이 차자마자 따끔거리기 때문에 고양이로서는 요의를 느끼는 즉시 오줌을 누어야 한다. 그런데 고양이는 화장실에서 오줌을 눌 때 따끔거리는 통증이 화장실과 관련이 있다고 생각해 화장실에 가지 않고 아무데서나 오줌을 누게 된다. 하부요로질환은 아주 심각한 질환으로, 작은 결정체가 생겨 오줌이 통과하는 요도를 막으면 생명에 지장을 줄 수도 있으니 곧장 병원에 데려가야 한다(FLUTD에 대한 자세한 정보는 〈의료 정보 부록〉에서 찾을 수 있다). 그 외에 당뇨와 신장병 등도 원인이 될 수 있으니 고양이의 화장실 습관이나 먹이·물 섭취 습관에 변화가 생기면 무조건 병원으로 데려가 진찰을 받게 하는 것이 상책이다.

반면 아직 중성화 수술을 하지 않은 고양이가 스프레이 행위를 한다면 지금이 수술 예약을 잡을 적기이다. 수고양이는 생후 7개월 정도에 성적으로 성숙하므로 이 시기부터 스프레이를 시작하는 경우가 많다. 적절한 시기에 중성화 수술을 하면 스프레이 행위는 거의 백 퍼센트 예방할 수 있다.

하부요로질환이 의심되는 징후

- 화장실을 자주 들락거림
- 오줌을 적게 누거나 아예 누지 않음
- 오줌에 피가 섞임
- 화장실 밖에 오줌을 눔
- 볼일을 보면서 울부짖음
- 식욕이 뚝 떨어지거나 아예 먹지 않음
- 우울해하거나 짜증을 냄
- 생식기를 자주 핥음
- 화장실에 들어가 있는 시간이 길어짐

오줌을 아무데나 싸는 이유

- 질병 또는 나이가 들어 화장실을 사용하기 어려워짐
- 화장실이 더러움
- 화장실이 덮개가 있거나 크기가 자기와 맞지 않음
- 화장실 모래가 마음에 들지 않거나 화장실 모래 높낮이가 일정하지 않음
- 화장실이 갑자기 바뀌었거나 위치가 바뀜
- 화장실 모래 또는 화장실을 씻는 데 사용한 세제의 냄새가 마음에 들지 않음
- 불안감·공포
- 화장실과 부정적인 경험을 연관 지음
- 보호자에게 화장실 사용과 관련해 벌을 받아 화장실에 대한 공포감이 생김
- 보호자가 고양이를 제대로 돌보지 않음
- 같이 사는 다른 고양이와의 긴장감 또는 공격적인 관계로 인한 불안감
- 고양이가 여러 마리인 경우 화장실 수가 고양이 수와 맞지 않음
- 화장실에 도주로가 확보되어 있지 않음

고양이가 방바닥에 배설 실수를 하는 것이 모래 질감의 문제라고 단정짓기 전에, '고양이처럼 생각하기' 탐정술을 충분히 활용한다. 질병 때문은 아닌지, 화장실이 너무 구석에 있어 달아날 곳이 없어서 또는 화장실의 크기, 형태, 청소 상태 때문에 사용을 꺼리는 것인지 확인해야 한다. 또 여러 가지 종류의 모래

를 뷔페처럼 다양하게 선보여 녀석이 더 선호하는 모래가 있는지 알아보는 것도 중요하다.

스프레이-고양이의 명함

고양이는 스프레이를 할 때 네 발로 꼿꼿이 서서 하반신을 표적으로 향한다. 꼬리는 수직으로 세우고 오줌을 뿌릴 때 부들부들 떤다. 눈은 반쯤 또는 완전히 감는다. 오줌을 뿌리면서 앞발로 바닥을 지그시 누르는 고양이도 있다. 이불이나 천 등 수평 바닥에 스프레이를 하는 고양이도 있다. 이때 뿌리는 오줌은 '아무데나 싸는 오줌'이 웅덩이를 이루는 것에 비해 가느다란 개울 같은 형태이다.

중성화 수술을 받았는데도 여전히 스프레이를 한다면 자기 영역이 위험에 처했다고 느끼고 있거나, 무언가에 불안감을 느껴 스스로의 감정을 추스를 수단이 필요해서다(스프레이는 자신감 있는 고양이도 하지만 자신감 없는 고양이도 한다). 따라서 스프레이 행위를 수정하려면 고양이가 무엇을 두려워하거나 불안해하는지를 알고, 해당 원인을 제거하거나 고양이가 그 원인에 대해 느끼는 감정을 수정해주는 것이 핵심이다.

고양이가 문이나 창가에 스프레이를 한다면 집 밖에 나타나는 고양이 때문일 확률이 높다. 새로 산 가방이나 상자, 가구에 스프레이를 한다면 자기 영역에 낯선 냄새가 나는 물건이 들어온 것에 대한 반응일 수 있다.

물론 고양이가 스프레이를 하는 가장 흔한 이유는 집에 새로 고양이가 들어왔거나 원래 있던 동료 고양이끼리 갈등이 생겼기 때문이다. 집 안에서 영역 다툼이 벌어지고 있다면 고양이들을 분리시키고 각각 행동 수정을 해야 한다. 그런 다음 고양이들을 처음 만나는 것처럼 서서히 다시 소개시키면 된다(여기에 대한 자세한 설명은 14장에 나와 있다).

스프레이는 단순히 영역 표시를 위한 것이 아니다. 고양이 세계에서 의사소통에 쓰이는 중요한 행위로 안전한 방법으로 누군가에게 뭔가를 말하려고 하는 것임을 기억하자.

고양이가 스프레이를 하는 갖가지 이유

- 성적으로 성숙해서
- 낯선 고양이가 뒷마당에 나타나서
- 새로운 반려동물이나 사람 가족이 집 안에 들어와서
- 영역 순찰 차원에서
- 보호자의 옷이나 신발에 낯선 고양이의 냄새가 묻어 있어서
- 집 안에 같이 사는 반려동물과의 사이에 긴장감이나 공격성이 높아져서
- 집 안의 고양이 수가 너무 많아서
- 집수리나 리모델링 또는 새로운 집으로 이사해서
- 마음을 진정시키고 감정을 추스르고 싶어서
- 낯선 방문객이 있어서
- 정보 전달 차원에서
- 대립 후 승리를 과시하고 싶어서
- 비밀 공격

대변 표시 '미드닝(middening)'이라는 행위는 고양이가 자기 대변으로 영역을 표시하는 것으로, 다른 고양이가 자주 지나다니는 길에 대변을 눠 후각뿐 아니라 시각적으로도 메시지를 남기는 것이다. 이 행위는 길고양이에게서 많이 보이며 집 안에서 생활하는 고양이에서는 흔하지 않다. 따라서 화장실 바깥에 대변을 보는 것은 영역 표시 행위가 아닐 가능성이 많다.

화장실, 처음부터 따져보자

우리 집 고양이 화장실을 천천히, 꼼꼼히, 비판적인 눈으로 살펴보자. 어떻게 보이는가? 계속 청소해 주고 있는가? 하

루 두 번 대소변 덩어리를 떠내고 주기적으로 화장실 전체를 청소한다는 원칙을 지키고 있는가? 그렇지 않다면 화장실은 지금 더러운 상태이고, 고양이는 더 깨끗하고 덜 냄새 나는 곳을 찾아 배설하고 싶은 충동을 느끼고 있을 것이다. 또, 원칙을 철저히 지키고 있다 해도, 우리 고양이가 유난히 깨끗한 것을 좋아하는 성향이라면 그 정도로 만족하지 않을 수도 있다. 특히 습도가 높은 계절에는 청소를 더 자주 해줘야 한다. 또 고양이 화장실이 욕실에 놓여 있고 욕실에서 뜨거운 물로 목욕을 자주 한다면, 욕실 내 습도가 높아져 화장실 모래가 마르는 데 시간이 걸린다. 덮개가 있는 고양이 화장실을 습도가 높은 욕실에 두었다면 최소한 덮개만은 없애자. 또한 목욕 후에는 욕실 팬을 작동시켜 습도를 낮춰야 한다.

모래 양도 점검해본다. 깊이가 최소한 10~15센티미터는 돼야 고양이가 모래를 파고 볼일을 본 다음 다시 덮기에 충분하다.

모래를 갑자기 바꾸는 것도 고양이가 화장실을 사용하지 않는 원인이 된다. 고양이는 화장실에 들어갈 때 발에 닿는 촉감이 이전과 같아야 편안함을 느낀다. 고양이의 감각이 얼마나 민감한지를 항상 염두에 두자. 모래를 바꾸는 것은 보호자에게는 사소한 일일 수 있으나 고양이에게는 큰일이다. 그러니 다른 상품이나 다른 유형의 모래로 바꿀 계획이라면 고양이가 적응할 시간을 충분히 줘야 한다. 처음에는 원래 모래에 새로운 모래를 조금 뿌리고 약 닷새에 걸쳐 새로운 모래는 점점 늘리고 원래 모래는 점점 줄이는 식으로 바꿔나간다.

고양이가 지금 쓰는 상품의 모래를 좋아하지 않거나 그 질감을 좋아하지 않는 것 같으면, 다른 모래를 담은 화장실을 기존 화장실 옆에 두고 시험해본다. 개인적으로 이런 시험을 해본 결과, 많은 고양이가 뭉침이 있는 모래의 부드러운 질감을 선호하는 듯하다. 하지만 고양이의 성향은 제각각이니 어떤 유형의 모래를 사야 할지 모르겠다면 여러 종류의 모래를 늘어놓고 판단을 고양이에게 맡기는 편이 좋다. 이때 화장실을 여러 개

살 필요는 없다. 한두 번 쓸 것이니 1회용 상자면 충분하다. 각각 다른 모래를 담은 상자 여러 개를 뷔페처럼 놓아두고 고양이가 선호하는 모래를 고르게 한다. 고양이가 여러 마리인 경우 한 녀석은 이 모래를, 다른 녀석은 저 모래를 선택할 수도 있다. 그러면 각자가 선호하는 모래를 담은 상자를 각자의 영역에 배치해 화장실 관련 문제를 최대한 줄일 수 있다.

고양이가 지금 사용하는 모래를 좋아하는지 아닌지 확신하기 어렵다면 녀석이 남긴 실마리를 잘 찾아보자. 고양이가 화장실에 볼일을 볼 때 입구 가장자리에 바싹 붙거나, 앞다리를 화장실 테두리에 올려놓거나, 모래로 배설물을 덮으려 할 때 화장실 바깥쪽을 긁어댄다면 발이 모래와 접촉하는 것을 최소화하려는 것이다. 심지어 배설을 하자마자 배설물을 모래로 덮지도 않고 쏜살같이 튀어나와 버리기도 한다. 물론 이런 행동들은 하부요로질환 같은 질병과 관련이 있을 수도 있고, 그저 화장실이 너무 더러워서일 수도 있다. 어느 쪽이든 핵심은 고양이가 지금 우리에게 긴급 메시지를 보내고 있다는 것이다.

보호자가 아무리 부지런히 화장실을 청소해도, 똥이나 오줌 덩어리가 하나도 없이 완전히 새것 같은 수준이 아니면 절대 화장실을 쓰지 않는 고양이도 있다. 이런 고양이를 키우고 있다면 화장실을 두 개 마련하는 것이 속 편하다. 그러면 한쪽 화장실의 똥오줌 덩어리를 제때 치우지 않았더라도 다른 한쪽은 녀석을 만족시킬 만큼 깨끗할 테니 말이다. 또한 오줌을 싸는 화장실에는 절대 똥을 누지 않는 고양이도 있다. 이런 행운에 당첨되었다면 화장실을 두 개 마련해 그 고고하신 분께서 한쪽에는 오줌만 싸고 다른 한쪽에는 똥만 눌 수 있게 해드리자. 화장실을 두 개나 관리하려면 죽을 노릇이겠지만 그래도 화장실 두 개를 씻는 것이 오줌 싼 카펫이나 이불을 통째로 빠는 것보다는 낫다. 화장실을 두 개 놓을 경우 바싹 붙여 놓으면 고양이가 큼직한 화장실 하나로 인식하므로 거리를 둔다. 경우에 따라 한 방에서 최대한 서로 멀리 떨어뜨려 놓아야 할 수도 있다.

간혹 카펫 위에 화장실을 두는 보호자들이 있는데 그러면 새끼고양이가 카펫의 부드러운 감촉을 모래와 착각할 수도 있다. 또 오줌이 흡수된 모래알갱이가 카펫에 떨어져 악취의 원인이 될 수도 있고, 화장실 청결 상태가 나쁘면 카펫에 배설하고 싶은 충동이 들기도 쉽다.
화장실을 카펫 위에 놓을 경우엔 화장실 아래에 모래 날림 방지 패드나 단단한 플라스틱 매트를 깐다. 모래 날림 방지 패드는 화장실에서 튀어나오는 모래 입자를 잡아줘 카펫을 보호한다. 이 패드를 깔면 모래 입자가 덜 날리기 때문에 딱딱한 바닥에 화장실을 설치할 때도 밑에 깔아두면 좋다. 하지만 모래 날림 방지 패드를 구입하기 전 고양이가 어떤 질감을 좋아하는지를 알아두어야 한다. 표면에 뾰족한 돌기가 난 패드는 모래 입자는 잘 잡아주지만 고양이가 그 감촉을 싫어할 수도 있다.

화장실을 옮겨야 한다면

화장실 위치는 신중하게 결정하고 되도록 옮기지 않는 것이 좋다. 하지만 부득이하게 위치를 바꿔야 한다면 화장실을 옮기기 전에 1회용 상자로 두 번째 화장실을 마련해 바꾸고자 하는 장소에 놓아 고양이가 그 장소를 받아들일 것인지 확인해본다. 그런 다음 화장실을 옮길 위치(임시 화장실) 쪽으로 하루에 10센티미터 정도씩 옮겨나간다. 드디어 원래 화장실이 임시 화장실과 나란히 놓이게 되면 임시 화장실을 치우면 된다.

상담 사례 중 고양이가 갑자기 화장실을 쓰지 않게 된 경우를 하나 소개한다. 스파클스라는 이름의 4살짜리 암고양이가 어느 날부터 화장실에 배설을 하지 않았다. 스파클스의 가족은 개도 몇 마리 키우고 있었다. 내가 가족에게서 들은 정보에 따르면 스파클스는 아주 건강했고 활발했으며 사회성이 뛰어난 데다 개들과도 잘 어울렸다. 두 달 전 갑자기 화장실을 거부하기 전까지는 더없이 완벽한 고양이였다.

좀 더 이야기를 들어보니 얼마 전 스파클스의 화장실을 옮긴 적이 있었다. 원래는 고양이 화장실을 안 쓰는 방에 두었는데 부부가 그 방을 재택 사무실로 쓰기로 결정하면서 화장실을 욕실로 옮겼고, 스파클스는 그 후 반년 동안 위치가 바뀐 화장실도 문제없이 잘 썼다. 그러다가 갑자기 두 달 전부터 원래 화장실이 있던 방에 배설을 하기 시작한 것이다. 왜 스파클스의 행동이 변한 것일까? 더 파고들어가 보니 그 반년은 봄과 여름 기간으로, 이 기간에 개들은 집 밖 마당에서 생활했다. 부부는 매년 봄과 여름에는 개들을 바깥에서 키우다가 추워지면 집 안에 들여놓았다. 문제의 두 달 전부터 날씨가 추워졌기에 개들이 집 안에서 잠을 자게 되었던 것이다.

개들은 집 안에 들어오더라도 예전 고양이 화장실이 있던 방은 안전문 때문에 접근하지 못했다. 물론 스파클스는 집 안 어디든 자유로이 다닐 수 있었고 안전문을 가볍게 뛰어넘어 화장실도 편하게 썼다. 하지만 새로 화장실이 옮겨진 장소인 욕실은 개들도 자유롭게 출입할 수 있었고, 녀석들은 스파클스가 화장실로 가면 그 뒤를 졸졸 쫓아가 주위를 빙 둘러쌌다. 스파클스의 똥을 '간식거리'로 여기고 빨리 생산되기만을 초조히 기다렸던 것이다(이런 행동을 믿고 싶은 사람은 없겠지만, 개들의 세계에서는 비교적 흔한 일이다).

나는 개들이 욕실 문 근처에서 자주 어슬렁거린다는 가족의 말을 듣고 나서야 이유를 파악할 수 있었다. 스파클스와 개들이 사이가 좋았기에 부부는 그런 문제가 있으리라고는 상상도 하지 못했다. 내가 좀 더 캐묻자 부부 중 누구도 최근 두 달 동안 스파클스의 화장실에서 똥덩어리를 캐낸 기억이 없었다. 그저 서로가 먼저 치웠으리라 여긴 것이다.

스파클스는 사생활을 침해당하자 기분이 나빠졌고, 그래서 좀 더 마음이 편안해지는 원래 화장실이 있던 자리에 배설을 하기 시작했다. '고양이처럼 생각하기' 관점에서 보면 논리적으로 빈틈이 없다.

스파클스의 가족들이 이 문제를 해결하려면 개들이 스파클스의 화장실에 접근하지 못하게 해야 한다. 화장실을 원래 있던 곳에 놓거나, 아니면 욕실 입구에 안전문을 설치해 스파클스가 편안하게 화장실을 이용할 수 있게 해줘야 한다.

고양이 화장실 위치를 옮길 때에는 어떤 문제가 발생할지, 고양이가 새로운 위치의 화장실에서 마주할 수 있는 장애물에는 어떤 것들이 있을지 미리 심사숙고해야 한다. 또 보호자 입장에서는 옮긴 위치가 화장실을 청소하기 쉬운지도 고려해야 한다. 가령 고양이 화장실이 집 1층에 떡하니 버티고 있는 것이 싫어서 지하실로 옮기기로 했다면, 하루에 두 번 지하실로 내려가 화장실을 치우기가 쉬울 것인지 자문해 봐야 한다.

그리고 화장실을 새로운 위치로 옮겼다면 반려동물들의 반응과 행동을 잘 살펴서 조기 경고 신호가 있는지 파악해야 한다(스파클스의 경우는 개들이 욕실 문 앞을 어슬렁거리는 것이 그 신호였다).

발톱 제거 수술을 했다면

발톱 제거 수술 후 열흘 동안이 가장 통증이 심한 시기이며, 치유 기간이 끝난 후에도 발에 닿는 촉감에 민감할 수 있다. 발톱 제거 수술을 받은 고양이는 발의 상처가 치유되기까지 화장실에 특수한 모래를 넣어줘야 한다. 수의사와 상의하면 잘게 찢은 신문지나 알갱이가 아주 작은 모래를 넣어주라는 조언을 받을 것이다. 하지만 잘게 찢은 신문지는 악취 제어가 안 되고 몹시 더러워지니 추천하지 않는다.

발톱 제거 수술을 받은 고양이는 통증 때문에 화장실 가기를 꺼려하는데다, 화장실 모래가 갑자기 바뀐 것에 충격을 받을 수 있다. 그러니 통증 때문이든 바뀐 모래 때문이든 화장실에 거부감을 느낄 수 있다.

고양이에게 발톱 제거 수술을 시키기로 했다면(이런 결정을 내리기 전에 11장을 잘 읽어보기 바란다), 수술 전부터 미리 고양이가 현재 쓰고 있는 모래에 알갱이가 작은 모래를 조금씩 섞어 그 양을 늘려간다. 그리고 열흘간의 치유 기간이 끝나면 이번에는 원래 쓰던 모래를 조금씩 섞어 그 양을 늘려간다. 이전에는 클레이형 모래를 썼다면 발톱 제거 수술 후에는 고양이에게 불편할 수 있으므로, 알갱이가 작은 모래를 뭉침이 있는 모래로 서서히 바꿔나가는 것이 좋다. 뭉침이 있는 모래는 부드럽고 진짜 모래 같은 감촉이기에 발톱 제거 수술을 한 고양이도 거부감을 덜 느낀다.

새로운 집으로 이사 가는 경우

태어나서 처음으로 다른 집으로 이사 갔을 때의 느낌을 기억하는가? 내 경험을 말하자면 너무 낯설고 혼란스러웠다. 고양이들도 그럴 것이다. 익숙한 것들이 별안간 모두 사라지고 느닷없이 새로운 영역을 개척해야 하는 임무가 주어지니 얼마나 혼란스럽겠는가.

최근에 이사를 했는데 고양이가 화장실 말고 다른 곳에 배설을 한다면 환경이 낯설어서 그러는 것일 수 있다. 고양이는 습관의 동물이며 이전의 익숙하고 편안한 영역에 길들여져 있음을 기억하자. 낯선 환경에 겁을 먹은 고양이가 일으킬 문제를 미리 예방하는 최선의 방법은 녀석이 주변 환경에 익숙해질 때까지 자기만의 작은 공간을 만들어주는 것이다.

집수리·새 가구·새 카펫

집수리를 할 때 나는 갖가지 시끄러운 소리와 왔다 갔다 하는 낯선 사람들(일꾼들)은 고양이에게 큰 스트레스다. 자기 영역을 위협하는 것으로 보여 스프레이를 하기도 하고, 또는 수리 중인 장소가 화장실과 가까운 곳이라면 겁이 나서 화장실에 접근하지 못해 다른 곳에서 배설을 하기도 한다. 새 카펫이나 새 가구도 위협적으로 받아들여질 수 있다. 자기 영역에 속하지 않는 것이라 생각해서 스프레이로 자기 오줌 냄새를 묻혀야만 안심이 되는 것이다.

집수리를 할 때는 공사 현장에서 고양이를 최대한 멀리 떼어놓는 것이 최선책이다. 집에 조용한 방이 있다면 화장실과 함께 녀석을 그 방에 넣고, 조용한 음악을 틀어 멀리서 들리는 공사 소리를 차단한다(새 가구나 새 카펫이 없는 방이면 더 좋다).

새 가구에 고양이가 스프레이를 할까 걱정이 된다면 고양이를 수건으로 문지른 다음 그 수건으로 가구를 닦는다. 가구를 하루 정도 얇은 이불이나 담요로 덮어놓는 방법도 있다. 보호자가 깔고 잤던 이불이나 담요를 가구에 덮어놓으면 고양이가 가구에서 보호자의 냄새를 맡게 되므로 낯익은 존재로 받아들이게 된다. 가구에 고양이가 익숙한 냄새를 묻히는 작업은 빨리 할수록 좋다.

가족 구성원의 변화

고양이들은 대개 어떤 변화든 좋아하지 않는다! 가족 구성에 변화가 생기는 것도 마찬가지다. 이는 고양이가 화장실 쓰기를 거부하는 원인이 되기도 한다.

보호자들이 가장 많이 걱정하는 것이 갓난아기가 태어나면 고양이가 어떤 반응을 보일까 하는 문제다. 답을 말하자면, 미리 준비시켜 주지 않는 이상 이런 변화를 달갑지 않게 여길 가능성이 크다.

배우자든 아기든 가족 구성원이 늘어나는 것은 고양이에게 큰 혼란을 안겨주는 변화이므로 그 불안감을 해소시켜줘야 한다. 고양이의 불안감을 미리 고려하고 해소시켜 주려는 노력을 하지 않는다면 온 가족에게 위기가 닥칠지도 모른다(고양이와 가족 구성원과의 관계에 대한 자세한 정보는 14장에서 다룬다).

낯선 고양이의 영역 침해

바깥에서 새들이 노니는 모습을 창 너머로 한가로이 지켜보던 고양이가 갑자기 귀를 바짝 세우고 꼬리를 바닥에 세차게 내리친다. 입으로는 하악 소리를 몇 번 낸다. 마당에 나타난 다른 고양이를 본 것이다. 고양이는 그 외부 고양이가 자신의 영역을 위협한다고 생각하고 자기 영역을 표시하거나 불안감을 해소할 방법을 찾을 것이다. 외출이 허락된 고양이라 밖에 나가 뒷마당 나무, 덤불, 울타리 기둥에 스프레이로 영역 표시를 하는 정도로 끝낸다면 다행이겠지만, 외출이 금지된 실내 고양이가 실내에서만 생활하는데 스프레이로 영역 표시를 해야겠다고 마음먹는다면, '진돗개 둘' 경보 발령이다. 창가 아래 벽지에 오줌 줄기가 다수 발견되고 현관문 근처에도 오줌 줄기를 찾아볼 수 있게 된다.

스프레이를 하는 고양이는 화장실에도 오줌을 싸기는 하지만 더 이상 오줌을 화장실에 싸지 않고 대변만 보는 경우도 있다.

불청객 고양이가 자주 나타난다면 그 고양이에게 보호자가 있는지 알아봐야 한다. 길고양이라면 백신 접종이나 중성화 수술을 받지 않았을 가능성이 높아 다른 고양이에게 건강상 해를 입힐 수도 있으니 지역 동물구조 단체에 연락해 생포한 다음 적절한 조치를 받게 해야 한다. 그 고양이에게 보호자가 있으나 계속 외출고양이로 키울 거라는 답변을 들었다면, 마당에 동작 감지 센서가 달린 스프링클러를 설치하는 등 다른 고양이의 출입을 막을 방법을 찾는 수밖에 없다.

대문과 창문 주변에 불청객 고양이가 오줌 스프레이를 남겼는지 살펴본다. 그 냄새에 고양이가 민감해질 수 있으니 스프레이 자국이 있다면 말끔히 씻어낸다. 또 고양이가 집 안에서 불청객 고양이를 보지 못하도록 창을 막는다. 포스터 액자, 불투명 필름지 등 효과가 확실한 방법이라면 무엇이든 좋다. 창문 아래쪽 반만 가리면 된다(오줌 스프레이 버릇을 고치는 방법은 이 장의 '화장실 재교육 프로그램' 항목에서 자세히 다룬다).

고양이 간의 적대감

고양이가 여러 마리인 집에서는 새로 입양한 고양이를 일단 다른 방에 격리시켰다가 기존 고양이들과 천천히 섞여들게 하면 화장실 분쟁을 피할 수 있다(새로 온 고양이를 소개하는 방법은 14장에서 상세히 다루고 있다). 하지만 올바른 소개 절차를 모두 지켰는데도 여전히 고양이 중 하나가 화장실을 쓰지 않는다면 어떻게 해야 할까? 새 고양이가 아니었어도 고양이가 여러 마리인 집에서는 가끔 일어나는 일이다. 여태까지 잘 지내고 화장실도 잘 쓰던 녀석들 중 하나가 어느 날 갑자기 화장실 밖에 배변을 하기 시작하는 것이다.

지금까지 이 책을 읽은 보호자라면 고양이가 여러 마리인 집에서는 화장실 개수가 충분해야 하는 것이 아주 중요하다는 사실을 알았을 것이다. '고양이처럼 생각하기' 법칙에 따르면 화장실 수는 최소한 고양이 수와 같아야 한다. 또 화장실 사용시 불안감을 줄이려면 두 개 이상의 화장실을 서로 다른 곳에 배치하는 것이 필수다. 그래야 서로 마주치지 않는다. 또한 화장실은 다음과 같은 조건을 갖추어야 한다.

1. 항상 깨끗할 것
2. 크기가 알맞을 것
3. 고양이가 좋아하는 촉감의 모래가 깔려 있을 것
4. 적절한 위치에 있을 것
5. 도주로가 갖춰져 있을 것

잠깐, 화장실에 도주로 같은 게 필요하단 말인가? 물론이다! 고양이의 시점에서 화장실을 보자. 화장실은 대개 욕실 구석에 바짝 붙어 놓여 있다. 심지어 덮개를 씌우기도 한다. 화장실 입구가 욕실 출입구 쪽을 향하고 있지 않다고 하자. 다른 고양이가 욕실로 들어와 화장실로 접근하면 어떻게 될까? 시비를 걸러 왔든 그냥 지나가다 들렀든, 이 순간 화장실 안에 있던 고양이는 깜짝 놀라게 된다. 그야말로 갇혔다는 기분이 들 것이다. 도주로는 한 군데밖에 없는데 적이 될지도 모르는 고양이가 그 길을 막고 있다. 만약 두 마리가 앙숙이라면 화장실 안에 갇힌 녀석은 위협을 느낀다. 덮개가 없다 해도 구석에 바싹 붙여 놓았다면 역시 도주로는 한 군데밖에 없으니 말이다.

화장실에 있다가도 여차 하면 도망칠 수 있어야 한다. 특히 아무데나 오줌을 싸거나 스프레이를 하는 고양이에게는 매우 중요한 사항이다. 덮개가 있다면 없애고, 구석에 바싹 붙여 놓았다면 약간 거리를 띄운다. 지금 화장실이 있는 공간에 더 개방된 자리가 있다면 그리로 옮긴다.

도주로를 만들어주는 또 한 가지 방법은 고양이가 위험을 일찍 알아차릴 수 있게 하는 것이다. 출입구 쪽을 지켜볼 수 있도록 화장실 위치를 조정하면 볼일을 볼 때 다른 고양이가 다가오는 것을 미리 알아채고 벗어날 시간을 벌 수 있다. 또 되도록 출입구에서 최대한 멀리 떨어진 곳에 화장실을 두어 고양이가 공간 전체와 출입구를 훤히 볼 수 있게 하는 것이 좋다.

고양이가 화장실로 가기 위해 지나가야 하는 경로에도 주의를 기울인다. 고양이들끼리 영역 다툼 중이라면 화장실로 가는 여정이 기습과 긴장으로 고될 수 있다. 길고 좁은 복도를 지나야 하는데 그 복도에 공격적인 고양이가 버티고 있다면 서열이 낮은 고양이는 그 복도를 지나려 하지 않을 것이다.

고양이들 사이에 적대감이 형성되어 있다면 아무데나 오줌을 싸는 행위와 스프레이가 같이 나타날 수 있다. 스프레이는 새로 입양된 고양이가 자기 영역을 표시하기 위해서, 또는 이렇게 불안정한 환경에서 자신에 대한 정보를 남기기 위해서 하는 것일 수 있다. 또한 기존 고양이 중 서열이 높은 고양이는 다른 고양이들에게 자기 위치를 상기시키기 위해서 또는 한바탕 대결 후 승리를 자축하기 위해 하는 것일 수 있다. 아직 서로 낯선 고양이들이 실제로 싸우는 일 없이 서로에 대한 정보를 얻고자 할 때도 스프레이를 한다. 이럴 때 문제를 해결하려면 누가 스프레이를 했으며 어떤 종류의 오줌인지(스프레이인지 아무데나 오줌을 싼 것인지)를 반드시 알아내야 한다. 한 마리만이 범인이 아닐 수도 있고, 가장 아닐 것 같은 녀석이 범인일 수도 있다.

화장실 재교육 프로그램

먼저, 절대 해서는 안 되는 것부터 짚고 넘어가자. 고양이가 화장실이 아닌 곳에서 배설을 하거나 스프레이를 했다고 해서 어떤 형태로든 절대 벌을 줘서는 안 된다. 특히 고양이의 코를 대소변에 대고 문지르며 야단치게 되면 배설 행위 자체가 나쁜 것이며 배설을 할 때마다 벌을 받을 것이라고 생각하게 되어 불안감만 더욱 강해지고, 보호자에게 들키지 않으려 더욱 은밀한 장소를 찾게 될 뿐이다. 게다가 보호자를 두려워하게 되거나 보호자가 보이면 방어적인 태도를 취하게 될지도 모른다. 고양이는 보호자가 배설 행위가 아니라 배설 장소 때문에 화가 났다는 것을 이해하지 못한다.

스프레이 중인 고양이를 급히 안아들어 화장실로 달려가는 것도 역효과가 나는 방법이다. 고양이가 오줌을 싸는 도중에 화장실에 데려다 놓으면 녀석이 앞으로는 여기에다 오줌을 싸야 한다고 생각하게 될 것 같지만 그건 착각이다. 화장실이 어디 있는지 몰라서 아무데나 오줌을 싸는 게 아니니 말이다.

고양이가 화장실을 사용할 때까지 화장실이 있는 곳으로 활동 영역을 제한시키는 방법도 쓰이기는 하지만, 이 방법으로는 왜 고양이가 화장실이 아닌 곳에서 배설 행위를 하는지 그 근본 원인을 알 수가 없다. 왜 그런 행동을 하는지 진짜 이유를 밝혀내지 못한다면 풀려난 고양이는 또다시 아무데나 배설을 할 것이다. 이 방법은 고양이를 낯선 환경에 데려갔을 때 또는 모래 화장실이 무엇을 하는 곳인지를 처음 가르칠 때만 적용한다.

그렇다면 보호자가 해야 할 일은 무엇일까? 고양이가 다시 화장실을 사용하게 만드는 3단계 재훈련을 실시해보자. 고양이가 하부요로질환이나 그 외 질환으로 인해 화장실 문제를 겪는 경우에도 이런 행동 수정이 필요하다.

1단계 : 청소-흔적 지우기

얼룩과 악취를 제거하고 중화하기에 앞서 먼저 오줌 흔적들을 모두 찾아내야 한다. 물론 눈에 띄는 흔적도 있지만 안 보이는 곳에 있거나 오래되어서 잘 보이지 않는 것들도 있다. 모든 흔적을 말끔히 지워버리고 싶을 때 필요한 것이 특수 검출용 라이트이다. 표면에서 10센티미터쯤 거리를 띄우고 '블랙 라이트black light' 램프를 비추면 오줌 자국이 형광색으로 나타난다. 아주 유용한 이 도구로 오줌 자국을 찾아냈으면 마스킹 테이프를 붙여 표시를 해둔다.

또 얼룩·악취 제거제도 필요하다. 반드시 라벨에 반려동물 대소변 얼룩이나 악취 제거 전용이라고 표시되어 있는 제품을 골라야 한다. 일반적인 가정용 세제는 효과가 없다. 제품마다 사용법이 다르니 사용 전에 주의사항을 잘 읽어둔다. 눈에 잘 띄지 않는 곳에 먼저 시험해 보는 것도 좋다. 생긴 지 얼마 안 된 얼룩이라면 먼저 페이퍼 타월로 오줌을 흡수시켜 닦아낸다. 마른 페이퍼 타월로 바꿔가며 눈에 보이는 오줌을 다 흡수한 다음에는 남은 습기를 제거한다. 그런 다음 반려동물 전용 얼룩·악취 제거제로 얼룩을 제거한다. 고양이의 예민한 후각으로도 감지할 수 없을 만큼 확실하게 냄새를 제거해야 한다.

카펫의 얼룩을 제거할 때는 얼룩·악취 제거제를 뿌리고 충분히 스며들 때까지 기다린다. 오줌이 카펫 안쪽 충전재까지 스며들었다면 제거제도 충전재까지 스며들어야 한다. 제품 사용 안내서에서 권고하는 시간까지 기다렸다가 페이퍼 타월로 습기를 빨아내 제거한다. 어떤 제품은 물로 헹궈야 하는 경우도 있으므로 라벨에 적힌 사용 안내서를 잘 읽어본다.

고양이가 여러 번 오줌을 싼 카펫 얼룩을 제거할 때는 얼룩·악취 제거제를 사용하기 전에 먼저 이전의 오줌 흔적을 희석시켜야 한다. 옛날에 싼 오줌은 제거제로 없애기 어려울 수 있기 때문이다. 먼저 물을 얼룩에 뿌려 페이퍼 타월로 빨아들인다. 그런 다음 새로 생긴 얼룩을 제거할 때와 같은 방식으로 얼룩·악취 제거제를 붓고 기다린다.

카펫에 싸놓은 대변은 단단하다면 비닐장갑이나 휴지로 집어서 제거한다. 신문지로 싸서 버리려 했다가는 오히려 대변이 카펫 털 안으로 들어가 버릴 수 있다. 대변을 치운 다음에는 얼룩·악취 제거제로 카펫을 세척한다. 묽은 대변이라면 숟가락이나 금속제 뒤집개로 카펫 윗부분을 조심스럽게 쓸어서 떠내듯 치운다. 설사라면 페이퍼 타월로 최대한 빨아들인 다음 앞에서 설명한 오줌 얼룩을 지우는 방법으로 세척한다. 배설물이 카펫 아래쪽으로 더 깊이 스며들지 않게 해야 한다.

암모니아 또는 암모니아가 들어간 제품은 절대 사용하지 않는다. 오줌에는 암모니아 성분이 들어 있으므로 이런 제품으로 세척하면 오줌 냄새를 더 진하게 만드는 꼴밖에 되지 않는다. 기껏 청소해 놓은 장소에 또 오줌을 쌀 것이다.

2단계 : 접근 금지시키기

이 단계는 카펫과 가구를 보호하기 위한 것이다. 고양이가 특정 장소에만 배설을 한다면 재훈련 기간에는 그 장소에 접근하지 못하게 한다. 고양이가 카펫 중에서도 특정 지점만을 노린다면 그 부분을 비닐 카펫 보호막plastic carpet protector으로 덮는다. 고양이가 침대에 오줌을 싼다면 이불 위에 비닐 샤워 커튼이나 방수 재질로 된 반려동물용 침대보를 덮어둔다. 가구인 경우에는 카펫 보호막, 비닐 샤워 커튼, 반려동물 전용 침대 덮개를 잘라서 덮거나 붙여둔다.

고양이가 특정한 방 안 전체에 배설을 한다면, 감시를 할 수 없을 때나 재훈련 상황이 아닐 때에는 그 방에 아예 들어가지 못하게 막아둔다.

3단계 : 새로운 연관 형성하기

우선 고양이가 왜 화장실이 아닌 곳에서 배설을 하는지를 알아야 한다. 아직 이유를 확실히 모르겠다면 이 장의 첫부분으로 돌아가 실마리를 찾아보기 바란다. 왜 고양이가 그런 행동을 하는지 이유를 파악하지 못한다면 아무리 좋은 얼룩·악취 제거제를 사서 배설 흔적을 말끔히 지운다 해도 소용없다. 녀석은 새로운 장소를 찾아 또다시 배설을 할 것이다. 그러니 고양이의 입장이 되어 상황을 찬찬히 살펴보자.

고양이처럼 생각하기 기술을 사용하면 특정 장소나 행동에 대해 고양이가 느끼는 연관이 얼마나 큰 힘을 갖는지를 알게 된다. 놀이는 부정적인 연관을 긍정적인 연관으로 바꿀 수 있는 아주 좋은 방법이다. 고양이는 사냥감을 쫓는 놀이를 할 때 뇌 속에 기분이 좋아지는 화학물질이 대량 분비된다. 고양이가 이전에 배설을 했던 장소에서 상호작용 놀이를 자주 하면 녀석은 점점 더 그 장소를 좋은 경험을 하는 곳으로 여기게 될 것이다.

클리커 트레이닝을 통해 고양이가 특정 장소에 갖는 연관성을 바꿀 수도 있다. 고양이가 이전에 배설을 했던 장소로 걸어갔으나 냄새만 맡고 지나쳐 버리면 그 즉시 클리커를 누르고 먹이 보상을 준다.

또 다른 방법으로는, 이전에 배설을 했던 장소에서 먹이를 주는 것이다. 물론 그 장소를 깨끗이 세척한 후에 말이다. 고양이는 먹이를 먹는 장소에는 배설을 하지 않는다. 고양이가 한 장소에만 오줌을 싼다면 그곳에 아예 사료그릇과 물그릇을 놓는다. 여러 군데에 오줌을 싼다면 그 장소마다 하나씩 작은 사료그릇을 놓아두되 과다 섭취가 되지 않도록 하루에 주는 사료의 총량을 적절히 나누어 그릇에 담는다.

고양이들 사이에 충돌이 있다면, 이 장의 앞부분에서 설명했던 행동 수정 기법을 사용해 해결한다. 충돌 관계인 고양이들은 잠시 떼어놓았다가 재소개 과정을 거쳐야 한다. 두 녀석이 모두 집 안을 편안하게 활보하고, 먹이가 있는 곳, 화장실, 자는 곳을 마음 놓고 이용하며, 다른 고양이의 눈치를 보지 않고 놀이 시간을 즐기게 되었다면, 긍정적인 연관을 만들어주면서 재소개 과정을 천천히 시작한다. 안정감을 느낄 수 있는 환경 조성이 먼저 이뤄져야 한다는 점을 잊지 말자.

시간이 필요하다

고양이가 어떤 장소에서 겪은 부정적인 경험을 긍정적인 연관으로 바꾸는 재훈련을 할 때는 절대 조급해하면 안 된다. 어떤 과정이든 고양이의 페이스에 맞춰 진행해야 한다는 것을 잊지 말자. 예를 들어 다묘 가정에서, 화장실에 가려면 좁은 복도를 지나야 하는데, 공격적인 다른 고양이가 여기 숨어 있다가 습격할 가능성 때문에 다른 곳에 배설하는 고양이가 있다고 하자. 이때는 공격적인 고양이를 다른 방에 격리하고, 희생자 고양이는 강도 낮은 상호작용 놀이를 하면서 복도 쪽으로 유인한다. 이때 반드시 녀석이 안도감을 느끼는 장소에서 놀이를 시작해야 하며 문제의 복도 쪽으로 언제, 얼마나 다가갈지는 전적으로 녀석에게 맞춰줘야 한다. 여러 번 놀아주면서 천천히 유도해야 할 수도 있다. 클리커 트레이닝으로 녀석의 자신감을 키워줘도 좋다. 고양이가 화장실을 사용하지 않는 것이 다른 고양이의 위협이나 적대적인 관계 때문이라면 두 녀석을 따로 떼어놓았다가 재소개 과정을 거쳐야 문제를 완전히 해결할 수 있다(이 방법에 대해서는 제12장에서 자세히 다루고 있다).

또 하나 필요한 건 인내심이다. 화장실 문제나 스프레이 문제는 대개 하루아침에 생긴 것이 아니므로 하루아침에 해결되지 않는다. 몇 달 혹은 몇 년이 걸릴 수도 있다. 그러니 재훈련에 돌입한 지 48시간 안에 문제가 해결되기를 바라지 말자. 서두르면 절대 성공할 수 없다.

페로몬 합성 물질 페로몬을 합성한 물질을 사용하는 방법도 있다. 고양이는 물건에 얼굴을 비벼서 페로몬을 묻혀 표시를 하는데, 이렇게 얼굴 페로몬으로 표시한 장소에는 스프레이 표시를 하지 않는다. Feliway라는 이 제품을 뿌려두면 그 장소에는 고양이가 스프레이를 하지 않을 가능성이 높다. 하지만 이 제품을 쓰더라도 행동 수정을 하지 않으면 효과를 볼 수 없기도 하다.

행동 문제의 데이터 관리

냉장고에 달력을 하나 붙이고 고양이가 언제 화장실이 아닌 곳에 오줌이나 똥을 쌌는지, 그리고 그 장소는 어디인지를 기록해 나가는 것도 좋다. 직접 목격했다면 시간까지 적고, 원인이 되었을지 모르는 선행 사건이 있었다면 그것도 기록한다. 이렇게 데이터를 관리하면 패턴을 발견할 수도 있고, 행동 수정을 어떻게 진행해야 할지 더 좋은 방법을 생각할 수도 있을 것이다.

화장실 문제 해결을 위한 약물 요법

행동 수정만으로는 고양이에게 나타날 법한 모든 문제에 대처할 수 없는 것이 사실이다. 문제가 특히 심각하거나, 문제가 계속된 기간이 길거나, 고양이가 느끼는 공포심이나 스트레스가 너무 강하다면 행동 수정을 시도해도 아무 효과가 없을 수 있다.

요즘 동물 행동 수정에 투여하는 약물은 효과도 좋을뿐더러 부작용도 거의 없다. 정확한 진단에 따라 적절한 약물을 투여하면 행동 문제 때문에 안락사 위기에 처한 고양이의 목숨을 구할 수도 있다. 단, 반드시 수의사나 동물행동 전문가가 정확한 진단을 내린 후에 적절한 약물을 처방받아야 한다. 또한 약물 요법은 반드시 행동 수정과 병행해야 한다. 그렇지 않으면 약물 투여를 끝낸 후에 문제의 행동이 고스란히 재현될 가능성이 아주 높다. 약물 요법은 행동 수정 프로그램의 일부분으로, 행동 수정을 위해 보호자가 해야 하는 일을 하지 않아도 되게 만들어 주는 마법이 아니다. 고양이에게 약물 요법이 필요하다고 생각되면 수의사를 찾아가 현재 상황에서 선택할 수 있는 방법을 철저히 상의하고 검토해 본다.

약물 요법을 쓰기 전 고려해야 할 사항들

- 고양이의 건강 상태는 어떠한가?
- 진단은 정확한가?
- 지금까지의 행동 수정 방법이 아무 효과가 없었는가?
- 환경을 변화시켰으나 아무 효과가 없었는가?
- 해당 약물 투여 시 부작용은 무엇인가?
- 비용은 얼마나 들 것인가?
- 보호자가 직접 약을 투여할 수 있는가?
- 해당 약물이 행동 문제에 어떤 영향을 미치는가?
- 해당 약물을 얼마나 오래 투여해야 하는가?

독특한 화장실을 선호하는 고양이들

고양이들은 대개 굵고, 파내고, 덮기 쉬운 부드러운 질감의 모래를 선호한다. 하지만 딱딱한 바닥에 배설하는 것을 좋아하는 고양이도 있다. 고양이가 욕조 안, 조리대, 바닥에 오줌을 싸는 것은 하부요로질환(FLUTD)이 원인인 경우가 많으므로 일단 수의사의 진단을 받아야 한다. 질환이 원인이 아닌 행동 문제라면, 대체 녀석이 어떤 질감을 좋아하는지를 알아내야 한다.

고양이가 부드럽고 평평한 표면에만 배설을 한다면 녀석이 자주 배설하는 장소에 턱이 낮은 고양이 화장실을 놓아두되, 모래는 넣지 않는다. 고양이가 이 화장실 안에 배설을 하기 시작하면 부드러운 질감에 뭉침이 있는 모래를 조금씩 양을 늘려가며 넣는다. 고양이가 다시 바닥에 배설을 하면 모래를 한꺼번에 너무 많이 넣었다는 의미일 수 있다. 만약 아무리 천천히 진행해도 고양이가 모조리 퇴짜를 놓는다면 화장실 안에 배변 패드를 넣어 본다. 배변 패드는 자주 갈아줘야 하지만 고양이가 방바닥에 오줌을 누는 것보다는 나을 것이다.

어떤 고양이는 러그, 수건, 천 위에만 오줌을 싸기도 한다. 수의사의 진단을 받아 보고 질병이 원인이 아님을 확인했다면 행동 수정을 할 차례다. 녀석이 모래를 거부한다면 화장실 안에 모래 대신 부드러운 수건이나 카펫 조각 등 고양이가 주로 오줌을 싸는 질감의 천을 넣어본다. 그렇게 하여 고양이가 화장실을 이용하게 되었다면 오줌에 젖은 천을 계속 갈아주는 한편 부드럽고 뭉침이 있는 모래를 천 위에 조금씩 뿌린다. 카펫 조각이나 수건을 갈 때에는 크기를 조금씩 줄여나간다. 서두르지 않고 서서히 모래 양을 늘리고 천 크기를 줄인다면 고양이가 화장실을 꾸준히 사용하게 될 것이다.

화분에 오줌 누는 고양이

화분에 배변을 하는 행위는 바깥 생활을 많이 한 고양이에게서 흔히 나타난다. 또한 고양이가 화장실에 깔린 모래보다 화분의 흙 질감을 더 마음에 들어 할 때도 이런 행동을 보인다. 클레이형 모래나 그 외 부드럽지 않은 느낌의 모래를 사용하고 있다면 화장실을 하나 더 마련해 부드럽고 뭉침이 있는 모래를 넣고 고양이가 어떤 질감을 원하는지 확인한다. 또한 화분에 격자 망을 덮거나 흙 위에 큼직한 돌멩이를 얹어 고양이가 들어가지 못하게 한다.

나이 든 고양이가 화장실 사용을 꺼리는 이유

나이 든 고양이는 관절염 때문에 화장실 턱을 넘나드는 것이 어려워질 수 있고, 계단을 만들어 준다 해도 계단을 오르내리는 것 자체가 고통스러울 수도 있다. 나이가 들어 방향감각을 잃은 탓에 화장실의 위치를 기억하기 힘든 경우도 있다. 당뇨, 신장병, 그 외 의학적 문제 때문에 물을 많이 마시게 되면 그만큼 오줌도 자주 누어야 하기에 제때에 화장실에 가지 못하고 아무 곳에서나 볼일을 보게 되기도 한다.

나이 든 고양이가 쉽게 들어가고 나올 수 있도록 턱이 낮은 화장실을 여러 개 설치한다. 제일 낮은 화장실조차도 고양이에게 높게 느껴진다면, 플라스틱 쟁반을 여러 개 사서 모래를 부어둔다. 고양이가 아무데나 실례를 하더라도 인내심을 갖고, 집 안 여기저기에 화장실을 여러 개 마련하여 녀석의 삶을 되도록 편안하게 만들어 준다. 나이 든 고양이와 관련한 문제는 16장에서 상세히 다룬다.

고양이가 대소변을 보는 곳에 정답이 있다!

화장실을 눈에 띄지 않는 곳에 숨겨 놓듯 배치하는 것은 좋은 방법이 아니다. 고양이로서는 적이 매복하고 있는 곳에 들어간다는 느낌을 받을 수 있다. 다묘 가정에서 화장실 기피 문제가 발생하고 있다면 고양이가 대소변을 하는 장소를 잘 살펴봐야 한다. 그곳은 지금 화장실이 놓여 있는 장소가 제공하지 못하는 것, 즉 도주로가 확보되어 있는 곳일 수 있다. 예를 들어 거실 의자 뒤에 배설을 한다면, 녀석은 사생활 보호를 원하면서도 한편으로는 주변이 트여 있어 위협을 빨리 알아차리고 여러 방향으로 도주할 수 있는 곳을 바라는 것일 수 있다. 경험에 따르면 고양이가 입구가 하나뿐인 방에서 배설을 하는 경우, 십중팔구 배설 장소는 출입문에서 가장 멀리 떨어진 벽 근처다. 출입문이 가장 잘 보이기 때문에 언제 들어올지 모르는 적을 경계하기 좋다.

범인 찾기

다묘 가정에서 화장실 문제가 발생하면 고양이들을 격리시켜서 범인을 찾을 수 있는데, 한 고양이가 다른 고양이와의 긴장 관계 때문에 화장실 바깥에 배설을 하는 것이라면 효과를 볼 수 없다. 고양이들이 격리되면 긴장감이 해소되므로 문제가 사라질 수 있기 때문이다. 이럴 때 가장 믿을 만한 방법은 카메라를 설치해서 동영상을 찍는 것이다.

11

스크래칭

가구를 지키는 간단한 방법

고양이를 키우는 친구의 집에 갔더니 창가에 너덜너덜해진 커튼이 걸려 있다. 초소형 전기톱을 이리저리 휘둘러 발기발기 찢어놓은 것 같은 소파도 눈에 들어온다. 그 순간 집에 있는 새끼고양이가 떠올라 걱정이 되기 시작한다. 녀석도 이렇게 무시무시한 파괴력을 발휘하게 될까? 가구들이 다 이 모양 이 꼴이 되는 걸까? 발톱 제거 수술이라도 시켜야 하나?

자, 걱정을 잠시 접어두고 친구 집을 다시 차근히 살펴보자. 집 안에 스크래칭 기둥이 있는가? 있다면 어떤 모양인가? 짤막한 데다 건드리면 흔들릴 정도로 불안정하지는 않은가? 친구는 고양이에게 스크래칭 기둥을 사용하게 하려고 어떤 노력을 했는가? 혹시 고양이 교육법은 체벌밖에 없다고 생각하진 않는가?

고양이가 가구에 발톱을 가는 것은 스크래칭 기둥이 녀석이 원하는 조건에 맞지 않거나 더 심하게는 아예 스크래처가 없기 때문이다. 그러니 발톱 제거 수술 따위의 극단적인 방법은 생각지도 말고, '고양이처럼 생각하기' 기술을 동원해 왜 고양이들이 발톱을 가는지, 왜 특정한 촉감의 표면에 발톱을 가는지부터 이해한다면 문제를 사전에 예방하고 현명하게 행동 문제를 수정할 수 있다.

고양이가 발톱을 가는 이유

발톱 갈기는 고양이의 본능으로, 고양이의 삶에 많은 기능을 한다. 우선 발톱 건강을 유지한다. 고양이는 거친 표면에 발톱을 긁어 앞발톱의 겉껍질을 벗겨낸다. 발톱으로 표면을 당기면 죽은 겉껍질이 벗겨지면서 새롭게 자라난 안쪽 발톱이 드러난다.

또, 발톱 갈기는 시각적, 후각적 표시 역할을 한다. 고양이가 어떤 물체의 표면을 발톱으로 긁으면 시각적으로 흔적이 남아 다른 고양이가 안전한 거리 밖에서 그 표시를 볼 수 있다. 고양이가 그 표시를 보면 더 이상 가까이 오지 않게 되고, 따라서 두 고양이가 몸싸움을 벌일 가능성이 줄어든다. 또한 발톱을 갈 때 발 볼록살에 있는 냄새 분비샘을 통해 후각적인 표시가 남아 누가 이 발톱 자국을 남겼는지 알 수 있다. 영역 표시뿐만 아니라 안전성 확보와 사회적 의사소통 역할도 하는 것이다.

보호자가 집에 돌아오면 스크래칭 기둥으로 달려가 맹렬한 기세로 발톱을 가는 고양이도 있다. 발톱 갈기를 통해 (기쁜) 감정을 배출하는 것이다. 야단을 맞았거나 창문 너머로 새를 봤는데 잡을 수 없는 등 하고 싶은 일을 못 할 때 그 짜증을 해소하기 위해 발톱을 가는 고양이도 있다.

발톱 갈기는 고양이가 어깨와 등 근육을 푸는 수단이 되기도 한다. 몸을 둥글게 말고 자다가 깼거나 먹이를 먹은 후 한바탕 발톱을 갈아 근육을 푼다. 즉, 발톱 갈기는 고양이의 신체적, 정신적 건강에 반드시 필요한 요소다.

발톱 제거 수술의 폐해

발톱 제거 수술이 가져온 결과에 대해 알지 못한 채 무작정 수술을 선택하는 보호자들이 많다. 다행히 요즘은 많은 수의사가 발톱 제거 수술은 극단적인 방법이라고 보호자들을 설득하고 있다.

발톱 제거 수술은 동물의 발가락 끝마디 뼈를 통째로 잘라서 발톱을 제거하는 외과 수술이다. 사람의 손가락 맨 윗마디를 다 잘라낸다고 생각하면 된다. 발가락 끝 관절이 잘려나가는 수술을 받은 고양이는 걸을 때마다 통증을 느끼며 이 통증은 수일간 지속된다. 진통제를 투여하지 않으면 회복기 내내 통증에 시달린다. 수술 부위가 아무는 데 1주일 이상 걸리며, 회복기 동안 평소에 쓰던 모래 화장실은 쓸 수가 없다. 발에 모래가 닿으면 고통스럽고 상처에 모래가 들어갈 수도 있기 때문이다.

발톱을 제거당한 고양이는 적을 발톱으로 공격할 수 없으므로 거의 무방비 상태가 된다. 따라서 발톱 제거 수술을 받은 고양이는 절대 집 밖에 내보내면 안 된다. 앞발톱이 없는 고양이는 공격 상대를 피해 나무나 울타리로 도망갈 수도 없다.

발톱을 제거하면 고양이의 균형 감각에도 영향을 미치고 수술이 잘못되었을 경우 발톱 한두 개가 다시 자라나 고양이가 불편을 느낄 수 있다.

발톱 제거 수술을 받은 고양이가 사람을 무는 경향이 심해지는지 여부에 대해서는 아직도 논쟁이 계속되고 있다. 발톱을 제거당한 고양이가 무는 경향이 강해진다는 뚜렷한 자료는 없지만, 개인적으로 이런 고양이가 무는 성향이 강해지거나 성격이 변하는 경우를 본 적은 있다. 물론 발톱을 제거당한 후에도 이전처럼 온순한 성품을 유지하는 고양이도 보았다(이렇게 온순한 고양이에게 왜 스크래처를 이용하도록 교육시키지 않고 수술이라는 극단적인 방법을 썼는지 유감스러울 정도다).

나는 발톱 제거 수술은 고양이를 불구로 만드는 것에 지나지 않는다고 본다. 발톱 제거 수술은 현재 동물학대로 간주되며 오스트리아, 영국, 핀란드, 스위스 등의 유럽 국가 다수, 오스트레일리아, 브라질, 그리고 최근에는 미국 캘리포니아 주 웨스트 할리우드에서 불법화되었다.

특히 새끼고양이의 경우 발톱 제거 수술을 시키기에 앞서 스크래처에 발톱을 갈도록 교육시켜 보자. 새끼고양이가 항상 발톱을 드러내고 있는 것 같다고 느끼는 것도 충분히 이해한다. 하지만 녀석은 자기 몸을 어떻게 사용해야 하는지 배우는 나이이므로 곧 발톱을 더 자주 감추는 법을 익히게 될 것이다. 또 보호자가 자주 발톱을 다듬어주면 나중에 성묘가 되어서도 발톱을 다듬어주는 것에 거부감을 느끼지 않는다. 발톱을 자주 깎아주면 가구에 발톱 자국이 날 일이 줄어들므로 고양이에게도 보호자에게도 좋다.

올바른 스크래처 선택하기

반려동물 용품점에서 화려한 색상의 카펫 천으로 둘러싸인 스크래칭 기둥을 사와 거실 한가운데에 놓는다. 무엇이든 집에 새로 들어오는 물건에 관심을 보이는 고양이는 당연히 이 덩치 큰 새 물건으로 다가간다. 냄새를 킁킁 맡아보고는 앞발로 때려보기까지 한다. 하지만 이 물건이 해를 끼칠 만한 것은 아니라고 판단한 고양이는 그것으로 만족하고는 여느 때처럼 소파로 총총히 걸어가 발톱을 깊숙이 박고 북북 갈기 시작한다. 스크래처를 마련해줬는데도 왜 애꿎은 소파에 발톱을 가는 것일까?

스크래칭 기둥

이유는 간단하다. 고양이는 우리가 사온 스크래칭 기둥이 발톱을 갈기에 적합하지 않다는 것을 알아차렸을 뿐이다. 자, 일단 기둥을 감싼 재질부터 살펴보자. 스크래칭 기둥을 감싸고 있는 카펫 재질의 천은 너무 부드럽고 두툼하다. 고양이가 발톱을 깊숙이 박고 긁어 발톱의 죽은 외피를 떼어내려면 재질이 거칠어야 한다. 고양이가 스크래칭 기둥이 아닌 가구에 발톱을 간다면 그 두 개의 재질을 비교해 보자. 고양이가 어떤 재질을 원하는지 알 수 있다.

재질 외에도 일반적인 스크래칭 기둥에는 여러 문제점이 있는데, 대개 그다지 안정적이지 않다는 것이다. 바닥 부분이 워낙 좁아서 고양이가 발톱을 갈려고 기둥에 체중을 실으면 넘어져 버린다. 바닥과 기둥 부분이 제대로 연결되어 있지 않아 흔들거리는 제품도 있다. 소파는 견고하고 안정적이기 때문에 고양이 입장에서는 소파를 이용하는 게 훨씬 마음이 놓인다. 게다가 스크래칭 기둥은 대개 너무 짧다. 고양이는 스크래칭을 하면서 등 근육을 쭉 펴는 스트레칭도 한다. 고양이가 몸을 완전히 쭉 뻗을 때 몸길이가 얼마나 늘어나는지 보자. 사람도 마찬가지지만 몸을 쭉쭉 늘일 때의 기분은 정말 좋다. 고양이도 그런 기분을 느낄 수 있는 곳에서 발톱을 갈고 싶어 한다.

스크래칭 기둥을 선택할 때는 다음 세 가지 사항을 명심하자.

1. 고양이가 좋아하는 재질로 감싸여 있어야 한다.
2. 견고하고 튼튼해야 한다.
3. 고양이가 몸을 쭉 펼 수 있을 정도로 길어야 한다.

수평형 스크래칭 패드

모든 고양이가 수직면에 발톱을 가는 것은 아니다. 어떤 고양이는 평평한 수평면에 발톱을 가는 것을 더 좋아한다(또 수평면과 수직면을 가리지 않고 발톱을 가는 고양이도 많다). 고양이가 스크래칭 장소로 수평면을 선호한다면 스크래칭 기둥은 무용지물이다. 수평면에 발톱을 가는 것을 좋아하는 고양이에게는 스크래칭 패드(또는 스크래칭 보드)를 마련해준다. 또 비스듬한 경사면에 발톱을 가는 것을 좋아하는 고양이에게는 경사진 형태의 패드 또는 보드가 적합하다.

스크래칭 기둥 만들기

재료

- 기둥용 목재 (가로세로 10cm, 길이 80cm)
- 받침대용 목재 (가로세로 40cm, 두께 3cm)
- 기둥을 감쌀 재료
- 받침대를 감쌀 재료(생략 가능)
- 6cm 길이 석고보드용 나사못 5개
- L자형 철제 앵글 4개(생략 가능)
- 카펫용 압정 또는 스테이플러
- 사포
- 드릴
- 고체 비누 또는 양초

Tip. 기둥 목재로는 삼나무, 소나무, 전나무 등이 좋다. 참나무는 너무 단단해서 드릴로 뚫기 어렵다. 또 방부 처리한 목재는 선택하지 않도록 한다. 독특한 냄새가 나기 때문에 고양이가 좋아하지 않을 가능성이 높다.

Tip. 기둥을 감쌀 재료로는 삼줄(사이잘 삼줄)이 가장 좋다. 재질이 거칠기 때문에 어떤 고양이든 좋아한다. 손으로 쓰다듬었을 때 거칠게 느껴질수록 좋다. 삼줄은 기둥에 아주 바싹 감기므로 필요하다고 생각되는 양보다 더 많이 사야 한다.

만드는 방법

1. 받침대의 꼭짓점을 대각선으로 잇는 선을 그린 다음 그 X자의 중앙에 맞추어 기둥을 놓고 기둥 둘레를 따라 선을 그려 기둥이 놓일 위치를 표시한다.
2. X자 중앙과 중앙에서 3센티미터 떨어진 X자 선상에 드릴로 각각 구멍을 낸다.
3. 받침대 중앙의 구멍에 나사못을 넣고(나사못을 비누나 양초로 문지르면 쉽게 들어간다) 이를 기둥까지 통과시킨다. 받침대 윗면에 표시해 놓은 선과 기둥이 맞는지 한 번 더 확인한 다음 나머지 나사못도 끼워 넣는다. 작업이 끝났는데도 기둥이 받침대에 제대로 고정되지 않았다 싶으면 L자형 철제 앵글 4개로 기둥을 받침대에 고정시킨다.
4. 삼줄, 카펫 등의 재료를 기둥에 잘 감은 다음, 기둥 위쪽과 아래쪽을 고정용 스테이플러나 카펫용 압정으로 단단히 고정한다.
5. 받침대도 해당 재료로 감싸거나 사포로 표면을 매끈하게 다듬는다. 그래야 발가락에 가시가 박히는 사태를 방지할 수 있다.

캣타워

나무와도 같은 역할을 하는 목재 캣타워를 최소한 한 개씩은 비치할 것을 적극 권장한다. 캣타워는 길고 튼튼한 스크래칭 기둥 역할을 할 뿐 아니라 타고 올라가 꼭대기에 앉을 수 있으므로 고양이 입장에서는 자기만의 가구가 생기는 셈이다. 캣타워는 종류가 아주 다양하다. 고양이가 여러 마리라면 기둥과 층이 여러 개인 캣타워를 마련해 주는 것이 좋다.

캣타워 기둥은 삼줄이나 거친 끈, 나무껍질로 감거나 그대로 둔다. 기둥이 여러 개라면 기둥마다 다른 재질을 감아 고양이 천국을 만들어 줄 수도 있다! 캣타워는 받침대가 넓고 기둥이 튼튼하게 잘 고정되어야 한다. 고양이가 맨 위층에서 바닥으로 뛰어내릴 수도 있기 때문이다. 기둥 위에 얹혀 있는 선반은 평평한 것보다는 바구니처럼 턱이 있는 것이 좋다. 고양이는 등을 어딘가에 기댈 수 있을 때 안심한다.

올바른 스크래처 위치

잘 안 보이게 숨기듯 놓아서는 안 된다. 물론 스크래칭 기둥이 인테리어에 별 도움이 되지 않는 것은 사실이지만, 최소한 고양이가 스크래칭 기둥이 어디 있는지는 알아야 한다. 사용하기 편한 곳에 있어야 그곳에서 발톱을 가는 일이 많아진다.

대개 고양이들은 낮잠 후 또는 식사 후에 발톱을 갈고 싶어 한다. 발톱을 가는 것은 감정을 배출하는 수단이기도 하므로 보호자가 집에 돌아왔을 때 또는 초조하게 저녁밥을 기다리는 와중에 발톱을 가는 고양이들도 많다.

새끼고양이라면 스크래칭 기둥을 눈에 잘 띄는 방 한가운데에 둔다.

녀석이 집 안 전체를 돌아다닌다면 스크래칭 기둥이 두 개 이상 있어야 한다. 녀석이 온 집 안을 헤매는 동안 발톱을 갈고 싶은 욕구를 꾹 참고 있을 리가 없다. 질풍노도의 시기이니 배려해주자.

고양이가 여러 마리인 경우 한 마리당 하나씩 스크래칭 기둥을 마련해 준다. 다른 고양이와 한 기둥을 쓰는 것을 내키지 않아 하는 고양이도 있기 때문이다.

스크래처 사용법 가르치기

이 교육은 어렵지 않다. 놀이처럼 진행하면 된다. 깃털 장난감이나 그 외 고양이가 흥미를 보이는 장난감을 기둥 바로 옆에 달아둔다. 고양이는 장난감을 잡으려 하다가 스크래칭 기둥의 거친 촉감을 깨닫게 된다. 그러면 보호자가 직접 손톱으로 기둥을 부드럽게 긁어내린다. 이때 나는 손톱 소리를 듣고 고양이도 발톱으로 기둥을 긁게 된다.

고양이가 여전히 스크래칭 기둥을 사용하는 법을 모르면 기둥을 옆으로 눕힌 다음 장난감을 그 주변에서 대롱대롱 흔든다. 고양이는 장난감을 잡으려고 기둥 위로 뛰어올랐다가 그 촉감을 느끼고 맹렬하게 발톱을 갈아대기도 한다. 고양이가 스크래칭 기둥의 용도를 깨달은 것 같으면 기둥을 다시 바로 세운다.

고양이의 앞발을 잡아 기둥에 갖다대면서 발톱을 갈라고 강요해선 절대 안 된다. 아무리 부드럽게 한다 해도 고양이는 보호자의 손을 벗어나려는 데만 집중하므로 기둥의 촉감은 알지도 못할뿐더러 스크래칭 기둥에 부정적인 연관을 형성하고 만다.

새끼고양이인 경우 스크래칭 기둥 옆에서 장난감을 흔드는 놀이를 매일 반복한다. 스크래칭 기둥 사용법을 가르칠 때는 일관성 있게 해야만 고양이가 혼란스러워하지 않는다. 즉, 이 교육에 사용하는 장난감은 스크래칭 기둥에서만 사용하고, 천 의자, 옷, 커튼 뒤에서는 흔들어선 안 된다. 장난감을 잡으려다 그런 곳에도 발톱을 갈아도 된다고 인식하게 되는데, 느닷없이 꾸중을 들으면 혼란스러울 수밖에 없다.

새끼고양이에게 발톱 갈기는 사실 높은 곳으로 올라가기 위한 수단이다. 발에 마치 벨크로 테이프라도 붙어 있는 듯 새끼고양이는 가구, 커튼, 침대, 옷을 거침없이 타고 오른다. 짜증이 밀려오더라도 심호흡을 한 번 하고 꾹 참자. 이 시기는 금방 지나간다. 새끼고양이가 스크래칭 기둥을 타고 오르는 용도로만 생각하는 것 같겠지만 금방 발톱 갈기에 대해서도 깨닫게 된다.

올바른 스크래칭 장소 재교육법

이미 가구에 발톱을 가는 고양이에게 스크래칭 기둥을 사용하도록 재교육시키기 위해서는 먼저 적절한 스크래칭 기둥부터 마련해야 한다. 앞에서 언급한 조건에 맞는 스크래칭 기둥을 사거나 만든다. 이미 스크래칭 기둥이 있으나 몇 년째 먼지만 뒤집어쓴 채 방치되어 있다면 그걸로 고양이를 재교육시킬 생각은 금물이다. 만약 높직하고 튼튼하다면 삼줄 같은 것으로 새로 감싸서 시도해볼 수는 있다. 하지만 그냥 버리는 편이 낫다.

그 다음에는 고양이가 현재 발톱을 가는 장소(또는 가구)를 달갑지 않은 장소로 만든다. 예를 들어 소파나 의자 중에서도 특정 부분에만 발톱을 간다면 그 부분에 넓은 투명 양면테이프▼를 붙인다. 고양이가 의자 전체에 발톱 자국을 남겨놓았다면 얇은 천으로 의자 전체를 감싼다. 드러나는

▼ 해외에는 Sticky Paws라는 고양이 스크래칭 방지용 양면테이프 제품이 있다. 가구에 붙였다 떼어도 지국이 남지 않고 수용성이다. - 편집자주

부분 없이 잘 덮고 아래쪽을 일반 마스킹테이프로 고정해 고양이가 밑에서부터 타고 들어가지 못하게 한다. 그런 다음 곳곳에 넓은 양면테이프를 붙인다. 이러면 거대한 스크래처였던 의자가 달갑지 않은 장소로 바뀐다.

이제 새로 장만한 스크래칭 기둥을 이 의자 바로 옆에 놓는다. 그러면 고양이가 여느 때처럼 발톱을 갈러 왔다가 좋아하던 의자는 없어졌지만 그보다 더 괜찮은 스크래처가 생겼다는 사실을 깨닫게 된다. 기둥에 장난감을 달아 관심을 끄는 방법도 좋다. 또 기둥에 캣닢을 문질러 놓으면 더 효과적이다(성묘인 경우만 가능하다).

재교육 기간에 고양이가 가구에 발톱을 간다 해도 절대 벌을 주거나, 때리거나 소리를 질러선 안 된다. 대신 양면테이프를 더 많이 붙인다. 돌기가 있는 쪽을 바깥으로 해서 비닐 카펫 보호막을 붙여두는 것도 좋다.

고양이가 스크래칭 기둥만 이용하고 더 이상 가구에 발톱을 갈지 않을 때까지 가구와 기둥을 그대로 두었다가 확신이 서면 스크래칭 기둥을 놓고 싶은 자리로 조금씩 이동시킨다. 기둥이 최종적으로 있을 자리는 되도록 지금 기둥이 있는 자리와 가까워야 실패할 확률이 낮아진다. 재교육 효과가 확실하고 고양이가 더 이상 가구에 관심을 보이지 않고 스크래칭 기둥으로 직행한다면 가구의 천과 양면테이프를 벗겨낸다.

고양이가 현관문 근처 또는 방문 턱에 발톱을 간다면 영역 표시일 가능성이 높다. 스크래칭 기둥을 문 근처에 놓고 발톱 자국이 난 문턱에는 양면테이프를 붙인다. 현관이 너무 좁아 스크래칭 기둥을 놓을 수 없다면 삼줄을 감은 패드를 벽에 붙이거나 손잡이에 건다.

스크래칭 기둥(들)을 배치한 후 고양이가 기둥을 잘 쓰고 있는지 알고 싶다면 받침대를 살펴본다. 고양이가 발톱을 자주 간다면 받침대 위에 자그마한 반달 모양의 외피들이 떨어져 있을 것이다.

재교육 기간 중에는 일주일에 한 번 정도 기둥에 캣닢을 문질러 고양이가 기둥의 존재를 잊지 않게 한다(성묘인 경우만 가능하다). 재훈련이 완전히 끝난 후에도 주기적으로 캣닢을 문질러 고양이에게 보상을 준다.

팁! 고양이가 스크래칭 기둥에 발톱을 갈면 클리커를 누른 다음 먹이 보상을 주는 방법도 좋다. 고양이에게 좋은 행동을 할 때마다 보상을 받을 수 있다는 것을 알려주는 것이다.

지금까지 써온 낡은 스크래칭 기둥은 버려야 할까?

고양이가 몇 년 동안이나 꾸준히 긁어대는 바람에 스크래칭 기둥의 삼줄이 찢기고 축 늘어져 있다면 새로운 스크래칭 기둥으로 바꿔줘야 할까? 내 대답은 '아니오'다. 고양이는 새 기둥을 좋아하지 않을 가능성이 크다. 녀석은 자기가 새겨 놓은 시각 및 후각 표시가 가득한 채 너덜거리는 그 스크래칭 기둥을 원하니까 말이다.

고양이가 특히 애착을 보이는 스크래칭 기둥이라면 없애지 말자. 대신 새 기둥을 바로 옆에 두어 고양이가 새로운 기둥에 발톱을 가는 맛을 느끼게 해주자. 발톱을 가는 행위는 발톱의 건강을 유지하기 위해서뿐 아니라 자신을 알리고 정서를 표출하는 수단이기도 하다. 새 스크래칭 기둥에 익숙해져 헌 기둥을 거들떠보지도 않게 되면 그때 헌 기둥을 버린다.

우리 집에는 큼지막한 스크래칭 기둥이 세 개, 캣타워가 두 개 있다. 모두 제법 낡았기에 우리 고양이들이 자주 쓴다는 것을 알 수 있다. 제일 오래된 스크래칭 기둥은 10년차다.

고양이용 가짜 발톱

고양이 발톱에 덧씌우는 말랑한 플라스틱제 발톱 덮개를 말한다. 덮개 안에 접착제를 발라 발톱 하나하나에 꼭 맞게 끼울 수 있고 발톱이 계속 자라기 때문에 한두 달 정도 지나면 자연적으로 떨어진다. 고양이가 씹어서 벗겨내기도 한다. 그래도 남아 있는 발톱은 사람이 직접 떼어낸 다음 다시 가짜 발톱을 붙여야 한다.

가짜 발톱을 씌워도 발톱을 갈려 하지만, 자국이 남지 않는다. 스크래칭 기둥 사용 훈련을 시도할 수 없는 상황일 때 이 가짜 발톱 사용을 고려해볼 수 있지만 사실 별로 추천하고 싶지는 않다. 가짜 발톱을 씌워놓으면 고양이가 발톱을 발가락 안으로 완전히 넣을 수 없다. 장기적으로 볼 때 고양이가 이 상황을 편안하게 받아들일지 알 수 없다. 게다가 가짜 발톱은 발톱 갈기라는 즐거운 본능을 제대로 누리지 못하게 한다. 물론 발톱 제거 수술보다야 훨씬 나은 방법이다.

고양이용 가짜 발톱은 시중에 많이 나와 있고 크기도 다양하다. 하지만 고양이가 공격적인 태도를 보이면 집에서 씌우지 말고 동물병원에 맡긴다. 고양이가 공격적으로 나오지 않더라도 혼자 하기보다는 가족의 도움을 받도록 한다.

가짜 발톱을 씌우자마자 한두 개 정도는 금방 씹어서 벗겨버리는 경우가 많으므로 정기적으로 살펴본다. 두세 개 정도만 벗겨져도 발톱을 갈아 가구에 흠집을 내기에는 충분하기 때문이다. 가짜 발톱을 사용하고 싶다면 먼저 수의사와 의논해야 한다.

포기할 것인가?

그냥 포기하고 고양이가 의자에 발톱을 갈게 내버려둔다는 보호자들이 많다. 나중에 새 의자를 사면 안 그렇겠지 하는 생각으로 말이다. 하지만 이 대처법은 문제가 있다. 고양이는 새 의자에는 발톱을 갈면 안 된다는 논리를 이해하지 못한다. 고양이 교육에서는 일관성이 매우 중요하다. 이랬다 저랬다 해서는 안 된다. 고양이의 마음에 딱 드는 스크래처 기둥을 마련해 마음에 드는 장소에 놓은 다음 기둥을 사용하는 방법을 교육시키는 것만이 정답이다.

스크래칭 기둥을 감는 재료의 선택

스크래칭 기둥을 만들 때 기둥을 감는 재료의 선택에서 주로 실수를 저지른다.

흔히 카펫 재질을 찾는데 이는 대개 너무 부드럽고 두툼하다. 이런 촉감에 발톱을 가는 것을 좋아하는 고양이가 있다 해도 결국은 혼란을 줄 뿐이다. 즉, 부드럽고 두툼한 카펫 재질로 싸인 스크래칭 기둥에 발톱을 가는 것은 괜찮은데 똑같이 부드럽고 두툼한 바닥에 깔린 카펫에 발톱을 가는 건 왜 안 되는지 이해하지 못한다는 것이다.

카펫 재질로 감긴 스크래칭 기둥을 사줬는데 거들떠보지 않는다면 삼줄만 사서 기둥을 다시 감아주면 된다. 또, 벽난로 옆 통나무에 발톱을 갈기 좋아한다면 통나무 하나를 마련해주면 되고, 나무 바닥을 선호하는 고양이라면 통나무의 껍질을 벗겨주거나 적당한 크기의 목재판을 마련해주면 된다. 고양이의 기호를 고려해 최상의 스크래칭 기둥을 만들어주는 수밖에 없다.

12

행동 문제 수정하는 법

세상에 나쁜 고양이는 없다

고양이 입장에서 보면 보호자는 참 제멋대로다. 하루 종일 아무것도 할 게 없는 집에 내버려두고, 달갑지 않은 동료를 허락도 없이 데려와 들이밀고, 기준도 없이 이랬다 저랬다 바뀌는 규칙을 지키라고 강요하고, 하루 일과를 자기(보호자) 편한 대로 바꿔버린다. 벌을 준다고 고양이의 엉덩이를 때려 놓고는 왜 고양이가 우리한테 방어적인 자세를 취하는지 이해하지 못한다. 고양이에게 소리를 질러 놓고는 고양이가 더 이상 친근하게 다가오지 않으면 서운해한다. 아무데나 똥오줌을 싸면 고양이의 머리를 잡고 코를 거기에 갖다 댄다. 어디에선가 누군가가 그렇게 하면 반려동물을 교육시킬 수 있다고 말했기 때문이다. 늦은 시간 퇴근해 돌아와 고양이가 아침에 저질러 놓은 잘못을 발견하고 혼낸다. 고양이가 지금은 자기 잠자리에서 평화롭게 자고 있었다는 건 상관하지 않는다. 왜 야단맞는지 그 정도는 알 거라고 생각하면서 말이다. 기분이 내키면 놀아주지만 놀자는 몸짓으로 읽고 있는 신문지를 건드리면 화를 내며 밀어낸다.

우리는 상황에 따라 고양이를 어린아이, 성인, 친구, 적, 동료, 심지어 개로 취급하기 일쑤면서 놀랍게도 고양이로 취급하는 경우는 더 드물다. 게다가 우리는 고양이가 좀 더 상황 파악을 잘하고 철이 들었으면 하고 바란다. 하지만 실제로 상황 파악을 하고 철이 들어야 하는 쪽은 우리 인간이다.

고양이가 행동 문제를 일으키는 것은 십중팔구 보호자 때문이다. 물론 의학적 상황, 사회성 부족, 학대나 방임을 당했던 경험 등 행동 문제를 야기하는 그 외 요소가 있기는 하지만, 대부분은 보호자가 그 원인이다.

고양이와 보호자의 관계는 여느 관계와 별다를 바 없다. 어떤 관계에서든 서로 자유롭게 의사소통하고 서로가 무엇을 필요로 하는지 파악해야 한다. 사람들은 고양이를 기른다는 책임을 받아들여 놓고 막상 둘의 관계를 유지하는 데 필요한 일은 고양이가 다 해주기를 바란다. 이 아름다운 생명체에 대해 보호자로서 필요한 사항을 알아가는 것은 우리 몫이다. 고양이가 어떤 의사를 전달하려 하는지, 뭘 필요로 하는지를 해석하는 법을 배워야 한다. 우리가 '나쁜, 못된' 행동이라고 규정하는 행동의 상당수는 고양이의 세계에서는 당연하고 평범한 행동이다. 동물은 멍청하지 않다. 아무 기능도 없는 행동은 되풀이하지 않는다. 고양이에게는 지극히 정상인 행동이 우리에게는 용납하기 힘든 것일 수 있으나, 그것을 나쁘다거나 비정상적인 행동으로 보게 되면 해결책을 찾을 수 없을뿐더러 보호자와 고양이의 관계에 금이 갈 수 있다. 고양이의 행동에 숨은 동기를 파악하고 고양이의 관점에서 행동 문제를 봐야만 그 행동의 기능이 무엇인지, 해결책은 무엇인지 알아낼 수 있다. 보호자가 고양이의 행동 동기를 잘못 읽고 고양이가 어떤 의사를 전달하려는 것인지 오해하는 것이야말로 고양이를 유기하는 가장 큰 이유다. 때문에 행동 문제야말로 그 어떤 전염병보다 끔찍한 고양이의 사망 원인이다.

행동 문제를 일으키는 원인들

고양이의 행동 문제를 촉발하는 원인은 무엇일까? 매일의 일과 중 바뀐 한 가지, 사소해 보이는 것이 그 원인이 될 수 있다. 고양이는 습관의 동물이어서 일상의 사소한 요소가 흐트러지면 불안해한다. 또 고양이는 무언가 할 일을 찾아다니는 동물이기에 할 일이 없다는 지루함 역시 행동 문제의 원인이 된다. 고양이는 사냥꾼이므로 하루 종일 자극을 찾아다니는 것이 자연스러운 본능인데 우리는 대개 그 욕구를 채워주지 못한다. 고양이는 자기 영역이 위협을 받는다고 느끼면 행동에 변화를 일으킨다. 그래서 보호자가 고양이에게 친구를 만들어줘야겠다는 좋은 취지에서 다른 반려동물을 데려오더라도 서로를 소개시키는 방법이 잘못되었다면 극심한 스트레스를 받고 영역 다툼을 벌이고 만다. 또 행동 문제를 일으키는 의학적 상황(즉 질병)도 무수히 많은데 대개는 보호자가 알아차리지 못한다. 문제가 행동에만 국한되어 있다고 확신하기 때문에 동물병원에 데려가 진찰을 받아볼 생각을 하지 않는 것이다. 어릴 때 사회성 형성 부족, 학대, 부적절한 처벌 역시 행동 문제를 일으키는 원인이 될 수 있다. 핵심은 보호자가 원하지 않는 고양이 행동의 동기나 원인을 확인하는 일은 보호자의 책임이라는 것이다. 고양이의 눈으로 본다면 지금의 행동 문제를 해결할 수 있는 가능성도 높아질 뿐 아니라 앞으로 생길 수 있는 행동 문제도 예방할 수 있다.

행동 수정의 기본 단계

오랫동안 골치를 썩였던 행동 문제를 바꾸고 싶다면, 지금까지 그 문제를 고치기 위해 했던 일은 모조리 그만둔다. 왜냐하면 지금까지 효과가 없었음이 입증되었으니 말이다. 고양이에게 어떤 행동을 하라고 또는 하지 말라고 강요해서는 안 된다. 고양이와 누가 더

고집이 센지 누가 먼저 의지를 꺾을지 맞서서는 안 된다. 한 발짝 물러나 크게 심호흡을 하고 이제부터 내가 제시하는 새로운 전략을 살펴보기 바란다. 이 장을 읽는 내내 필요한 것은 '고양이처럼 생각하기' 정신이다.

1. 동기나 원인을 알아낸다.
2. 고양이에게 가치가 동일하거나 더 큰 대체물을 마련해준다.
3. 고양이가 그 대체물을 선택하면 보상을 준다.

보호자가 고양이를 교육시킬 때 저지르기 쉬운 실수

- 그 행동의 동기를 잘못 파악한다.
- 일관성이 없다.
- 부당한 변화를 가져온다(예를 들어, 안락의자를 새로 사서 고양이가 평소 자주 낮잠을 자는 장소에 갖다놓고는 고양이가 잠을 자려고 의자 위에 올라가려 하면 꾸짖는 경우).
- 벌을 준다.
- 보호자가 원하지 않는 행동에 보상을 줘 이를 강화시킨다(예를 들어, 고양이가 새벽 5시에 울어댄다고 울음을 그치게 하기 위해 주방에 가서 사료를 부어주는 경우).
- 아무 교육도 하지 않는다.

파괴적인 씹기 행동

이식증

이식증은 '먹이가 아닌 것을 먹는 행위'로, 개의 경우 배설물, 돌멩이, 풀, 흙, 작은 장난감, 기타 작은 물체를 주로 먹어

치우는 데 비해 고양이의 경우는 직물이나 옷, 담요, 식물, 비닐봉지가 그 대상이다. 대체 왜 고양이에게 스웨터나 담요가 그렇게 맛있어 보이는지 이해가 가지 않지만, 고양이는 스웨터나 담요를 단 몇 분 만에 벌레 먹은 배춧잎처럼 만들어놓을 수 있다. 이렇게 직물 종류를 먹는 이식증의 원인으로는 크게 두 가지가 있는데, 하나는 섬유질을 섭취하기 위한 행동이라는 의견으로, 특히 일부 품종에서 그런 경향이 강하다. 예를 들어 샴siam은 대개 양모 이식증이 있다. 또 다른 하나는 불안감을 해소하려는 행동이라는 설명도 있다.

이 문제를 해결하려면 먼저 유혹의 원인을 모두 없애야 한다. 이제부터는 양말을 벗어 마룻바닥에 던져놓거나 침대 이불을 정리하지 않거나 마트에 다녀와서 비닐봉지를 바닥에 내려놓아서도 안 되고, 스웨터는 모두 서랍장에 넣어 고양이가 닿지 못하게 한다.

고양이에게 습식 사료를 주고 있다면 수의사와 상의해 사료에 섬유질을 섞어주는 방법을 써본다. 통조림 호박 반 티스푼을 사료에 섞어주면 된다(호박의 양은 고양이의 체중, 연령, 그 외 조건에 따라 달라질 수 있다). 대개의 고양이는 호박 맛을 꺼리지 않으며 효과도 좋다. 단, 처음에는 양을 아주 적게 했다가 차츰 늘리는 식으로 적응하게 해야 한다. 양에 변화를 줄 때는 사전에 반드시 수의사와 상의한다.

캣그래스kitty greens를 키워서 주는 방법도 있다(뒤의 '식물 습격자' 참조). 고양이가 새로 산 스웨터를 물어뜯거나 우리가 제일 좋아하는 화초를 먹어 버리지 않도록 캣그래스가 떨어지는 일 없이 꾸준히 재배해야 한다.

고양이의 불안감을 해소하기 위해서는 자극이 풍부한 환경을 만들어준다. 퍼즐 먹이통은 고양이가 이식증 대신 활력을 쏟을 수 있는 수단이 되며 힘든 일을 한 후 맛있는 보상이 따르는 보람찬 일이기도 하다. 이식증의 원인이 분리불안이라면 풍성한 자극의 환경을 만들어주는 것으로 행동 문제를 해결할 수 있다. 상호작용 놀이 시간을 갖고 일과를 규칙적으로 유지하는 것도 이식증을 해소하는 데 도움이 된다. 식사를 주는 시간도 일관되게 유지한다. 고양이에게는 일관성이 편안함을 준다는 것을 잊지 말자.

팁! 먹이가 아닌 것을 먹으려 하는 욕구는 질환이 있다는 신호일 수 있다. 고양이를 동물병원에 데려가 진찰을 받아보자.

양모 빨기wool sucking

양모를 빠는 버릇은 젖을 너무 일찍, 갑자기 뗀 것이 원인일 수도 있고, 관심을 끌기 위해, 불안감을 없애기 위해, 또는 지루하기 때문에 그러는 것일 수도 있다. 새끼고양이는 천이나 옷가지, 신발 끈, 담요 등을 안고 젖을 빠는 듯한 동작을 반복하는데, 어떤 고양이는 특정 유형의 직물에 집착하기도 한다.

이런 버릇이 있는 고양이는 먼저 치아, 위장관 등에 질환이 없는지 진찰을 받아본다. 이런 행동을 멈추게 하는 가장 좋은 방법은 놀이 시간을 늘리고 퍼즐 먹이통 같은 상호작용 장난감을 많이 마련해 자극이 풍부한 환경을 만들어주는 것이다. 고양이들간의 문제 같은 불안감의 원인을 해소하고, 고양이가 집착하는 물건을 모두 치우고, 먹이에 섬유질을 늘려도 될지 수의사와 상의한다. 생가죽이나 고양이용 씹는 장난감 등 안전하게 씹을 수 있는 물건을 주는 것도 좋다. 양모를 빠는 습관이 있는 고양이로는 샴과 버만이 제일 유명하다.

식물 습격자

대개의 식물은 고양이에게 치명적이거나 최소한 아주 해롭다. 많은 고양이가 화초를 씹어대는 버릇이 있으므로 캣그래스를 재배해 대체품을 마련해 준다. 캣그래스를 고양이가 접근하기 쉬운 곳에 두면 고약한 맛이 나는 다른 화초보다 캣그래스를 선호하게 될 것이다. 포장지에 쓰여 있는 대로 재배하고 물만 제때 준다면 고양이가 오후 간식으로 삼아도 안전한 풀들이 잔뜩 자라날 것이다. 화분이 움직이지 않도록 테라코타나 도자기 같은 무거운 화분에 심는 게 좋다.

호밀이나 귀리 낟알을 뿌려서 직접 재배하는 방법도 있다. 흙은 멸균된 것으로 쓴다. 낟알을 뿌리고 1센티미터 미만 두께로 흙을 살짝 덮은 다음 물을 흠뻑 주고 배수가 되게 한다. 이후부터는 낟알이 물에 쓸리지 않도록 분무기로 물을 뿌려준다. 화분은 어둡고 따뜻한 곳에 두었다가 새싹이 흙 위로 고개를 내밀면 햇볕이 잘 드는 곳으로 옮긴다. 잎이 적당한 높이로 솟아오르면 고양이들이 쉽게 접근할 수 있는 곳에 둔다. 또 동네 유기농 식품점에서 휘트그래스wheat grass를 구입해줘도 좋다.

과도한 그루밍self chewing and overgrooming

간혹 털이 거의 빠지거나 아예 맨 피부가 듬성듬성 드러날 때까지 과도하게 그루밍을 하는 고양이가 있다. 그루밍뿐만 아니라 자기 살을 물어뜯어서 상처를 내기도 한다. 고양이가 이런 행동을 한다면 동물병원에 데려가 이런 문제를 일으키는 원인 질환이 있는지 진찰을 받아본다. 벼룩이 있는 경우도 있고, 갑상선 기능 항진증도 과도한 그루밍의 원인으로 꼽힌다. 통증을 누그러뜨리기 위해 그 부위를 계속 핥거나 물어뜯는 경우도 있다. 자기 살을 물어뜯거나 과도한 그루밍을 하게 만드는 의학적 원인이 많으니 행동 문제로 단정 짓기 전에 진찰을 받아보자.

행동 문제라는 것이 확실시되면 그 행동을 촉발하는 원인을 찾아야 한다. 자기 살을 물어뜯거나 과도한 그루밍을 하는 것은 불안감을 해소하려는 행동이기 때문이다. 고양이를 불안하게 하는 원인을 찾는다. 보호자의 출퇴근 시간이 바뀌었다거나 반려동물이 새로 들어왔다거나 집 안 환경이 스트레스를 계속 느끼게 한다거나 같이 살던 반려동물이 죽었다거나 낯선 환경으로 옮겨졌다거나 가능성이 있는 원인은 아주 많다. 뭔가 스트레스가 쌓이고 쌓여서 고양이가 불안감을 해소하기 위해 어떤 행동이라도 안 할 수가 없게 된 것이다. 의학용어로는 '심인성탈모증 psychgenic alopecia'이라고 한다.

고양이에게는 최대한 안정감을 느낄 수 있는 일관된 환경과 긍정적인 활동이 필요하다. 최대한 스트레스 없는 환경으로 만들어준다. 같이 키우는 개가 고양이에게 짖어대거나 끈질기게 따라다닌다면 개를 피해 안전하게 지낼 수 있는 장소를 마련해준다. 또 고양이가 밥을 먹을 때마다 끊임없이 두리번거며 한입 한입 먹을 때마다 주변을 확인한다면 고양이가 편안함을 느끼는 곳, 캣타워 위나 다른 조용한 방 등으로 밥그릇 위치를 옮겨준다.

또 상호작용 놀이 시간을 일과에 넣는다. 하루에 두세 번 정도만 놀아줘도 고양이가 불안감을 해소하는 데 도움이 될 뿐 아니라 집 안 환경에 대해 긍정적인 연관을 형성하게 된다. 집을 비울 때는 장난감과 퍼즐 먹이통을 여기저기 놓아두어 고양이가 불안감을 해소하는 건전한 행동에 몰두하고 보상을 발견할 수 있게 해준다. 보호자가 집을 비운 동안에는 관심을 줄 수 있는 자극들이 충분해야 한다. 창가에 캣타워를 놓아 바깥의 새들을 구경하며 시간을 보내게 해주는 것도 좋다. 또, 페로몬 요법을 쓰는 것도 효과가 있다(Feliway가 만든 Comfort Zone 디퓨저를 고양이가 주로 시간을 보내는 장소의 콘센트에 꽂으면 된다).

심인성탈모증은 대개 행동 수정과 함께 약물 치료가 병행돼야 한다. 항불안제가 필요한지 여부는 수의사가 알려줄 것이다. 또 수의행동학자, 공인 응용행동학자, 공인 동물행동 컨설턴트를 소개받아 고양이의 특수 상황에 맞는 가장 효과적인 행동 수정 계획을 세울 수도 있다.

쓰레기통 뒤지기

어떤 사료를 주든 주방 쓰레기통에 있는 뷔페 음식을 포기 못 하는 고양이가 꼭 있다. 최고로 비싼 사료를 구입해 진수성찬을 차려줘도, 여지없이 그날 밤 기어이 쓰레기통을 엎고 과일 껍질과 더러운 냅킨을 파헤친 끝에 고기를 싸뒀던 알루미늄 포일을 찾아 핥고 만다.

고양이가 행동 문제를 하는 것은 의학적 질환이 원인일 수 있기 때문에 고양이가 쓰레기통을 자주 뒤진다면 먼저 수의사와 상담을 해본다. 사료를 바꿔줘야 할 수도 있고, 잠재적인 질환을 발견할 수도 있다.

교묘하게 만든 각종 장치를 사용해도 좋겠지만 사람이 사용하기에도 번거로워지므로 가장 좋은 방법은 뚜껑 달린 쓰레기통을 쓰거나 쓰레기통을 항상 조리대 아래나 찬장 안에 넣고 문을 닫는 것이다. 그리고 찬장 문에는 자석 걸쇠나 잠금 장치를 부착한다. 머리 좋은 고양이들은 앞발로 찬장 문을 여는 법을 쉽게 익히니 말이다. 고양이 한 마리 때문에 이렇게까지 해야 하나 싶은 생각이 들겠지만 고양이의 안전을 지키는 것이야말로 중요한 일이 아닐까.

과도하게 울기

평소와 달리 고양이가 갑자기 많이 울기 시작했다면 이는 확실히 수의사와 상의할 만한 문제다.

단, 샴의 경우라면 이 부분은 건너뛰는 편이 낫다. 녀석의 천성일 수 있다. 샴은 일상에서 겪는 일을 계속해서 떠들어대기를 좋아하고 그 와중에 목소리를 높이는 것도 주저하지 않는다. 샴을 키우는 보호자라면 이 사실을 알고 받아들여야 한다.

다른 고양이들이 우는 데에는 여러 이유가 있을 수 있다. 가장 흔하고 확실한 이유는 보호자의 관심을 끌기 위해서다. 컴퓨터 모니터 앞을 왔다 갔다 하거나, 보호자의 가슴팍에 올라앉는 등의 수법은 먹히지 않을 때도 있지만 끊임없이 울어대는 건 늘 효과가 있으니 말이다. 원하는 결과를 얻으려면 5분은 족히 울어야 하겠지만 계속해서 울면 보호자가 두 손 두 발 다 들고 자기가 원하는 것을 해준다는 것을 녀석들은 잘 알고 있다. 이런 식으로 고양이에게 한 번이라도 굴복했다면 우리가 고양이의 야옹 소리에 잘 훈련이 되었다는 것을 친히 알려준 셈이다.

그렇다면 이 행동은 어떻게 수정해야 할까? 고양이가 우는 소리를 무시하면 된다. 원치 않는 부정적인 행동에 보상을 줘서는 안 된다. 아무리 20분씩 야옹거리는 소리를 견뎌냈더라도, 20분 만에 포기하고 일어나 밥그릇에 사료를 부어 준다면 고양이는 끝없이 울어대면 결국은 먹힌다는 사실을 배운다.

부정적인 행동에 보상을 주는 대신, 고양이가 우리 관심을 끌려고 울어대는 단계로 들어가려 할 것 같으면 아직 조용할 때 재빨리 클리커를 누르고 간식을 준다. 주머니에 미리 간식을 넣어 두거나 간식을 넣은 주머니를 허리띠에 차고 있으면 언제라도 교육을 시작할 수 있다. 고양이가 야옹거리면 돌아서서 모른 척한다. 고양이가 조용해지면 클리커를 누르고 간식을 준다.

고양이가 목청껏 우는 또 한 가지 이유는 자극이 충분하지 않아서이다. 매일 상호작용 장난감으로 놀아주고 좋은 자극이 풍부한 환경을 조성하면 해결된다.

나이 든 고양이의 경우, 모두들 잠자리에 들어 집 안이 조용해지고 움직임이 없는 한밤중에 야옹거리거나 크게 울어대는 경우가 있다. 나이 때문에 감각이 둔감해진 상태에서 어두워진 집 안을 돌아다니다 방향감각을 잃었기 때문이다. 아픈 곳은 없는지, 나이와 관련해 인지 기능이 잘못된 것은 아닌지 병원에서 진찰을 받아본다. 나이 든 고양이가 밤에 야옹거리거나 크게 울어대면 이름을 불러서 우리 위치를 확인시켜 준다. 정기적으로 밤에 울어대거나 방향감각을 잃은 듯 보이면 밤에는 보호자의 침실에 넣어주고 문을 닫는다(나이 든 고양이를 보살피는 법은 16장에서 자세히 다룬다).

겁 많은 고양이

두려움은 부적절한 사회화, 과거 경험으로 인한 트라우마, 통증이나 질병, 부적절한 보살핌, 낯선 사람이나 사물에 노출된 결과일 수 있다. 두려워하는 행동은 유전되기도 한다.

고양이는 갑작스러운 변화를 싫어하며 익숙한 자신의 영역 내에서 안전한 기분을 느끼고 싶어 한다. 따라서 고양이가 못 보던 사람, 장소, 사물에 두려움을 느끼는 것은 지극히 당연한 일이다. 고양이가 겁을 내게 되는 흔한 상황 중 하나는 낯선 사람이 집에 들어오는 것이다. 겁 많은 고양이는 초인종이 울리자마자 현관에서 제일 먼 벽장 속으로 쏜살같이 숨어버린다. 이때 할 수 있는 교육법은 다음과 같다. 먼저 친구에게 집에 와 달라고 부탁한다(고양이가 싫어하는 사람이 아니어야 한다). 친구를 거실에 앉히고 보호자는 고양이가 숨어 있는 방으로 간다. 아무 일도 없다는 듯 지극히 무심한 태도를 유지하며 방바닥에 앉은 다음 상호작용 장난감(낚싯대)을 꺼내 태평스럽게 휘두른다. 중요한 것은 '무심하고 태평스럽게'이다. 숨어 있는 고양이를 억지로 끄집어내려 해선 안 된다. 장난감을 좁은 범위 내에서 조금씩 휘둘러 움직인다. 그러면서 차분하고 부드러운 목소리로 고양이에게 말을 건다. 그러면 고양이는 지금 상황이 별 일 아니라는 신호로 받아들이게 된다. 보호자가 편안한 태도를 유지하며 고양이를 억지로 끄집어내려 하지 않으면 고양이 역시 편안함을 느끼기 시작한다. 처음 몇 번은 숨은 곳에서 바로 나오거나 장난감을 가지고 놀지는 않겠지만 점점 긴장을 풀게 된다.

클리커 트레이닝 중이라면 타깃 막대기를 사용해도 좋다. 안테나처럼 늘어나는 타깃 막대기도 좋고, 젓가락 한 짝이나 지우개 달린 연필, 가느다란 나무 막대도 괜찮다. 고양이가 숨어 있던 곳에서 나와 타깃 막대기 냄새를 맡으면 클리커를 누르고 먹이 보상을 준다.

고양이와 몇 분쯤 지낸 후에는 고양이를 두고 방에서 나와 손님이 있는 거실과 고양이가 있는 방의 중간 지점 바닥에 앉는다. 차분한 목소리로 손님과 대화를 하면서 낚싯대 장난감을 흔들어 고양이의 주의를 끈다. 고양이가 당장은 방에서 나오지 않더라도 숨어 있던 벽장 안이나 침대 밑에서 나오려고 움찔거릴 것이다. 어쩌면 보호자가 있는 중간 지점까지 올 수도 있다. 클리커 트레이닝 중이라면 고양이가 조금이라도 긍정적인 행동(이 경우 조금이라도 가까이 다가오는 것)을 하면 클리커를 누르고 먹이 보상을 준다. 고양이가 장난감을 가지고 놀게 되면 한동안 놀아주되 자리를 거실 쪽으로 더 옮기려고 시도하지 않는다. 친구에게 가도 좋다고 말한 뒤, 고양이에게 다시 보상을 준다. 다음 날 다시 친구에게 집에 와 달라고 부탁해 똑같은 과정을 되풀이한다. 이렇게 매일 교육하되 고양이와 노는 장소를 아주 조금씩 거실 쪽으로 옮긴다. 찾아오는 친구가 바뀌어도 좋지만, 고양이가 이미 부정적인 연관을 형성해버린 사람은 피하고 차분하고 조용한 성격의 친구를 택하는 것이 좋다. 며칠을 반복하다 보면 결국 우리가 친구와 함께 거실에 앉아 있을 때 고양이도 아주 짧은 시간이나마 거실로 오게 될 것이다. 거실에 온 고양이가 장난감에 신경이 쏠려 있다면 친구에게 고양이와 놀아 달라고 부탁한다. 고양이가 겁을 내지 않도록 친구는 제자리에 앉은 상태에서 낚싯대를 휘두른다. 이렇게 점진적으로 꾸준히 교육하면 고양이의 두려움을 극복시킬 수 있다.

겁 많은 고양이를 돕는 방법

- 보호자와 같은 방 안에 있도록 강요하지 않는다.
- 고양이가 은신처로 갈 수 있는 길을 열어 놓는다.
- 고양이가 낯선 사람이나 물건에 얼마나 가까이 접근할지는 고양이에게 맡긴다.
- 상호작용 놀이나 간식으로 고양이의 관심을 딴 데로 돌린다.
- 부드럽게 달래는 어조를 유지한다.
- 고양이가 편안한 자세를 취하거나 상호작용 놀이를 하면 즉시 보상을 준다.
- 특정 자극에 고양이를 노출시키는 교육을 매일 하되, 자극의 강도를 아주 낮은 수준부터 시작한다.
- 자극의 수준은 아주 천천히 높여나간다.
- 보호자부터가 편안한 기분을 느끼도록 심호흡을 여러 번 한다.
- 고양이의 생활에 변화를 줄 수밖에 없을 때는 최대한 천천히 진행한다.

팁! 겁 많은 고양이는 대개 두려움을 느끼면 최대한 작아 보이도록 몸을 웅크린다. 머리는 숙이고, 발은 몸 밑으로 넣고, 꼬리는 몸에 바짝 붙인다. 귀는 뒤로 젖혀 눕혀서 방어와 동시에 여차하면 공격하겠다는 자세를 취한다. 숨을 헐떡이거나 침을 흘리기도 하고, 평소보다 털이 더 많이 빠지는 고양이도 있다. 또한 도망칠 기회가 생기면 바로 도망가 버린다.

많은 보호자가 고양이가 뭔가로 인해 겁에 질리면 안아서 안심시켜주려 한다. 이때 이미 보호자의 신체언어나 목소리에 걱정이 묻어나기 때문에 고양이는 보호자가 진짜 위험한 상황임을 알려주는 것으로 받아들이게 된다. 고양이가 불안해할수록 보호자는 태평스럽고 무심한 목소리와 태도를 취하는 게 핵심이다.

고양이가 스트레스 받을 때

스트레스 상황이 오래 이어지면 아무리 건강하고 사회성 좋은 고양이도 신경질적이고 겁 많은 고양이가 될 수 있다. 먹고 자고 놀면서 하루하루를 보내는 녀석들이 도대체 왜 스트레스를 받는지 이해 못 하는 사람도 있겠지만, 고양이는 우리가 보기에 지극히 사소한 생활의 변화에도 큰 불안감을 느낄 수 있다.

먼저 우리 인간에게 스트레스가 되는 요소들을 생각해보자. 가족 구성원의 사망, 이혼, 새 집이나 다른 도시로의 이사, 질병, 자연 재해는 물론이고 결혼도 스트레스가 될 수 있다. 이런 요소들은 고양이에게도 스트레스가 된다. 우리는 미리 알고 있기라도 하지만 고양이에게는 그야말로 마른하늘의 날벼락인 만큼 우리보다 몇 배는 타격이 클 것이다. 모두에게 스트레스가 되는 상황은 물론 우리에게는 별것도 아닌 일에 고양이는 엄청난 스트레스를 받는다.

스트레스를 받는 고양이를 도우려면 그 원인부터 파악한 다음 최대한 그 원인을 제거하거나 고쳐야 한다. 가장 좋은 방법은 스트레스가 쌓일 수 있는 상황이 생길 것 같으면 고양이에게 미리 서서히 대비를 시키는 것이다. 사료 종류를 바꾸는 사소한 일이든, 새 집으로 이사를 가는 큰 일이든 간에 말이다. 예를 들어 사료를 바꾸고 싶다면 새로운 사료를 기존 사료에 조금씩 섞고 1주일 정도 기간을 두고 차츰 그 양을 늘려나간다. 새 집으로 이사를 가는 경우라면 이삿짐을 몇 단계에 걸쳐 싸면서 차분한 분위기를 유지한다. 이사 후에는 방을 하나 골라 고양이의 보금자리를 만들어주고 주변 환경에 서서히 익숙해지도록 시간을 준다(여기에 대해서는 8장에서 자세히 다뤘다). 변화가 클수록 준비 시간은 길어야 한다.

사람은 물론이고 고양이나 개 등 가족 구성원의 죽음 같은 예기치 못한 상황을 맞이하면, 우리가 겪는 감정을 고양이도 똑같이 느낀다는 사실을 알아두자. 이런 상황에서 고양이에게 필요한 것은 보호자가 여느 때와 다름없는 일과를 일관되게 유지하는 것이다. 또 고양이와 많이 놀아주고 고양이가 먹이를 먹고 화장실을 사용하는 습관을 유심히 살핀다. 고양이는 놀이 시간을 통해 자신감을 갖고 주변 환경과 긍정적인 연관을 형성하게 되므로 상호작용 놀이용 장난감(낚싯대)으로 놀아줘 녀석들이 부정적인 상황에서 관심을 돌려 보상이 있는 놀이 활동에 집중하게 만드는 것이 좋다.

또 고양이가 안전지대로 갈 수 있는 길을 늘 확보해 둔다. 안전지대란 소음, 다른 반려동물, 또는 사람을 피해서 숨을 수 있는 은신처를 뜻한다. 여러 곳이면 더 좋다.

집을 비울 동안에는 좋은 자극이 풍부한 환경을 만들어줘서 고양이가 분주하게 시간을 보낼 수 있게 한다.

스트레스 유발 상황은 늘 생기기 마련이고 느닷없이 일어날 수 있는 만큼 모든 상황을 미리 예측하고 고양이를 대비시키는 것은 불가능하지만 미리 예고되는 상황도 많으니, 이럴 경우 변화를 서서히 도입하는 방식으로 고양이의 스트레스를 줄여주자. 고양이가 행복하면 보호자도 행복하고, 고양이가 스트레스를 받으면 보호자도 스트레스를 받는다.

보호자가 알아차리기 어려운 스트레스 요인

- 화장실이 더럽거나 형태가 바뀜
- 화장실이 시끄러운 곳에 있음
- 먹이가 바뀜
- 밥 먹는 곳과 화장실이 너무 가까이 있음
- 보호자의 출퇴근 시간이나 업무 일정이 바뀜
- 아이들
- 휴일 기간
- 여행

- 이동수단 타기
- 벌을 받음
- 다른 반려동물이 입양됨
- 마당에 다른 고양이가 계속 출몰함
- 은신처로 가는 길이 막힘
- 시끄러운 소음이 계속 들림
- 보호자의 털 손질이나 발톱 손질 등이 거칠거나 적절하지 않음
- 가구나 카펫을 새로 사들이거나 기존의 가구를 재배치함

고양이에게 큰 스트레스를 주는 사건들

- 가족 구성원의 사망
- 자연 재해
- 결혼
- 화재
- 갓난아기의 출생
- 학대
- 이혼
- 방임
- 새 집으로 이사
- 외로움
- 집 수리(리모델링)
- 질병이나 부상

우울증에 걸린 고양이

'소피'는 덩치 크고 아름다운 집고양이였다. 회색과 흰색이 어우러진 털은 풍성하고 윤기가 흘렀고 유난히 깔끔했다. 주목받는 것을 즐기는 성격으로 보호자인 패트리샤와 마크 부부의 무릎에 앉아 있기를 좋아했다. 패트리샤와 마크 부부는 소피를 진정으로 사랑했으며 늘 같이 놀아주며 애지중지했다. 소피는 새끼고양이일 때 입양되어 이런 행복한 삶만을 경험

했으며 그 누구도 소피의 삶에 변화가 생기리라 생각하지 않았다. 하지만 소피가 일곱 살이 된 해의 어느 날, 마크가 직장에서 심장마비로 쓰러졌고 황급히 병원으로 옮겨졌지만 몇 시간 후 죽고 말았다.

패트리샤와 마크는 결혼한 지 20년이 된 부부였다. 그날 밤 패트리샤는 충격에 휩싸인 채 병원에서 집으로 돌아왔고, 며칠 동안 그녀는 남편을 잃은 슬픔에 빠져 길고도 고통스러운 시간을 보냈다. 친구들과 가족들이 찾아와 패트리샤를 도와주고 보살펴주고 건강을 걱정해주었다.

이런 상황을 전혀 이해하지 못했던 소피는 서서히 우울증에 빠져들었다. 소피의 입장에서 보자면 어느 날 갑자기 보호자 중 하나가 자취를 감췄고 또 다른 보호자는 전혀 낯선 사람처럼 행동하고 있었다. 소피가 패트리샤의 무릎에 올라앉으려 하면 낯선 손님이 꾸짖으며 쫓아냈다. 집에 낯선 사람들이 우르르 몰려왔지만 그 누구도 소피에게 관심을 두지 않았다. 이웃 사람 하나가 패트리샤를 도와주려고 하루에 두 번 집에 들러 소피의 밥그릇을 채우고 화장실을 치워주었지만 소피를 쓰다듬거나 놀아주지는 않았다. 소피는 서서히 소극적으로 변해갔다. 사료를 먹거나 화장실을 쓸 때 외에는 하루 종일 침대 밑에 틀어박혀 있었다. 자기 몸을 깔끔히 하는 일에도 소홀해져 온몸의 털이 엉키고 지저분해졌다. 화장실 대신 벽장 구석에 똥오줌을 싸는 일도 잦아졌다. 차츰 식욕도 사라졌고 하루 종일 잠만 잤다. 몇 달이 지난 후 소피의 달라진 외양과 행동에 죄책감을 느낀 패트리샤가 소피를 동물병원으로 데려갔다. 담당 수의사는 소피를 진찰하고 몇 가지 검사를 한 후 고양이행동컨설턴트로 나를 추천했다. 패트리샤의 집에 가서 만난 소피는 삐쩍 마르고 더러운 데다 우울증에 빠져 있었다.

고양이가 우울증에 빠지는 원인은 사람과 마찬가지로 죽음, 질병, 고독감 등등이다. 고양이가 우울증에 걸렸다는 것은 어떻게 알 수 있을까? 먼저 고양이의 일상적인 행동에 변화가 있는지 살펴본다. 특히 집에 중대한 위기상황이 닥쳤다면 더욱 세심히 살펴야 한다. 당장이 아니라 얼마 전에 생긴 상황이 원인일 수도 있다. 고양이가 우울증에 빠졌다는 것을 보호자가 알아차릴 즈음이면 이미 상당히 악화된 상태일 수 있다. 고양이의 성격, 활동 정도, 식욕, 그루밍 습관, 화장실 사용 습관, 수면 패턴, 전반적인 외양에 아무리 사소한 것이라도 변화가 생겼는지 살펴봐야 한다. 고양이는 보호자가 가장 잘 안다. 무언가 잘못된 것처럼 보인다면 정말로 잘못되었을 가능성이 높다.

수의사와 상담하고 고양이의 삶에 다시 활기를 찾아주자. 상호작용 놀이 시간을 늘리고 집 안 환경을 좋은 자극으로 채운다. 지금이야말로 재미 요소를 잔뜩 찾아내 소개시켜 줘야 할 때다. 고양이 터널을 놓아주고 퍼즐 먹이통을 여기저기 배치하고 창가에 캣타워를 놓아준다. TV로 고양이용 DVD를 틀어주고, 고양이가 노는 곳에 장난감들을 몇 개 숨겨두고 벽에 고양이 선반을 설치하고 안락한 은신처를 몇 군데 마련해 준다. 집 안을 어떻게 하면 고양이에게 즐거운 환경으로 바꿀 수 있는지 상상력을 총동원한다. 고양이가 하루 종일 집에 혼자 있어야 한다면 친구나 펫시터pet sitter가 매일 집에 와서 놀아주는 것도 한 방법이다. 고양이와 클리커 트레이닝을 해본 적이 없다면 지금이 시작하기 좋은 때다. 고양이가 그루밍을 잘 하지 않고 있다면 매일 브러시로 털을 빗어준다. 대개 고양이는 브러시로 마사지를 해주는 감촉을 아주 좋아한다. 또 가끔 캣닢을 뿌려주는 것도 좋은 방법이다.

만약 오래전에 보호자의 라이프스타일이 바뀐 것 때문에 고양이가 우울증에 빠졌으며 자극이 많은 환경을 만들어주는 것만으로는 충분하지 않다면 고양이를 한 마리 더 입양하는 방법도 고려해봐야 한다. 핵심은 이것이다. 고양이에게 다시 즐거운 삶을 찾아주자!

팁! 우울증은 심각한 문제이며 고양이의 건강에 악영향을 미칠 수 있다.

고양이가 먹이를 먹고 화장실을 이용하는 습관을 유심히 살펴보자. 고양이가 먹이를 먹지 않는다면 즉시 수의사에게 연락한다. 고양이는 24시간 이상 먹이를 먹지 않으면 위험하다. 수의사에게 약을 처방받는 방법도 있다.

관심을 구하는 행동

고양이는 일정한 수준의 자극이 없으면 관심을 구하는 행동을 하기도 한다. 자극이 부족한 환경에서는 주로 보호자가 유일한 활동의 원천이 된다. 보호자가 고양이와 많이 놀아주는 경우라도, 고양이가 활동 유발 장난감을 혼자 가지고 노는 법을 배우지 못했다면 놀고 싶을 때마다 보호자를 졸라댈 것이다.

고양이가 관심을 구하는 행동에는 졸졸 따라다니기, 앞발로 건드리기, 보호자와 좀 더 가까운 곳으로 뛰어올라가기, 보호자가 걸어갈 때 다리 사이를 S자로 누비기, 크게 울기, 물기, 보호자에게 적절하지 못한 행동 보이기 등이 있다.

관심을 구하는 행동을 수정하려면 고양이가 이런 행동을 할 때 관심을 일체 주지 않아야 한다. "안 돼."라고 말하거나 고양이를 옆으로 밀어내는 것도 고양이는 그토록 원하는 관심을 받은 것으로 해석할 수 있다. 일절 반응하지 않아야 고양이가 그런 행동을 해도 관심, 재미, 상호작용, 보상이 따르지 않는다는 것을 알게 된다.

관심을 구하는 행동에 체벌을 가하는 것도 삼간다. 야만적인 방법일 뿐 아니라 이 역시 관심을 주는 것으로 해석되기 때문이다. 아프지만 그래도 관심은 관심이다. 반대로 고양이가 관심을 구하는 행동을 하지 않을 때 보상을 준다. 즉, 고양이가 관심을 끌고 싶어 앞발로 우리를 건드리거나 야옹거릴 때는 일절 무시하고, 녀석이 조용히 있으면 쓰다듬어주거나 잠깐 같이 놀아준다.

놀이 시간, 상호작용, 쓰다듬기 등의 일과를 일관되게 유지해 고양이가 언제 보호자의 관심을 받고 언제 같이 놀게 될지를 알 수 있게 한다. 놀이 시간에서부터 밥 먹는 시간에 이르기까지 모든 일과를 되도록 일관성 있게 유지할수록 고양이는 불안감을 덜 느낀다. 고양이가 불안감을 덜 느끼면 곤란한 시간대에 우리의 관심을 구하는 행동을 할 가능성이 줄어들 것이다.

한밤중의 '우다다'

잠자리에 누워 막 꿈나라로 들어서려는데 갑자기 거실에서 와장창! 하는 소리가 들린다. 벌떡 일어나 앉는데 이번에는 말 한 마리가 거실에서 질주하는 듯한 소리가 들린다. 깜짝 놀라 불을 켜고 거실로 가 본다. 거실에는 더없이 순진한 표정의 고양이가 말똥말똥 앉아 있다. 그리고 그 옆에는 오늘 저녁 남편에게 선물 받은 장미 십여 송이가 널브러져 있고, 그 장미를 꽂아두었던 크리스털 화병도 있다. 물론 깨진 채 말이다. 고양이는 눈을 깜빡이고 꼬리 끝을 몇 번 흔든 뒤, 거실을 총총히 벗어난다.

보호자의 하루 일과에 자신의 일과를 맞춰주는 고양이도 있지만 그렇지 않은 고양이도 많다. 따라서 편안한 숙면을 보장받으려면 잠자리에 들기 전 몇 가지 준비가 필요하다.

제한 급여를 하고 있다면 하루 식사량 중 일부를 따로 남겨 잠자리에 들기 전 행동 수정 시간에 쓰도록 한다. 잠자리에 들기 직전(다시 한 번 말하지만 '직전'이어야 한다), 10~15분 정도 고양이와 상호작용 놀이를 한 다음 따로 남겨두었던 사료를 준다. 신나게 놀면 하루 동안 쌓였던 에너지가 발산되고 그 직후 먹이를 먹었기 때문에 졸릴 가능성이 높다. 놀이가 끝날 시간이 되면 강도를 조금씩 낮추어 고양이가 흥분을 가라앉히게 한다. 놀이 시간을 갑자기 끝내버리면 밤새도록 아직 발산할 에너지가 잔뜩 남은 고양이를 상대해줘야 하는 낭패를 겪을 수 있다. 물론 강도를 낮추면서 놀이 시간을 끝내고 먹이까지 주었음에도 여전히 혈기왕성한 고양이는 침대에 누워 있는 우리 배 위로 뛰어내리는 놀이를 하고 싶어 할 수 있다. 이럴 때는 퍼즐 먹이통을 몇 개 배치해 밤새 찾아다닐 수 있게 한다. 시끄러운 소리가 나는 장난감도 놓아두되, 우리가 잠에서 깨는 일이 없도록 침실에서 먼 곳에 둔다.

거실 창문의 커튼을 닫지 말고 창가에 캣타워를 두어 고양이가 밤 풍경을 즐길 수 있게 하는 것도 좋다. 나는 침실로 통하는 작은 방의 창 덧문을 열어두고 그 앞에 캣타워를 둔다. 그러면 우리 집 고양이들은 캣타워에 앉아 밤 시간에 열심히 활동하는 벌레들과 개구리를 구경하느라 시간 가는 줄 모른다.

밤에만 꺼내주는 특별 장난감과 퍼즐 먹이통이 따로 있는 것도 좋다. 고양이에게는 밤에만 즐길 수 있는 특별 이벤트가 될 것이다. 한밤중의 '우다다'를 방지하려면 잠자기 전 놀이 시간은 빼먹지 않고 유지하되 자극이 풍부하고 고양이에게 만족스러운 시간이 되어야 한다. 그래야만 고양이가 에너지를 발산하고 느긋하게 휴식을 취하도록 할 수 있다.

팁! 잠자리에 들기 전 상호작용 놀이는 침대 위에서는 하지 않는다. 그랬다가는 고양이가 침대를 놀이터, 착륙장, 레슬링 링, 잠행 공격의 목적지로 생각하게 될 것이다.

조리대 올라가기

집 안은 조용하다. 재미있어 보이는 일을 하는 사람은 아무도 없다. 그래서 고양이는 주방으로 걸어가 주위를 둘러본다. 바닥에서는 흥미로운 일이 생길 것 같지 않으니 우아하게 조리대 위로 뛰어오른다. 갑자기 어디에선가 보호자가 나타나 고함을 지르고 욕을 하더니 분무기를 조준한다. 고양이의 얼굴에 물벼락이 쏟아진다. 흠뻑 젖은 고양이는 공포에 질린 채 조리대에서 뛰어내려 허둥지둥 집 안을 돌아다니다가 침대 밑으로 숨어든다. 그리고 한 시간 가까이 꼼짝도 않는다. 보호자는 분무기를 내려놓고 다시 TV를 보러 방으로 돌아간다. 보호자는 이렇게 생각한다. “저 놈의 고양이, 앞으로 교육을 더 시켜야겠어!” 고양이는 이렇게 생각한다. “세상에, 저 인간이 미쳤나 봐!” 요점을 말하자면, 이런 교육 방법은 최악이다.

고양이가 조리대, 탁자, 그 외 보호자가 원치 않는 곳에 올라가지 못하게 하는 가장 좋은 방법은 고양이처럼 생각하기 기법을 적용하는 것이다. 고양이가 조리대에서 바라는 것이 무엇인지 파악하고 그 대체물을 제공한 다음, 고양이가 대체물을 선택하면 보상을 주는 것 말이다!

조리대를 덜 매력적인 곳으로 만들어 고양이가 올바른 선택을 하도록 도울 수도 있다. 접근 금지는 일관성 있게 적용해야 한다. 평소에는 조리대나 식탁에 올라가도 내버려두다가 음식이 있을 때는 금지하는 식이면 곤란하다. 고양이는 그 차이를 이해하지 못하며, 이해하기를 바라는 것 자체가 부당한 일이다.

적절하고 매력적인 대체물을 만들기 위해 우선 고양이가 왜 조리대를 좋아하는지 알아보자.

• 고양이가 조리대 위의 음식을 탐내는가? 그렇다면 퍼즐 먹이통을 대체물로 제공한다. 또한 식사가 끝나면 모든 음식을 치우고 조리대에

음식을 두지 않는다.

• 조리대나 탁자에 고양이가 씹을 식물이 있거나 그 외 고양이가 가지고 놀 만한 물건이 있는가? 화분을 치우고 조그마한 물건들은 서랍장이나 찬장 속에 넣는다.

• 고양이가 창밖을 내다보고 싶어 하는가? 창밖에 재미있는 풍경이 보이는 다른 창문 앞에 캣타워를 두거나 창문에 고양이 해먹을 달아준다. 조리대에 자꾸 올라가는 고양이 때문에 골치라는 보호자의 집을 방문해 보면, 조리대 위가 아니고는 창밖을 내다볼 만한 장소가 없는 경우가 많다. 게다가 이런 가정 대다수는 캣타워나 창문 해먹이 없다.

• 고양이가 조리대 위에서 낮잠자는 것을 좋아하는가? 어쩌면 조리대가 높으면서도 사지를 쭉 뻗을 수 있을 만큼 넓기 때문일 수도 있다. 그러니 다른 곳에 높으면서도 널찍한 공간을 마련해준다. 맨 위 선반이 넓은 캣타워를 놓거나 창가에 탁자를 놓고 널찍한 고양이 침대를 놓거나 수건을 깔아줘도 좋다.

• 고양이가 조리대 위를 더 안전하다고 느끼는가? 그렇다면 높은 곳에 조리대를 대체할 만한 안전한 장소를 만들어준다. 집 안의 다른 반려동물과 적대관계라면 이 관계를 해소해주는 노력도 해야 한다. 고양이에게는 집 안에 안전한 장소가 있다는 확신이 필요하다. 멀리까지 내다볼 수 있어 상대가 접근하고 있는지를 되도록 빨리 알아챌 수 있고 아무도 뒤에서 몰래 접근하지 못한다는 확신을 가질 수 있는 장소 말이다. 아이들이나 다른 가족 구성원의 손길을 피하려고 조리대 위로 올라가는 고양이도 있다. 이 경우에는 고양이가 안정감을 느낄 수 있도록 관계를 개선하고 다른 높은 곳에 쉼터를 만들어준다.

• 고양이가 우리의 관심을 원하는가? 그렇다면 상호작용 놀이 시간을 매일 일과에 넣고, 집 안에 고양이가 혼자 놀 수 있는 장난감을 여기저기 두어 좋은 자극이 풍부한 환경을 조성해 준다. 보호자와 접촉하려고 조

리대에 뛰어오르는 고양이라면, 보호자가 안아서 조리대에서 내려놓는 행동조차도 녀석이 원하는 보호자와의 교류, 즉 보상 행위가 되니 주의하자.

나는 한 면에 작고 뾰족뾰족한 돌기가 나 있는 비닐로 된 카펫 보호막plastic carpet protector을 조리대 전체에 덮어 놓는다. 조리대뿐만 아니라 그 외 고양이가 뛰어오르지 않았으면 하는 곳에 이 카펫 보호막을 덮어두고 조리대나 탁자를 써야 할 때 걷었다가 용무가 끝나면 바로 다시 덮어둔다. 그러면 고양이는 차츰 조리대 위가 그리 좋은 장소가 아니라고 생각하게 될 것이다(하지만 고양이가 조리대에 뛰어오르지 않게 되었다고 해서 보호막을 너무 빨리 완전히 치워버리지는 말자). 드디어 보호막을 완전히 치워버릴 때는 며칠에 걸쳐 하나씩 치운다. 맨 앞쪽 조리대 위의 보호막은 되도록 오래 남겨두어 고양이가 조리대 전체에 여전히 보호막이 덮여 있다고 착각하게 만드는 것이 좋다.

고양이가 보호막이 덮이지 않은 곳에 올라가 있고 그곳에 고양이가 올라가는 것을 원하지 않는다면, 녀석을 안아 올려 "안 돼."라고 말한 다음(절대 소리 지르거나 언성을 높이지 않는다), 바닥에 내려놓는다. 고양이를 밀어서 떨어뜨리거나 바닥에 던지듯 해서는 안 된다. 또 고양이를 안아 올려 뽀뽀를 하거나 쓰다듬어 준 후에 내려놓는 행동도 해서는 안 된다. 고양이가 관심을 구하기 위해 그곳으로 뛰어올라간 것이라면 녀석을 바닥에 내려놓을 때 눈을 마주치지 않도록 한다. 바닥에 내려놓은 다음 바로 자리를 뜬다. 여러 번 반복하면 고양이는 조리대나 탁자 위에 올라가면 보호자가 가버린다고 인식하게 된다.

음식을 조르는 것은 귀여운 행동이 아니다

우리 집에는 절대 엄수되는 몇 가지 규칙이 있다. 그중 하나는 그 어떤 동물도 식탁 위의 음식은 먹을 수 없다는 것이다. 식탁 위의 음식을 고양이에게 주는 것은 고양이의 영양 균형을 해칠뿐더러 식성 까다롭고 비만한 고양이로 만든다. 우리가 먹는 음식 대부분은 고양이에게는 간이 너무 세기 때문에 건강을 해칠 수 있다. 식사를 할 때 고양이가 음식을 달라고 조르기 시작하면 장난감이나 퍼즐 먹이통으로 관심을 돌리거나 보호자가 식사를 하는 시간과 고양이에게 밥을 주는 시간을 맞춘다.

놀이 중에 물거나 할퀴기

고양이를 키운다는 사람 중에 손에 할퀸 상처가 수두룩하다면 이제 갓 새끼고양이를 입양했음이 틀림없다. 새끼고양이의 관심을 끌고 싶어 손가락으로 고양이를 유혹하는 사람들이 있다. 사람에겐 편리하고 고양이에겐 매혹적인 장난감이지만 좋은 방법은 아니다. 새끼고양이는 사람의 살을 깨물고 할퀴어도 괜찮다고 배우게 되고, 더군다나 성장하기 시작하면서 문제가 심각해진다. 그러니 처음부터 낚싯대 같은 상호작용 놀이용 장난감으로 놀아줘서 사람의 손을 장난감으로 인식할 가능성을 아예 제거하자. 모든 교육이 다 그렇지만, 여기에서도 일관성이 중요하다. 가족 모두가 똑같은 규칙을 적용해야 한다.

새끼고양이가 놀이 도중에 우연히 손을 물었다면, 높은 목소리로 "아얏!" 또는 놀라게 할 만한 소리를 내어 새끼고양이가 움찔하면서 자신이 보호자에게 상처를 입혔고 이건 놀이에서 해서는 안 되는 행동이라는 것을 깨닫게 한다. 이빨이 여전히 손에 닿은 상태라면 손을 잡아 빼서는 안 된다. 손을 새끼고양이의 입에서 빼내면 녀석은 본능적으로 더 세게 문다. 손을 사냥감으로 인식해서 그에 따라 반응하는 것이다. 그러니 꼼짝 않고 가만히 있어야 한다. 녀석이 손을 놔주려 하지 않으면 손을 천천히 녀석을 향해 들이밀자. 그러면 저절로 풀려날 것이다. 사냥감은 도망치려 하지 일부러 포식자 쪽으로 밀고 들어오지는 않기 때문에 새끼고양이는 당황해서 턱을 벌리고 문 것을 놓게 된다. 손이 녀석의 입에서 풀려나면 잠시 동안 새끼고양이에게 아무 반응을 보이지 않다가 몇 초 후에 낚싯대를 휘둘러 물어도 괜찮은 장난감은 이것이라는 걸 알려준다.

새끼고양이가 놀이 중에 우연히 보호자를 발톱으로 할퀴었을 때도 똑같은 방법을 쓴다. 손을 뒤로 빼면 박혀 있는 발톱이 더 깊이 살을 파고든다.

놀이 중에 물거나 할퀴었다고 해서 벌을 주거나 때리거나 큰 소리로 야단쳐서는 절대 안 된다. 물어서는 안 되는 대상을 물었을 때는 놀이가 당장 중단된다는 것을 보여주고, 그런 다음 물어도 괜찮은 장난감 쪽으로 이끄는 것이 가장 훌륭한 교육법이다. 어떤 상황에서도 '손을 물거나 할퀴어서는 안 된다'는 규칙을 깨뜨려서는 안 된다. 이불 밑에서 손가락을 꼼지락거려 새끼고양이를 유혹하는 것은 재미 만점인 장난이지만, 이렇게 새끼고양이가 우리 손가락을 물게 하면 지금까지의 교육이 모두 헛수고가 되어버린다. 절대 이랬다 저랬다 하지 말자. 일관성을 기억하자!

문틈으로 달아나기

설령 외출고양이라 할지라도 우리가 집으로 돌아와 문을 열 때마다 고양이가 쏜살같이 열린 문 틈으로 뛰쳐나가는 것은 바라지 않을 것이다. 이런 사태를 방지하려면, 집으로 돌아왔을 때 현관문 바로 앞에서 고양이를 맞이하거나 쓰다듬어 주면 안 된다. 문으로 걸어 들어오면서 바로 고양이를 부르면, 녀석은 우리가 올 시간에 맞추어 그 자리에서 기다리게 된다. 우리가 열쇠를 절그럭거리거나 전자키를 누르는 소리는 우리가 곧 문을 열 테니 그 순간을 놓치지 말고 뛰쳐나가라는 신호가 된다. 그러니 문 바로 앞이 아니라 집 안쪽으로 몇 걸음 더 들어간 다음 고양이와 인사를 나누도록 한다. 그 지점으로 갈 때까지는 현관에 나와 있는 고양이를 무시한다. 이를 여러 번 되풀이하면 고양이는 문 바로 앞보다는 조금 더 안쪽에서 우리를 기다리게 된다.

보호자가 외출할 때 고양이가 문 밖으로 뛰쳐나가는 것을 막으려면 특정한 곳, 예를 들면 캣타워에서 고양이에게 작별인사를 한다. 나가기 전에 사료를 채운 퍼즐 먹이통을 그곳에 놓아 고양이의 관심을 돌린다. 외출할 때 고양이가 먹이에 관심을 두지 않는다면 문에서 멀리 떨어진 곳에 장난감을 던진다.

관심을 딴 데로 돌리려는 모든 방법이 실패로 돌아가고 고양이가 여전히 문 밖으로 돌진하려 한다면 최후의 수단이 있다. 최후의 수단이니만큼 다른 모든 방법을 써봐도 어쩔 수 없을 때 사용하도록 한다. 먼저 다른 사람을 현관문 밖에 서 있게 하고, 고양이가 틈으로 빠져나오기 힘들 정도로 문을 조금만 연다. 고양이가 문으로 다가오면 밖에 서 있던 사람이 분무기나 압축 공기캔으로 물이나 공기를 뿜어 고양이를 놀라게 한다. 절대 고양이의 얼굴을 겨냥해서는 안 된다. 다가오는 고양이의 가슴팍이나 앞다리를 향한다. 중요한 것은 고양이가 그 사람을 볼 수 없어야 한다. 물이나 공기를 내뿜는 것이 사람이 아니라 문이라고 인식하게 해야 한다.

13

공격성

공격성의 종류와 행동 수정

이건 참으로 무서운 주제다. 귀엽고 사랑스러운 고양이가 으르렁거리고 닥치는 대로 물거나 할퀴는 고양이로 변할 수 있다는 것은 상상도 하기 싫은 일이지만, 경고 신호를 계속 무시하다가는 보호자와 고양이의 관계는 파국으로 치닫게 될 수 있다.

공격적인 행동을 하는 고양이는 악의가 있어서도, 반항하기 위해서도, 우리가 무서워하는 것을 즐기기 위해서도 아니다. 다른 선택의 여지가 없다고 느껴서이다. 공격적인 행동을 보이는 고양이는 궁지에 몰리고 갇혔다는 느낌을 받고 있다. 그러니 고양이가 공격적인 동물이라 치부하지 말고 고양이가 공격적인 행동을 하는 이유를 밝혀서 적절한 행동 수정을 해야 한다. 무엇 때문에 고양이가 공격적인 행동을 하는지, 공격성에는 어떤 종류가 있는지를 이해하면 공격성이 나타나는 것 자체를 피할 수 있는 가능성이 높아진다.

공격성의 종류

대개 고양이는 공격성을 표출하기 직전에 경고 신호를 보낸다. 낮게 으르렁거리거나, 몸을 씰룩거리거나, 꼬리를 세차게 휘두르거나, 발톱을 내밀고 앞발로 상대를 후려친다. 여러 가지 신호를 보내는 고양이도 있고 짧게 한 가지만 보이는 고양이도 있으며 곧 공격을 할 것이라는 그 어떤 경고도 보내지 않는 고양이도 있다. 고양이가 갑자기, 뜻하지 않게 공격적으로 변하는 상황에 처한다면 가장 좋은 방법은 고양이를 혼자 두는 것이다. 고양이를 만지거나, 쓰다듬거나, 안심시키거나, 제지하려는 시도는 고양이의 공포심만 가중시킬 뿐이며 자칫 보호자가 상처를 입을 수 있다. 또 공격적인 행동은 여러 가지 질환 때문에 발생할 수도 있으므로 먼저 고양이를 동물병원에 데려가 확인해야 한다. 아무 질환이 없다는 것이 확인된 후에야 그 공격성이 행동 문제라고 판단할 수 있다(공격성 문제의 원인이 질환 때문이라 하더라도, 수의사가 동물행동전문가를 만나볼 것을 추천하기도 한다). 고양이가 보이는 공격성 종류에는 다음 몇 가지가 있다.

고양이 간의 공격성

고양이 두 마리가 서로에게 공격성을 보이는 것은 흔한 기 싸움의 일부일 수도 있고, 서로를 못마땅해 하는 상황이 몇 년씩 이어질 수도 있다. 또 고양이 한 마리가 동물병원에 다녀온 뒤 낯선 냄새를 풍길 때 고양이들 간에 공격성이 나타날 수도 있다. 집에 고양이의 수가 많을수록 고양이 간의 공격성이 나타날 가능성은 높아진다.

고양이 간의 공격성은 영역 위협을 받았기 때문이거나 또는 다른 상황에서 발생된 방향 전환된 공격성일 수 있다. 공격성은 감시하기, 몰래 따라다니기, 오줌 표시하기 같은 행동으로 미묘하게 드러날 수도 있고, 하악거리기, 으르렁거리기, 앞발로 때리기, 노골적인 습격 등 공공연한 행동으로 나타날 수도 있다.

고양이 간의 공격성을 해소하려면 근본적인 원인을 찾고, 필요하다면 환경을 변화시키고 적절한 행동 수정을 해야 한다. 먹이를 먹는 장소의 배치, 화장실 상자의 수와 위치, 스크래처의 수와 위치, 잠자는 장소를 점검해야 한다. 고양이는 저마다 자신만의 안전한 장소가 있어야 하고 스트레스를 받지 않고 먹이나 화장실에 접근할 수 있어야 한다.

때로는 고양이들을 떼어놓았다가 마치 처음 만나는 것처럼 다시 소개시켜줘야 하는 경우도 있다. 이때 같은 장소에서 고양이에게 간식이나 먹이를 주되 적절한 거리를 유지한다. 고양이 하나가 다른 고양이를 바로 습격하면, 완충장치로 아기용 안전문을 세우거나, 습격을 담당하는 고양이에게 하네스와 줄을 채운다. 아니면 식사 시간에 두 녀석을 각각 이동장에 넣어도 된다. 그리고 다음 식사 시간에 녀석들이 긴장감을 보이지 않는다면 밥그릇 사이의 거리를 조금씩 줄여 본다.

이때도 클리커 트레이닝이 도움이 된다. 고양이들이 긴장감을 늦추거나 비공격적으로 행동하면 클리커를 누르고 보상을 준다. 또, 고양이 중 한 마리가 공격성을 보이면 녀석에게 방울이 달린 목걸이를 채워서 녀석이 (공격하려고) 접근할 때 다른 고양이들에게 경고음이 울리도록 한다(공격적인 행동이 심해지면 공인동물행동 전문가를 찾아가도록 한다).

> 고양이가 여러 마리인 집에서 고양이들끼리 긴장 관계가 형성되어 있다면 다른 고양이를 들이지 않도록 한다.

놀이 공격성

사람에게 놀이 관련 공격성을 보이는 것을 용납해서는 안 된다. 이런 공격성에 흔히 희생되는 것은 죄 없는 우리 발이나 발목이다. 침대 옆을 지나가는데 매복 중이던 이빨과 날카로운 발톱이 느닷없이 습격해 오는 식이다. 게다가 범인은 치고 빠지는 공격의 전문가로, 일단 습격에 성공하면 번개처럼 방을 뛰쳐나가 거실로 달려가 버린다. 대부분 세게 물지 않기 때문에 피부에 큰 상처가 남지는 않지만, 어떤 경우에는 너무 흥분한 나머지 피가 날 정도로 세게 물거나 할퀴기도 한다.

고양이가 사람 가족, 동료 고양이, 또는 개를 노리고 문 뒤, 침대 밑이나 가구 뒤에 숨어 매복을 하는 경우는 드물지 않다. 너무 어릴 때 어미를 잃거나 형제자매에게서 떨어진 고양이가 이런 유형의 공격성을 보일 때가 있다. 어릴 때 일어나는 사회성 놀이 시기를 박탈당했기 때문이다. 또 놀이 시간이나 자극이 풍부하지 않은 환경의 고양이도 이런 공격성을 보이기도 한다. 이런 고양이는 무엇이든 움직이는 대상을 표적으로 삼아 본능을 해소할 수밖에 없고 우리 발은 아주 유혹적인 대상이 된다. 또, 이런 고양이는 놀이 중에는 발톱을 내밀지 않아야 한다는 규칙도 배우지 못했을 가능성이 크다.

이 행동을 수정하려면 하루에 최소한 두 번 또는 세 번, 상호작용 놀이 장난감(낚싯대)으로 고양이와 놀아준다. 고양이가 에너지를 모두 발산하게 해주는 것은 물론 어떤 대상(장난감)은 물어도 되고 어떤 대상(사람의 발)은 물면 안 되는지도 가르쳐줄 수 있다. 장난감은 여러 개를 마련해 번갈아 사용하여 고양이가 지루해하지 않게 한다. 혼자 놀 수 있는 활동 유발 장난감과 퍼즐 먹이통을 집 안 여기저기 배치하여 좋은 자극이 풍부한 환경을 만든다. 또 캣타워나 그 외 올라갈 수 있는 구조물을 한 개 이상 설치해준다.

고양이가 매복할 만한 장소에는 근처에 혼자 놀 수 있는 장난감을 넣어두었다가 고양이가 습격하기 전에 미리 꺼내 던져주는 것도 방법이다.

명심해야 할 것은 놀이 중에 장난으로라도 고양이가 손가락을 깨물지 못하게 해야 한다는 점이다. 손가락을 장난감으로 내어주면 녀석은 발가락과 다른 신체 부위도 장난감이라고 여기게 된다.

또, 고양이의 발톱에 할퀴지 않으려면 발톱을 정기적으로 깎고 다듬어 주고 고양이가 우리에게 달려들었다고 체벌을 가해서는 절대 안 된다. 우리에게 공포심을 느끼게 될 뿐 아니라 더 심각한 공격성을 유발할 수 있다.

> **팁!** 걸어갈 때 고양이가 발을 습격하면, 모든 동작을 멈추고 그 자리에 가만히 서 있도록 한다. 고양이의 관심을 끄는 것은 우리 동작이기 때문이다. 그런 다음 적절한 장난감을 던져줘 고양이의 관심을 돌리고 바람직한 행동이 무엇인지 알려준다.

두려움에서 오는 공격성

두려움에서 오는 공격성을 드러내는 고양이는 대개 몸을 바닥에 납작 붙이고 동공이 확장되며 귀는 바싹 눕힌다. 하악거리거나 으르렁거릴 때도 많다. 몸은 옆구리를 보이지만 머리와 앞발은 '공격자'를 향해 있다. 이런 자세가 의미하는 것은 몸은 언제라도 도망칠 준비가 되어 있으나 머리와 앞발로는 방어를 하겠다는 것이다. 두려움에서 오는 공격성은 고양이에게는 모순되는 감정이기도 하다. 이런 자세를 취하고 싶지는 않으나 필요하다면 싸우겠다는 것이니까 말이다.

두려움에서 오는 공격성은 주로 동물병원에서 수의사들을 향해 드러난다. 자기 고양이가 이렇게 위협적인 행동을 하는 것을 동물병원에서만 보는 보호자들도 많다. 고양이는 공포심을 심하게 느끼면 오줌이나 똥, 또는 양쪽 모두를 배설하기도 한다. 항문샘이 드러나는 경우도 있다.

고양이가 두려움에서 오는 공격성을 보이면 혼자 둘 필요가 있다. 집이라면 고양이가 있는 방에서 나가 고양이가 진정할 시간을 준다. 무엇을 두려워하는지 원인을 알고 그 원인을 제거할 수 있다면 조용하고 신속하게 제거한다. 고양이를 혼자 가만히 두고 녀석이 먹이 먹기, 화장실 쓰기, 보호자의 관심 구하기 등 다시 일상적인 행동을 할 때까지 녀석과 접촉하지 않는다. 고양이가 상처를 입은 상태에서 두려움에서 오는 공격성을 보인다면 안전하게 동물병원으로 데려가야 한다(이 상황은 18장에서 자세히 다룬다).

고양이가 동물병원에서 이런 공격성을 보이는 경우, 반드시 이동장에 넣어 데려가야 한다. 동물병원에 도착할 때까지는 가만히 있다가 출입구를 통과하기만 하면 도저히 통제할 수 없는 상태가 되기도 한다. 또 이동장은 상부가 분리되는 형태가 좋다. 위쪽 덮개를 열고 고양이의 상체만 노출되게 하면 고양이 입장에서는 낯선 검사대가 아닌 이동장 안에 있을 수 있다. 고양이가 동물병원 직원들에게 긍정적인 연관을 형성할 수 있도록 간식을 가져와 먹여주는 것도 방법이다. 하지만 어떻게 해볼 수 없을 정도로 심한 공격성을 보인다면 수의사와 직원들의 손에 맡긴다.

두려움에서 오는 공격성이 같이 사는 다른 반려동물 때문이라면 둘을 분리시켰다가 서서히 다시 소개시켜야 한다(소개에 대한 기술은 14장에서 상세히 다루고 있다).

두려움에서 오는 공격성이 사람 가족 때문이라면 아주 서서히, 조심스럽게 해결해야 한다. 보호자가 새로운 배우자를 맞이했을 때 고양이는 흔히 새 식구에게 두려움에서 오는 공격성을 보인다. 이럴 때 적용할 행동수정 기술은 문제의 인물을 '좋은 사람'으로 만드는 것이다. 가장 좋은 방법은 말할 것도 없이 긍정적인 연관을 형성해주는 것이다. 새 식구가 고양이에게 밥과 간식을 주는 일을 맡는다. 또 상호작용 장난감으로 놀아주는 일도 맡는다. 주의할 점은, 어디까지나 고양이의 페이스에 맞추어야 한다는 것이다. 절대 성급하게 진행해서는 안 된다. 고양이를 안전지대에 머물게 하고, 안전한 거리를 유지하면 고양이는 이 낯선 식구가 위협적인 존재가 아님을 깨닫게 될 것이고, 그 이후에는 둘의 관계가 좀 더 편안한 분위기로 발전할 것이다. 고양이가 두려움에서 오는 공격성을 강하게 드러내면 접촉을 시도하지 말고 고양이가 편안하게 느끼는 다른 방에 혼자 있게 둔다. 고양이가 더 이상 반응을 보이지 않으면 문을 열고 방에서 나오게 한다.

고양이가 두려움에서 오는 공격성을 정기적으로 보인다면 수의사와 상의한다. 두려움의 원인을 알 수 없다면 공인 동물행동 전문가의 도움을 받아야 할 수도 있다.

> **팁!** 고양이의 자세와 경고 신호에 주의를 기울이자. 고양이가 공격성을 보일 때는 접촉을 시도해서는 안 된다.

쓰다듬을 때 일어나는 공격성

겉보기에는 아무 이유 없이 느닷없이 나타나는 공격성이다. 우리 무릎 위에 느긋이 엎드려 부드럽게 쓰다듬는 손길을 즐기고 있던 고양이가 아무 경고 신호도 없이 갑자기 머리를 홱 돌리더니 우리 손에 이빨을 박아 넣거나 발톱을 내민 앞발로 손을 휘감는다! 잠깐 앞으로 돌아가보자. 고양이는 무릎에서 느긋이 휴식을 취하고 있었고 우리는 녀석을 쓰다듬고 있었다. 아무리 봐도 아무 문제 없어 보인다. 우리 관점에서 보자면 고양이가 느닷없이, 아무런 경고도 보내지 않고 공격했다. 바로 여기가 소통의 단절이 일어난 지점이다. 고양이는 분명 공격에 앞서 우리에게 참을 만큼 참았다는 경고 신호를 보냈을 것이다.

보호자가 흔히 놓치기 쉬운 고양이의 경고 신호로는 꼬리를 세차게 휘두르거나 탁탁 내려치기, 살 꿈틀거리기, 자세 바꾸기 등이 있다. 어쩌면 고양이는 우리를 몇 번이나 올려다보며 왜 자기가 보낸 메시지를 당신이 알아듣지 못하는지 파악하려 했을지 모른다. 고양이가 홱 돌아보며 우리 손을 할퀴거나 물어뜯을 즈음에는 쓰다듬기라는 과다 자극이 결국 한계점을 돌파해 즐거움이 불쾌감으로 바뀐 상태다.

어떤 고양이는 이 한계점이 낮기 때문에 조금만 쓰다듬어도 바로 돌파해 버리기도 한다. 사람이 쓰다듬어줄 때 느끼는 즐거움이 금세 과다 자극이 되는 고양이도 있다. 민감성, 통증, 정전기가 원인인 경우도 있다. 특정 신체 부위를 쓰다듬으면 공격성이 촉발되기도 한다. 머리 뒤쪽이나 턱 밑을 쓰다듬어주면 느긋하게 엎드려 좋아하지만 등이나 꼬리 쪽을 만지면 갑자기 불안해하기도 한다. 쓰다듬어주기를 바라지 않는 부위가 아주 명확한 고양이도 많으므로, 쓰다듬어줄 때 고양이가 공격성을 자주 보인다면 몸 여기저기를 쓰다듬어주면서 각각 어떻게 반응하는지를 잘 살펴본다.

고양이의 몸짓을 잘 관찰해 과다 자극 상태가 되고 있는지 여부를 살핀다. 고양이가 경고 신호를 보내기 시작하면 즉시 쓰다듬기를 중단한다. 가만히 내버려두고 진정할 시간을 준다. 가장 좋은 방법은 고양이가 경고 신호를 보내는 단계까지도 가지 않는 것이다. 만약 고양이가 쓰다듬기 시작한 지 5분 후부터 불편해한다면 3분만 쓰다듬고 손을 뗀다. 고양이가 불편해하기도 전에 쓰다듬기를 중단하면 보호자도 고양이도 쓰다듬기라는 상호작용을 즐길 수 있으며 고양이가 보호자의 손길을 불쾌한 것으로 인식하지 않을 것이다.

고양이가 딱 한 번 등을 쓰다듬는 것조차도 못 견뎌한다면, 무릎에 앉히거나 소파 옆에 앉히는 것만으로 만족하자. 고양이를 쓰다듬는 시도조차 하지 않음으로써 신뢰를 쌓아야 한다. 고양이가 무릎에 앉으면 (클리커를 누르고) 아주 좋아하는 간식으로 보상을 준다. 이 과정을 몇 번 거친 후 한 손을 내밀어 턱 밑이나 머리 뒤쪽을 딱 한 번 긁어준다. 이 두 부위는 대부분 고양이들이 만져주면 좋아하는 곳이다. 고양이가 좋아하는 부위를 딱 한 번, 재빨리 쓰다듬은 다음 간식을 준다. 고양이가 스트레스를 받는다는 몸짓을 보이지 않으면 다시 한 번 쓰다듬고, 이번에도 간식을 준다. 쓰다듬을 때 일어나는 공격성을 고치려면 이같은 행동 수정 과정이 아주 중요하다. 일단 고양이가 달갑지 않은 보호자의 상호작용을 멈추게 하려면 손을 물어뜯는 것이 제일 효과적이라고 인식해 버리면 녀석은 이 방법을 더 자주 쓰게 될 것이다.

고양이가 보내는 신호를 잘 살펴야 한다. 내 고양이 중 한 녀석은 머리, 턱 밑, 어깨 주변을 쓰다듬어주는 것은 아주 좋아하지만, 등 아래쪽으로 길게 쓰다듬거나 꼬리 부근을 쓰다듬는 것은 좋아하지 않기 때문에 나는 그쪽 부위는 아예 건드리지도 않는다. 녀석은 자기가 좋아하는 부위를 내게 알려주었고 나는 그 신호에 주의를 기울였다. 그 덕분에 녀석은 내가 자기 규칙을 깰지도 모른다는 걱정을 전혀 할 필요가 없게 되었고, 나는 녀석을 쓰다듬다가 봉변을 당할지 모른다는 걱정을 전혀 할 필요가 없게 되었다.

고양이를 쓰다듬을 때 보호자들이 곧잘 하는 실수 하나는 고양이의 배를 쓰다듬는 것이다. 배는 가장 취약한 부위이기 때문에 고양이가 등을 바닥에 대고 네 발을 공중에 노출했을 때 배를 건드리면 방어 반응을 불러일으킬 수 있다. 고양이가 배를 드러내고 눕는 것은 배를 쓰다듬어 달라는 의미가 아님을 기억하자.

방향 전환된 공격성

방향 전환된 공격성은 원하는 대상에 접근하지 못한 고양이가 흥분 상태에서 공격성을 엉뚱한 대상으로 돌리는 것을 말한다. 방향 전환된 공격성이 발생하는 상황은 다양하다. 한 예로, 고양이가 창 너머로 바깥 풍경을 한가로이 지켜보고 있는데 갑자기 낯선 고양이가 마당에 나타났다. 이때 보호자가 무슨 일인가 싶어서 다가갔더니 고양이가 갑자기 달려들어 공격한다. 애초에 공격성이 발동된 것은 보호자가 원인이 아니지만, 흥분 상태에서 원래 원인에 접근할 수가 없으므로 대신 보호자를 공격하는 것으로 감정을 터뜨리는 것이다.

또 고양이를 동물병원에 데려갔을 때나 고양이가 밖에 내보내 달라고

울 때 안아 올리려고 하다가 방향 전환된 공격성을 보이며 보호자를 할퀴거나 물어뜯는 경우도 드물지 않다. 이럴 때는 고양이가 진정할 때까지 가만히 내버려둔다. 집 밖에 나타난 고양이 때문에 흥분한 것이라면 당분간 고양이가 그 창에서 밖을 내다보지 못하게 창에 불투명 시트지를 붙이거나 포스터 액자로 아랫부분을 가려서 시선을 차단한다. 또 낯선 고양이들이 마당에 들어오지 못하게도 해야 한다(물론 실천하기 어렵다는 것은 잘 안다).

다묘 가정에서는 방향 전환된 공격성의 대상이 보호자가 아니라 같이 사는 고양이가 될 수도 있다. 고양이 하나가 잔뜩 흥분하고 불안한 상태인데 다른 고양이가 우연히 그 곁을 지나가게 된다면 전쟁이다! 그 다른 고양이는 영문도 모르고 공격을 받고 지금까지 다정한 친구였던 두 녀석은 전투에 돌입한다. 서로에게 하악 소리를 내고 으르렁거리면서 긴장감을 잔뜩 조성할 것이다. 또, 아무 죄 없는 '희생자' 고양이가 자신을 공격했던 고양이를 보고 머뭇거리거나 방어적인 태도를 취하면, '공격자' 고양이가 그런 태도에 다시 공격적인 반응을 보이기도 한다.

이럴 때 가장 좋은 조치는 되도록 빨리 두 고양이를 격리시키는 것이다. 두 녀석을 그날 하루 종일 서로 다른 방에 둔다. 서로를 보지 않으면 마음도 진정되고 방향 전환된 공격성과 서로를 연관 지을 가능성도 줄어든다. 고양이들이 진정되었으면 간식을 주고, 한 녀석씩 강도가 낮고 스트레스 해소가 되는 상호작용 놀이를 해준다. 다음날이 되면 어제의 사건은 잊혔을 가능성이 높다. 고양이들을 얼마나 오래 격리시켜야 하는가는 공격성의 강도에 따라 다르다. 두 녀석이 완전히 진정하고 긴장을 풀었다고 확신한 후에 재소개 과정을 시작해야 한다. 정해진 시간은 없으므로 두 녀석이 아직 준비가 되지 않은 것 같다면 시간을 더 주도록 한다. 서두르면 실패할 확률은 100퍼센트다.

고양이가 두 마리인 집에서 방향 전환된 공격성 때문에 계속해서 불화가 생긴다면 고양이들을 격리시켜서 맨 처음부터 시작해야 한다. 고양이들을 며칠 동안, 아니면 몇 주 동안이라도 격리시켰다가 마치 처음 만나는 고양이 두 마리를 소개시키듯이 재소개 과정을 천천히 진행한다.

방향 전환된 공격성은 공격성 중에서도 잘못 진단될 가능성이 높다. 아무 문제도 없다가 갑자기 시작된 것처럼 보이기에 아무 이유 없는 공격성으로 판단되곤 한다. 고양이는 방향 전환된 공격성을 촉발하는 사건이 있은 지 몇 시간 후에도 계속 흥분 상태에 있기도 하므로, 왜 고양이가 갑자기 이렇게 행동하는지 원인을 찾을 수 없을 때가 많다.

고양이가 방향 전환된 공격성을 보인 적 있다면, 녀석이 흥분했음을 나타낼 수 있는 몸짓이나 울음소리의 변화에 주의를 기울이는 것이 중요하다.

가능하다면 탈감각화 또는 역조건 형성counter-conditioning▼으로 고양이가 특정 자극(마당에 고양이나 그 외 동물이 나타나는 등)에 덜 불안해하도록 만들 수도 있다.

영역 공격성

영역 공격성은 바깥세상에 사는 고양이들의 세계에서는 더없이 중요하다. 물론 실내에서만 사는 고양이도 자기 영역이 위협을 받는다고 느끼면 영역 공격성을 보일 수 있다. 영역 공격성은 사람이나 개에게도 보일 수 있지만 흔히 같이 사는 다른 고양이가 대상이 된다. 실내 영역 다툼은 집에서 넓은 곳을 두고도 벌어지지만 비교적 좁은 장소에서도 일어난다. 보호자의 침대를 놓고 싸우는 경우도 많다. 햇볕이 잘 드는 창가, 아늑한 의자, 모래 화장실, 심지어 밥그릇을 두고도 끊임없이 담판이 벌어진다. 영역 공격성은 공공연한 방식으로도 표출되지만 고양이 하나가 해당 구역을 감시하는 것 같이 감지하기 힘든 방식으로도 나타난다.

▼ 기존에 조건형성된 연관과 반대되는 연관을 조건형성하는 것을 말한다. - 편집자주

집 안에서 영역 다툼이 벌어지면 분쟁이 일어난 구역에 숨 돌릴 만한 곳을 만들어 준다. 예를 들어 화장실을 더 설치하여 고양이들이 배설 행위를 하는 동안 서로 얼굴을 맞대지 않아도 되게 해준다. 밥그릇은 고양이 수대로 마련하고, 한 고양이가 식사 중에 다른 고양이를 괴롭히면 각각 다른 방에 두고 먹이를 준다. 공격성을 보이는 고양이에게 방울이 달린 목걸이를 걸어줘 다른 고양이들이 녀석의 접근을 미리 알아차릴 수 있게 한다.

상호작용 놀이 시간은 팽팽한 긴장감을 해소하는 데 도움이 된다. 고양이들의 몸동작과 영역 다툼이 일어나는 시간대 또는 구역을 잘 관찰하고, 문제가 발생할 기미가 느껴지면 '공격자' 고양이의 관심을 장난감으로 돌린다. 예를 들어 고양이 한 마리가 의자에서 잠을 자고 있는데 다른 고양이가 녀석을 의자에서 밀어내려고 접근하면, 상호작용 놀이 장난감(낚싯대)으로 '공격자' 고양이의 관심을 끈다. 그러면 공격자 고양이의 사냥 충동이 발동한다. 타이밍이 정확하다면 이 교육을 반복하면 할수록 두 고양이 사이의 '찾아내서 공격하기' 패턴은 더 빨리 사라질 것이다.

공격자 고양이와 희생자 고양이가 한 방에 있고 서로를 노려보기 시작했다면 긍정적인 자극으로 녀석들의 관심을 돌린다. 장난감 두 개를 서로 다른 방향으로 던져서 녀석들이 서로 충돌하지 않고 장난감으로 돌진하게 한다. 꾸짖지 않고 긍정적인 방법을 사용하면 녀석들은 서로에게 보다 긍정적인 연관을 형성하게 될 것이다.

어떤 경우에는 두 마리를 완전히 격리시켰다가 먹이와 간식을 이용해 긍정적인 연관을 형성하게 하면서 재소개 과정을 거쳐야 할 수도 있다. 클리커 트레이닝이 도움이 된다. 둘 사이에 긴장이 풀리거나 공격성이 나타나지 않는 몸짓을 보이면 클리커를 누르고 보상을 준다.

어떤 방법을 써도 진전이 없다면 공격자 고양이를 이동장이나 상자 안에 넣고 희생자 고양이는 자유롭게 돌아다니게 하는 상태에서 짧은 만남을 반복한다. 이렇게 하면 두 마리는 안전하고 통제된 방법으로 서로에게 익숙해질 수 있다. 이 방법은 공격자 고양이의 매복 습격 때문에 희생자 고양이가 계속 숨어 있어야 할 때 좋은 방법이다. 이렇게 서로에게 노출시킨 후에는 보상으로 먹이를 준다.

주변 환경을 이용해서 고양이들의 관계를 보완하는 방법도 좋다. 보다 공격적인 고양이에게는 높은 선반을, 덜 공격적인 고양이에게는 중간 높이 선반과 은신처를 몇 개씩 만들어 준다.

동물병원에 갔다 온 후 영역 공격성이 나타난다면 동물병원에 다녀온 고양이를 잠시 따로 두어 녀석이 그루밍으로 동물병원 냄새를 씻어내고 친숙한 집의 냄새를 다시 묻힐 수 있는 시간을 준다.

통증으로 인한 공격성

상식적으로 생각해 볼 때, 누군가 동물에게 해를 가하면 그 동물이 자신을 방어하기 위해 공격적으로 나오는 것은 당연한 일이다. 그래서 체벌로 행동을 수정하는 건 상황을 더 악화시킬 뿐이다.

통증으로 인해 유발되는 공격성은 보호자가 고양이의 털과 발톱을 다듬어주다가 실수로 아프게 하는 경우, 가령 꼬리나 털이 엉킨 부분을 잡아당겼을 때 드러날 수 있다. 고양이의 몸은 아주 민감하므로 아프게 하면 거세게 반응을 보인다. 그 외 어린아이가 꼬리를 잡아당기거나 귀를 움켜잡는 등 서툴고 난폭한 손길도 통증으로 인한 공격성을 끌어낼 수 있다.

또 고양이들끼리 싸우다가 생긴 상처에 농양이 생겼는데 보호자가 미처 모르고 우연히 그 부위를 쓰다듬으면 고양이는 펄쩍 뛰며 맹렬히 보호자를 공격할 수 있다. 평소 쓰다듬어 주면 좋아하는 고양이가 갑자기 난폭하게 반응하면 당장 동물병원으로 데려가는 게 상책이다. 녀석에게 농양이나 그 외 심한 상처가 있을 확률이 꽤 높으니 말이다. 보호자의 털 손질을 좋아하던 나이 든 고양이가 어느 날부터 보호자가 들어올릴 때 공격성을 보인다면 관절염 때문에 통증을 느끼는 것일 수 있다. 통증으로 인한 공격성이 의심된다면 수의사에게 검진을 받게 해 그 원인이 질병인지 여부를 확인해야 한다.

아무 이유 없거나 특발성 공격성

아무리 관찰해도 알 수 없는 이유로 공격성을 보인다면 수의사와 상의해야 한다. 드러나지 않은 질병이 있을 수 있다. 의학적 원인이 있는지 여부를 밝히는 것은 물론이고 다른 모든 유형의 공격성에 해당되지는 않는지 다시 살펴봐야 한다. 또한, 방향 전환된 공격성은 공격성을 유발하는 사건이 있은 후 몇 시간이 지난 뒤에도 고양이가 계속 흥분 상태에 있기도 하기 때문에 때로 특발성 공격성으로 오인받을 수 있다는 것을 염두에 두자. 혼자서 진단을 내리려 해서는 안 된다. 당장 고양이를 동물병원에 데려가자. 이 유형의 공격성은 아주 드물다. 수의사가 공인 동물행동 전문가를 소개해줄 수도 있다.

외부 도움 받기

나는 공격성 문제로 수많은 고양이를 만났지만 거의 대부분이 이유가 있는 공격성이었고 문제도 해결할 수 있었다. 그러니 고양이와 같이 싸우려 들거나 협박하거나 괴롭히려 하지도 말고, 더 이상 같이 못 살겠다는 결론도 내리지 말기 바란다. 고양이의 공격적 행동 때문에 고양이를 포기할 이유는 없다. 다만, 공격성 문제를 다룰 수 있는 준비가 되어 있지 않고 어떤 방법을 써야 할지 모르는 상태에서 공격성 문제를 해결하려 들었다가 심각한 결과를 초래할 수 있으므로 전문가의 도움을 받아야 한다. 의학적 원인이 없다는 것이 확실하다면 동물행동전문가를 만나보자.

약물로 행동 문제 치료하기

다행히도 요즘은 행동 수정에 사용하는 향정신성 약물이 다양하게 나와 있다. 과거 행동 문제 치료에 사용하던 약물에 비하면 부작용이 훨씬 적고 효능도 뛰어나며 특정 문제를 치료하는 데 적합하다. 하지만 그럼에도, 약물 치료는 마법이 아니며 행동 문제를 즉각 사라지게 만들지는 않는다는 점을 강조하고 싶다. 약물 치료는 모든 증상에 적용되는 것은 아니며 약물 투여만으로 부족해 행동 수정을 병행해야 할 수도 있다. 수의사는 해당 약물에 대해 잘 알아야 하며, 보호자 역시 발생할 수 있는 부작용, 약물이 작용하는 방식, 나타날 수 있는 변화, 투여 기간 등 약물에 대해 충분한 정보를 알 수 있어야 한다.

공격적인 고양이는 안락사시켜야 할까?

많은 고양이가 행동 문제 때문에 버림받고 안락사 당하지만 사실 대개 충분히 해결할 수 있는 문제들이다. 그러니 고양이를 너무 일찍 포기하지 말기 바란다. 고양이 역시 가족의 일원이며 모든 치료를 받을 자격이 있다.

나는 고양이 행동 문제를 오랫동안 다루었지만 그동안 공격성이 너무 지나쳐 안락사시킬 수밖에 없었던 고양이는 단 두 마리뿐이었다(그나마도 원인은 치료 불가능한 질병 때문이었다). 안락사는 쉽게 결정할 일이 아니다. 보호자가 얼마나 타당한 판단을 내리느냐에 고양이의 생명이 달려 있다. 수의사와 상담 약속을 잡고, 차분하게 앉아서 지금 느끼는 감정과 두려움을 솔직하게 토로하고 의논하자. 몇 년 전까지만 해도 보호자가 동물행동 전문가와 상담을 할 기회는 흔치 않았다. 하지만 지금은 전문가의 도움을 받을 수 있는 기회가 많다.

사실, 야생 세계에서 공격성은 고양이의 생존에 없어서는 안 될 요소다. 공격성이 있어야 사냥감을 잡고 영역을 방어하고 목숨을 이어갈 수 있다. 암고양이는 모성에서 우러나는 공격성이 있어야 새끼를 안전하게 지킬 수 있다.

외출고양이를 실내 고양이로 만들기

지금껏 고양이를 집 밖으로 내보내 소위 '외출고양이'로 키웠다 하더라도, 사람 많고 복잡한 동네로 이사를 하거나, 고양이가 나이가 들었거나, 날씨가 나빠졌거나, 또는 이제 더 이상 바깥 위험에 고양이를 노출시키지 않기로 마음먹었다면, 지금까지 평생 외출하는 데 익숙해진 고양이를 실내에서만 생활하는 고양이로 만들어야 한다. 불가능한 일처럼 느껴지지만, 이 역시 '고양이처럼 생각하기' 기술만 있다면 어렵지 않다.

맨 먼저 해야 할 일은 집 안을 둘러보고 환경을 재평가하는 것이다. 집 안 곳곳을 다니며 고양이의 시선으로 살펴보자. 앞으로 녀석은 살아 있는 사냥감을 쫓아다니고, 곤충을 관찰하고, 나무에 발톱을 갈고, 햇볕을 받으며 한가로이 뒹구는 등의 바깥 생활의 모든 즐거움을 포기해야 한다. 그 대가로 녀석은 무엇을 얻을 수 있을까? 실내 환경이 실외 환경만큼 즐거운 자극은 가득할 수 있을까? 보호자가 도와준다면 그럴 수 있다.

집 밖에서 고양이는 최고의 스크래처에 발톱을 갈았다. 실내에서도 그래야 하지 않을까? 길고 튼튼하며 표면이 거친 기둥으로 스크래처를 만들어 고양이가 몸을 있는 대로 쭉 펴고 시원하게 발톱을 갈 수 있도록 해준다(여기에 대해서는 11장에서 상세히 다뤘다). 고양이가 어디에 발톱을 가는 것을 좋아하는지 알고 있다면 집 안에 최대한 비슷한 환경을 만들어 줄 수 있다.

기둥 높이가 제각각인 복합형 캣타워를 놓으면 고양이가 나무에 올라가는 기분을 즐길 수 있다. 손재주가 있는 사람이라면 직접 만들 수도 있다. 너무 화려할 필요도 없다. 기둥 두 개에 선반을 하나씩 얹은 단순한 캣타워도 충분하다. 한쪽 기둥은 높고 다른 쪽 기둥은 낮아서 덜 민첩한 고양이라도 낮은 선반에서 도약해 높은 선반으로 올라갈 수 있게 해준다. 우리 집에 있는 캣타워는 나무가 그대로 드러난 기둥과 삼줄로 감은 기둥이 있어 고양이마다 자기가 좋아하는 표면에 발톱을 갈 수 있다. 캣타워는 햇살이 잘 드는 창가에 두어 고양이가 새들을 관찰하다가 몸을 둥글게 말고 낮잠을 즐길 수 있게 해주자.

상호작용 놀이 장난감으로 매일 놀아줘 고양이의 활동량을 늘리고 즐거운 시간을 보내게 하는 것도 무척 중요하다. 이는 바람직하지 않은 공격적인 행동을 방지할 수도 있다. 바깥에서 활발하게 돌아다니던 고양이가 하루아침에 몇 시간이나 우아하게 창가에 앉아 있기만 하는 고양이로 바뀌지는 않으니 말이다.

고양이가 하루 중 일정한 시간대에 밖에 나가는 버릇이 있다면, 왜 갑자기 보호자가 그 시간에 자기를 밖에 내보내주지 않는지 이해하지 못할 것이다. 녀석은 아마 문 앞에 서서 의지로라도 열어보겠다는 듯 가만히 문손잡이를 노려볼 것이다. 이런 은근한 신호에 보호자가 반응하지 않으면 녀석은 다음 단계로 보호자를 졸졸 따라다니며 일정한 간격으로 울어댈 테고, 이 방법도 통하지 않으면 혼자 힘으로 탈출할 방법을 모색할 것이다. 가장 흔한 탈출 시도는 카펫을 파헤치거나 문을 긁어대는 것이다. 탈출을 완전히 포기하고 실내 생활을 받아들이기로 한 것처럼 행동하다가 누군가가 문을 열기만 하면 쏜살같이 뛰쳐나갈 준비를 하는 고양이도 있다. 이런 사태를 방지하기 위해 녀석의 관심을 문에서 돌려야 한다(이 방법에 대해서는 앞서 12장의 '문틈으로 달아나기' 항목에서 상세히 다뤘다).

보호자가 바쁘거나 상호작용 장난감으로 놀아주기 힘들다면 혼자 놀 수 있는 장난감으로 고양이를 바쁘게 해야 한다. 바깥 환경에 익숙한 고양이는 집 안 여기저기에서 퍼즐 먹이통, 종이봉투나 상자, 고양이 터널,

뜻밖의 장소에 숨겨진 먹이, 보호자가 세심하게 배치한 창의적인 놀잇감을 발견하면 크게 기뻐할 것이다.

또 집 밖에서만 볼일을 보느라 모래 화장실을 사용해 본 적이 없는 고양이라면, 화장실 사용법을 완전히 익힐 때까지 녀석을 제한된 공간에 두는 것이 좋다. 화장실은 덮개가 없고, 모래는 향이 없는 것을 고른다. 클레이 모래나 대체형 모래보다는 바깥의 흙이나 모래와 질감이 유사한 부드럽고 뭉침이 있는 모래가 좋다.

이른바 '고양이의 마음을 읽는 사람'들을 조심하자

동물 행동에 대한 관심이 점점 커지면서, 자칭 캣 위스퍼러, 고양이 행동 전문가, 고양이 심리 전문가라는 사람들이 늘고 있지만 그들의 전문성을 어떻게 증명할 수 있을까? 행동 수정은 과학을 기반으로 하며 마법은 끼어들 여지가 없다. 공인 자격이 있는 행동 전문가는 행동 수정 과정이 왜 필요하며 어떻게 진행되는지, 그리고 그런 과정을 뒷받침하는 과학적 근거를 자세히 설명해줄 수 있다. 온라인상에서 소위 캣 위스퍼러라고 주장하는 사람들에게서 피해를 보지 않는 최고의 방법은, 공인 동물행동전문가를 찾는 것이다. '공인 응용동물행동전문가'는 동물행동전문가협회의 공인을 받은 사람들이며, '수의행동전문가'들은 미국 수의행동전문가학회의 공인을 받았고, '공인 동물행동 컨설턴트'들은 동물행동 컨설턴트 국제협회의 공인을 받은 사람들이다. 이 단체들의 홈페이지를 방문하면 자세한 정보와 함께 본인이 사는 지역에 있는 공인 전문가들의 위치도 알 수 있다. 전화 상담도 할 수도 있다.▼

▼ 국내에는 아직 보편화되어 있지 않지만, 수요가 높아지고 있는 만큼 머지않아 국내에서도 공인 동물행동전문가들이 늘어날 것으로 보인다. - 편집자주

14

행복한 관계 맺기

새 가족원(배우자, 아기, 동물)과 친해지는 법

흔히들 둘째 고양이를 들이면서 서로를 알아가면서 즐겁게 뛰노는 모습을 상상하지만 이와 달리 하악 소리와 으르렁 소리로 가득한 고양이판 전쟁이 벌어지는 현실에 어쩔 줄 몰라 한다. 그렇다면 둘째 고양이를 들이는 건 꿈도 꾸지 말아야 할까? 아니다. 물론 영역 의식이 너무 강한 나머지 다른 고양이가 한 집에 있는 것을 절대 용납하지 않는 고양이도 있지만, 새로 온 고양이에게 심한 적개심을 드러내는 것은 자연스러운 것이니 지레 겁먹을 필요는 없다.

고양이들은 자신만의 영역과 안전지대를 확보해야 하는 동물이란 사실을 이해한다면 둘째 고양이를 맞이하는 과정을 보다 수월하게 풀어나갈 수 있다. 물론 처음에는 난리법석이 벌어질 수 있지만, 미리 준비 시켜주고 가장 스트레스가 덜한 방법으로 서로를 소개시킨다면 두 고양이는 서로에게 큰 의지가 되는 사이로 발전할 것이다.

혼자 키우던 고양이에게 동료를 만들어주면 여러 모로 좋은 점이 많다. 보호자의 바쁜 직장 일로 고양이가 하루 종일 혼자 있어야 한다면 친구 고양이가 있는 것이 아주 좋을 수 있다. 자주 여행을 다니기 때문에 펫시터가 고양이를 돌봐주는 경우가 많을 때도 고양이가 두 마리라면 불안감을 덜 느낄 것이다. 성격이 활발해서 한시도 가만히 있지 않는 고양이라면 같이 집 안을 뛰어다닐 수 있는 친구 고양이가 더없이 반가울 것이다. 하루 종일 꿈쩍도 하지 않거나 과체중인 고양이에게 친구를 만들어주면 다시 활기를 찾을 수도 있다. 고양이에게 친구를 만들어줘도 좋은 이유는 넘쳐난다.

반면 고양이를 들이기에 좋지 않은 때도 있다. 고양이가 위기를 겪고 있을 때 둘째 고양이를 데려오는 것은 시도도 하지 말자. 예를 들어 오랫동안 같이 살았던 고양이가 세상을 떠났을 때 그 슬픔을 잊게 해주려고 다른 새끼고양이를 덥석 입양해서는 안 된다. 안 그래도 힘든 상황에 스트레스 상황을 하나 더 만드는 셈이다. 먼저 고양이가 새로운 고양이를 소개받는 과정을 견딜 만한 마음의 준비가 되었는지 확인해야 한다. 또 고양이가 아플 때 새로운 고양이를 들이면 스트레스가 더 심해져 회복이 더딜 수 있다.

고양이의 성격이나 기질을 고려해 둘째를 들여야 적대적 관계가 아닌 동료 관계를 형성하기 쉽다. 고양이의 입장에서 생각하자. 친구를 선택하는 문제에서 고양이에게 무엇이 가장 좋은 길인지를 통찰해 보자.

고양이끼리 소개시키는 법

소개 과정을 얼마나 잘 해내느냐에 따라 두 고양이의 관계가 잘 형성되기도 하고 망가지기도 한다. 그렇다. 모든 건 보호자 하기 나름이다.

무엇보다 먼저 염두에 두어야 할 사항은, 둘째 고양이를 소개시키는 것은 한 동물이 정해놓은 자기 영역에 다른 동물을 들이는 행위라는 사실이다. 다짜고짜 낯선 고양이를 거실 한복판에 턱 하니 내려놓으면 적대감, 패닉, 공포심, 공격성이 표출되는 것은 물론, 심지어 싸우다가 상처가 날 수도 있다. 그렇다면 어떻게 새 고양이를 소개시켜야 할까? 한 번에 한 가지 감각씩 익숙해지게 하면 된다. 한 번에 한 가지 감각을 단계별로 천천히 소개하면 고양이들도 격한 반응을 보이지 않을 테고, 보호자 입장에서는 각 단계의 시간을 조절할 기회도 생긴다. 이때 첫째 고양이가 어떻게 느낄지만 생각할 것이 아니라 새로 온 고양이가 어떻게 느낄지도 신경 써야 한다. 새로 온 녀석이야말로 낯선 고양이의 영역에 들어가는 입장이니 말이다.

먼저 새로 데려올 고양이를 동물병원에 데려간다. 백신 접종을 하지 않은 고양이를 집에 데려와서는 절대 안 된다. 또 이나 귀 진드기 같은 달갑지 않은 손님을 집 안에 들여놓고 싶지 않다면 기생충 검사도 받는다.

은신처 방 마련하기

새 고양이를 데려오기 전 방을 하나 비워서 녀석을 위한 은신처를 마련한다. 새로운 고양이를 눈에 띄지 않는 은신처에 두면 좋은 점은, 기존 고양이가 자신의 영역 전체를 침해당했다고 여기지 않게 된다.

은신처에는 숨을 공간이 많아야 하고(바닥에 수건을 깐 상자를 여러 개 놓아두는 것으로도 충분하다), 모래 화장실, 장난감 몇 개, 물그릇을 둔다. 자율 급여를 할 것이라면 밥그릇도 두고, 제한 급여를 할 것이라면 사료는 시간에 맞춰 준다. 스크래칭 기둥이나 골판지로 만든 스크래칭 패드도 구비해 놓아야 한다. 그리고 은신처 문은 닫아놓는다.

새 고양이는 이동장에 넣은 채 집에 도착하면 무심한 태도로 은신처 방으로 곧장 데려간다. 방 한 구석에 이동장을 내려놓고 이동장 문을 연 다음, 이동장 바로 밖 방바닥에 간식을 한 알 놓는다. 고양이가 이동장 밖으로 나올 수도 있고 나오지 않을 수도 있다. 보호자가 방을 나가야 밖으로 나와 은신처를 조사하는 첫 걸음을 내딛을 수도 있다.

이제 걱정해야 할 것은 첫째 고양이다. 녀석은 자기 집에서 무슨 일이 벌어지고 있는지 전혀 모르고 있거나, 아니면 은신처 방 바로 밖에서 혐오스럽다는 표정으로 방 안을 노려보고 있을 것이다. 무심한 태도를 유지하며 방문을 닫고 태연하게 고양이 곁을 지나가자. 간식을 갖고 있다면 녀석의 뒤쪽에 한 알 놓아준다.

이때 상호작용 놀이를 하거나, 밥을 주거나, 장난감이나 퍼즐 먹이통을 놓아주거나 해서 첫째 고양이의 관심을 돌려도 좋다. 녀석이 닫힌 방문 너머에만 신경을 쓰고 이런 재미있는 놀이나 밥에 관심을 보이지 않는다고 해도 놀라지 말자. 장난감은 거들떠보지도 않고 방문 주위의 냄새를 맡거나, 그 앞에 진을 치고 앉아 있거나, 심지어 하악거리거나 으르렁거린다고 해도 마음 졸일 필요는 없다. 매우 정상적인 반응이다.

첫째 고양이에게 관심을 기울이되 무심하고 초연한 태도를 유지해야 한다. 녀석을 위로하겠다고 품에 꼭 안거나 하는 행동은 삼간다. 어조도 평소대로 유지하고 평상시와 다름없이 차분하게 행동해야 한다.

누군가가 저 문 뒤에 있다는 사실에 고양이가 익숙해지길 기다린다. 고양이에 따라 다르지만 하루에서 일주일 정도 걸릴 것이다.

둘째 고양이에게 먹이를 주거나 하기 위해 은신처를 방문할 때는 첫째 고양이가 방 밖에 도사리고 앉아 있지 않도록 녀석 모르게 재빨리 행동해야 한다. 첫째 고양이가 먹거나, 자거나, 다른 방에 있을 때 은신처로 가는 것이 좋다.

보호자가 둘째 고양이와 친해지고 은신처에서 데리고 나오기까지 걸리는 시간은 둘째 고양이가 새끼고양이인지 성묘인지, 사회화가 얼마나 되어 있는지, 녀석이 새 집에 오기 전 어떤 환경에 있었는지에 따라 달라진다. 간식, 사료, 상호작용 놀이 시간을 통해 녀석의 마음을 얻자. 새끼고양이라면 시간이 그리 오래 걸리지 않을 것이다. 우리와 같이 있고 싶어 안달할 테니까 말이다. 하지만 성묘라면 새로운 보호자에게 시큰둥할 수 있다(고양이와 유대감을 쌓고 신뢰를 얻는 방법에 대해서는 9장에서 자세히 다루었다).

후각적 친근감 형성해주기

두 마리 고양이를 소개시키기 위한 다음 단계는 냄새와 관련이 있다. 준비물은 양말 한 켤레다. 양말 한 짝을 한 손에 낀 채로 둘째 고양이를 쓰다듬어 녀석의 냄새를 골고루 묻힌다. 양쪽 뺨을 모두 쓰다듬는다. 이렇게 냄새를 잔뜩 묻힌 양말 한 짝을 첫째 고양이의 영역에 놓아둔다. 다른 양말 한 짝으로는 첫째 고양이를 골고루 쓰다듬은 다음, 둘째 고양이가 있는 은신처 방에 놓아둔다. 이렇게 하면 두 고양이가 통제 가능하고 위협을 느끼지 않는 상황에서 서로의 냄새에 익숙해질 수 있다. 양말 여러 켤레로 이 단계를 여러 차례 반복해도 좋다.

첫째 고양이가 양말 냄새를 맡을 때 공격적인 태도를 보이지 않는다면 간식으로 보상을 준다. 클리커 트레이닝을 하고 있다면 녀석이 하악거리거나 으르렁대지 않고 양말에 접근할 때 클리커를 누르고 보상을 주면 된다.

첫째 고양이가 냄새를 묻힌 양말짝에 부정적인 반응을 보인다면 그냥 무시한다. 녀석을 꾸짖어서 양말 근처에서 몰아내거나 야단을 치면 녀석이 둘째 고양이에게 긍정적인 연관을 형성할 수가 없다. 아무 반응을 보이지 않는 것이 더 낫다. 이럴 때는 고양이가 양말짝에서 멀어진 다음 상호작용 놀이를 하면 양말짝에 반응하지 않는다.

냄새를 묻힌 양말 교환 단계가 진전을 보이면, 첫째 고양이의 환경에 둘째 고양이의 냄새를 좀 더 많이 가져오는 방법을 쓸 차례다. 첫째 고양이를 다른 방에 넣고, 둘째 고양이가 은신처 방 밖으로 나오도록 유도한다. 둘째 고양이가 은신처 밖으로 나와 돌아다니고 가구에 냄새를 묻히면 녀석의 냄새가 집 안에 퍼져나가게 된다.

자, 이제 여기까지 소개 단계가 잘 진행되었고 첫째 고양이가 제3차 세계대전을 선포할 마음이 없어 보인다면, 은신처 방문을 약간 열어 고양이 두 마리가 서로를 볼 수 있게 하되 거리는 충분히 벌린 상태에서 각각 밥을 준다. 이렇게 하면 녀석들은 서로에게 신경을 쓰기보다는 사료에 집중한다. 이 시기에 사료는 아주 중요한 도구가 된다. 그러니 한껏 활용하도록 하자. 이 과정은 짧고 유쾌한 상태로 끝내야 한다. 밥그릇이 다 비기 전에 끝내는 편이 좋다.

이렇게 서로를 보며 밥을 먹는 짤막한 시간을 되도록 하루에 여러 번 가진다. 그리고 차츰차츰 두 마리의 밥그릇이 놓이는 거리를 좁혀나간다. 이때는 스트레스를 더 많이 받는 고양이의 페이스에 맞춰야 한다. 만약 은신처 문을 열었을 때 한 녀석이 완전히 또는 반쯤 몸을 숨긴다면 그 고양이가 편안함을 느끼는 장소에 밥그릇을 놓아준 뒤 천천히 진행한다. 시간제한이 있는 경주도 아니며 일정 기간 내에 마쳐야 한다는 의무도 없다.

첫째 고양이나 둘째 고양이가 위험할 정도로 공격적인 태도를 보인다면 식사 시간에 은신처 문은 열어 놓되 아기용 안전문으로 출입구를 막는다. 그러면 서로를 볼 수 있기는 하지만 한쪽이 다른 쪽을 습격하지는 못한다.

나는 이 단계를 실행할 때면 유사시 곧장 문을 닫을 수 있도록 항상 문간에 앉아 있는다. 또 무릎에는 항상 크고 두툼한 수건을 얹어놓는다. 녀석들이 서로를 보지 못하게 안전문을 덮거나, 한 녀석이 다른 녀석에게 달려들려 할 때 녀석을 덮어버리는 용도로 쓰기 위함이다. 임시로 철망으로 된 차단문 같은 것을 설치하는 것도 한 방법이다.

클리커 트레이닝을 하고 있다면 부정적인 행동이 잠시 중단되는 찰나에 클리커를 누르고 간식을 준다. 고양이가 완전히 마음을 뺏길 만큼 좋아하는 간식이어야 한다. 예를 들어, 녀석들이 서로를 노려보고 있다가 한 녀석이 고개를 돌리면, 그 찰나에 클리커를 누르고 고개를 돌린 녀석에게 간식을 준다.

첫째 고양이에게 이름을 부르면 오도록 교육시켰다면 둘째 고양이를 소개하는 과정에서 이 교육의 보람을 맛볼 수 있다. 둘 사이에 적대감과 긴장감이 흐르기 시작하면 첫째 고양이의 이름을 불러 흐름을 깰 수 있다.

타깃 트레이닝

'타깃 트레이닝target training'으로도 긴장감을 해소할 수 있다. 고양이를 진정시키기 위해 미리 지정한 특정 장소로 가도록 교육시킨다. 준비물은 클리커와 타깃 막대기다(타깃 막대기는 젓가락이나 지우개 달린 연필도 좋고, 진짜 타깃 막대기도 괜찮다). 먼저 타깃 막대기를 고양이 얼굴 앞 약 5센티미터 거리까지 가져간다. 고양이가 코로 타깃 막대기의 끝을 건드리면 클리커를 누르고 먹이 보상을 준다. 타깃 막대기를 눈에 보이지 않게 치운 다음 고양이가 보호자를 쳐다보기까지 기다린다. 다른 대상이 아닌 보호자와 먹이 보상 간에 연관을 형성하게 하기 위해서다. 이제 다시 타깃 막대기를 고양이 얼굴 앞 약 5센티미터 거리까지 가져간 다음, 고양이가 코로 타깃 막대기 끝을 건드리면 클리커를 누르고 보상을 준다. 이 과정을 반복하되, 타깃 막대기가 없을 때는 고양이가 보호자를 쳐다봐야 한다. 고양이가 계속해서 코로 타깃 막대기를 건드리게 되면 이제부터는 이 동작을 할 때마다 "터치." 또는 "타깃." 같은 음성 신호를 덧붙인다. 어떤 음성 신호를 택하든 한 가지를 골라 일관되게 사용해야 한다.

고양이가 타깃 트레이닝을 잘 따르게 되면, 이제 작은 방석이나 매트를 갖다놓고 타깃 막대기로 가리킨다. 고양이가 한 발을 방석 위에 올려놓으면 클리커를 누르고 보상을 준다. 보상을 줄 때는 방석 바깥 쪽으로 던져 고양이가 방석에서 발을 떼고 그곳까지 가게 한다. 다시 방석을 집어들어 고양이 가까이에 놓는다. 다시 타깃 막대기로 방석을 가리킨다. 이는 타깃 막대기로 고양이의 관심을 끈 다음 보호자가 가리키는 방향으로 가게 만드는 과정으로 나중에는 그저 방석을 고양이 옆에 내려놓고 고양이가 방석에 한 발을 얹기를 기다린 다음 클리커를 누르고 보상을 주면 된다. 고양이가 계속 방석에 한 발을 얹게 되면, 이제부터는 방석에 두 발을 얹을 때까지 기다리고, 다음으로는 세 발을, 마지막으로 네 발 모두 방석에 올려놓을 때까지 기다렸다가 클리커를 누르고 보상을 준다. 보상을 줄 때는 반드시 방석 밖으로 던져 고양이가 방석에서 발을 떼고 그곳까지 가게 해야 한다. 그런 다음 방석을 다시 고양이 근처에 놓는다.

고양이가 방석을 곁에 놓는 보호자의 의도를 알아차리지 못한다면 타깃 막대기로 방석을 가리키는 과정으로 돌아간다. 여러 번 하지 말고 몇 번만 한다. 타깃 막대기는 얼른 감춰서 고양이가 이 교육의 목적이 방석에 앉는 것이지 타깃 막대기를 따라가는 것이 아님을 인식하게 한다.

고양이가 이 교육의 의미를 파악하고 계속 방석에 앉게 된다면, 이제 이 동작에 음성 신호를 붙인다. 일관되기만 하다면 어떤 말이든 상관없다. 나는 주로 "방석."이라고 하지만, 내 고객 중에는 "자야지." 또는 "진정해."라고 말하는 사람들도 있다.

고양이마다 사용하는 음성 신호가 다르더라도, 한 고양이에게는 하나만 일관되게 사용해야 긴장 상황을 해소시킬 때 효과를 볼 수 있다.

이 타깃 트레이닝이 실제 상황에서 효과를 보려면 교육에 사용한 방석이 해당 고양이가 좋아하는 장소에 놓여야 한다. 내 고객 중에는 고양이가 캣타워나 창문 전망대로 가도록 교육을 시키기도 하고, 방석을 의자나 그 외 고양이가 좋아하는 곳에 두는 경우도 많다. 고양이가 높은 곳을 좋아한다면 방석을 꼭 바닥이나 카펫 위에 둘 필요는 없다.

첫째 고양이와 둘째 고양이가 집 안의 여러 장소들을 공유하기 시작하더라도, 긴장감 넘치는 첫 대면 시기 동안 자신만의 안전한 공간이 필요한 둘째를 위해 한동안 은신처 방은 그대로 둔다. 계속해서 두 녀석이 참을성을 보일 때마다 클리커를 누르고 보상을 준다. 예를 들어, 한 녀석이 다른 녀석 앞을 지나가면 항상 하악 소리를 냈는데 이번에는 그러지 않았다면 클리커를 누르고 보상을 준다.

공평하게 자원 배분해주기

집 안의 서로 다른 곳에 모래 화장실을 두 개 배치한다. 절대 나란히 둬서는 안 된다. 이렇게 하면 한 녀석이 한쪽 화장실을 사용하기 껄끄러운 상황이 생겨도 다른 화장실을 찾아갈 수 있다. 화장실 여러 개를 집 안 여기저기에 배치하는 것도 두 녀석이 평화로운 관계를 유지하는 데 도움이 된다. 집 안에서 두 녀석이 각자 확고한 영역을 차지한 상태라면, 한 녀석이 볼일을 볼 때 다른 녀석의 영역을 지나갈 필요 없이 자기 영역의 화장실을 찾아가면 그만이니 말이다.

집 안을 주의 깊게 살펴보면서 두 고양이가 각자 자신만의 공간을 충분히 확보할 수 있는지 파악한다. 예를 들어, 고양이용 창문 전망대 선반이 하나밖에 없다면 하나 더 마련해준다. 밥그릇도 당연히 하나씩 차지하게 해준다. 두 고양이가 경쟁을 해야 하는 상황에 놓이지 않게 하는 것이 중요하다. 새 고양이가 들어온다는 것은 기존 고양이(들) 입장에서는 자기 영토를 놓고 재협상을 벌여야 한다는 의미다. 이럴 때 받는 스트레스를 줄이고 평화로운 공존이 가능하게 하려면 수직적인 공간을 더 마련해줘야 한다. '고양이처럼 생각하기' 기술을 발휘해 다묘 가정을 위한 환경으로 개선해 보자.

팁! 고양이 두 마리를 대면시켰는데 한쪽 또는 양쪽이 상대에게 달려들려 하면 한 녀석을 이동장 안에 넣어서 대면시킨다. 필요하다면 이동장 두 개에 한 마리씩 넣고 방에서 대각선으로 가장 먼 위치에 이동장을 놓는다. 이 이동장 기법에서 가장 중요한 것은 이동장을 멀리 떨어뜨려 놓아야 한다는 것이다. 그래야 고양이들이 이동장 안에 갇혀 있다는 느낌을 받지 않는다.

다묘 가정의 긴장감 완화시키기

고양이 여러 마리가 한 집 안을 돌아다니게 되면 각자 차지할 개인 공간을 놓고 재협상을 벌이는 과정에서 긴장감과 불유쾌한 충돌은 일어나기 마련이다.

첫째 고양이와 둘째 고양이가 이제 막 서로를 알아가는 과정에 있든, 오랫동안 한 집에서 지냈으나 좀처럼 가까워지지 않든, 고양이들이 표출하는 적개심을 누그러뜨려줄 수 있는 방법은 몇 가지가 있다.

우선 지켜야 할 규칙은 모두가 모든 것을 하나씩 가질 수 있어야 한다는 것이다. 즉, 모든 고양이가 자신이 원하지 않으면 화장실, 밥그릇, 스크래칭 기둥, 잠자리, 또는 장난감을 다른 고양이와 같이 쓸 필요가 없어야 한다. 이상적인 환경이라면 최소한 고양이의 수만큼 화장실이 마련되어야 하고 안전하게 잘 수 있는 장소는 그보다 더 많아야 한다.

캣타워가 없다면 이 기회에 하나 들여놓을 것을 강력히 권한다. 캣타워는 사치품이 아니라 다묘 가정의 필수품이다. 캣타워는 여러 '층'을 만들어주기 때문에 결과적으로 영역이 확장된다. 층이 여러 개인 캣타워를 들여놓으면 두 마리 또는 그 이상의 고양이들이 각자의 공간을 침범했다는 느낌 없이 한 자리에 있을 수 있다. 서열이 높은 고양이는 서열이 낮은 고양이보다 높은 위치에 있으면 만족하므로 층이 여러 개인 캣타워에서 자기가 더 높은 위치에 앉아 있는 한 서열이 낮은 고양이와 한 캣타워에 있다는 사실에 신경 쓰지 않는다.

적대적 관계의 고양이를 서로 좋아하게 만들고 싶다면, 두 마리가 함께 있을 때 간식도 더 주고 더 많이 놀아준다. 그러면 차츰 서로에 대해 긍정적인 연관을 형성하게 될 것이다.

관심 돌리기

고양이의 관심의 방향을 딴 데로 돌리는 데는 상호작용 장난감이 제격이다(Cat Dancer 같은 상호작용 장난감은 돌돌 말아서 어디든 보관할 수 있어서 편리하다). 예를 들어 보호자는 소파에서 TV를 보고 있고 고양이 한 마리는 캣타워에서 평화롭게 자고 있다. 그런데 갑자기 다른 고양이가 거실로 들어오는 모습이 보인다. 녀석의 모습은 마치 한가로운 마을에 총을 차고 등장하는 서부 영화의 악당 같다. 캣타워에서 자고 있는 친구를 노려보는 녀석은 당장에라도 습격할 기세다. 이때 보호자가 할 수 있는 일은 조용히, 하지만 아주 재빠르게, 상호작용 놀이용 장난감을 꺼내 휘둘러 습격을 준비 중인 고양이의 관심을 장난감 쪽으로 돌리는 것이다. 사냥 본능에 충만한 녀석은 십중팔구 장난감을 쫓는 쪽을 택할 것이고 사냥 놀이를 통해 공격성을 긍정적으로 발산하고 나면 녀석은 원래 의도를 잊어버릴 것이다. 이렇게 관심의 방향을 딴 데로 돌리는 작전을 써서 고양이 간의 충돌을 예방할수록 녀석들이 서로의 존재를 받아들일 가능성은 더 높아진다. 일단 서로의 존재를 받아들이게 되면 실제 서로를 좋아하는 관계로까지 발전할 수 있다. 고양이끼리 적개심을 드러내는 가정이라면 언제라도 꺼내 휘두를 수 있게 집 안 여기저기에 상호작용 장난감을 숨겨두는 것이 좋다.

관심의 방향을 딴 데로 돌릴 때 중요한 것은 습격이 발생하기 전에 개입해야 한다는 것이다. 확신은 없으나 문제가 발생할 것 같다는 느낌이 든다면 장난감을 꺼내든다. 설령 보호자의 판단이 잘못되었다 하더라도 장난감은 긍정적인 방법이니 해가 될 것이 없다. 고양이는 뜻밖의 놀이 시간에 기뻐할 것이다.

반면, 이미 습격이 발생한 후에 장난감을 꺼내들게 되면 바람직하지 못한 행동을 강화하는 셈이니 주의해야 한다. 나는 고양이들끼리 사이가 좋아지게 하고 싶다는 보호자에게는 관심의 방향을 딴 데로 돌릴 때 쓰는 장난감은 오로지 그 목적으로만 쓰라고 조언한다. 그 장난감이 고양이가 특히 좋아하는 장난감이라면 관심을 딴 데로 돌릴 수 있는 가능성은 더욱 높아진다.

고양이들이 방 안에서 서로 노려보고 있으나 아직 싸움이 벌어지지는 않은 상황이라면, 무언가 흥미로운 것으로 주의를 끌어서 적개심이 더 커지는 것을 피한다. 이해를 돕기 위해, 어린 시절로 돌아갔다고 상상해 보자. 어린아이가 된 내가 방금 친해지긴 했지만 아직 좋아한다고 말하기에는 좀 이른 친구와 마당에서 놀고 있다. 그러다 장난감 하나를 두고 다투거나 아니면 놀이의 규칙을 정하는 문제에서 의견 차이가 나는 바람에 싸움이 벌어졌다. 엄마가 마당으로 나와 친구에게는 집으로 가라고 하고 내게는 방에 들어가라고 한다. 나는 씩씩거리며 방으로 들어가 침대에 앉는다. 그 친구 때문에 이렇게 되었다고 생각하니 더더욱 화가 치민다. 분노는 좀처럼 가라앉지 않는다. 엄마가 싸움은 중단시켰지만, 나는 여전히 그 친구에게 부정적인 감정이 든다. 자, 이제 이 시나리오에서 친구와 싸움을 하기 직전 서로를 노려보는 시점까지 돌아가보자. 만약 이 긴장감 넘치는 상황에서 엄마가 마당으로 나와 간식을 차려놨으니 들어와서 먹으라고 하거나 양손에 아이스크림을 하나씩 들고 있다면? 나와 친구는 흥미로운 것으로 관심을 돌리면서 싸움 직전의 긴장감은 잊고 말 것이다. 엄마는 현명하게도 긍정적인 방법으로 긴장감을 가라앉혔고, 우정으로 발전하기 직전의 관계에도 아무 손상이 가지 않았다.

싸움이 이미 벌어진 후에 간식을 주거나 장난감을 휘두르는 것은 싸움이라는 부정적 행위에 대해 보상을 주는 격이다. 게다가 한창 싸움 중인 고양이가 간식이 있다는 것을 알아차릴 가능성도 그리 높지 않다. 고양이가 싸우고 있다면, 도자기 그릇을 두들기거나, 냄비 뚜껑 두 개를 맞부딪치거나, 힘차게 박수를 쳐서 큰 소리를 낸다. 어떤 식으로든 고양이들이 깜짝 놀랄 정도의 소리가 나야 한다. 직접 끼어들어 싸움을 말릴 생각은 하지 말자. 가장 큰 상처를 입는 쪽은 우리가 될 테니 말이다.

일단 고양이들이 놀랐다면 서로 반대 방향으로 떨어질 것이다. 하지만 여전히 극도로 흥분한 상태므로 껴안거나 쓰다듬으려 해서는 안 된다. 녀석들이 흥분을 가라앉힐 수 있도록 한동안 떨어져 있게 해야 한다.

개를 고양이에게 소개하는 법

고양이와 개는 서로 잘 지낼 수 있다. 자기 영역에 다른 고양이가 들어오는 것은 도저히 용납 않는 고양이도 개와 한 집에 사는 것은 더 쉽게 받아들이는 경우가 많다. 개와 고양이는 자기 영역이라고 생각하는 공간이 서로 겹치지 않기 때문에 고양이끼리 있을 때보다 충돌이 없다. 다만 고양이와 개는 서로 다른 언어를 사용하므로 이들이 공감대를 형성할 수 있도록 보호자가 도와줘야 한다.

고양이와 개가 서로 훌륭한 친구 사이가 되어 함께 안전한 삶을 살게 하려면 보호자가 열심히 공부하고 실행에 옮기는 것이 중요하다. 잘 어울릴 만한 개를 선택한 다음에는 신중하게, 그리고 차근차근 소개 과정을 밟아야 한다. 아무런 준비 없이 덜컥 개와 고양이를 한 집에 두었다가는 위험하거나 심지어 치명적인 상황이 발생할 수도 있다.

잘 어울리는 상대 찾아주기

우리 고양이의 성격과 기질을 생각해 본다. 보호소 또는 가정 분양을 통해 입양할 개가 다람쥐, 고양이, 새, 토끼 등을 쫓아다니며 자랐고 사냥 본능이 강하다면 그 개를 집에 데려오는 것은 현명한 생각이 아닐 수 있다. 적절한 훈련을 거친 후에도 그 개가 지금의 고양이와 잘 지낼 수 있을지 확신이 서지 않으면 공인 개 훈련사나 동물행동 전문가에게 연락해 전문적인 평가를 받아본다. 또한 입양할 개가 과거에 고양이에게 아주 공격적인 태도를 보인 전력이 있다면 집에 데려왔을 때 위험한 상황이 발생할 수 있다는 의미다.

반대로 고양이가 과거 개에게 몹시 공격적인 태도를 보인 적이 있거나 개를 보면 극도로 두려워하는 성격이라면 집에 개를 들이는 것은 녀석에겐 너무 큰 스트레스가 될 것이다. 이 경우 공인 동물행동 전문가와 상담해서 결정을 내려야 한다.

고양이의 성격에 맞는 개를 찾도록 노력해야 한다. 겁 많은 고양이에게 사나운 성격의 개를 친구로 맺어주면 곤란하다. 반대로 겁 많은 개와 잘 흥분하는 고양이도 좋은 짝이 아니다.

개가 사회적인 동물이긴 하지만 특정 상황에 따라 흥분했거나 놀고 싶을 때 통제를 벗어날 수도 있다는 것을 기억해야 한다. 개가 거칠게 노는 것을 좋아하거나 과도하게 자극을 받았을 때는 고양이에게 겁을 줄 뿐 아니라 아주 위험한 상황이 연출될 수도 있다. 고양이가 있는 집에 두 마리 이상의 개를 입양했을 경우, 개 한 마리가 흥분하면 다른 한 마리도 덩달아 흥분해 팽팽한 긴장감이 형성될 수도 있다. 잠재적인 위험에 대해 늘 유념하고 있어야 한다.

준비 사항들

개를 입양할 때는 고양이의 영역을 안전하게 지켜줄 수 있도록 집 안 환경을 몇 가지 바꿔야 한다. 개가 오기 전에 서서히 바꿔야 고양이도 편안하고 쉽게 적응할 수 있다. 예를 들어, 원래 고양이의 밥그릇이 바닥에 놓여 있고 자율 급여를 했다면 밥그릇을 조금씩 높은 자리로 옮기거나 천천히 제한 급여로 바꾼다.

모래 화장실 문제는 신중하게 생각해야 한다. 화장실에서 한창 볼일을 보고 있는데 놀고 싶어 하는 개가 갑자기 들이닥치는 것은 고양이가 제일 싫어하는 상황이다. 모래 화장실에는 개가 접근하지 못하게 해야 한다. 그래야 개가 고양이 똥을 먹는 일도 없다. 고양이 사료는 개 사료보다 지방이 많기 때문에 개 눈에는 고양이 화장실이 맛있는 치킨 너겟을 담은 종이 상자쯤으로 보인다. 모래 화장실에 덮개가 있다 해도 먹이를 찾으려는 개의 의지를 막을 수는 없으며, 개가 들이닥쳤을 때 탈주로가 없으므로 고양이가 화장실 사용을 꺼리게 된다. 가장 좋은 방법은 모래 화장실을 개가 접근하지 못하는 곳에 두는 것이다. 소형견이라면 모래 화장실이 있는 욕실(또는 방) 출입구에 아기용 안전문을 설치한다. 그리고 안전문 바로 옆, 욕실(또는 방) 안쪽에 의자, 상자, 또는 작은 스툴을 놓아 고양이가 안전문을 뛰어넘을 때 발판으로 삼을 수 있게 해준다. 대형견이라면 아랫부분에 고양이만 드나들 수 있는 작은 출입구가 뚫린 키가 크고 여닫을 수 있는 안전문을 설치한다(온라인숍이나 반려동물 용품점에서 구입할 수 있다).

모래 화장실 위치를 바꾸기로 했다면 최종 목적지까지 조금씩 천천히 옮기되 개가 집에 오기 전에 과정을 마친다. 고양이가 화장실이 사라져 버렸다는 느낌을 받지 않도록 아주 서서히 이동시키는 것이 중요하다.

또 개가 왔을 때를 대비해 고양이에게 안전한 도피처를 마련해 준다. 신이 나서 좇아다니는 개 앞에서 캣타워는 고양이에게 천국 같은 피난처가 되어줄 것이다. 개가 클수록 더 높은 캣타워를 마련해줘야 고양이가 개의 방해를 받지 않고 낮잠을 즐길 수 있을 뿐만 아니라 비상시 꼭대기로 피할 수도 있다. 비록 같이 놀자는 의도더라도 개가 달려들면 고양이는 불안해할 수 있다. 캣타워는 접근 금지 구역임을 개에게 가르치는 것도 잊지 말자.

개를 고양이에게 소개하기 전, 둘 다 건강하고 벼룩이나 기생충이 없는지 확인하고 그 외 발생 가능한 모든 문제를 점검해야 한다(벼룩에 대해서는 7장에서 자세히 다뤘다).

한편 보호자와 고양이가 원래 개가 있는 집으로 들어가는 상황이라면(결혼 등의 변화) 고양이가 새로운 환경에 적응할 수 있도록 은신처가 될 방을 마련해줘야 한다. 고양이를 다짜고짜 새 집에 데려다놓고 처음 보는 개에게 소개해서는 안 된다. 먼저 은신처 방에서 새로운 환경에 익숙해진 다음 새로운 집을 탐험할 시간을 주고 전체 환경에도 익숙해진 다음에 개를 소개하도록 한다. 새로운 집으로 들어가기 전에 미리 개를 고양이가 있는 집으로 데려와 서서히 소개시킬 수 있다면 고양이 입장에서는 개를 더 쉽게 받아들일 수 있다. 자신의 영역에 있으므로 어디로 가야 안전할지 잘 알기 때문이다.

팁! 교육 받지 않은 개를 고양이에게 소개해서는 안 된다. 개의 행동을 말로 통제할 수 없다면 교육 코스에 등록하거나 정식 자격이 있는 개인 훈련사에게 의뢰한다. 클리커 트레이닝을 통해 고양이와의 소개 과정 동안 개의 관심을 딴 데로 돌릴 수 있어야 한다.

소개하기

고양이와 개의 연령에 따라 소개 과정이 조금씩 달라져야 한다.

성묘에게 성견을 소개할 때 소개를 시도하기 전, 산책을 하거나 놀아줘서 개의 에너지를 소모시켜야 한다. 또 고양이는 예측 못 한 상황이 발생했을 때 피해를 최소화하기 위해 발톱을 미리 다듬어준다.

개는 반드시 목줄을 채운다. 행여 줄을 놓쳤을 때 개가 고양이에게 다가가지 못하도록 고양이는 아기용 안전문이 설치된 방 안에 둔다. 개와 함께 방문 밖에 앉아 개가 고양이가 아닌 보호자에게 관심을 집중하면 먹이 보상을 주고 칭찬한다. 장난감을 가지고 놀아줘도 좋다. 클리커 트레이닝을 하는 것도 좋은 방법이다. 개가 편안한 자세를 취하거나 관심을 보호자에게 돌리면 클리커를 누르고 보상을 준다. 개가 긴장하면서 고양이에게 시선을 주면 개의 관심을 딴 데로 돌리고, 녀석이 고양이에게서 시선을 거두는 순간 클리커를 누르고 보상을 준다.

가장 좋은 방법은 개가 "나를 봐." 같은 음성 신호를 듣고 보호자에게 관심을 돌리도록 교육시키는 것이다. 손가락을 코에 대고 있다가(처음 몇 번은 손에 간식을 쥔 채로), 개가 우리를 올려다보면 클리커를 누르고 보상을 준다. 그리고 "나를 봐." 같은 음성 신호를 덧붙인다. 이런 재집중 행동 교육은 개를 진정시키고 필요한 곳에 관심을 돌리도록 도와준다.

개가 고양이를 보고 안절부절못한다면 고양이의 은신처 방에서 더 떨어진 곳으로 자리를 옮긴다. 개가 조금 진정되면 다시 방 쪽으로 조금씩 옮겨간다.

개와 고양이 중 더 스트레스를 많이 받는 쪽이 편안해하는 거리에서부터 시작한다. 고양이가 개가 보이는 순간부터 무서워한다면, 이동장에 넣어 은신처 방에 둔 다음 이동장을 반쯤 가려서 안전하게 숨어 있다고 느끼게 해준다. 그러면 고양이는 개의 편안한 몸짓언어를 지켜볼 수 있다. 이때 누구든 고양이를 품에 안아서는 안 된다. 고양이는 꼼짝 못 하게 붙잡혀서 위협을 받고 있다고 느끼며, 고양이를 안은 사람은 발톱이나 이빨에 상처를 입을 가능성이 크다.

이렇게 아주 안전한 거리에서 서로의 모습에 익숙해질 시간을 갖게 한다. 개를 데리고 방 주변을 걸으면서 고양이에게 신경 쓰지 않은 채 안전문 앞을 지나치면 클리커를 누르고 간식을 준다. 하지만 고양이가 편안해하는 거리에서 이렇게 해야 하므로, 안전문 바로 앞은 안 된다. 개가 긴장하는 몸짓을 보이지 않으면 안전문 쪽으로 더 가까이 갈 수 있다.

개에게 말을 할 때는 진정시키는 어조로 단어를 길게 늘이고("아~이~ 착하다아~."), 끝에선 목소리톤을 내린다. 흥분한 어조나 아기에게 하는 말투는 안 된다. 개는 보호자의 신호를 잘 파악하기 때문에 보호자가 흥분하면 같이 흥분하게 되어 고양이를 공포에 질리게 만들 수 있다.

두 마리가 한동안 서로를 봤다면, 이제 둘을 떼어놓는다. 이 점진적인 소개 과정을 하루에 여러 번 반복하면서 두 마리가 서서히 서로에게 익숙해지게 한다. 둘 다 서로를 보고도 편안해한다면 거리를 좀 더 줄인다. 개에게 목줄을 채운 채, 고양이를 은신처 밖으로 나오게 한다. 안전문을 없애서 고양이가 가고 싶은 데로 가게 해준다. 개가 목줄을 잡아당기거나 뛰어가려 한다면 개를 데리고 반대 방향으로 움직여서 목줄을 잡아당기면 자기가 가고 싶은 쪽의 반대방향으로 가게 될 뿐이라는 사실을 인식시킨다. 또 고양이에게 갈 때는 긴장을 풀고 천천히 다가가야 한다는 것도 알려줘야 한다. 목줄을 잡아당기지 않고 천천히 다가가면 먹이와 칭찬을 얻을 수 있다는 것을 알려주면 된다.

고양이에게는 개보다 더 넓은 개인 공간이 필요하므로 고양이와 함께 살게 될 개는 고양이의 개인 공간을 존중하는 법을 배워야 한다. 개가 장난을 치고 싶다고 무작정 고양이에게 달려들었다가는 앞발 주먹과 하악 공격을 받기 십상이다. 자신의 공간에 개를 받아들이는 데 걸리는 시간은 고양이의 페이스에 따라 다르다.

고양이가 개와 떨어져 있고 싶을 때를 위해 은신처 방에 설치해둔 아기용 안전문은 그대로 둔다. 또한 큰 개는 이 안전문을 뛰어넘거나 쓰러뜨리지 않도록 교육시킨다. 그러면 고양이는 집 안에서 그 방 하나만큼은 오롯이 자기 것이며 그 안에서는 안전하다는 느낌을 받을 수 있다. 하지만 보호자가 지켜보지 못할 때는 안전문이 두 마리를 완벽하게 떼어놓을 수 있다고 생각하지 않는 것이 좋다. 이럴 때는 개나 고양이를 방에 격리시키고 문을 닫는다.

팁! 개와 고양이가 서로를 편안하게 대한다는 확신이 들 때까지는 개의 목줄을 풀어서는 안 된다. 이 단계를 대충 넘겼다가는 참변이 일어날 수도 있다.

강아지를 성묘에게 소개할 때 놀기 좋아하고 활력이 넘치는 강아지를 다짜고짜 풀어놓아 고양이를 쫓아다니게 하는 것만큼이나 100퍼센트 실패를 보장하는 일도 없다. 강아지는 오로지 놀고 싶어서 그러는 것이지만 고양이의 눈에는 적대적인 공격 행위로 비친다.

일단 고양이는 집 안을 자유로이 돌아다니게 해준다. 그리고 강아지는 방 하나에 격리시켜서 이 천방지축 장난꾸러기가 고양이에게 달려들지 못하게 한다. 이렇게 하면 고양이는 저 조그마한 외계생명체에게 자기 영역을 모두 빼긴 것이 아니라 일부만 내준 것이라고 인식하게 된다.

고양이가 집 안에 강아지가 있는 것에 익숙해지면, 강아지를 이동장에 넣어서 소개 과정을 시작한다. (이동장에 넣은) 강아지가 한 방에 있다는 사실에 고양이가 익숙해지면 앞에서 설명한 소개 과정을 시작한다.

새끼고양이를 성견에게 소개할 때 새끼고양이를 이동장에 넣거나, 방 하나에 두고 출입구에 아기용 안전문을 설치한다. 이렇게 하면 개가 새끼고양이를 안전하게 지켜볼 수 있다. 개에게 목줄을 채우고 앞에서 설명한 소개 과정을 시작한다.

진도 나가기

두 마리가 서로의 존재를 편안하게 받아들이기 시작했어도 계속해서 잠재적 문제에 대비해야 한다. 밥 먹는 시간에 공격이나 위협의 조짐은 없는지 관찰한다. 또 놀이 방식의 차이 때문에(개는 추격하는 것을 좋아하고, 고양이는 몰래 접근하는 것을 좋아한다) 생기는 의사소통의 오해는 없는지도 확인한다.

아직 환경 수정을 하지 않았다면 보호자의 감독 없이 시간을 함께 보내는 일이 생기기 전에 서두른다. 여기에는 캣타워, 올라갈 수 있는 장소, 은신처 등을 마련해 주는 것도 포함된다.

소개 과정 및 소개 과정 중 거치게 되는 여러 가지 교육 과정 중 어느 때라도 개가 고양이를 공격적으로 쫓아다닌다면 둘은 한 집에서 지내기에 안전한 상대가 아닐지도 모른다. 상황이 나아질지 확신이 서지 않는다면 전문 훈련사나 공인 동물행동 전문가의 상담을 받아야 한다.

두 마리가 친구가 되었다는 확신이 든 후에도 안전과 평화를 위해 계속 주시해야 한다.

왜 고양이는 고양이를 싫어하는 사람을 용케 골라 그 무릎에 앉는 것일까?

발생 가능성 100퍼센트다. 네다섯 명의 손님을 집으로 초대하면, 고양이는 그중에서도 고양이라면 죽고 못 사는 사람들은 다 무시하고 고양이를 싫어하는 사람을 골라 관심을 기울인다. 하지만 고양이의 눈에서 보면 이 상황은 너무나 당연하고 명확하다. 고양이는 영역을 중요시하는 동물이며 다른 고양이나 생명체를 조사하거나 인식할 때는 주로 후각을 사용한다. 그러니 갑자기 자신의 영역에 낯선 냄새를 풍기는 인간들이 우르르 들이닥치면, 이들을 하나하나 후각으로 점검하여 이상 없음을 확인해야 한다. 그런데 고양이를 좋아하는 사람은 대개 고양이에게 점검 시간을 주지 않고 곧장 손을 뻗어 쓰다듬고, 심지어 안으려고 한다. 이런 행동을 하지 않는 유일한 사람은 고양이를 싫어하는 손님이다. 이 사람은 소파에 멀찍이 앉아 고양이 쪽은 쳐다보지도 않는다. 그러면 고양이는 그 사람에게 다가가 마음 편하게 후각 조사를 진행할 수 있다. 가까이 다가가 발 냄새를 맡아보고, 아예 소파로 뛰어올라가 더 자세히 조사해 본다. 그러는 동안 그 사람은 고양이와 거의 눈도 마주치지 않으니 고양이 입장에서는 더없이 마음이 편하다. 그러니 이 기현상은 그다지 놀라운 일이 아니다. 고양이는 고양이 세계의 상식에 따라 행동하는 것뿐이다.

고양이가 배우자를 싫어한다면?

고양이 행동 컨설턴트로서는 아주 흥미로운 일이다. 나는 지금까지 자기가 키우는 고양이를 예비 배우자가 받아주지 않는다면 그 사람과 결혼하지 않는 쪽을 택하겠다는 보호자를 꽤 많이 만났다. 내가 미혼이었을 때 키운 고양이 '앨비'는 '남자 감별사' 역할을 했다. 내가 집에 데려온 남자가 마음에 안 들면, 앨비는 소파에 앉아 있는 남자의 정면에 있는 탁자 위에 올라앉아 그를 빤히 노려보았다. 남자가 앨비를 쓰다듬으려 하면 녀석은 몸을 슬쩍 돌려 손길을 피해버렸다. 얼마 안 가 알게 되었지만 앨비가 정면에 앉아 빤히 노려본 남자들은 대개 별로라는 사실이 드러났다. 나는 앨비의 평가를 믿게 되었고, 이후 지금의 내 남편을 집에 데려왔을 때는 앨비가 그와 눈싸움을 하지 않아 안도의 한숨을 내쉬었다.

고양이 입장에서 보면 자기 집에 예고도 없이 낯선 사람이 들어와 함께 사는 것은 아주 걱정스러운 일이다. 배우자가 우리 집에 들어와 살게 된다면, 고양이로서는 낯선 사람뿐 아니라 낯선 물건들이 자기 영역을 침범해 모조리 차지하는 격이다. 습관과 영역에 집착하는 고양이의 눈으로 보자면 자기가 사는 세상이 완전히 뒤죽박죽이 되어버렸다. 가구 위치가 바뀌고, 정해진 하루 일정도 엉망이 되고, 설상가상으로 이젠 침대 위에서 잠도 못 자게 한다. 게다가 보호자는 결혼과 신혼여행 준비 등으로 정신없이 바쁘다 보니 고양이에게 평소와 같은 관심을 기울이지 않는다. 고양이는 졸지에 세상의 중심에서 밀려난다.

사는 환경이 바뀌지 않아도 이런데, 보호자가 고양이와 함께 배우자의 집으로 들어가거나 아예 새 집으로 가게 된다면 얼마나 큰 변화를 겪어야 할지 상상해 보자. 보호자로서도 불안과 긴장이 가득한 시기겠지만 그래도 스스로 자청한 일이다. 하지만 고양이는 선택의 여지조차 없다. 녀석은 낯선 집에서 낯선 사람과 함께 살아야 하며(게다가 다른 반려동물이나 심지어 어린아이까지 있을 수도 있다), 이 낯선 환경에서 낯익은 존재는 오직 보호자뿐이다(이런 상황에서 고양이가 환경에 적응할 수 있게 돕는 방법은 8장에서 자세히 다뤘다).

고양이가 배우자를 싫어하거나 질투하듯 행동한다면 사실은 고양이가 불안하고 혼란스러우며 두려워하고 있다는 뜻이다. 짧은 기간 동안 감당하기 힘든 적응을 해야 하기 때문이다. 고양이가 배우자에게 불편한 기색을 보이거나 심지어 공격적인 태도를 취한다면 고양이에게 충분한 시간을 줘서 보다 편안한 속도로 적응해나갈 기회를 줘야 한다. 이 변화의 시기에 고양이에게 절실하게 필요한 것은 익숙한 일과다. 녀석이 좋아하는 침대에 올라가지 못하게 하는 것은 혼란과 불안감을 가중시킬 뿐이다. 고양이는 가족이다. 그러니 변화의 시기에 있는 사람이라면 누구나 고양이의 관점에서 상황을 볼 수 있어야 한다.

고양이를 불안하게 만드는 원인 한 가지는 배우자의 낯선 소리와 동작이다. 여성 보호자와만 살아온 고양이는 남성의 묵직한 발소리와 굵은 목소리, 범위가 넓은 몸동작에 익숙해질 시간이 필요하다. 처음 며칠 동안은 남편에게 평소보다 발소리와 말소리를 낮춰달라고 부탁하는 것도 한 방법이다. 반대로 남성 보호자와만 살아온 고양이는 여성의 빠른 동작과 높은 목소리에 적응할 시간이 필요하다. 남성 보호자의 아내라면 얼마 동안은 너무 높은 목소리로 말하거나 너무 빨리 움직이는 것을 자제할 필요가 있다.

배우자가 고양이와 유대감을 맺을 수 있는 가장 좋은 방법 중 하나는 놀이다. 배우자가 상호작용 장난감으로 고양이와 놀아주면 고양이가 긍정적인 연관을 형성하는 데 도움이 된다. 배우자에게 장난감 사용법을 가르쳐주고 고양이와 놀이 시간을 갖게 한다. 놀이를 하는 내내 배우자가 차분하고 고양이에게 위협적으로 느껴지지 않게 행동하는 것이 중요하다. 고양이가 배우자와 놀려고 하지 않는다면 처음에는 보호자가 놀이를 시작한 다음 나중에 배우자에게 장난감을 넘겨준다. 배우자가 무작정 낚싯대를 휘두르는 것이 아니라 고양이가 익숙한 방식, 즉 자주 장난감을 잡게 해줘 사냥감 포획의 즐거움을 만끽하게 하는 방식으로 놀아주는지 지켜봐야 한다. 놀이 시간을 통해 배우자와 고양이는 서로에게 품었던 긴장감을 서서히 해소하게 된다. 또한 배우자는 노는 동안 고양이가 보여주는 우아하고 민첩하고 동시에 익살스러운 몸짓을 보면서 고양이라는 동물을 다른 시각으로 보게 될 것이다.

고양이에게 자율 급여를 하는 경우라도 사료와 물을 부어주는 일을 배우자가 맡아야 한다. 그러면 그릇에 배우자의 손 냄새가 남게 된다. 간식을 주는 일도 배우자가 맡는다.

배우자와 친해지는 과정을 진행하는 속도는 전적으로 고양이의 페이스에 맞춘다. 그리고 고양이가 배우자를 살필 때 안아 올리거나, 쓰다듬거나, 껴안지 않도록 한다. 배우자로서는 친밀감을 보여주기 위해 고양이를 안거나 쓰다듬고 싶어 죽을 지경이더라도 고양이는 아직 준비가 안 되어 있다. 그러니 기다리자. 고양이가 일단 진도를 나가도 되겠다고 판단하면 그 뒤부터는 놀라울 정도로 관계가 빠르게 개선될 것이다.

그리고 배우자를 위해 고양이 세계의 예의범절 한 가지를 살짝 소개한다. 바로 '인간과 고양이의 코 부비부비'다. 걱정 마시라. 배우자가 진짜로 자기 코를 고양이의 코에 비비는 건 아니니까 말이다. 고양이끼리는 코를 맞대지만 우리는 집게손가락을 고양이 코처럼 사용하면 된다. 고양이가 다가올 때 집게손가락을 고양이의 코 높이로 내밀면 고양이가 자기 코를 손가락 끝에 대고 살짝 비빌 것이다. 고양이 세계에서는 이렇게 코와 코를 맞대는 것이 악수이다. 고양이가 좀 더 친밀한 인사를 원한다면 얼굴 옆쪽을 집게손가락에 비비고(또는 비비거나) 사람 쪽으로 더 다가올 것이다. 하지만 더 이상의 인사가 내키지 않는다면 곧바로 물러서거나 제자리에 서서 사람 쪽에서 다음에 어떤 행동을 할지 기다릴 것이다.

집게손가락과 코를 맞대는 이 의식에서 중요한 것은 아무리 그러고 싶더라도 고양이를 와락 끌어안는 것은 물론 심지어 집게손가락을 꿈틀거리고 싶은 충동도 억눌러야 한다는 것이다. 고양이가 아직 그런 행동까지 받아들일 준비가 되지 않았다면 천천히 그리고 차분하게 집게손가락을 내리고 다음에 다시 시도한다. 이 주의사항까지 확실하게 배우자에게 전달해야 한다. 이제 남은 단계는 이 고양이 세계의 악수가 배우자와 고양이의 신뢰 쌓기에 도움이 되기를 바라며 기다리는 것뿐이다.

놀이 시간, 밥 주기, 간식 주기 등을 통해 꾸준히 긍정적인 연관을 형성시켜 나간다면, 고양이는 우리에게 그랬듯이 배우자에게도 저항할 수 없는 매력을 발산하게 될 것이다.

갓난아기가 태어나기 전에 할 일

고양이를 키우는 가정에서 임신을 하면 고양이를 어떻게 해야 할지 고민에 휩싸이는 경우가 많다. 친구나 이웃들은 좋은 뜻에서 하는 말이라지만 임산부에게 고양이가 얼마나 위험한 동물인지를 경고하기 시작한다. 그 때문에 한때는 사랑 받는 가족의 일원이었던 고양이가 어느 날 갑자기 동물보호소의 케이지에 갇혀 다시는 보호자와 만나지 못하는 신세가 된다. 보호소에 버려지지 않는다 해도 졸지에 마당으로 쫓겨나 집 안에 들어오지 못하게 되기도 하는데 태어나서 지금까지 실내에서만 생활하던 고양이에게는 감당하기 힘든 일이며 난생 겪어보지 못한 위험에 노출되어 죽을 수도 있다.

앞서 언급했듯이 임신한 여성이 걱정해야 할 유일한 것은 톡소플라스마증인데, 이 역시 모래 화장실을 제대로 관리하고 약간만 주의하면 전혀 걱정할 일이 아니다. 그러니 아기가 태어난다는 이유로 고양이를 집 안에서 없앤다는 건 정말이지 말도 안 된다!(〈의료 정보 부록〉에 톡소플라스마증에 대해 자세히 소개한다.)

고양이들 중에는 갓난아기가 생겨도 수염 한 올 까딱 않을 정도로 전혀 신경 쓰지 않는 녀석이 있는가 하면, 털도 없고 괴상한 냄새가 나며 소름 끼치는 목소리로 울어대는 외계인이 침공한 것으로 생각하는 녀석도 있다. 고양이가 갓난아기에게 하악거리거나 무뚝뚝하게 대하는 것은 질투가 아니라 불안감 때문이라는 점을 명심해야 한다. 고양이가 불안해한다고 벌을 주거나 차고로 내쫓는 것은 부당하다. 고양이가 이 상황을 극복할 수 있도록 인내심, 사랑, 정적 강화로 녀석을 도와줘야 한다.

임신(또는 입양) 기간 동안 고양이가 갓난아기를 받아들이도록 준비시킨다. 이 시간을 잘 활용한다면 고양이는 갓난아기가 태어나면서 생기는 가정의 변화에 차분하게 잘 적응할 것이다.

방 하나를 선택하여 아기 방으로 꾸밀 때에는 모든 과정을 천천히 진행한다. 방 꾸미기를 일찍 시작하되 천천히 진행하여 고양이가 적응할 시간을 주는 것이다. 다시 한 번 말하지만 고양이는 습관의 동물이다. 집 안에서 난리법석이 벌어지다 하루아침에 방 하나가 갑자기 완전히 다른 모습으로 변하면 고양이는 불안감을 느낄 수 있다. 방 꾸미기는 한 번에 한두 가지씩 진행하고 고양이가 조사할 시간을 충분히 준다. 집 안을 완전히 리모델링한다면 고양이가 불안한 기색을 비칠 때 잠깐씩 쉬면서 고양이와 놀아준다. 일꾼들이 집 안에 들어와서 작업을 하는 기간에는 일꾼들이 돌아간 저녁때에 시간을 많이 들여 고양이와 놀아주고 돌봐줘 변화에 적응할 수 있게 돕는다. 새로 꾸민 방에서 고양이와 놀거나 간식을 준다.

아기용 침대를 일찍 구입해서 고양이가 침대에 올라가지 못하게 훈련시킨다. 내가 가장 좋아하는 방법은 동전을 몇 개 넣은 빈 페트병을 침대에 가득 쌓아두는 것이다. 이렇게 해두면 고양이가 아기용 침대에 올라가려다가 미끄럽고 시끄러운 페트병 때문에 단념하게 된다. 페트병은 아기가 집에 오기 직전에 치우면 된다. 아기가 온 후에 고양이가 침대에 올라가려 한다면 아기용 침대에 씌우는 텐트를 사서 침대에 두른다. 텐트는 견고하고 딱딱한 것으로 사야 한다. 신축성이 있는 것으로 샀다가는 고양이용 해먹이 될 수도 있다.

아기 울음소리는 고양이의 귀에 시끄럽게 들릴 수도 있다. 인터넷에서 아기 울음소리를 다운받거나 아기가 있는 친구 집에서 우는 소리를 녹음해 고양이와 놀아줄 때 작게 틀어놓는다.

아기용 장난감 중에 소리가 나는 장난감은 미리 고양이가 놀거나 먹이를 먹고 있을 때 그 소리를 들려준다. 그러면 아기가 집에 온 후 이런 장난감을 흔들거나 두들겨도 고양이는 시큰둥하게 대할 것이다. 고양이를 놀라게 할 수 있는 다른 장난감들, 즉 덩치가 커다란 장난감, 유아용 의자, 보행기 등도 미리 고양이에게 보여줘 적응시킨다.

아기가 있는 친구를 집에 초대해 고양이가 아기의 모습과 냄새에 서서히 익숙해지게 해주는 것도 좋은 방법이다. 친구와 아기가 집에 오면 고양이와 놀아주고, 고양이가 아기를 보고 편안한 태도를 취할 때 클리커를 누르고 간식을 보상으로 준다.

냄새는 고양이에게 아주 중요한 요소이다. 베이비파우더, 로션, 그 외 갓난아기에게 쓸 물품들을 미리 사서 임산부가 쓰는 것이 좋다. 그러면 고양이가 그 냄새와 보호자 간에 연관을 형성하게 되므로 아기에게서도 보호자에게서 느끼는 친숙함을 느끼게 될 것이다.

고양이의 하루 일과는 이전대로 유지한다. 놀이 시간도 빼먹어서는 안 된다. 고양이가 생활의 일부가 되어야 한다. 엄마가 아기를 돌보고 있는데 고양이가 그 옆에서 낮잠을 자면 안 될 이유는 없다.

아기를 보려고 집에 오는 손님들이 많아지면 고양이에게는 부담스러울 수 있다. 고양이와 놀아주고, 녀석이 긴장을 푼 태도를 보이면 간식을 보상으로 준다.

고양이가 아기에게 지나치게 관심을 보이는지라 아기 방에 들어가지 못하게 하고 싶다면 아기 방에 차단문을 설치하는 것이 좋다.

내가 할 수 있는 최고의 조언은 긴장을 풀라는 것이다. 고양이와 아기는 아주 사이좋게 잘 지낼 수 있다. 나는 내 아이들과 내 고양이들이 서로를 알아가는 과정을 지켜보며 행복했다. 나는 미리 준비했고, 눈길을 떼지 않았으며, 고양이와 아이들을 대할 때 차분하고 편안한 태도를 유지했다.

팁! 임신 기간 동안에 고양이에게 지나칠 정도로 관심을 주지 않도록 한다. 아기가 태어나 집에 돌아오면 임신 기간 때만큼의 관심을 주기가 쉽지 않기 때문이다. 고양이 입장에서는 아홉 달 동안 넘치는 관심을 듬뿍 받다가 어느 날 갑자기 뒷전으로 밀려나면 더 큰 불안감을 느낄 수밖에 없다. 그러니 임신 기간에도 평소와 같은 정도의 관심을 준다.

어린아이와의 관계

고양이에게 가장 무시무시한 광경 중 하나는 아마도 아장아장 걷는 두세 살 된 아이가 털을 움켜쥘 기세로 양손을 활짝 벌리고 자기 쪽으로 걸어오는 모습이 아닐까? 이 연령대의 아이가 고양이 주변에 있다면 절대 한눈을 팔아선 안 된다. 아이는 순식간에 고양이의 꼬리를 빨고 귀를 잡아당길 것이고, 아이에게 잡혔다고 생각한 고양이가 아이를 할퀴거나 물 수도 있다.

아이에게 고양이는 인형이나 장난감이 아니라 가족의 일원이니 조심조심 다루어야 한다고 가르친다. 아이에게 손가락을 편 손바닥으로 고양이를 쓰다듬는 법을 보여주고, 고양이가 잡혔다는 느낌이 들지 않도록 한 손으로만 쓰다듬어야 한다고 가르친다. 아이가 조금 더 나이가 들면 고양이의 몸짓언어가 어떤 의미인지 가르쳐주고, 고양이가 혼자 있고 싶다는 의사를 표현할 때 고양이의 의사를 존중하게 한다. 나는 우리 아이들이 말귀를 알아들을 나이가 되자마자 고양이의 이름을 가르쳐주고 고양이가 우리 가족의 사랑스러운 일원임을 반복해서 알려주었다. 또 아이들이 고양이에게 했으면 하는 차분한 동작들을 시범으로 보여주었다.

모래 화장실, 고양이가 밥을 먹는 곳, 고양이가 잠을 자는 곳, 이 세 가지는 두세 살 된 아이의 손이 닿아서는 안 될 곳들이다. 화장실이 있는 욕실이나 방 입구에 아기용 안전문을 설치하는 것이 좋다. 아래쪽에 고양이가 드나들게 조그만 구멍이 뚫린 안전문도 있다. 그리고 안전문 한 옆에 의자, 상자, 또는 스툴을 놓아 고양이에게 발판을 만들어 준다. 고양이가 나이를 먹었거나 관절염이 있다면 고양이 출입구가 뚫린 안전문이 좋다.

아이가 고양이와 놀고 싶어 하면 안전한 상호작용 장난감으로 놀게 한다. 물론 아이가 장난감을 고양이의 얼굴에 들이대면 안 된다는 것을 이해하고 그렇게 하지 않을 만큼 나이가 들어야 하며, 장난감은 깃털이나 조그마한 쥐가 달린 낚싯대 장난감이어야 한다. 아이가 상호작용 장난감으로 고양이와 놀 때에는 반드시 어른이 옆에서 지켜봐야 한다. 아이에게 올바른 장난감 사용법을 가르쳐주고 실수로 고양이의 얼굴을 찌르지 않도록 지켜본다. 또 고양이가 장난감을 건드리지도 못하도록 휘둘러서 고양이의 약만 올리는 것이 아닌지도 살핀다. 아이에게 고양이가 깃털이나 쥐를 잡을 수 있게 해줘야 고양이의 기분이 좋아진다는 사실도 설명해 준다. 고양이에게 사냥에 성공했다는 느낌은 아이가 게임이나 경기에서 이길 때 느끼는 기분과 같다고 예를 들어 주면 좋다.

어린아이가 고양이를 질질 끌다시피 안고 가는 모습을 흔히 볼 수 있다. 아이의 양팔에 끼인 채 앞다리가 공중에 솟아 있다. 미리 아이에게 고양이를 바르게 들어올려 안는 법을 가르쳐주되, 아이가 고양이의 체중을 받칠 만한 체격이 아니라면 절대 안지 못하게 한다.

팁! 동물 인형을 교구로 삼아 유아에게 고양이를 쓰다듬는 법을 가르치고, 특히 어디는 만져서는 안 되고 어디는 아주 조심해서 만져야 한다는 것을 보여준다. 어린 자녀가 고양이에게 열광하다시피 열중하거나 고양이가 소심하고 겁이 많은 성격일 때 특히 도움이 되는 방법이다.

보호자는 고양이의 행복까지 책임져야 한다

자녀가 어느 정도 나이가 있다면 고양이를 돌보는 일을 돕게 하는 것이 좋다. 사료와 물을 주는 일을 맡길 수도 있고, 털 손질 하는 법을 보여주는 것도 좋고, 화장실 청소를 부탁해도 좋을 것이다. 하지만 어린아이가 동물을 돌보는 일을 전적으로 책임질 수는 없다. 고양이가 필요한 것을 모두 누리고 있는지 확인하는 것은 보호자인 우리의 일이어야 한다. 아이는 고양이가 화장실에 오줌을 누지 않거나 사료를 잘 먹지 않게 되어도 알아차리지 못한다. 고양이가 설사를 하거나 변비가 있어도 알아차리기 힘들다. 아이가 고양이를 데려왔으니 고양이를 돌보는 것도 아이의 책임이라고 떠넘기는 것은 결코 교육적인 행동이 아니다. 고양이에게 고통을 안겨줄 뿐이다.

불행한 일이지만 아이가 동물을 학대하는 가정도 있다. 자녀가 고양이를 학대한다면 절대 이를 용납해서는 안 된다. 고양이가 사고 때문에 다쳤다고 말하더라도 의도적으로 다치게 한 것이 아닌지 주의해서 살펴야 한다. 학대가 의심되면 당장 고양이를 안전한 곳으로 보내고 아이의 행동에 대해 전문가와 상담한다.

낯선 친척 아이들이 집에 와서 고양이와 놀고 싶어 하면 고양이를 잘 지켜본다. 고양이에게 은신처 방을 만들어주는 것도 잊지 않는다. 아이들은 고양이에게 해를 입힐 의도가 없다 하더라도 고양이가 보내는 경고 신호를 알아차리지 못한다. 생일 파티나 명절은 아이들에게는 즐거운 행사겠지만 고양이에게는 반드시 그렇지도 않다. 보호자로서 항상 올바른 판단을 내리고 고양이의 안전과 행복을 책임져야 한다.

15

임신과 출산

그리고 새끼고양이 돌보기와 발달 과정

고양이들의 사랑은 로맨스 소설과는 거리가 멀다. 고양이의 짝짓기는 폭력적이고 위험한 과정이다. 발정 난 암고양이가 있으면 그 동네의 모든 수고양이가 몰려들어 암고양이와 짝짓기 할 기회를 차지하기 위해 싸운다.
싸움에서 이긴 수고양이는 초조하게 왔다 갔다 하며 암고양이가 다가와도 괜찮다는 신호를 보내기를 기다린다. 신호가 떨어지면 수고양이는 이빨로 암고양이의 목덜미를 물고 등에 올라탄다.
수고양이가 사정을 하면 암고양이는 비명을 내지르면서 몸부림 쳐 수고양이에게서 벗어난다. 이때 수고양이가 재빨리 물러나지 않으면 암고양이에게 거센 공격을 받을 수 있다. 수고양이에게 벗어난 암고양이는 바닥을 구르고 기지개를 켠 다음 생식기를 핥는다.
이 한 쌍은 곧바로 다시 짝짓기를 하기도 하지만, 한참 후에야 암고양이가 다시 수고양이를 받아주기도 한다. 그러고는 몇 시간 동안 몇 차례나 짝짓기를 반복한다. 한 번 짝짓기를 하고 나면 수고양이는 암고양이가 다시 자기를 받아줄 때까지 기다리면서 다른 수고양이들이 암고양이를 넘보지 못하도록 경계를 선다. 다른 수고양이가 나타나 암고양이와 짝짓기 할 기회를 잡으려고 결투를 신청하기도 한다. 이때 벌어지는 수고양이끼리의 싸움은 아주 격렬해 한쪽이나 양쪽이 심각한 상처를 입을 수 있다. 심지어 죽는 경우도 있다. 이 싸움에서 이긴 다른 수고양이가 암고양이와 짝짓기를 하게 되면 이 암고양이가 낳는 새끼들은 엄마는 같으나 아빠는 다른 형제자매가 된다.
혹시 자녀에게 동물이 새끼를 낳는 장면을 목격하게 하면 생명을 사랑하는 마음을 가르칠 수 있다는 환상을 갖고 있다면 당장 생각을 고치시길! 자녀에게 가르쳐야 할 것은 보호자로서의 책임감이며, 고양이를 중성화시키는 것도 그 책임감에 포함된다. 보호자의 책임을 다하는 행동이야말로 이미 포화 상태인 반려동물 세계에 새끼고양이를 네댓 마리씩 보태는 것보다 훨씬 더 값진 교훈을 가르치는 것이다.

왜 중성화를 시켜야 하는가

고양이에게 새끼를 낳게 할 생각이라면 제발 부탁이니 마음을 고쳐먹길 바란다. 고양이 보호자라면 고양이를 정말 사랑하고 우리 고양이가 새끼를 낳으면 정말 예쁠 거라고 생각한다는 사실쯤은 나도 잘 안다. 하지만 지금 이 순간에도 수백만 마리의 '예쁜' 새끼고양이가 길거리를 정처 없이 떠돌거나 죽어가고 있다. 오직 '수가 너무 많다'는 이유 때문에 말이다.

고양이에게 새끼를 낳게 할 계획이 없다 하더라도 중성화하지 않은 암컷 고양이를 외출고양이로 키운다면 녀석이 임신을 할 가능성은 높다. 중성화 수술을 계획하고 있어도 미처 수술을 하기 전에 새끼를 밸 수도 있다. 내 고양이는 수컷이니 중성화 수술을 하지 않아도 새끼를 돌봐야 할 일은 없다고 안심하는가? 중성화 수술을 하지 않은 수고양이는 다른 수고양이와 싸우다가 부상을 입을 확률이 높다. 1년 내내 고양이의 상처를 보살피고 치료해줘야 할 수 있다. 보호자로서의 책임도 생각해야 한다. 중성화하지 않은 수고양이가 이미 포화 상태인 현실을 감안해 더 이상 고양이 개체수가 늘지 않도록 하는 책임 말이다.

고양이에게 중성화 수술을 해줘야 하는 이유에는 고양이가 포화 상태라는 사실 외에도 의학적 문제와 행동 문제도 있다. 암고양이가 생애 첫 번째 발정을 시작하기 전에 중성화 수술을 해주면 유방암에 걸릴 확률이 사실상 0이 된다. 수고양이도 중성화 수술을 하면 노년에 전립선암에 걸릴 확률이 거의 사라진다.

중성화 수술을 한 고양이와 하지 않은 고양이의 차이는 거의 밤과 낮의 차이와도 같다. 성적으로 성숙해지기 전에 중성화 수술을 하면 집 안 여기저기에 오줌 스프레이를 하고 울부짖는 행동을 하지 않는다. 이미 성묘가 된 후라도 중성화 수술을 하면 이런 달갑지 않은 행동이 줄어든다. 암고양이를 중성화 수술시키지 않으면 발정기가 올 때마다 끝도 없이 울어대고 초조해하는 행동을 참아내야 한다. 게다가 온 동네 수고양이들이 총출동해 우리 집을 둘러쌀 것이다.

수고양이의 중성화 수술은 음낭을 절개해 고환을 제거하는 수술이다. 봉합은 필요하지 않고 수술 후 치료도 절개 부위를 깨끗하고 건조하게 유지하는 정도로 충분하다. 외출고양이라면 절개 부위가 다 나을 때까지 며칠 동안 밖에 내보내지 말아야 한다. 암고양이의 중성화 수술은 수고양이보다 복잡하다. 복부를 절개해 자궁, 나팔관, 난소를 제거한다. 복부의 털을 민 부위에 봉합사가 남으며 약 열흘 후에 실밥을 제거한다.

수술 후 치료에 대해서는 수의사가 자세한 지침을 알려줄 것이다. 봉합한 부위를 깨끗하고 건조하게 유지해야 하고 고양이가 봉합사를 물어뜯지 않도록 지켜보아야 한다. 또 봉합 부위가 완전히 나을 때까지 바깥에 내보내지 말고 뛰어오르는 등 격렬한 행동을 하지 않게 해야 한다. 물론 봉합사 제거 전까지는 목욕을 시켜선 안 된다.

중성화 수술은 다른 수술보다 흔하기 때문에 심각하게 여겨지지 않지만 그래도 수술이며 어떤 수술이든 위험은 따른다. 무조건 싸게 해주는 병원을 찾는 것은 생각해 볼 일이다. 수술 진행 과정 및 방법, 마취제 및 봉합사의 종류, 수술에 참여하는 인원, 수술 후 처치 방법 등이 병원마다 다를 수 있으므로 세세하게 확인해본다.

팁! 중성화하지 않은 암고양이는 1년에 최소한 세 번 발정기를 겪는다. 수고양이는 1년 내내 언제라도 짝짓기가 가능하다. 한편, 통념과 달리 중성화 수술 때문에 고양이가 살이 찌는 것이 아니다. 고양이가 살이 찌는 이유는 과식이다.

임신한 고양이 보살피기와 출산 준비

계획에도 없이 어느 날 갑자기 임신한 고양이를 보살펴야 할 수도 있다. 중성화 수술을 해줄 날짜를 미루다가 덜컥 임신을 할 수도 있고 임신한 길고양이와 인연을 맺게도 된다.

고양이의 임신 기간은 약 65일이다. 첫 몇 주 동안은 체중 증가 외에는 눈에 띌 만한 변화는 없다. 임신 3주쯤에 입덧을 하는 고양이도 있다. 구토를 하고 먹이를 잘 먹지 않지만 며칠 이후 사라진다. 고양이가 임신을 한 것 같으면 동물병원에 데려가 확진을 받는다. 수의사가 임신한 고양이를 어떻게 돌보아야 하는지, 어떤 먹이를 줘야 하는지 등을 알려줄 것이다. 수의사가 추천한 것 외에 다른 영양 보충제는 먹이지 않도록 한다. 수의사는 보통 단백질과 칼슘을 보충한 사료를 추천할 것이다. 임신 중반기가 지나면 고양이의 체중과 건강에 따라 사료량을 늘리라는 지침을 받을 수도 있다. 임신을 했다고 먹이를 듬뿍 줘서 과체중으로 만들지는 말자. 과체중이 되면 분만 시 어려움을 겪을 수 있다.

분만이 1주일 앞으로 다가오면 어미고양이는 이전에 먹던 양을 한 번에 먹지 못하고 조금씩 몇 차례에 걸쳐 나눠 먹어야 한다. 위장이 커져버린 자궁에 눌려 작아졌기 때문이다. 또 이맘때쯤 병원에 한 번 더 들러 마지막으로 출생 전 진단을 받아야 한다. 보호자로서 분만을 어떻게 준비해야 할지, 어떤 상황에 대비해야 할지, 갓 태어난 새끼고양이를 어떻게 보살펴야 할지에 대한 지침도 받을 수 있다. 분만 1주일쯤 전부터 고양이는 안절부절하기 시작한다. 복부와 생식기를 과하다 싶을 정도로 그루밍하고, 수건 더미를 발톱으로 긁거나 찬장 안으로 파고들면서 분만할 자리를 만들려 한다. 보호자가 아무리 정성들여 분만할 보금자리를 마련해 줘도, 녀석은 어둡고 조용하고 아늑한 다른 곳을 더 좋아할 것이다. 튼튼한 골판지 상자를 하나 구해서 뚜껑을 없앤 다음 안에 깨끗한 신문지나 수건을 깔아주자. 임신묘의 사생활을 더 철저히 보호해 주려면 상자 뚜껑을 남겨둬도 좋지만, 뚜껑이 있더라도 안에서 무슨 일이 벌어지는지를 살피기 쉬워야 한다. 상자 높이는 고양이가 일어서서 걸을 수 있을 정도여야 하고, 너비는 고양이가 편안히 누워 새끼들에게 젖을 물릴 수 있을 정도여야 한다.

상자 바로 옆에 물그릇과 밥그릇을 놓아준다. 화장실은 가기 편리하게 가까운 곳에 두되, 상자와 딱 붙여서는 안 된다.

분만일이 다가오면 고양이를 집 밖에 내보내지 않는다. 남의 집 차고에서 새끼를 낳을 수도 있다. 아예 방을 하나 비워서 분만 상자를 마련해 주고, 녀석이 집 안 다른 곳으로 가지 않도록 관리하는 편이 낫다.

분만일이 하루 앞으로 다가오면 고양이의 체온이 약간 떨어진다. 고양이의 체온을 정기적으로 재고 있다면 체온 변화를 알아차릴 수 있을 것이다. 체온이 약간 떨어지는 것은 정상이니 걱정하지 말자.

고양이는 대개 인간의 도움 없이 혼자서도 무사히 새끼를 낳을 수 있다. 다만 장모종 고양이라면 젖꼭지 주변과 꼬리 밑동의 털을 밀어준다(직접 하기 어렵다면 수의사에게 맡긴다). 물론 만약의 경우를 대비해 다음 물품을 미리 준비해 놓고, 이 물품들을 어떻게 사용하는지, 또 추가로 필요한 물품이 있는지는 수의사에게 설명을 듣는다. 항상 수의사가 일러준 지침을 따르도록 하자.

필요한 물품

• 여분의 신문지 • 깨끗한 수건 • 가위 • 소독제 • 치실이나 실 • 유아용 주사기

분만 과정

분만 첫 단계에 접어들면 어미고양이는 숨을 헐떡이며 몸에 힘을 주기 시

작한다. 이 단계는 여러 시간 지속된다. 울부짖거나 자기 엉덩이를 물어뜯으려 하기도 하고, 보호자가 너무 가까이 다가가면 하악 소리를 내기도 한다. 사람이 출산 과정에 너무 개입하면 새끼들을 먹어버리는 고양이도 있다.

분만이 본격적으로 시작되면 밝은 빛깔의 분비물에 이어 어두운 빛깔의 분비물이 나온다. 자궁이 수축되고, 보통은 30분 안에 첫 번째 새끼가 태어난다. 갓 태어난 새끼고양이는 막으로 덮여 있다. 어미는 이빨로 막을 찢고, 새끼의 눈과 코에 덮인 점액을 핥아내서 숨을 쉴 수 있게 해준다. 또 탯줄을 끊은 다음 새끼를 세차게 핥아서 혈액순환을 촉진한다.

어미가 먼저 태어난 새끼의 숨통을 트여주기도 전에 다음 새끼가 태어나는 상황이 아니라면, '절대' 보호자가 개입해서는 안 된다. 단, 어미가 갓 태어난 새끼에게 관심을 주지 않을 때는 조심스럽게 막을 찢고 수건으로 새끼의 온몸을 조심스럽게 문질러서 숨을 쉴 수 있게 한다. 치실이나 실을 준비했다가 새끼에게서 약 3센티미터 떨어진 지점에서 탯줄을 묶고 가위로 자른 다음 면봉으로 남은 탯줄 끝에 소독제를 바른다. 새끼가 숨을 쉬는지 확인한 다음 어미 곁에 놓아준다. 새끼가 숨을 쉬지 않는다면 유아용 주사기로 입안에 있는 점액을 빨아낸다. 그래도 숨을 쉬지 않는다면 새끼를 양손으로 머리를 받친 채 쥐고, 머리를 아래쪽으로 내려 아주 조심스럽게 그네 타듯 흔들어서 코나 입 속에 남은 점액을 제거해야 한다. 새끼가 숨을 쉬기 시작하면 바로 어미 곁에 놓고 어미가 몸을 핥아주게 한다.

새끼를 한 마리 낳고 다음 새끼를 낳기까지는 30분에서 1시간 정도 걸린다. 뱃속의 새끼를 다 낳은 다음에는 새끼 수만큼 태반이 나와야 한다. 어미는 본능적으로 태반을 먹어치운다(사산된 새끼가 있다면 역시 이때 먹어치운다). 태반을 너무 많이 먹으면 어미가 설사를 할 수도 있으므로 태반과 사산된 새끼를 다 먹어버리기 전에 치워줘야 한다. 그 전에 태반의 수를 세어 낳은 새끼의 수와 맞는지 확인해야 한다. 태반의 수가 적다면 어미의 뱃속에 그 수만큼 태반이 남아 있다는 의미다. 뱃속에 남은 태반은 심각한 감염을 일으킬 수 있다.

분만이 잘 되지 않거나 어미에게 문제가 있는 것 같다면 수의사에게 연락해야 한다. 다음과 같은 상황이라면 당장 전화를 해야 한다(번식 장애 및 갓 태어난 새끼의 장애에 대한 정보는 〈의료 정보 부록〉을 참조한다).

- 강하게 자궁 수축을 하며 한 시간 넘게 몸에 힘을 주고 있으나 새끼가 나오지 않는 경우
- 어미가 힘이 없거나 고통스러워할 경우
- 어미가 구토를 할 경우
- 태반의 수와 새끼의 수가 맞지 않을 경우
- 선혈이 나올 경우
- 어미의 체온이 정상보다 높거나 낮을 경우
- 어미가 계속 불안해할 경우
- 새끼들이 계속 울 경우

새끼들은 태어나자마자 젖을 먹는다. 초유에는 새끼들의 면역 체계가 제 기능을 발휘하기 전까지 임시로 새끼들을 보호해주는 항체가 들어 있으므로 아주 중요하다.

이 단계까지 아무런 문제가 없어 보이면 이제 자리를 뜬다. 첫 2주 동안은 어미가 아무 방해도 받지 않고 새끼들을 돌볼 수 있게 해줘야 한다. 주변을 치우거나, 어미에게 밥을 주거나, 가끔씩 들여다보는 것 외에는 되도록 가만히 놓아둔다.

새끼들이 잘 지내는 것 같지 않거나 어미가 새끼들에게 젖을 먹이지 않는다면 당장 수의사에게 연락한다. 튜브로 급여해야 할 수도 있다. 튜브나 젖병으로 새끼들을 먹여야 한다면 수의사가 구체적인 방법을 알려줄 것이

다.

아무런 문제가 없다 하더라도 분만 다음날에는 어미를 동물병원에 데려가야 한다. 어미 뱃속에 태아가 남아 있지 않은지 검사해야 하기 때문이다. 또 건강한 젖이 적정량만큼 나오는지도 점검해야 한다. 어미를 동물병원에 데려갈 때는 새끼들도 같이 데려간다.

새끼고양이의 성장

갓 태어난 새끼고양이는 귀도 들리지 않고 눈도 보이지 않으며, 어미의 체온과 그르렁거리는 진동을 느끼고 어미 쪽으로 움직인다. 새끼들은 거의 하루 종일 젖을 빠는데, 특정 젖꼭지를 선호하는 경향도 자주 보인다. 어미의 젖꼭지를 찾느라 앞발은 수영하듯, 뒷발은 땅을 밀듯 움직이며 허우적거리기도 한다. 또 젖을 먹으면서 앞발로 어미의 배를 주무르는데 이는 젖이 더 잘 나오게 하려는 동작이다.

생후 2주 안에 많은 변화가 일어난다. 태어난 지 이틀이 지나면 탯줄이 떨어지고, 1주일이 지나면 새끼들의 체중은 두 배로 불어난다. 생후 7일에서 10일이 되면 눈도 뜨고 귀도 들린다.

어미는 계속해서 새끼들을 정성껏 돌본다. 새끼들이 젖을 먹고 나면 따뜻한 혀로 핥아서 배변을 유도하고, 배설물을 먹어치운다. 보금자리를 깨끗이 유지해야 포식자들이 냄새를 맡고 접근하는 일이 없기 때문이다.

생후 3주가 되면 새끼고양이들을 살짝살짝 어루만지면서 사회화 교육을 시작한다. 사람이 자주 부드럽게 어루만져주면 사람의 손길에 익숙해지고 사람과의 관계에 적극적인 고양이로 자랄 수 있다. 하지만 어미가 불안해할 수 있으니 지나치게 시간을 끌지 않도록 한다.

또 생후 3주가 되면 새끼고양이들에게 고형 먹이를 조금씩 주면서 서서히 젖을 떼게 한다. 젖 떼기 과정을 천천히 진행하면 어미와 새끼 모두가 건강해질 수 있다. 하지만 '서서히, 천천히'가 관건임을 잊지 말자. 새끼고양이용 캔사료 또는 건사료를 따뜻한 물과 섞어 부드럽게 만든 다음, 손가락에 아주 소량을 묻혀 새끼의 입술이나 코 아래에 살짝 묻혀준다(젖을 뗀 새끼고양이를 위한 급여 방법에 대해서는 6장에서 자세히 다루었다).

모래 화장실 사용 훈련은 어미가 거의 도맡는다. 보호자는 새끼고양이들이 쉽게 들어갈 수 있도록 턱이 낮은 화장실을 마련해 주면 된다. 새끼고양이들이 모래 화장실까지 가는 게 힘들지 않도록 모두 한 방에 모여 있게 하고 화장실도 가까이 놓아준다.

생후 8주가 되면 백신 접종을 맞춰야 한다.

계속 새끼고양이들을 어루만져주고 놀아주면서 사람과의 사회성을 향상시킨다. 이때의 새끼고양이들은 형제자매와 놀고 교류하면서 고양이들끼리의 사회성 기술도 배워나간다.

이제 슬슬 새끼고양이들에게 새 가정을 찾아주고 싶겠지만 이 시기는 아직 어미와 형제자매들과 함께 지내야 할 중요한 시간이다. 성묘가 된 후 다른 고양이들과의 관계에까지 영향을 미치기 때문이다. 생후 12주까지는 어미와 형제자매들에게서 떼놓으면 안 된다.

팁! 새끼고양이는 관찰을 통해 많은 것을 배운다. 특히 어미고양이의 행동을 보고 많은 것을 배워나간다.

어미 잃은 새끼고양이 돌보기

가끔 어미를 잃고 울고 있는 새끼고양이 한 마리, 또는 아예 한배에서 난 새끼고양이 전체를 만나는 경우가 있다. 어미가 죽었을 수도 있고, 어떤 이유에서 새끼(들)를 버렸을 수도 있으며, 병에 걸렸거나 젖꼭지가 감염되어 수유를 하지 못하는 것일 수도 있다.

체온 유지

어미를 잃은 새끼고양이는 어미의 체온이 없어 몸이 식기 쉬우므로 생후 2주까지는 섭씨 30~32도가 유지되는 환경을 만들어줘야 한다. 생후 3주가 되면 온도를 약간 낮추고 1주가 지날 때마다 조금씩 더 낮춘다. 수의사에게 문의하면 골판지 상자와 스탠드로 간이 인큐베이터를 만들거나, 전기방석을 가장 낮은 온도로 틀어놓는 방법들을 가르쳐줄 것이다.

분유 먹이기

어미 잃은 새끼고양이는 당장 동물병원에 데려가서 수의사에게서 새끼고양이용 대체 조제유를 선택하고 먹이는 법을 배워야 한다(소에게서 짠 일반 우유는 새끼고양이에게 필요한 단백질과 그 외 영양소가 없으므로 반드시 새끼고양이용 대체 조제유를 먹여야 한다).

두 시간에서 네 시간마다 조제유를 먹여야 하므로 절대 만만한 일이 아니다. 너무 어린 새끼고양이라면 처음에는 식도에 튜브를 꽂아 조제유를 위장으로 바로 흘려 넣는 방식의 튜브 급여를 하다가 젖병 급여로 바꾼다. 조제유를 먹일 때는 어미 젖을 빨 때와 같은 자세로 새끼고양이를 엎드리게 해서 먹인다.▼ 젖병으로 먹이며 다 먹이고 난 후 트림을 시켜줘야 한다. 새끼고양이를 들어올려 보호자의 어깨에 기대듯 엎드리게 한 다음 등을 살살 쓸어준다. 새끼고양이는 위장이 작고 신장이 과잉 공급된 영양을 처리하지 못하기 때문에 조제유를 너무 많이 먹이지 않도록 주의한다. 너무 적게 먹이는 것도 위험할 수 있으므로 수의사에게서 정확한 지침을 받아 할 일을 명확히 하는 것이 아주 중요하다. 수의사에게 새끼고양이에게 조제유를 먹이는 법과 배가 불렀는지를 확인하는 방법을 시범으로 보여 달라고 요청하는 것도 좋다.

▼ 사람처럼 눕혀서 먹이면 안 된다. - 옮긴이주

배설 유도 및 화장실 사용법 가르치기

새끼고양이는 스스로 배설을 하지 못하므로 배설할 수 있도록 유도해 줘야 한다. 따뜻한 물에 적신 부드러운 탈지면으로 배와 항문 부위를 살살 마사지해 배뇨와 배변 활동을 유도한다. 생후 3주까지는 먹이를 먹인 후 매번 마사지를 해줘야 하며, 생후 3주가 지나면 모래 화장실을 사용하도록 가르친다. 먹이를 먹인 후 화장실에 데려다 놓고, 손가락을 따뜻한 물에 적신 후 배를 부드럽게 마사지해 배뇨와 배변을 촉진한다. 손가락으로 모래를 살살 긁어 여기를 어떤 용도로 사용해야 할지 알려주는 것도 좋다. 녀석들의 배설물은 치우지 말고 그대로 두어 그곳이 화장실임을 각인시킨다. 새끼고양이가 화장실 밖에 배설을 하면 배설물을 화장실 안으로 옮겨놓는다. 그러면 다음번에는 그 냄새에 이끌려 화장실을 제대로 쓰게 될 것이다.

털 손질 해주기

새끼고양이는 먹이를 먹고 나면 온몸이 끈적끈적 지저분해지기 때문에 몸을 닦아줘야 한다. 부드러운 수건을 따뜻한 물에 적셔 닦아준다. 새끼고양이를 물에 담그는 것은 금물이다. 새끼고양이는 금방 체온이 내려갈 수 있으므로 몸을 닦고 난 후에는 바로 마른 수건으로 물기를 제거해준다. 필요하다면 헤어드라이어를 제일 약한 세기로 틀어 물기를 말린다. 헤어드라이어를 너무 바짝 들이대면 새끼고양이가 화상을 입을 수 있으니 조심한다.

어미 잃은 새끼고양이는 어미의 초유를 먹지 못하므로 생후 3~4주 즈음에 백신을 접종시켜야 한다.

어미를 잃은 새끼고양이를 돌보고 키우는 건 신경 쓸 것이 너무나 많고 복잡한 일이다. 그러니 수의사에게 되도록 세세한 부분까지 지침을 얻는 것이 상책이다. 경험 많은 자원봉사자가 있는 보호소나 동물병원에 미리 연락해 위탁이 가능한지 알아보는 것도 방법이다.

너무 어릴 때 어미를 잃고 혼자 사람 손에 키워진 새끼고양이는 형제자매들과 교류할 기회가 없었기에 성묘가 된 후 다른 고양이들과의 관계에서 문제가 발생할 수 있다.

되도록이면 현재 새끼를 낳아 젖을 먹이고 있는 어미고양이가 있는지 모든 수단을 동원해서 알아보는 것이 좋다. 수유 중인 어미고양이는 고아가 된 새끼고양이를 별 거부감 없이 받아들여 젖을 먹이고 키워준다. 심지어 다른 종의 새끼를 받아들이기도 한다.

새끼고양이의 발달 과정에서 중요한 단계들

생후 2주까지

- 출생 시에는 눈이 안 보이고 귀가 안 들림
- 출생 시 체중은 약 100~110그램
- 출생 후 24시간까지는 어미가 새끼 곁에 내내 붙어 있음
- 2~3일이 지나면 탯줄이 떨어짐
- 아직은 체온을 스스로 조절하지 못함
- 후각은 상당히 발달했음
- 태어난 지 1주 만에 체중이 2배로 늘어남
- 어미가 새끼들을 핥아서 배설 활동을 촉진시켜 줌

생후 2주에서 4주까지

- 생후 10일에서 14일 즈음에 눈을 뜨고 귀가 들리기 시작함
- 젖니가 나기 시작함
- 생후 3주가 되면 스스로 배설을 할 수 있음
- 생후 3~4주 사이에 사회성 놀이를 시작함
- 사회화 과정에 아주 중요한 시기임

- 정위반사righting reflex▼ 능력이 발달함
- 젖을 떼기 시작하면서 고형 먹이를 먹을 수 있게 됨

생후 4주에서 8주까지

- 생후 5주가 되면 스스로 그루밍을 함
- 생후 8주가 되면 완전히 젖을 뗌
- 생후 8주가 되면 젖니가 모두 남
- 여전히 사회화 과정에 아주 중요한 시기임
- 놀이 행동이 점점 과격해짐
- 사냥감을 죽이는 데 필요한 기술을 익히는 행동이 늘어남

생후 8주에서 14주까지

- 사물 놀이를 자주 하기 시작함
- 생후 12주가 되면 모든 감각이 완전히 발달함
- 생후 12주 즈음에 성묘의 눈 색깔을 갖춤
- 생후 14주에 영구치가 나기 시작함
- 성묘의 수면 패턴이 발달하기 시작함

생후 6개월에서 12개월까지

- 성적으로 성숙해짐
- 성장이 계속됨(속도는 느려짐)

새끼고양이에게 새 가정 찾아주기

새끼고양이들이 생후 12주가 되고 녀석들과 함께 살지 않기로 했다면 이

▼ 높은 곳에서 떨어진 고양이가 바른 자세로 착지하는 것 - 편집자주

제 좋은 입양 가정을 찾아줄 시간이다. 새끼고양이들을 입양 보낼 만한 나이가 될 때까지 돌보고 키우는 것은 보호자의 책임이며, 이 사랑스럽고 조그만 생명체들이 좋은 가정에 입양되어 자랄 수 있을지 여부 역시 전적으로 보호자가 얼마나 노력하느냐에 달려 있다.

하루라도 빨리 녀석들을 '처리하고' 싶은 마음에 생활정보지나 온라인 카페에 무료 입양글을 올리는 방법으로는 녀석들에게 좋은 가정을 찾아주기 힘들다. 새끼고양이들의 엄마아빠가 되고 싶다는 후보들을 시간을 들여 꼼꼼히 확인해야 한다. 새끼고양이는 보호자에게 맡겨진 생명체다. 구매자가 나타났다고 바로 넘길 수 있는 가구가 아니다.

입양을 원하는 사람이 나타나면 이전에 반려동물을 키웠는지 물어본다. 키운 적이 있다면 그 동물은 어떻게 되었는지를 물어본다. 나라면 이전에 고양이를 키웠는데 차에 치어 죽었다고 말하는 사람에게 내 새끼고양이를 입양시키지는 않을 것이다. 그리고 지금 기르는 반려동물이 있는지도 물어본다. 고양이인지 개인지 말이다. 또 자녀가 있는지, 있다면 몇 살인지도 물어보자.

고양이에게 얼마나 많은 시간을 할애할 수 있는지 예비 보호자 후보의 라이프스타일도 알아보아야 한다. 보호자 후보가 고양이에게 무엇이 필요한지를 잘 알고 있는지도 중요한 문제다.

백신을 꼬박꼬박 접종하는 것과 중성화 수술을 시키는 것도 합의되어야 한다. 후보가 나중에 접종과 수술을 했음을 입증하면 비용 일부를 부담하겠다는 약속을 하는 것도 좋다. 이런 사항은 입양시키기 전에 합의한다.

후보에게 이런 질문 없이, 그리고 그 사람의 상황과 환경을 점검하지 않은 채 새끼고양이를 입양 보내면 새끼고양이에게 사형을 선고하는 것이나 다름없는 결과를 초래할 수 있다. 나는 이런 경우를 여러 번 목격했다. 후보에 대해 제대로 알아보지도 않고 새끼고양이를 입양 보낸 후 좋은 가정을 찾아주었다고 믿었지만, 알고 보니 그 사람은 투견장에서 개를 자극시키는 미끼로, 또는 애완 뱀에게 줄 먹이로 새끼고양이를 데려갔다는 식의 이야기 말이다. 이 세상에는 상상조차 못 할 정도로 다양하고 끔찍한 목적으로 '강아지·고양이 무료로 드려요'라는 글을 찾아다니는 역겨운 인간들이 존재한다.

책임감 강한 후보는 자신이 반려동물을 키우기에 적합한 사람인지를 묻는 질문에 충실히 대답한다. 그런 사람은 우리가 세세한 부분까지 캐묻는 것을 자신이 입양하게 될 새끼고양이가 그만큼 세심한 보살핌을 받고 있다는 증거라고 이해할 것이다.

고양이를 번식시키기 앞서

순종 고양이의 브리더breeder가 되려면 일정한 자격을 갖춰야 한다. 우리 고양이가 순종 암고양이니 같은 품종의 수고양이와 교배시키기만 하면 떼돈을 벌 수 있을 것이라는 생각은 버리자. 경험 많고 유명한 브리더들은 해당 품종에 대한 유전학적 지식에도 해박하다. 이런 지식 없이 고양이를 교배시켰다가는 건강상의 심각한 선천적 결함을 지닌 새끼고양이가 태어나기 십상이기 때문이다.

고양이 브리더가 되면 돈을 많이 벌 것이라고 생각하고 번식을 시작하면 놀랄 일이 한두 가지가 아닐 것이다. 어떤 품종이든 브리더가 된다는 것은 값비싼 대가를 치러야 한다. 사명감을 가진 양심적인 브리더들은 좋은 환경을 만들어주기 위해 어마어마한 시간과 돈을 투자해 고양이를 돌보고 또 새끼고양이를 키운다. 그들이 기꺼이 이런 대가를 치르는 것은 그 품종을 사랑하고 그 품종의 아름다움을 유지하고 싶어서지 손쉽게 떼돈을 벌기 위해서가 아니다.

16

나이 든 고양이

나이 든 고양이와 살아가려면 알아야 할 것들

언제부터 고양이는 노령묘에 속할까? 고양이가 어떤 생활을 하고 있는지를 봐야 한다. 앞서 2장에서 고양이의 나이와 우리 인간의 나이를 비교해 볼 수 있는 표를 실기는 했지만, 우리 사람도 여러 요소에 따라 나이에 비해 젊기도 하고 늙기도 하듯 고양이의 수명 역시 많은 요소에 영향을 받는다. 내 생각에 사람의 손을 타지 않고 백신 접종도 받은 적 없는 길고양이는 네 살이면 이미 노령묘로 봐도 좋다. 반면 사람이 키우면서 모든 백신 접종과 중성화 수술을 받고 질 좋은 사료를 먹고 정기 검진도 꼬박꼬박 받는 고양이라면 네 살은 한창 때며 앞으로 15년 또는 그 이상을 건강하게 살 수 있다. 사랑과 보살핌을 듬뿍 주고, 안전한 환경에서 적절한 영양을 공급하고, 정기적으로 건강 검진을 받게 하고 백신을 접종시키고 중성화 수술을 해주면 모든 고양이는 건강하게 나이를 먹을 수 있다.

행동상의 변화

흥미롭게도 성질 급하고 손도 못 대게 하던 고양이가 나이가 들면서 성격이 부드러워지기도 한다. 반대로 다정하고 참을성 많던 녀석이 나이가 들면 짜증을 팍팍 내기도 한다.

한때 빛의 속도로 뛰어다니며 집을 난장판으로 만들던 고양이가 이제는 하루 종일 자고, 기지개를 켜고, 먹는 것으로 시간을 때운다. 핫스팟이었던 스크래칭 기둥은 이제 발길이 뜸한 장소가 되어버린다. 반대로 젊었을 때는 거들떠보지도 않던 스크래칭 기둥이 이제는 기지개를 켜고 굳은 근육을 펴고 싶어서 자주 찾는 장소가 되기도 한다. 집 안 구석구석 지형을 샅샅이 꿰뚫고 있던 녀석이 한참이나 길을 잃고 헤매기도 한다.

나이 든 고양이에게서 나타나는 눈에 띄는 또 다른 변화는 노화와 관련된 인지기능장애다. 이는 인간의 알츠하이머병과 비슷하며, 단순히 나이가 들었기 때문에 일어나는 정상적인 뇌 기능 저하에 비해 더 심각하다. 모든 고양이에게 나타나는 것은 아니지만, 고양이의 행동 변화가 단순히 노령으로 인한 것이라고 보기 어려우면 수의사와 상담해야 한다. 노화와 관련된 인지기능장애의 원인은 정확히 밝혀지지 않았지만 일부는 유전적인 영향이 있는 듯하다.

노화와 관련된 인지기능장애인지의 여부를 확인하기 위해서는 정확한 진단이 필요하다. 고양이의 행동이 변한 것은 드러나지 않은 다른 질환 때문일 수도 있다. 예를 들어, 갑자기 몸을 만지는 것을 싫어하게 되었다면 관절염이 있어서일 수도 있고, 화장실 사용 습관이 바뀐 것은 신부전이나 갑상선 기능 항진증 때문일 수도 있다. 성격이 변한 것 역시 갑상선 기능 항진증이 원인일 수 있다.

불행히도 노화와 관련된 인지기능장애는 증세가 점점 진행된다. 수의사에게 처방받은 약물로 진행 속도를 늦출 수는 있다. 비타민 E, 셀렌, 항산화제 같이 인지기능을 유지한다고 알려진 성분을 첨가하는 식단을 급여하는 방법도 있다. 수의사가 고양이에게 딱 맞는 식단을 짜줄 것이다.

이 시기의 고양이를 편하게 해주려면 고양이에게 익숙한 환경을 유지해야 한다. 가구 위치를 바꾸거나 고양이의 삶에 큰 변화가 될 만한 일은 되도록 삼간다(반려동물을 새로 입양하거나, 집수리를 하거나, 새 가구를 들여놓는 등의 일도 마찬가지다). 고양이가 화장실 위치를 기억하지 못할 수 있으므로 집 안 곳곳에 화장실을 많이 배치해 놓는다.

밤에는 고양이를 방에 넣고 문을 닫아둬야 할 수도 있다. 최소한 집 안의 방문들을 모두 닫아서 녀석이 헤매 다니다가 상처를 입는 일이 없도록 한다.

상호작용 놀이를 꾸준히 해서 좋은 자극을 주고 자극이 풍부한 환경을 만들어 인지기능장애가 진행되는 속도를 최대한 늦춘다. 최소한 1년에 두 번 동물병원에 데려가 정기 검진을 받는다. 노화와 관련된 인지기능장애는 치료는 불가능하지만 진행 속도를 늦출 수 있다는 사실을 명심하자.

노화와 관련된 인지기능장애를 암시하는 증상들

- 목청을 높여서 운다(특히 한밤중에).
- 방향을 잃고 헤맨다.
- 가족을 알아보지 못한다.
- 수면 습관이 달라진다.
- 같이 사는 다른 반려동물과의 관계가 바뀐다.
- 초조해하거나 불안해한다.
- 평소와 달리 신체 접촉을 피하거나 싫어한다.
- 식욕이 떨어진다.
- 짜증을 잘 낸다.
- 화장실 밖에 배설을 한다.

- 변비에 걸리거나 화장실 사용 습관이 바뀐다.
- 배뇨·배변을 억제하지 못해 대소변을 흘린다.
- 놀이에 흥미를 잃는다.
- 그루밍을 잘 하지 않는다.

팁! 일반적으로 고양이는 열 살 무렵이면 노령으로 간주한다. 물론 생활방식, 영양, 유전, 건강과 같은 여러 요소를 감안해야 한다.

신체적 변화

노년기에 접어들면 고양이의 체중에 변화가 생길 수 있다. 살이 빠지거나 반대로 체중이 늘 수 있다. 대체로 나이가 들면 살이 빠진다. 근육의 탄력이 줄어 몸이 홀쭉해지고 축 늘어지는 경우도 있다. 나이 든 고양이의 등을 쓰다듬어 보면 등뼈가 또렷하게 만져진다. 나이 든 고양이는 골밀도가 낮아져 뼈가 약해지기 때문에 골절을 당하기 쉽다. 피부도 탄력을 잃고 건조할 수 있다. 수의사와 상담하면 지방산을 보충한 식단을 추천받을 수 있다.

털은 더 이상 예전처럼 윤기가 나지 않는다. 흰털이 많이 나고, 특히 코와 입 주위가 많이 희끗희끗해진다. 젊었을 때와 달리 그루밍을 꼼꼼히 하지 않기도 한다.

노년기의 고양이는 발톱이 약해지고 발 볼록살이 딱딱해진다. 고양이가 더 이상 스크래칭 기둥을 사용하지 않는다면 발톱을 좀 더 자주 깎아 주자.

나이 든 고양이의 눈은 약간 혼탁한 느낌이 들 수 있다. 백내장은 어느 연령대에서도 생길 수 있지만 나이 든 고양이는 특히 많이 생긴다.

노년의 고양이는 발걸음이 느려지고, 사지가 뻣뻣해지며, 오후 낮잠 시간이 길어진다. 감기에 더 자주 걸리며, 틈만 나면 햇빛이 드는 곳이나 그 외 따뜻한 장소에서 몸을 말고 잠을 청할 것이다.

감각의 저하

나이가 들면 감각 저하로 고생하는 고양이들이 있다. 시력이나 청력이 약간 떨어지는 정도일 수도 있지만 심하게는 완전히 시력이나 청력을 잃기도 한다.

청력이 서서히 떨어지는 경우는 보호자가 알아차리기 어렵다. 청력 손실과 관련 있는 행동 변화가 보이는지 잘 살펴봐야 한다. 예를 들어 붙임성 좋던 고양이가 최근 들어 보호자가 내민 손에 화들짝 놀라 달아나 버린다면, 보호자의 인기척을 전혀 느끼지 못해 갑자기 손이 불쑥 나타났다고 여겼기 때문일 수 있다. 또 보호자가 쓰다듬으면 이전에는 없던 공격적인 태도를 보이기도 하는데 이런 공격성은 통증 때문일 수도 있으니 반드시 동물병원에 데려가 검진을 받아야 한다. 보호자가 갑자기 다가가는 것 때문에 놀란다면, 고양이에게 다가갈 때는 진동을 느낄 수 있도록 일부러 발을 쿵쿵 구르도록 한다. 실내가 어둡다면 먼저 불을 켠 다음 고양이에게 다가간다. 다가가기 전에 확실하게 기척을 내는 것이 중요하다.

고양이의 시력이 나빠졌거나 눈에 이상한 변화가 보인다면 지체 없이 동물병원에 데려간다. 방 안을 잘 돌아다니지 못하거나 가구를 들이받거나 상호작용 장난감의 움직임을 제대로 쫓아가지 못하는 등 행동에 변화가 생기면 시력이 나빠졌다는 증거이다.

고양이의 후각은 식욕에 큰 영향을 미친다. 나이 든 고양이가 사료에 흥미를 보이지 않는다면 냄새를 잘 맡지 못해서일 가능성이 있다.

감각이 저하된 고양이는 실외 환경에서 위험에 처할 가능성이 아주 높기 때문에 외출고양이로 키우는 고양이라도 바깥에 나가지 못하게 해야 한다. 시력이나 청력이 저하된 고양이는 자동차가 다가와도, 사나운 개가 모퉁이에서 짖어도 알아차리지 못한다. 실외생활을 즐기게 해주고 싶다면 날이 좋을 때 하네스를 채워서 데리고 나가자. 우리와 함께 느긋하게 햇살을 즐길 수 있도록 말이다.

나이 든 고양이에게서 몸의 변화나 질환이 의심되는 증상이 보이면 수의사와 상담한다. 그냥 나이가 들어서 그런 거라고 멋대로 단정 지어서는 안 된다. 당장 치료가 필요한 질환을 앓고 있을지도 모른다.

고양이가 나이가 들수록 정기 검진을 받고 수의사가 추천하는 백신을 접종하는 것이 중요하다. 수의사가 백신 접종 계획을 조정할 수도 있다. 더 정확한 판단을 위해 혈액 및 소변 검사가 포함될 수도 있다. 일찍부터 정기 검진을 받기 시작해 정기적으로 계속하면 조기에 질환을 발견할 수 있다. 또한 질환이 있다면 얼마나 빨리 진행될지도 더 정확히 판단할 수 있다. 노령의 고양이라면 혈압 측정, 심전도 검사, 흉부 X-레이 촬영을 추가할 수도 있다(노령묘에게 필요한 각종 검사를 패키지로 묶어 할인된 가격으로 제공하는 동물병원도 있다).

나는 나이 든 고양이라면 적어도 1년에 두 번 정기 검진을 받는 편이 좋다고 생각한다. 질환이나 나쁜 상황을 조기에 발견할 확률이 높기 때문이다. 고양이의 삶에서 1년은 긴 시간이고, 질환은 단 몇 달 만에 급속히 진행될 수도 있다.

이빨 관리

그동안 고양이의 이빨을 관리해주지 않았다면 노년에 접어든 고양이에게 심각한 문제가 될 수도 있다. 치주질환이 생기면 먹이를 먹을 때마다 몹시 고통스럽기 때문에 아예 사료에 입을 대지 않는 고양이도 있다. 치주질환이 발생한 부위의 혈관을 통해 박테리아가 몸 속 장기로 침입해 감염을 일으키기도 한다.

반면 지금까지 부지런히 칫솔질도 해주고 필요할 때면 전문적인 이빨 관리도 받게 해줬다면 노년기면 당연히 찾아오는 이빨 마모와 열상 외에는 별 문제 없을 것이다. 젊었을 때처럼 새하얀 이빨은 아니겠지만 모양은 정상일 것이고 치은염도 없을 것이다.

주기적으로 고양이의 입 양쪽을 잡고 윗입술을 들어올려서 이빨 상태를 점검한다. 너무 누렇거나 심지어 갈색으로 보이는가? 잇몸이 붓고 염증이 있는 것으로 보이는가? 그렇다면 치은염이나 그 외 치주질환이 있다는 증거다(보다 자세한 설명은 〈의료 정보 부록〉을 참조한다). 고양이의 입속을 들여다보기가 쉽지 않거나 녀석이 거부한다면 수의사에게 검진을 받자.

고양이가 나이가 많을수록 마취시켜 전문적인 이빨 관리를 받게 하는 것이 꺼려질 수 있지만 치주질환이 악화되면서 따르는 위험은 마취보다 더 위험하다. 고양이에게 이빨 관리가 필요하다고 판단되면 수의사가 마취 위험 요소가 있는지 진단 테스트를 할 것이다.

우리도 충치나 치아 농양이 있으면 정말 고통스럽다. 면역 체계를 강화시키고 건강한 식욕을 유지해야 하는 중요한 삶의 시기에 감염된 잇몸과 쿡쿡 쑤시는 이빨로 고통스러워하고 있는 고양이를 떠올려보면 어떤 결정이 옳은지 판단이 설 것이다. 고양이가 전문적인 이빨 관리를 받은 후에는 집에서도 주기적으로 이빨 관리를 해준다. 매일 칫솔질을 하거나(아니면 최소한 1주일에 세 번) 도저히 어렵다면 수의사와 상의해 구강 위생 스프레이 사용을 고려해 본다.

노령 고양이에게 흔한 건강 문제

관절염	인지기능장애	심장병	백내장
신부전	변비	갑상선 기능 항진증	녹내장
암	청력 소실	간질환	실명
신경성 식욕 부진증	당뇨병	비만	치주질환

나이 든 고양이에게 필요한 배려

내 고양이 앨비는 거의 21년을 살았고 그중 태어난 직후 몇 주를 빼놓고는 죽 나와 함께였다. 나는 녀석이 새끼고양이에서 성묘가 되는 과정과 햇볕을 쬐며 낮잠을 즐기는 노령묘가 되는 모습을 지켜보았다. 나는 가장 날렵하던 시절의 앨비를 기억한다. 도저히 불가능해 보이는 거리를 한 번에 건너뛰었고, 어지러이 놓인 가구들 사이를 S자로 질주하면서도 일직선으로 뛸 때와 다름없는 속도를 유지했다. 하지만 나이가 들자 앨비의 주요 활동은 햇볕을 쬐며 침대에서 낮잠을 자는 것으로 바뀌었다. 녀석이 침대에 있는 것이 하도 일상이 되어버렸기에, 나는 아침에 침대를 정리할 때도 앨비를 그대로 둔 채 그 주변만 정리하곤 했다. 젊을 때는 그토록 과감하고 무모하게 도약하던 녀석이 약간만 높은 곳으로 올라갈 때도 몇 번이나 주저하며 거리를 쟀다. 아주 가끔 기분이 최고로 좋을 때는 예전의 민첩한 움직임을 보여주기는 했지만 노년의 앨비는 아주 느렸다.

나는 앨비가 늙어감에 따라 녀석이 최대한 편안하게 누릴 수 있는 즐거움을 다 누릴 수 있도록 집 안 환경을 바꾸었다. 이제 앨비는 죽었지만 지금 우리 집에는 나이 든 고양이가 두 마리 있다. 우리 집 모래 화장실은 모두 턱이 낮고, 집 안 여기저기에 반려동물용 온열 패드가 배치되어 있다. 스크래칭 기둥도 더 많이 들여놓았다. 그중 메어리는 아직도 높은 곳에 올라가는 것을 좋아해서 벽에 선반을 계단 형태로 달아 녀석이 제일 좋아하는 꼭대기로 올라가 낮잠 잘 수 있게 해주었다. 낚싯대로 노는 상호작용 놀이는 여전히 자주 하지만 격렬함은 예전보다 훨씬 덜하다. 사료 급여 방법도 많이 바뀌었다. 메어리는 위장에 문제가 있어서 소량으로 하루에 열 번 가까이 나눠 먹어야 한다. 위를 오래 비워두면 안 되지만 한 번에 조금씩밖에 소화를 못 시키기 때문이다.

지금 집 안을 둘러보고, 나이 든 고양이에게 더 안락한 환경을 만들어 주려면 어디를 어떻게 바꿔야 할지 생각해보자. 영양 공급에 변화를 줘야 할지 수의사와 상담하는 것도 필요하다. 놀이 시간을 갖는 것도 잊어선 안 된다. 나이 든 고양이는 신체 활동을 많이 할 수도 있고 그렇지 못할 수도 있지만 어떤 경우든 놀이 시간에 몸을 움직이는 것은 건강에 이롭다.

나이가 들면 스트레스 상황을 젊었을 때만큼 잘 극복하지 못하는 경우가 많다. 노령묘는 인내심이 아주 약해질 수 있다는 것을 기억하자.

높은 곳에 쉽게 올라가게 해주기

나이가 들어도 여전히 높은 곳에 올라가고 싶어 하는 고양이에게는 조금씩 뛰어올라 높은 곳으로 갈 수 있는 여러 층으로 구성된 캣타워가 제격이다. 의자 정도 높이도 올라가기 버거워한다면 캣타워 앞에 반려동물용 계단이나 경사로를 놓아준다. 제품을 구매해도 좋고 직접 만들어 줘도 좋다.

실내 온도 유지해주기

외풍, 냉골, 차디찬 차고나 지하실은 나이 든 고양이가 느끼는 통증을 더욱 악화시킬 수 있다. 또 나이 든 고양이는 추위를 잘 견디지 못하기 때문에 방바닥이나 침대에서 자고 있으면 부드러운 직물 천을 깔아주자. 외풍을 막으려면 턱이 높은 반려동물용 침대를 마련해주는 것도 좋다. 녀석이 집 안에서 제일 따뜻한 곳을 찾아 헤맨다면 반려동물용 온열 패드를 깔아준다.

화장실 습관 살피기

고양이는 나이가 들면 방광을 조절하는 것이 힘들어질 수 있다. 특히 당뇨병이나 신부전이 있는 고양이는 더더욱 그렇다. 모래 화장실을 몇 개 더 배치해 멀리까지 가지 않아도 되게 해준다. 2층집이라면 최소한 한 층에 하나씩은 있어야 한다. 지금까지 화장실을 지하실이나 차고에 두었다면 나이 든 고양이 입장에서는 이제 계단을 오르내리기도 힘들고 차가운 공기도 싫어서 그곳까지 가고 싶지 않을 수 있다. 외출고양이라서 집 밖에서 용변을 처리한 탓에 모래 화장실을 써본 적이 없더라도 이제는 집 안에 모래 화장실을 여러 개 놓아줘야 한다.

고양이가 화장실을 쉽게 드나드는지 살펴본다. 이제 화장실 턱을 낮게 바꿔줘야 할 때다. 녀석이 화장실을 사용할 때 유심히 관찰해보자. 오줌 양에 변화가 있거나 화장실 밖에 똥을 싼다면 동물병원에 데려가야 한다. 변비 역시 노년의 고양이에게 흔한 증상이다. 원인은 아마도 장 활동이 줄어들어서, 물을 충분히 마시지 않아서, 걷기가 불편해서, 또는 장 기능이 약해져서일 것이다. 하지만 드러나지 않은 질환 때문일 수도 있으니 수의사에게 검진을 받자. 대변 시 힘들어하거나 최근 거의 대변을 보지 않았다면 역시 동물병원에 데려가야 한다.

먹이와 물에 대하여

나이 든 고양이가 걷는 것을 힘들어하면 밥그릇과 물그릇을 잠자리 근처로 옮겨준다. 나이가 들어 물을 많이 마시게 되었다면 녀석이 자주 가는 곳마다 물그릇을 하나씩 놓아준다(물을 갑자기 많이 마시는 것은 질환 때문일 수도 있다). 어떤 고양이는 반대로 나이가 들면 물을 잘 마시지 않게 된다. 항상 깨끗하고 신선한 물을 마실 수 있도록 준비해 준다. 물을 자주 갈아주고 물그릇은 하루에 한 번 세척한다. 고양이가 탈수 증상을 보이거나 물을 너무 적게 마시는 것 같으면 수의사와 상담한다. 탈수 여부를 판단하려면 고양이의 어깨 위쪽 등 부분 가죽을 살짝 들어올렸다가 놓아본다. 가죽이 곧바로 제자리로 돌아가지 않으면 탈수 상태이기 쉽다. 확신이 서지 않는다면 수의사에게 연락한다.

고양이가 만성 변비에 시달린다면 사료에 식이섬유가 풍부한 통조림 호박을 찻숟갈로 4분의 1, 또는 반 정도를 섞어 준다. 하지만 먼저 수의사와 상담해야 한다.

고양이가 비만해지지 않게 주의한다. 나이가 들면 활동량이 줄어들기 때문에 비만이 될 가능성이 높다. 뚱뚱한 고양이는 당뇨병에 걸리기 쉽고 관절염에 걸리면 더욱 고통스럽다. 가뜩이나 쑤시는 관절로 과체중인 몸을 버텨야 하니 말이다.

나이 든 고양이의 비만을 걱정하는 보호자도 있지만, 체중을 유지하는 것이 고민인 보호자도 있다. 나이가 들면 혀의 미뢰 수가 줄어들고 후각도 약해져 입맛을 잃기 쉽다. 입맛을 잃었다면 사료를 좀 더 맛있게 만드는 방법에 대해 수의사와 상의한다. 건사료를 먹고 있다면 습식 사료를 첨가해 향을 더 강하게 만들 수 있다. 사료를 살짝 데워주는 것도 향을 더 풍기는 방법이다. 소금을 치지 않은 닭고기 수프를 살짝 데워 사료에 섞어 줘도 좋다. 단, 수의사와 상의 없이 나이 든 고양이의 식단을 바꾸는 것은 위험할 수 있다는 것을 기억하자.

나이 든 고양이의 위장은 젊었을 때의 식사량을 더 이상 감당하지 못할 수 있다. 제한 급여를 해왔다면 이제부터는 좀 더 적은 양을 좀 더 자주 주는 편이 좋다.

시중에 나이 든 고양이를 위한 사료가 많이 나와 있다. 이들 사료는 대체로 칼로리를 낮추고 항산화제를 첨가했으며 소화가 잘되게 만들어졌다. 장 활동을 촉진하기 위해 섬유질을 첨가하기도 한다. 노묘용 사료를 줘야 할지 판단은 고양이에 따라 달라진다. 나이가 들어 활동량이 적어진 고양이라면 섭취 칼로리를 줄여야겠지만, 여전히 활발한 고양이는 그럴 필요가 없다. 이 역시 수의사와 상담하는 것이 가장 좋다. 사료를 바꾸기로 했다면 기존의 사료에 새 사료를 조금씩 섞고 새 사료의 양을 서서히 늘려야 한다는 것을 잊지 말자.

털 손질 도와주기

한창 때는 철저한 그루밍으로 완벽하게 자신을 가꾸던 고양이도 나이가 들면 '오늘의 할 일' 목록에서 그루밍을 빼버리기 쉬우니 주기적으로 털을 빗어줘 건강한 모질을 유지하게 해준다. 고양이들은 브러시로 빗질할 때의 감촉을 마사지처럼 즐긴다. 만약 고양이의 피부가 예민해졌거나, 말라서 뼈가 드러났거나, 털이 빠져 숱이 적어졌다면 부드러운 브러시로 바꾼다. 전에 쓰던 그루밍 도구들을 다시 확인하고 바꿔야 할 수도 있다.

고양이를 위한 그루밍 시간을 건강 검진 시간으로도 활용하자. 특히 고양이의 몸에 혹이나 덩어리가 있는지 찾아본다.

관절염이 있는 고양이는 관절이 아프기 때문에 스스로 그루밍을 하기 힘들어할 수 있다. 그루밍 시간을 늘려서 꼼꼼히 털을 빗어주고, 항문 부위도 청결하게 유지해준다.

다른 반려동물들과의 관계 살피기

집 안의 모든 반려동물이 서로 더없이 친하게 지내고 있다 하더라도 나이 든 고양이가 다른 동물들에게 짜증을 내지는 않는지 살펴봐야 한다. 또 다른 동물들이 나이가 들어 느리고 둔해진 고양이를 괴롭히는 기색은 없는지도 관찰해야 한다. 다묘 가정에서는 젊은 고양이들이 힘이 떨어진 나이 든 고양이에게 그동안 느꼈던 긴장감을 공격성으로 표출하는 경우가 드물지 않다. 나이 든 고양이가 공격의 희생자가 되거나 제일 좋아하는 잠자리에서 밀려나는 일이 없도록 보살펴준다.

나이 든 고양이 한 마리뿐인 가정에서 새끼고양이를 새로 들이는 것은 어떨까? 나라면 실행에 옮기기 전에 심사숙고해볼 것이다. 활발하고 참견을 좋아하는 새끼고양이는 나이 든 고양이가 늘그막에 그다지 같이 살고 싶지 않은 동거묘가 될 가능성이 높다. 안 그래도 혼란스러운 상황을 감당하기 힘든 노년기에 못 보던 새끼고양이가 덜컥 나타나면, 화장실 아닌 곳에 볼일을 보는 등의 행동 문제를 일으킬 수도 있다. 물론 새끼고양이가 새로운 동거묘로 들어왔을 때 활기를 되찾는 늙은 고양이도 있지만 새끼고양이 때문에 긴장감과 스트레스 가득한 노년기를 보내는 경우가 더 많다. 특히 나이 든 고양이의 활동성이 심하게 떨어진 경우에는 더욱 그렇다. 새끼고양이가 놀자고 달라붙는 것이 귀찮아서 높은 곳으로 뛰어오르다가 부상을 입을 위험도 있다.

우리 고양이에게 무엇이 필요할지를 고려해 판단을 내려야 한다. 나이가 들면서 따분해하고 삶에 흥미를 잃었다 해도, 녀석이 진짜 원하는 것은 천방지축 새끼고양이가 아니라 보호자와 재미있게 노는 시간인지도 모른다. 이제 젊었을 때처럼 놀라운 도약력을 자랑하지는 못하지만, 그래도 왕년의 잽싼 사냥꾼답게 날렵한 동작 몇 가지는 보유하고 있을 것이다.

놀이 시간과 운동

상호작용 놀이용 장난감이 집에 없다면(보호자의 본분을 잊으셨는가?) 지금 당장 구입해야 한다. 앞서 놀이와 사냥은 고양이에게 신체 운동뿐 아니라 정신 운동도 된다고 말했다. 아무리 나이가 들어 느리고 둔해진 고양이라도 보호자가 낚싯대를 솜씨 있게 휘둘러주면 사냥 성공의 짜릿함을 누릴 수 있다. 한창때처럼 잽싸게 움직이지는 못하겠지만 신체 운동을 한다는 점에서 아주 유익하다. 물론 운동이 지나쳐서 통증을 느끼거나 부상을 당하지 않도록 유의하면서 고양이의 건강 상태에 맞추어 놀이 시간과 형태를 조정하면 놀라운 결과를 맛볼 수 있다.

놀이는 나이 든 고양이의 뇌를 활성화하는 데 도움이 되므로 정신건강에도 이롭다. 낚싯대로 놀아주는 것은 물론이고 집 안 곳곳에 퍼즐 먹이통도 배치해 준다. 이따금 캣닢을 뿌려주는 것도 잊지 않는다. 지루한 일요일 오후, 캣닢으로 분위기를 띄운 다음 본격적인 놀이로 몸과 마음을 단련시켜 주자.

인내심을 갖자

녀석은 오랜 세월 우리와 함께한 좋은 고양이였다. 그러니 녀석이 엉거주춤 탁자로 뛰어오르다 뭘 떨어뜨리더라도 너그럽게 봐주자. 가끔 화장실이 아닌 곳에 볼일을 보더라도 인내심을 갖자. 물론 이 경우에는 동물병원에 데려가 검진을 받는 것을 잊어서는 안 된다. 더 이상 그루밍으로 온몸을 깔끔하게 단장하지 않더라도, 턱에 사료 찌꺼기가 그대로 묻어 있더라도, 녀석은 여전히 잘생기고 귀여운 우리만의 고양이다. 짜증 낼 것 없이, 부드럽게 털을 닦아주고 그루밍을 도와주면 그만이다. 불러도 오지 않거나 낮잠 중에 건드렸다고 화를 내더라도 서운해하거나 화내지 말자. 마지막으로 최근 들어 집 주변의 쥐들이 예전보다 좀 더 과감하게 활보하는 것 같더라도 고양이에게 알려주지 말자.

나이 든 고양이의 삶의 질에 신경이 쓰이기 시작했다면, 즉 고양이의 고통이 너무 심한 것이 아닌가 하는 생각이 들기 시작했다면 수의사와 상담한다(이에 대해서는 17장에서 자세히 다룬다).

나이 든 고양이에게서 살펴야 하는 것

- 화장실 사용 습관에 변화가 있는가?
- 오줌의 양이나 색에 변화가 있는가?
- 대변에 변화가 있는가? (변비, 점액, 색깔 등)
- 화장실에 수월하게 들어가고 나오는가?
- 사료 섭취량에 변화가 있는가?
- 체중에 변화가 있는가?
- 수면 패턴에 변화가 있는가?
- 마시는 물의 양이 달라졌는가?
- 그루밍을 해줄 때 몸에 혹이나 덩어리, 발진이 있는가?
- 행동에 변화가 있는가?
- 칫솔질을 해줄 때 잇몸이 부었거나, 침을 너무 많이 흘리거나, 입냄새가 심한가?
- 걸을 때 절뚝거리거나 아파하는가?

17

이별에 대처하는 자세

사랑이 남긴 것들

흔히 직설적으로 말하지 못하고 '영원히 잠재운다'라고 표현하는 안락사는 보호자로서 가장 내리기 힘든 결정이다. 모든 보호자가 혹시라도 이런 상황에 처하게 된다면 바라는 것은 한 가지일 것이다. 그래야 할 때가 '언제'인지 즉, 고양이가 고통이 너무 심하다거나 자기 삶의 질이 심각하게 저하되었다는 명확한 신호를 보낼 때 우리가 알아차리는 것이다. 하지만 고양이에게서 그런 확실한 신호를 느끼는 보호자는 별로 없다. 그리고 그런 신호를 판단하는 기준도 보호자마다 다르다. 어떤 보호자는 고양이가 식욕을 잃긴 했지만 조금이나마 밥을 먹는다면 살아야겠다는 의지가 있다고 판단한다. 또 어떤 보호자는 고양이가 돌아다닐 수 없거나 화장실을 사용하지 못하게 되면 때가 되었다고 판단한다. 어떤 보호자도 고양이가 고통스러워하는 모습은 보고 싶지 않다. 매일매일 고양이를 자세히 살피고, 눈을 들여다보며, 녀석이 답을 주길 바라게 될 것이다. 고통이 너무 심한 건 아닐까 하고 생각하는 순간, 마음 한구석에서 그 정도는 아닐 거라는 의심이 스멀스멀 피어오르고, 그러면 또다시 망설이게 된다. 반면 고양이가 어떤 고통도 겪게 하고 싶지 않은 보호자는 고양이가 불치병에 걸렸다면 말기까지 기다리지 않고 조기에 안락사를 결심하기도 한다.

유감스러운 일이지만 어떤 보호자에게는 때가 되었음을 결심하는 데 영향을 미치는 중요한 요소가 돈이 되기도 한다. 비용 면에서 고양이를 오랫동안 돌보기가 벅찬 가정도 분명히 존재한다. 수의학이 발달하면서 반려동물의 생명 연장 기술도 획기적으로 발전했지만 이런 기술은 어마어마한 비용이 들 수 있다. 또 아픈 고양이를 오랫동안 돌볼 수 있느냐 하는 것도 고려해야 할 사항이다. 여러 가지 여건상 고양이에게 꼬박꼬박 약을 먹이거나, 주사를 놓거나, 그 외 꼭 해야 하는 간호를 해줄 수 없는 보호자들도 많다.

언제 안락사를 시켜야 할지 알려주는 확실한 신호라는 것은 없다. 아무도 그때가 언제인지 알 수 없다. 그러니 고양이에게 최선을 다하면서, 고양이의 상태, 활기, 본인의 능력, 수의사와의 상담을 토대로 끊임없이 자신에게 물어보고 나서 판단해야 한다. 친구, 가족, 비슷한 상황에 놓인 다른 보호자, 수의사에게 조언을 구해도 좋지만, 결단을 내리는 것은 온전히 우리 몫이다. 안락사는 고통에 시달리는 반려동물에게 보호자가 줄 수 있는 마지막 사랑의 행위이다. 반려동물이 평화롭게, 그리고 생명의 존엄을 유지하면서 인도적으로 고통을 끝내게 해주는 것은 분명 이타적인 사랑의 행위일 것이다.

안락사 절차

안락사 결정을 내린 후에도 더 힘든 결정들이 기다리고 있다. 마지막 순간을 고양이와 함께할 것인가? 사체는 어떻게 할 것인가? 다음은 안락사 절차다.

동물병원에 전화해서 일정을 잡는다. 동물병원에 도착해 접수를 하면 대기실에서 기다릴 필요없이 바로 아무도 없는 조용한 방으로 안내될 것이다. 마지막 순간에 고양이 곁에 있기 힘들 것 같다면 일정을 잡을 때 미리 이야기하도록 한다. 안락사 절차를 편안하게 받아들일 수 없다면, 과정 내내 고양이 곁에 있을 필요는 없다. 이는 어디까지나 개인적인 결정이며 옳고 그른 것은 없다. 나는 안락사 때문에 병원에 가는 보호자들과 숱하게 동행했으며, 그중에는 고양이의 마지막 모습을 차마 보지 못하는 사람들도 많았다. 그들이 고양이의 죽음을 지켜보는 사람들보다 자기 고양이를 덜 사랑하는 것은 결코 아니었다. 안락사의 목적은 고양이를 편하게 해주고 되도록 평온하게 갈 수 있도록 해주는 것이다.

나는 동물병원에서 일할 때 보호소에 있다가 안락사를 당하러 온 유기동물들의 곁을 지켜야 했다. 보호소에 있기에는 상처나 병이 너무 깊은 동물들이었다. 대다수는 한 번도 사람의 사랑을 받거나, 돌봄을 받거나, 심지어 손길조차 받아본 적 없었을 것이다. 나는 녀석들을 하나하나 안고, 너는 사랑받고 있다고 말해주었다. 그리고 너희들의 영혼으로 이 세계를 아름답게 만들어줘 고맙다는 인사를 건넸다. 유기동물들의 짧고도 외로운 삶에서, 어쩌면 안락사를 당하는 순간이 가장 평화로운 시간이었을지도 모른다는 점은 역설적이다.

안락사 절차는 아주 빨리 끝난다. 안락사에 사용하는 약품에는 마취제가 다량으로 들어 있어 실제 안락사 절차는 반려동물을 '잠들게' 하는 것처럼 보인다. 동물병원에 오면 크게 스트레스를 받거나 불안해하는 고양이라면 일단 진정제를 투여해 안정시킨 다음 절차를 진행한다. 진정제를 투여한 다음 수의사가 정맥이 잘 보이도록 고양이 앞다리의 털을 민다. 약물이 잘 주입되도록 카테터(가는 고무관)를 정맥에 삽입한다. 약물은 주사로 주입한다. 이때 가끔 우는 고양이가 있는데, 아파서 우는 것이 아니라고 수의사가 설명한다. 안락사 절차에서 고양이가 느끼는 통증은 처음에 카테터를 삽입할 때 찌르는 바늘의 따끔한 느낌뿐이다. 약물이 주입되면 고양이는 곧 의식을 잃고 몇 초 후면 평온한 죽음을 맞이한다.

이후 수의사가 잠시 혼자 있고 싶은지 물을 것이다. 안락사 후에 고양이와 단둘이 있고 싶다는 생각이 멋쩍다고 여길 필요는 없다. 고양이를 안락사시키는 것은 감정 소모가 몹시 심한 일이므로 스스로를 추스를 시간이 필요하다. 특히 고양이가 오랫동안 고통을 겪었다면 이제 평온하게 잠든 모습을 지켜보는 것이 감정을 가라앉히는 데 도움이 될 수 있다. 수의사가 집으로 찾아와 안락사 절차를 진행해 주는 병원도 있다. 고양이가 동물병원을 너무 싫어하거나, 마지막 순간을 익숙한 환경에서 보내게 해 주고 싶다면 이 방법도 고려해 볼 수 있다.

또 하나 결정해야 하는 중요한 사항은 고양이의 사체를 어떻게 처리할 것이냐 하는 문제다. 미리 수의사와 상의해 선택할 수 있는 방법을 알아본다. 장례식에서 화장까지 모든 절차를 맡아주는 반려동물 장묘업체도 많다.

슬픔을 극복하는 법

반려동물과 함께 살아보지 않은 사람은 고양이를 잃은 상실감이 얼마나 큰지 이해하지 못할 테니 마음의 준비를 단단히 해야 한다. 조언하자면, 우리 상실감을 이해할 수 있는 친구와 가족에게만 곁을 주는 것이 상책이다. 슬픔이 너무 크고 깊어서 충격에서 헤어나지 못하는 보호자들도 많으며, 고양이의 죽음으로 생기는 상실감은 사람의 죽음으로 생기는 상실감 못지 않을 수 있다.

애도 과정을 서두를 필요는 없다. 고양이는 조건 없는 사랑을 준 가족의 일원이었고 소중한 친구였고 성실한 동료였다. 고양이를 잃은 슬픔과 상실감을 떨치는 데는 분명히 시간이 걸리지만 반드시 치유될 수 있다. 언젠가는 녀석과의 추억을 떠올려도 쓰라린 감정이 왈칵 북받치지는 않게 될 것이다. 시간이 지나면 녀석과의 추억은 따스한 감정과 함께 찾아올 것이고 특별한 친구였던 녀석을 생각하면 미소가 떠오를 것이다.

슬픔과 상실감을 도저히 혼자 견디기 어렵거나 그저 우리 마음에 귀를 기울이고 공감해줄 사람이 필요하다면, 반려동물을 잃은 슬픔▼을 극복하도록 도와주는 지원 단체를 찾을 수도 있다. 직접 사람들을 만나는 것이 내키지 않는다면 같은 슬픔을 느끼는 사람들이 모이는 온라인 그룹을 찾아도 된다. 또, 펫 로스 증후군을 극복하는 법을 다룬 책도 여러 권 있다(자녀들의 펫 로스 증후군에 관한 책도 있다).

아이의 슬픔을 달래주자

반려동물을 잃은 아이의 슬픔을 달래주기 위해 사람들이 선택하는 방법 중에 나를 당황하게 만드는 것은 반려동물이 죽자마자 '대체용' 반려동물을 들이는 것이다. 이는 아이에게 반려동물이란 없어지면 새로 갖다 놓으면 되는 존재라고 가르치는 격이다. 아이가 생명이 지니는 가치를 하찮게 여기지 않고 이 어려운 시기를 극복할 수 있도록 도와줘야 한다.

아이가 죽음의 개념을 이해할 만한 나이라면, 반려동물에게 어떤 일이 생겼는지를 명확하고 솔직하게 설명해준다. 상세한 부분까지 하나하나

▼ 펫 로스(pet loss) 증후군이라고 한다. - 옮긴이주

알려줄 필요는 없지만, 그렇다고 "고양이가 멀리 가버렸다."거나 "잠들었다."고 빙빙 둘러 말하지는 않도록 한다. 고양이가 병들어서 또는 상처가 심해서 죽었다고 말할 때에는 병들거나 상처를 입었다고 모두 죽는 것은 아니라는 설명을 덧붙여야 한다.

아이가 고양이를 추모하면서 슬픔을 극복하고 해답이 나오지 않는 질문을 스스로 생각해 볼 수 있도록 도와준다. 울거나 슬퍼하는 일이 정상적인 것이라고 설명해주고 마음을 어루만져 준다. 대부분의 아이들에게 반려동물의 죽음은 생애 최초로 경험하는 상실과 죽음이다.

아이가 슬퍼할 수 있는 시간을 주는 법

- 아이에게 고양이를 위한 추도문을 써 달라고 부탁한다. 시나 산문으로 써도 좋고, 제일 좋아하는 추억거리를 묘사하는 글을 써도 된다. 아이가 여럿이면 힘을 모아 글 한 편을 써도 되고, 한 명이 한 편씩 써도 될 것이다. 다 쓴 추도문은 아이들이 가장 좋아하는 고양이의 사진과 함께 액자에 넣어 잘 보이는 곳에 둔다.
- 아이가 그림 그리는 것을 좋아한다면 고양이를 그리게 한다. 어떤 그림을 그릴 것인지 아이와 대화를 나누고 어떤 추도의 의미를 부여할지 의논한다.
- 아이가 제일 좋아하는 고양이 사진을 액자에 넣어 장식한다. 아이가 여럿이라면 저마다 자기가 고른 액자에 자기가 좋아하는 사진을 넣게 한다. 자기 액자에 특별한 장식을 덧붙이게 해도 좋다.
- 좋아하는 자선단체나 동물복지 기관에 고양이의 이름으로 기부를 한다. 아이가 단체를 선택하게 한다. 아이가 저금통에 돈을 모으고 있다면 그 돈의 일부를 기부하고 싶어 할 수도 있다.
- 고양이를 추모하는 특별한 나무를 심거나 원예 식물의 화분을 산다. 나무 아래나 화분에 둘 디딤석(비석 역할)도 마련한다. 나무나 화분, 디딤석은 아이가 고르게 한다.

- 반려동물을 잃은 아이들을 위한 책이 많이 있다. 아이의 연령에 맞는 책을 선택해 적당한 시간에 아이와 같이 읽고 책 내용에 대해 이야기를 나눈다.

갑작스럽게 죽음을 맞았을 때

나이가 들었거나 병이 악화되어 고양이를 안락사시켜야 한다는 것은 좀처럼 마음의 준비를 끝내기 어려운 일이다. 하물며 갑작스러운 죽음은 더욱 감내하기 어렵다. 생각도 하기 싫겠지만 예기치 못한 돌연사는 일어날 수 있다. 현관문 밖으로 튀어나갔다가 차에 치일 수도 있고, 다른 동물의 습격을 받기도 하고, 못된 인간에게 죽임을 당하기도 한다. 창문에서 떨어져 죽을 수도 있다. 고양이가 갑작스럽게 죽으면 보호자는 충격과 부정, 분노의 감정을 느낀다. 고양이의 죽음에 책임이 있다고 여겨지는 사람들, 가령 수의사, 차 운전자, 그리고 자신을 비난하기도 한다. 운전자의 부주의가 확실하다면 법적 조치를 취하도록 한다. 감정을 주체하지 못해 나중에 후회할 만한 행동을 저지를 위험에 빠지지 말아야 한다. 감정이 격해졌을 때 일을 직접 처리하는 것은 비극을 더 끔찍하게 만들 뿐이다. 법적 조치를 취해야 할 상황이라면 변호사에게 상담을 받는다.

누구의 탓도 할 수 없는 죽음도 있다. 보호자가 아무리 조심하고 주의하더라도 손님이 현관문을 여는 순간 고양이가 쏜살같이 빠져나가 도로로 질주하다가 차에 치일 수도 있다. 너무 처참한 사건이고 그 누구보다도 자신을 원망하는 마음이 들 테지만 아무리 주의 깊고 빈틈없는 사람이라도 때로는 사고를 피할 수 없다.

남은 반려동물들이 슬픔을 극복하도록 돕는 법

반려동물이 죽었을 때 가장 배려받지 못하는 가족 구성원이 바로 남은 반려동물이다. 확실하게 밝혀지지는 않았으나 반려동물도 같이 살던 반려동물이 죽으면 상실감을 느끼고 슬퍼하는 것으로 보인다. 사실 녀석들이 이런 상황을 극복하기 힘든 이유는 보호자의 행동에서 혼란을 느끼기 때문이다. 보호자가 슬퍼하고 울부짖으며 평소와 달리 자신들과 교류하려 하지 않아서 반려동물들은 불안감을 느끼고 심지어 우울증에 걸리기도 한다.

사이가 그다지 좋지 않던 고양이들 사이에서도 동료 고양이의 죽음으로 불안한 분위기가 조성되기도 한다. 보호자를 졸졸 따라다니며 애정을 갈구하는 등 불안감과 관련된 행동을 보이기도 한다. 초조해하며 평소보다 인내심이 약해지기도 하고, 가족들과 놀거나 교류하는 데 관심을 덜 보이기도 한다. 어떤 모습을 보일지는 고양이마다 다르므로 녀석들의 행동 변화를 유심히 관찰하는 것이 중요하다.

남은 고양이들이 이 어려운 시간을 극복할 수 있게 도와주려면 보호자가 밝고 태연하게 행동하면서 여느 때와 다름없는 애정을 보여줘야 한다. 반려동물은 정서를 흡수하는 작은 스폰지와도 같다. 우리가 느끼고 행동하는 방식을 금방 알아차리고 빨아들인다. 또 기존의 일상을 유지하는 것이 중요하다. 하루 중 특정 시간에 고양이들과 놀아주었다면 남은 고양이들을 위해서라도 놀이 시간을 지킨다. 그리고 부드럽고 차분하게 애정을 표시한다. 꽉 붙잡거나, 품에 끌어안고 훌쩍이지 않도록 한다. 고양이에게는 스트레스를 불러일으키는 행동이기 때문이다.

친구를 잃은 상실감은 짜증, 입맛 잃음, 큰 소리로 울어댐, 가족들을 멀리함, 불안과 관련된 행동, 화장실 밖에서의 배설, 잠자는 시간 증가 등으로 나타날 수 있다. 이 어려운 시기에 남은 반려동물을 소홀히 하지 말자. 녀석들에게는 우리가 필요하다.

다른 반려동물을 들여야 할까?

이 역시 오로지 본인만이 판단하고 결정할 수 있는 문제다. 이제 반려동물을 잃은 슬픔을 그럭저럭 견뎌냈고 다시 한 번 마음을 열 준비가 되었다면, 이 세상에는 따뜻한 가정이 필요한 반려동물들이 너무나 많이 있으니 고려해보아도 좋다.

그렇다면 새 반려동물을 언제 입양하는 것이 좋을까? 역시 본인만이 답할 수 있다. 내가 하고 싶은 조언은, 죽은 고양이를 대신할 고양이를 찾지 말라는 것이다. 죽은 고양이와 똑같이 생기거나 똑같은 성격을 지닌 고양이를 찾는다는 것은 우리가 사랑했던 고양이에게도, 새로 입양할 고양이에게도 지극히 부당한 일이다. 새로운 고양이는 절대 우리의 기대치를 채워주지 못할 것이다.

집에 다른 반려동물이 있다면, 새 반려동물을 들이기 전에 녀석들이 친구를 잃은 슬픔을 극복했는지 확인해야 한다. 아직 충격을 극복하지 못했다면 새로운 반려동물에게 적개심을 보일 가능성이 높다.

보호자의 사망에도 대비하자

보호자의 눈에는 고양이가 진정한 가족의 일원이지만, 법의 관점에서 보면 고양이는 그저 개인의 재산일 뿐이다. 아무리 고양이가 그 어느 친지나 친척보다 소중한 존재라 하더라도 고양이에게 유산을 남겨줄 수는 없다. 그렇다고 보호자가 사망한 후 고양이를 부양할 대책이 없는 것은 아니다. 아니 대책을 마련해야 한다. 우리는 고양이보다 우리가 먼저 죽는 상황은 거의 생각하지 않지만, 그런 상황은 일어날 수 있고 실제로 일어난다.

이럴 경우를 대비해 고양이를 돌봐줄 사람을 정하고 그 사람에게 고양이와 돈을 상속한다는 의사를 유언장에 구체적으로 밝힌다. 상속받은 사람이 이 상황을 악용할 위험도 있으니 정말로 신뢰할 수 있는 사람을 선택해야 한다. 그 사람과 대화를 나누고 우리도 그 사람도 이 상황을 편안하게 받아들인다는 사실을 확인한 다음 변호사와 의논한다. 또, 우리가 정한 사람이 우리가 사망한 직후, 그러니까 유언장이 효력을 발휘할 때까지 기다리지 않고 곧장 고양이를 넘겨받을 수 있도록 처리해 둬야 한다.

고양이를 돌볼 사람을 두 명 지정할 수도 있다. 한 명은 가까이 살아서 우리가 사망하자마자 즉시, 짧은 시간 동안 돌봐줄 사람으로, 다른 한 명은 장기적으로 돌봐줄 사람으로 정하는 것이다. 이렇게 하면 장기적으로 돌볼 사람이 우리 고양이를 받아들일 준비를 끝내고 와서 실제로 고양이를 데려가기까지, 단기간 돌볼 사람이 고양이를 돌봐주면 된다.

관련된 법적 절차는 자산 운영 전문 변호사에게 의뢰한다. 고양이를 돌보는 문제에 대해 정식 지침을 남겨놓지 않으면 고양이는 우리 재산을 상속받는 사람의 재산이 된다. 그 사람이 고양이를 돌보고 싶어 하지 않을 수도 있으니, 이 모든 절차를 정식으로 법적 절차에 맞게 준비하는 것이 필요하다.

우리 고양이를 돌볼 사람에게 유산을 한꺼번에 지급해서는 안 된다. 정해진 날짜에 일정 금액을 지불하는 형식을 택한다. 이렇게 하면 만약 고양이를 돌볼 사람에게 무슨 일이 발생한다 해도 다음으로 고양이를 돌볼 사람에게 그 돈이 주어지게 된다. 그러니 고양이를 돌볼 사람을 믿을 만한 사람으로 최소한 두 명 택하도록 한다. 개인의 상황이 바뀌어서 고양이를 돌보지 못하게 될 수도 있고, 우리 고양이를 돌보고 싶은 마음이 없어질 수도 있으니까 말이다.

다른 고양이 보호자가 사망했을 경우, 그 사람의 고양이를 우리가 돌보기로 약속하는 것도 고려해 볼 수 있다. 서로 신뢰할 수 있는 두 사람 중

한쪽이 사망할 경우 상대방의 고양이를 돌보기로 약속하는 것이다. 친구가 고양이를 키우고 있는데 아직 자신의 사후에 고양이를 돌보는 문제를 고민하지 않고 있다면 이를 제안해 보는 것도 좋다. 나는 보호자가 아무런 대비 없이 갑작스럽게 사망하는 바람에 지극한 사랑을 받던 고양이가 졸지에 안락사를 당하거나, 보호소로 보내지거나, 고양이를 싫어하는 친척에게 떠넘겨지는 슬픈 상황을 너무 많이 봤다.

또 우리가 병원에 입원할 경우를 대비해 집에 찾아와 고양이를 돌봐줄 사람을 법적으로 지정하는 문제도 변호사와 상의한다. 모든 법적 절차를 빈틈없이 마련하는 것은 물론이고, 고양이의 정서적 필요성을 채워줄 수 있는 방법도 강구해야 한다.

우리를 대신해 고양이를 돌봐줄 사람에게 전할 부탁사항을 작성해 보자. 어떤 사료를 얼마나 많이, 얼마나 자주 주고, 화장실은 어떻게 청소하고, 동물병원에는 어떻게 연락하는지 등의 기본적인 사항은 물론 보다 사적인 사항도 모두 적어야 한다. 고양이가 어떤 놀이를 좋아하는지, 어디를 쓰다듬어줘야 좋아하는지, 꺼려하고 무서워하는 것은 무엇인지, 털 손질은 어떻게 해줘야 하는지 등을 세세히 적으면 고양이를 돌봐줄 사람에게 도움이 될 뿐 아니라 고양이 역시 보호자가 바뀌는 상황에서 스트레스를 덜 받게 될 것이다. 부탁사항을 적은 종이는 고양이와 함께 넘겨줄 용품상자에 넣어두고, 따로 한 부 복사해 고양이를 돌볼 사람에게도 직접 전달한다.

18

응급상황과 응급조치

침착하고 또 침착하라

이 장에서는 응급처치, 응급상황 대처, 구급상자 보관법을 다루고 있지만, 응급상황에서 가장 중요한 항목은 당장 고양이를 데리고 동물병원으로 달려가는 것임을 명심하자. 고양이와 살다 보면 몇 초 안에 치료를 해야만 고양이의 목숨을 살릴 수 있는 상황이 벌어지기도 한다. 예를 들어, 고양이가 갑자기 숨을 쉬지 않는다거나 목에 뭔가가 걸려서 질식할 수도 있다. 이런 위기 상황에 보호자가 어떻게 대처하느냐에 따라 생사가 결정된다. 고양이가 다쳤거나, 독을 먹었거나, 병에 걸렸다면 즉시 행동해야 한다. 그래야만 고양이의 목숨을 살릴 수 있고 고양이가 겪을 통증과 고통을 줄일 수 있다.
귀중한 골든타임을 그냥 흘려보내지 않으려면 응급상황에 대비해 미리 행동 계획을 세워놓아야 한다. 사고는 언제라도 일어날 수 있다. 무엇보다도 중요한 것은, 병원이 문을 열지 않는 시간에 응급상황이 발생하면 고양이를 어디로 데려갈 것인지 정해야 한다. 주변에 동물병원 응급실이 없다면 동물병원 수의사에게 응급상황 시 어디로 가야 하는지 물어본다.
또 구급상자를 비치해 놓고, 내용물을 모두 능숙하게 사용할 수 있게 사용법을 숙지한다. 이동장은 언제든 사용할 수 있도록 준비해 놓는다. 조립형 이동장인 경우 분해해서 보관하는 보호자가 많지만, 응급상황 시 시간이 너무 많이 걸린다. 적어도 이동장 한 개는 입구를 열어놓고 바닥에 타월을 깔아 비치해 놓으면, 응급상황에서도 재빨리 쓸 수 있을뿐더러 고양이가 낮잠용 침대로 쓸지도 모른다.
통증이 심한 고양이는 겁에 질려 있어 방어 태세를 취하기 마련이다. 아무리 성격 좋고 온순한 고양이도 심한 상처를 입으면 도와주려는 보호자의 손을 물어뜯거나 할퀼 수 있다. 담요를 들고 접근하거나 손에 두꺼운 장갑을 껴야 한다. 평소 고양이의 체온, 맥박, 호흡수를 알아두면 응급상황인지 여부를 쉽게 알 수 있다.

구급상자 준비해두기

몇 초 사이에 목숨이 왔다 갔다 하는 상황에서 수의사의 즉각적인 치료보다 나은 방법은 없지만 구급상자가 있으면 상황이 달라질 수 있다. 내용이 알찬 구급상자를 갖춰놓고 응급처치 방법을 알고 있다면 고양이를 동물병원으로 데려가는 동안 더 큰 상처나 출혈을 예방할 수 있다.

가족들에게도 구급상자를 활용하는 방법을 알려주고, 구급상자는 금방 꺼내 쓸 수 있는 곳에 둔다. 구급상자 곁에는 뜨거운 물을 담을 수 있는 병, 전기방석, 담요, 수건, 평평한 판자를 갖춰 놓는다. 전화기 옆에는 동물병원 전화번호와 제일 가까운 응급실 전화번호도 붙여 놓는다.

구급상자는 기성품을 사도 좋고 일반 상자에 내용물을 직접 채워 넣어도 된다. 나는 수의사의 조언을 받아 내가 직접 채워 넣는 편을 선호한다.

구급상자로는 안이 여러 구획으로 나뉜 도구상자가 좋다. 공간이 구분되어 있으면 상자를 열었을 때 모든 내용물이 한눈에 들어오도록 잘 정리할 수 있다. 구급상자의 내용물은 떨어지는 일이 없도록 제때 보충하고, 약품의 유통기한을 체크해서 기한이 지나기 전에 새로 사다 채운다.

구급상자에 넣어둘 내용물은 다음과 같다. 용도를 확실히 알지 못하는 물품에 대해서는 수의사에게 문의한다.

구급상자에 넣어둘 내용물

- 동물병원과 응급실 전화번호
- 구급 매뉴얼
- 체온계
- 귀 세정제
- (치료용이 아닌) 멸균 점안수
- 플라스틱 점안기
- 수성 윤활제
- 소독 클리너(고양이에게 안전한 상품)
- 과산화수소
- 얼음주머니
- 탈지면
- 거즈 붕대
- 거즈 천
- 반창고
- 수건
- 라텍스 장갑
- 압설자
- 작고 끝이 뭉툭한 가위
- 바늘코 플라이어
- 핀셋
- 만년필형 손전등 (배터리 상시 확인할 것)
- 활성탄

응급상황시 지침

1. 가장 중요한 것은 동물병원이나 동물병원 응급실로 직행하는 것이다.
2. 추가적 상해를 막기 위해 응급상황이 생긴 원인을 되도록 확실히 제거한다.
3. 고양이가 숨을 쉴 수 있는지를 확인한다. 가슴이 오르락내리락 하는지 지켜본다. 뺨을 고양이의 코 부근에 갖다대어 숨결을 느껴본다. 피나 체액, 이물질 등이 기도를 막고 있으면 제거한다.
4. 맥박을 잰다.
5. 고양이의 맥이 뛴다면, 그리고 방법을 알고 있다면 인공호흡을 한다. 맥이 뛰지 않는다면 심폐소생술(CPR)을 시행한다.
6. 출혈을 막는다.
7. 고양이의 부상이 얼마나 심한지 알 수 없으므로 되도록 고양이의 몸을 움직이지 않는다. 반드시 이동시켜야 한다면 몸을 잘 받쳐서 부상이 더 심해지거나 통증을 가하지 않도록 한다. 담요, 수건, 재킷, 판자, 상자 등 지지할 수 있는 것은 모두 동원한다.
8. 고양이가 무엇을 삼키지 못하거나 반응이 없다면, 머리를 몸보다 낮게 해 기도로 이물질이 들어가지 않게 한다.
9. 고양이의 몸을 천으로 덮어 따뜻하게 해준다.
10. 당황해서는 안 된다. 물론 쉽지 않지만, 상황을 판단하고 적절하고도 신속한 조치를 취하고 고양이를 안전하게 병원으로 데려가려면 보호자가 침착함을 유지해야 한다.

아픈 고양이 들기 및 보정하기

고양이를 들어 보정하는 방법은 고양이가 차분한지, 겁에 질려 있는지, 또는 공격적인지에 따라, 그리고 부상의 유형에 따라 달라진다. 몇 가지 일반적인 지침은 다음과 같다.

고양이 드는 법

이 지침은 심한 부상이 아닐 때 쓸 수 있다. 고양이가 골절상을 입었다고 생각된다면 부상을 악화시키거나 통증을 더하지 않기 위해 지극히 조심해서 다뤄야 한다. 고양이가 겁을 먹지 않았고 보호자에게 안기는 데 익숙하다면 평소대로 들어올려 이동장에 넣으면 된다.

아프거나 부상당한 고양이를 다룰 때는 발톱에 할퀴이거나 물리지 않도록 조심해야 한다. 고양이를 품에 안았다가는 얼굴을 할퀴이게 될 가능성이 높다. 아프거나 부상을 입었거나 불안해하는 고양이의 행동은 예측 불가능하다는 사실을 명심하자.

고양이가 안기는 데 익숙하지 않다면 위쪽에서 접근한다. 녀석이 방어적인 태도를 취할 수 있으므로 정면으로 얼굴을 맞대는 것은 피한다. 차분한 어조로 말을 걸어 안심시킨다. 머리를 부드럽게 쓰다듬고 턱밑을 쓸어주면서 신체 접촉에 익숙해지게 한다. 한 손을 천천히 고양이의 배 밑에서 가슴 쪽으로 밀어넣어 팔뚝에 녀석의 하반신이 놓이게 한다. 고양이의 몸을 우리 몸으로 바싹 끌어당겨 뒷다리를 움직이지 못하게 한다. 손으로는 부드럽게, 하지만 확고하게 녀석의 양쪽 앞다리를 잡는다. 다른 손으로는 턱을 부드럽게 잡거나, 고양이를 차분하게 만들어야 할 필요가 있다면 눈과 귀를 조심스럽게 덮는다. 그 상태로 고양이를 조심조심 이동장에 넣는다. 이동장이 없다면 고양이를 안전하게 동물병원까지 데려갈 수 있는 대용품을 찾아야 한다.

난폭한 고양이 다루기

부상당한 동물은 겁을 먹고 갈팡질팡하기 마련이다. 왜 고통스러운지는 모르고 아프다는 사실만 알 뿐이다. 움직일 수 있다면 어디론가 도망치려고 한다. 이런 위기 상황에서 고양이는 보호자를 알아보지 못할 뿐 아니라 자신을 도우려는 것도 이해하지 못할 수 있다. 보호자가 상처를 살피려고 몸을 자기 쪽으로 숙이면 얼굴을 후려치기도 한다. 그러니 보호자는 물리거나 할퀴이는 것을 방지하기 위해 두툼한 장갑, 긴팔 옷 등으로 얼굴, 양손, 양팔을 가리는 것이 좋다. 또 적절한 보정이 필수다.

고양이가 사람을 공격할 가능성이 있다면 목 뒤쪽을 잡고 들어올려 이동장에 넣되 다른 한 손으로는 뒷다리를 받쳐서 하중을 분산해야 한다. 뒷다리를 받치면 고양이가 몸부림치는 것을 막을 수 있다.

괴팍한 고양이가 겁을 집어먹었을 경우, 두툼한 수건으로 덮으면 보다 쉽게 이동장으로 옮길 수 있다. 수건으로 덮은 후에는 1분 정도 기다려서 녀석이 안전하게 숨었다는 느낌이 들게 한다. 그런 다음 수건과 고양이를 함께 조심스럽게 들어올리고, 수건의 남은 부분으로 고양이를 감싼다. 하지만 여전히 고양이가 몹시 위험한 행동을 할 가능성이 있으므로 경계를 늦춰서는 안 된다.

고양이를 완전히 들어올렸다면 그대로 이동장이나 상자에 넣는다. 이동장도 상자도 없어 수건이나 담요에 싼 채로 고양이를 옮겨야 한다면 숨을 쉴 수 있을 정도로 머리를 밖으로 내줘 질식을 방지한다.

고양이를 수건이나 담요로 감싸도 들어올리기 힘들다면 고양이를 그대로 뉘인 채 상자를 녀석에게 덮어씌운 다음, 녀석의 몸 한쪽을 살짝 들어올리고 넓은 판자를 끝까지 밀어넣는다. 그러면 녀석을 안전하게 운반할 수 있다.

위기 상황에서는 고양이의 상태와 우리가 할 수 있는 응급조치를 바탕으로 고양이를 동물병원으로 데려갈 최선의 방법이 무엇인지 판단해야 한다. 무엇보다 신속하고 안전하게, 그리고 보호자와 고양이 모두 부상 없이 동물병원으로 가야 한다. 동물병원으로 데려가려는 과정에서 고양이가 너무 큰 스트레스를 받으면 기진맥진한 나머지 쇼크를 일으킬 수도 있다. 이때는 동물병원이나 응급실에 전화를 걸어 지침을 구한다. 병원 측에서 도와줄 사람을 보내줄 수도 있다.

호흡 곤란

코, 입, 목구멍, 기관지에 이물질이 있으면 호흡이 어려워지고, 이물질로 인해 가슴이나 횡격막에 상처가 나거나 폐가 망가질 수도 있다.

호흡 곤란 증상은 다음과 같다.

- 점막이 창백하거나 청색이다(잇몸을 확인해 본다).
- 숨을 헐떡인다.
- 입을 벌리고 숨을 쉰다.
- 호흡이 얕다.
- 짧고 가쁘게 숨을 쉰다.
- 복부 근육을 움직이며 힘들게 숨을 쉰다.
- 의식이 없다.

이물질 때문에 호흡 곤란이 생겼고 이물질이 눈에 보인다면, 끝이 뭉툭한 핀셋이나 손가락으로 이물질을 꺼낸다. 이물질이 목구멍 안쪽 깊숙이 있다면, 고양이를 옆으로 눕히고 손바닥의 불룩한 부분을 고양이의 맨 아래 갈비뼈 바로 밑에 갖다대어 약간 치켜올리듯이 서너 번 강하게 눌러 이물질이 튀어나오게 한다. 너무 세게 누르면 갈비뼈가 부러질 수 있으니 조심한다. 이렇게 해도 이물질을 제거할 수 없다면 당장 동물병원으로 향한다. 호흡 곤란이 이물질 때문이 아니라면 부상이나 질환 때문일 수 있다. 당장 동물병원으로 데려가는 것이 상책이다.

인공호흡

고양이가 숨은 쉬지 않지만 맥박은 뛴다면, 인공호흡이 필요하다. 물론 스스로 숨을 쉬고 있는 고양이에게는 이 방법을 써서는 '안 된다'! 인공호흡 방법은 다음과 같다.

1. 고양이의 목걸이를 벗긴다.

2. 고양이의 입을 벌리고 혀를 밖으로 빼내어 기도를 확보한 다음 이물질이 목구멍을 막고 있는지 확인해 본다.

3. 고양이의 입에 타액이나 점액이 많이 있으면 닦아낸다. 입안에 구토물이 남아 있거나 고양이가 물에 빠졌던 상황이라면 고양이의 허리를 잡아 거꾸로 든 다음 부드럽게 앞뒤로 두어 번 흔들어 물이나 구토물을 빼낸다.

4. 고양이를 오른쪽 옆으로 눕히되, 머리가 몸보다 살짝 낮은 위치에 오게 한다. 기도가 열리도록 머리와 목이 일직선이 되게 눕힌다.

5. 고양이의 혀가 밖으로 나온 상태에서, 입을 고양이의 코에만 댄다. 즉, 우리 입으로 고양이의 입을 덮지 말아야 한다. 약 3초 정도 고양이의 콧구멍에 숨을 불어넣는다. 고양이의 가슴이 부풀어 오르는지 확인한다. 고양이의 입으로 공기가 새어나올 것이다. 고양이가 스스로 숨을 쉴 수 있을 때까지 2초 간격으로 반복한다.

심폐소생술(CPR)

고양이가 맥박도 없고 숨도 쉬지 않는다면 심폐소생술을 시행해야 한다(맥박은 뛰지만 호흡은 하지 않는다면 인공호흡 실시). 숨을 쉬고 있는 고양이에게는 '절대' 심폐소생을 시행해서는 안 된다. 심폐소생은 시행하기 어렵기 때문에 동물병원에 당장 갈 수 있다면 심폐소생을 하기보다는 병원으로 가는 것이 급선무다. 하지만 동물병원이 멀다면 보호자가 직접 심폐소생을 하는 수밖에 없다.

1. 고양이를 오른쪽 옆으로 눕힌다.

2. 심폐소생과 더불어 인공호흡도 계속 실시한다.

3. 한 손의 엄지손가락은 고양이의 흉골에, 나머지 네 손가락은 그 맞은편에 놓아 손바닥으로 고양이의 가슴을 감싼다.

4. 가슴을 단호하게, 하지만 부드럽게 압박한다. 부드럽게 하지 않으면 갈비뼈를 부러뜨릴 수 있다. 1초에 한 번씩 압박한다. 다섯 번 압박하고 한 번 인공호흡을 하되, 인공호흡을 할 때에도 심장 마사지는 계속한다.

5. 고양이의 생명 징후를 계속 관찰하고, 5분마다 한 번씩 맥박이 뛰고 스스로 호흡을 하는지 체크한다.

6. 맥박이 느껴지면 즉시 심폐소생을 중단한다.

또 다른 심폐소생 방법으로는, 고양이의 앞다리 바로 뒤쪽의 가슴을 양손으로 감싸 다섯 번 압박한 다음 한 번 인공호흡을 실시하고 다시 다섯 번 압박하는 것이다. 심폐소생을 30분 정도 시행했으나 소용이 없다면 고양이가 다시 살아날 가능성은 극히 희박하다.

질식

질식을 의미할 수 있는 증상은 다음과 같다.

- 기침을 한다.
- 입을 발로 긁는다.
- 침을 흘린다.
- 힘들게 숨을 쉰다.

- 눈이 튀어나온다.
- 의식이 없다.

이런 증상을 보인다면 먼저 고양이의 입안을 들여다보고 이물질이 있는지 확인한다. 수건으로 몸을 감싸 움직이지 못하게 해야 할 수도 있다. 가능하다면 끝이 뭉툭한 핀셋이나 손가락으로 이물질을 빼낸다. 고양이가 몸부림을 심하게 치거나 공포에 질렸다면 이물질을 억지로 빼내지 않는다. 자칫 이물질이 목구멍 깊숙이 들어가버릴 수 있다. 고양이가 숨을 못 쉬는 정도가 아니라면 그냥 동물병원으로 직행하고, 숨을 쉬지 못한다면 응급처치부터 한다. 고양이를 머리가 몸보다 낮게 오도록 옆으로 눕힌 다음 혀를 입 밖으로 빼낸다. 한 손을 흉골 밑에 대고 힘차게 네 번 밀어올린다(즉, 누른 다음 위로 치켜올린다). 너무 세게 누르면 갈비뼈가 부러질 수 있으니 조심한다. 바로 고양이의 입을 살펴 이물질이 튀어나왔는지 확인한다. 튀어나오지 않았다면 다시 네 번 더 시도한다. 그래도 이물질이 나오지 않는다면 동물병원에 데리고 가되, 가는 동안 인공호흡을 실시한다.

지혈

압박 지혈

멸균 거즈 또는 깨끗한 거즈를 상처에 대고 누른다. 붕대로 상처를 감고 고양이의 다리가 붓는지 확인한다. 다리가 부었다면 혈액순환이 안 된다는 의미일 수 있으니 바로 붕대를 풀어준다.

거즈가 피에 젖으면 떼내지 말고 그 위에 다른 거즈를 덧댄다. 피에 젖은 거즈를 떼내면 혈액이 응고되지 않을 수 있다.

상처에 과산화수소를 발라서는 안 된다. 지혈하기 더 어려워지기 때문이다. 출혈이 멎으면 상처를 닦지 않도록 한다. 응고된 혈액, 즉 피딱지가 떨어져나가 다시 피가 흐를 수 있다.

상처를 직접 눌러도 출혈이 멈추지 않는다면 앞다리의 안쪽(겨드랑이)이나 뒷다리의 안쪽 허벅지(사타구니)에 있는 동맥을 강하게 누른다. 동맥을 누르면 다리의 상처에서 흘러나오는 피를 막을 수 있다. 그사이 다른 사람이 상처에 붕대를 감으면 된다.

지혈대

지혈대는 다리에서 피가 너무 많이 흘러서 붕대를 감을 수 없고 고양이의 목숨이 위태로운 경우에 최후의 수단으로 사용한다. 지혈대를 너무 오래 또는 너무 단단하게 묶어놓으면 돌이킬 수 없는 손상을 입어 발이나 다리를 절단해야 할 수도 있기 때문이다. 또 다리나 꼬리 외의 다른 부위에는 지혈대를 사용해서는 안 된다.

거즈 붕대로 적어도 2~3센티미터 넓이의 고리로 된 지혈대를 만든 다음 상처에서 5~7센티미터 정도 위에 두른다. 즉, 지혈대는 심장과 상처 사이에 오게 한다. 거즈를 한 번 묶고(매듭은 짓지 않는다), 막대기 또는 연필을 올려놓은 뒤 다시 한 번 더 묶는다. 막대기나 연필을 천천히 비틀어 해당 부위를 압박해 출혈이 멎게 한다. 반드시 지혈대는 5분마다 한 번씩, 1분 간 풀어주고 다시 묶기를 반복해 다리에 피가 통하게 해야 한다. 지혈대를 묶은 다리에 영구적인 손상이 생기지 않게 하려면 최대한 빨리 고양이를 동물병원에 데려가는 것이 중요하다.

쇼크

혈압이 떨어져서 피가 몸 속 장기와 조직 구석구석에까지 제대로 흐르지 않으면 산소 부족으로 쇼크가 올 수 있다. 혈액순환이 저하되면 이를 보완하기 위해 맥박이 빨라지고 중요하지 않은 장기의 피를 중요한 장기로 돌리면서 모자란 혈액을 보충하게 된다. 하지만 산소가 부족해진 장기들은 제 기능을 다하지 못하며, 심장은 피를 펌프질하기가 점점 힘들어진다.

고양이에게 쇼크가 왔을 때 이를 알아차리기 어렵거나 다른 증상과 혼동할 수도 있다. 하지만 쇼크를 제때 치료하지 않으면 죽음에 이를 수도 있음을 명심해야 한다.

쇼크를 일으키는 몇 가지 원인으로는 일반적인 외상, 열사병, 화상, 중독, 대량 출혈, 심각한 질병, 설사나 구토 때문에 생긴 탈수 등이 있다.

쇼크의 증상은 다음과 같다.

- 체온이 떨어진다(고양이의 몸을 만져보면 차갑게 느껴진다).
- 몸을 덜덜 떤다.
- 잇몸 점막이 창백하다.
- 맥박이 약하다(그리고 평소보다 빠르게 뛴다).
- 호흡이 거칠다.
- 몸에 힘이 빠진다.

이 같은 증상을 보이면 먼저 지혈을 하고 호흡이 멈췄다면 인공호흡을, 심장이 멈췄다면 심폐소생술을 한다. 몸보다 머리가 낮게 고양이를 눕히되, 고양이가 앉아 있고 싶어 하면 눕기를 강요하지 않는다. 고양이를 진정시키고 가장 편안해하는 자세를 취할 수 있게 해준다. 고양이에게 스트레스를 주면 더 심각한 호흡 곤란이 올 수 있다. 담요로 고양이를 감싼 다음 즉시 동물병원 응급실로 향한다.

상처 소독

덜 심각한 상처에 적용하는 방법이다. 피가 흐르는 상처라면 압박을 한 다음 동물병원 응급실로 직행해야 한다. 심하지 않은 상처라도 감염을 막는 처치가 필요하다. 사실 보호자의 눈에 심해 보이지 않더라도 어떤 상처든 일단 수의사에게 보이는 것이 가장 좋다.

심하지 않은 상처를 집에서 치료하려면 고양이를 붙잡고 진정시키는 일을 도와줄 조력자가 있어야 한다. 양손을 깨끗이 씻고 지금부터 다루게 될 기구도 깨끗이 닦는다. 상처 주변의 털은 잘라내야 한다. 수성 윤활제나 항생 연고를 상처에 바르면 털을 잡아주기 때문에 자르기 쉽고 털이 상처에 들러붙지도 않는다. 가위로 상처를 둘러싼 털을 조심해서 잘라낸 다음, 윤활제나 연고를 닦아낸다(윤활제나 항생 연고가 없다면 손가락으로 털끝을 잡은 다음 신중하게 자른다).

깨끗한 거즈를 물에 적셔 상처 주변을 닦고, 깨끗한 물로 상처를 씻어 먼지와 부스러기 등을 제거한다. 상처 안에 부스러기가 들어 있다면 깨끗한 면봉을 물에 적셔서 닦아낸다.

이번엔 거즈에 소독약을 묻혀 상처를 닦는다. 상처가 오염될 수 있으니 같은 거즈로 상처를 두 번 이상 닦지 말고 새 거즈에 소독약을 묻혀 사용한다.

고양이에게 감아준 붕대는 좀처럼 제자리에 있기 힘들다. 상처를 오염시키지 않기 위해 붕대를 반드시 감아둬야 한다면 반창고로 잘 고정한다. 붕대는 깨끗하고 건조해야 하며 하루에 한 번 갈아준다. 필요하다면 더 자주 갈아준다. 붕대를 감아둬야 하는 상처인지 여부는 수의사의 판단에 맡긴다. 어떤 상처는 공기 중에 노출시켰을 때 더 빨리 낫는다. 특히 고름이 나오는 상처는 붕대로 덮지 말아야 한다.

골절

고양이가 세 발로 걸으면서 나머지 한 발에 도통 무게를 싣지 못한다면 골절을 의심할 수 있다. 그 발을 들어올리지 못하고 질질 끌고 다니기도 한다. 또 다리가 이상한 각도로 구부러져 있어도 골절일 수 있다. 척추가 골절되어 척수가 손상되면 아예 걷지 못한다.

부목을 대거나 혼자서 치료해 보겠다고 시간을 낭비해서는 안 된다. 복합 골절, 즉 뼈가 부러져 피부를 뚫고 나온 골절이라면 소독한 천으로 부위를 덮고 동물병원으로 데려간다. 뼈를 피부 밑으로 밀어넣으려는 시도는 절대 금물이다.

안전하게 옮기는 데 필요한 최소한의 움직임 외에는 고양이를 움직이게 하지 말아야 한다. 수건을 바닥에 깐 상자에 넣어 옮기는 방법이 가장 좋다.

고양이의 꼬리는 척추의 연장이며 부상이나 골절에 몹시 취약하다. 꼬리가 축 처져 있거나, 중간이 구부러졌거나, 상처가 보이거나, 고양이가 아파하거나, 방광이나 직장의 기능에 변화가 생겼다면 꼬리 골절이 원인일 수 있다. 이런 증상이 보이면 즉시 고양이를 동물병원으로 데려가자.

열사병

인간과 달리 고양이는 높은 기온에 적응하지 못한다. 고양이는 주차된 차 안에 몇 분만 놔두어도 열사병이 생길 수 있다. 창문을 살짝 열어놓는다 해도 기온을 낮추지는 못한다. 그늘에 주차했다 하더라도 차 안이 찜통이 되는 것은 순식간이다. 또한 열사병은 더운 날씨에 이동장 안에 갇혀 있는 고양이, 그늘 없이 햇빛이 내리쬐는 발코니나 베란다 또는 마당에서 빠져나가지도 못하고 물을 마실 수도 없는 고양이에게도 생길 수 있다. 또는 더운 날씨에 에어컨이나 환기 시설이 없는 방에 갇힌 고양이도 열사병을 일으킬 수 있다. 페르시안처럼 코가 납작한 종은 특히 열사병에 취약하며, 나이 든 고양이, 과체중인 고양이, 관절염이 있는 고양이도 위험하다. 더운 날씨에 너무 과도한 활동을 하거나 흥분 상태가 되어도 열사병 위험이 높아진다.

고양이는 인간처럼 땀을 흘려서 체온을 내릴 수 없으므로 덥다고 느끼면 가쁘게 호흡해 열을 내보내고 털을 혀로 핥아서 침 속의 수분을 증발시키는 방법으로 체온을 내린다. 하지만 기온이 지나치게 높으면 이렇게 수분 증발로 체온을 내리는 것만으로는 대처할 수 없다.

열사병에 걸린 고양이는 숨을 가쁘게 몰아쉰다. 잇몸과 혀는 밝은 적색을 띤다. 빽빽해진 침을 줄줄 흘리고 구토를 하는 경우도 많다.

열사병을 치료하지 않고 내버려두면 고양이는 몸에 힘이 빠지고, 불안정해지며, 설사를 하기도 한다. 잇몸은 창백하거나 회색으로 변한다. 더 심해지면 혼수상태에 빠지거나 죽을 수도 있다.

고양이가 열사병 증상을 보인다면 즉시 시원한 곳으로 옮긴다. 체온이 섭씨 41도 이상이라면 시원한 물로 고양이의 몸을 적신 다음(찬물은 안 된다) 선풍기를 틀어 물을 증발시키는 방법으로 체온을 식혀준다. 고양이를 찬물에 담그는 방법은 피해야 하는 이유는 고양이의 피부는 너무 빨리 식는데 피부가 식으면 피부 근처의 혈관이 수축하고 혈액이 몸 안쪽으로 집중되기 때문에 체내의 체온은 식지 않게 된다.

고양이에게 시원한 물을 먹이고, 피부와 다리를 마사지해 혈액순환을 촉진한다. 5분마다 한 번씩 직장에 체온계를 넣어 체온을 잰다. 체온이 섭씨 39.5도 밑으로 떨어지면 더 이상 체온을 식히지 않는다. 고양이의 체온 조절 기능이 불안정한 상태기 때문에 더 이상 인위적으로 식히면 체온이 너무 떨어져 저체온증을 일으킬 위험이 있다.

체온이 떨어지면 즉시 고양이를 동물병원으로 데려가 체내 합병증은 없는지, 추가 치료의 필요성은 없는지 점검한다. 열사병으로 고체온증을 겪은 고양이는 쇼크가 오는 경우가 많다. 열사병의 합병증은 곧바로 나타나지 않을 수도 있으므로, 며칠 동안 고양이를 잘 관찰한다. (세포가 죽어서 생기는) 출혈성 설사와 신부전증은 몇 시간, 심지어 며칠 후에 나타날 수도 있다.

저체온증

체온이 떨어졌을 때 일어나는 저체온증은 추운 날씨에 노출되거나, 몸이 젖거나, 쇼크가 오거나, 마취 후 또는 질병 때문에 생긴다. 갓 태어난 새끼 고양이도 저체온증이 쉽게 온다. 직장으로 잰 체온이 섭씨 37.7도 아래거나, 몸을 만지면 서늘하거나, 몸을 덜덜 떨고 있거나, 몸이 굳어 있거나, 동공이 확장되어 있으면 저체온증을 의심해본다.

고양이가 흠뻑 젖었다면 담요나 수건으로 싸서 몸을 말린다. 헤어드라이어로 체온을 올리려다가는 화상을 입을 수 있다. 보온용 고무물통에 뜨거운 물이 아닌 따뜻한 물을 넣고 수건으로 감싼 다음 고양이의 몸에 대준다. 전기방석을 쓴다면 온도는 가장 낮게 설정하고 수건을 깔아 방석이 직접 고양이 피부에 닿지 않게 한다. 체온을 서서히 올려야 쇼크에 빠지지 않는다. 10분마다 직장 체온을 재면서 섭씨 37.7도가 될 때까지 고무물통이나 전기방석을 계속 대준다.

저체온증이 되면 혈당이 낮아지니 고양이가 제 발로 일어서서 돌아다닐 수 있게 되면 꿀을 약간 먹여서 혈당 수치를 올린다. 그리고 고양이를 동물병원에 데려가 후속 치료를 한다.

45분 이내에 고양이의 체온을 정상으로 올리지 못하면 곧장 치료를 받아야 한다. 저체온증을 치료하지 않으면 혼수상태가 될 수 있다. 또 새끼 고양이에게 저체온증이 오면 옷 안에 넣어 보호자의 체온으로 덥혀주고 곧장 동물병원으로 향한다.

동상

극도의 추위에 노출되면 귀, 꼬리, 발 등이 동상에 걸릴 수 있으며 혈액순환이 제대로 되지 않아 조직이 손상된다. 처음에는 피부가 창백해졌다가 냉기가 녹으면 붉어지면서 붓고 화끈화끈해진다. 시간이 지나면 피부가 벗겨지기도 한다. 동상에 걸린 피부를 만지면 극히 고통스럽기 때문에 조심스럽게 치료해야 한다.

우선 고양이를 따뜻한 곳으로 옮긴다. 동상에 걸린 부위가 홍조를 띨 때까지 따뜻한 물(뜨거운 물은 절대 안 된다)에 담그거나, 따뜻한 물에 적신 천을 대준다. 동상 부위를 문지르거나 마사지하면 손상이 더 커질 수 있으니 삼가한다. 항생 연고를 발라주고 동물병원으로 향한다. 감염을 막기 위해 경구용 항생제를 처방해주거나 추가로 진통제를 줄 수도 있다.

동상에 걸린 부위는 나중에도 추위에 취약하게 된다.

동상을 예방하려면 날씨가 아주 추울 때는 고양이를 외출시키지 않는다. 길고양이들을 보살피고 있다면 습기가 없는 은신처를 마련해 준다.

화상

고양이가 난로 위에 뛰어오르거나, 가스레인지에 너무 가까이 가거나, 주방에서 식사를 준비하는 동안 바닥을 돌아다니다가 뜨거운 물이나 기름이 튀면 아주 위험할 수 있다. 고양이가 뜨거운 표면을 걷다가 가장 흔히 화상을 입는 부위는 발 볼록살이다. 햇빛에 뜨겁게 달궈진 타일 바닥을 걸어도 화상을 입을 수 있다.

표피만 화상을 입었다면(1도 화상) 차가운 물을 적신 깨끗한 천을 30분 정도 화상 부위에 대어 통증을 가라앉힌다. 그런 다음 화상 부위를 가만가만 두들겨서 닦아낸다. 화상 부근의 털을 잘라내 상처를 청결하고 건조하게 유지한다. 물집이 생기지 않는지 관찰한다. 피부 아래쪽 조직이 손상되므로 얼음을 대는 것은 '절대' 안 된다. 버터나 연고를 바르는 것도 금물이다. 더 치료가 필요하다면 고양이를 당장 동물병원으로 데려간다.

2도 화상인 경우 물집이 잡히고 피부가 부풀어 오르며 진물이 나오기도 한다. 피부는 아주 빨갛게 달아오른다. 차가운 물을 적신 깨끗한 천을 화상 부위에 댄 다음 아주 조심스럽게 가만가만 두들겨서 닦아낸다. 절대 문지르지 않는다. 멸균 거즈를 부위에 가볍게 얹되, 물집을 건드리지 않게 조심하고 바로 동물병원으로 향한다.

3도 화상은 가장 심각한 화상이다. 피부 아래 조직이 파괴되고 피부는 까맣게 타거나 심지어 하얗게 보이기도 한다. 쇼크를 일으킬 확률도 높다. 차가운 물을 적신 깨끗한 천을 아주 조심스럽게 화상 부위에 얹고 그 위를 마른 천으로 덮어 습포를 한 다음 바로 동물병원 응급실로 향한다. 집에서 치료해보겠다고 시간을 낭비해선 안 된다. 3도 화상은 무조건 병원으로 직행해야 한다.

화학 화상

화학제품이 고양이의 몸이나 눈에 닿으면 심각한 상처를 입힐 수 있다. 게다가 고양이가 약품을 닦아내려고 혀로 핥으면 상황이 더 심각해진다. 보호자가 재빨리 조치를 취해야 피해를 최소화할 수 있다.

고양이가 어떤 화학제품으로 인해 화상을 입었는지 모를 경우, 상처 부위를 깨끗한 물로 씻어낸다. 어떤 화학제품은 피부를 부식시킬 수 있으므로 고무장갑이 있으면 낀다. 화학제품이 산성이라면(예: 표백제), 베이킹 소다를 푼 물로 상처를 씻는다. 비율은 물 0.5리터에 베이킹 소다 1티스푼이 적당하다. 화학제품이 알칼리성이라면(예: 하수구 청소용 세제), 식초와 물을 같은 비율로 섞은 용액으로 상처를 씻는다. 원인이 확실하지 않다면 맹물로만 씻는다. 화학제품 용기 라벨에 화상을 입은 경우에 대한 지시사항이 있는지 확인하고 곧바로 동물병원으로 향한다.

화학제품이 고양이의 눈에 들어갔다면 고양이를 옆으로 눕히고 눈꺼풀을 들어올린 다음 미지근한 물로 눈을 씻어낸다. 생리식염수가 있으면 사용해도 좋다. 고양이가 발버둥치면 수건으로 감싼다. 한쪽 눈에만 제품이 들어갔다면 고양이의 머리를 뒤로 젖히고 제품이 들어가지 않은 눈을 피해서 물로 씻긴다. 멸균 거즈를 눈에 덮고 동물병원으로 달려간다.

감전 및 전기 화상

고양이가 전선을 씹거나 땅에 내려앉은 송전선을 밟거나 번개를 맞으면 감전된다.

고양이의 몸이 노출된 전선에 닿아 있다면 절대 고양이를 건드려서는 안 된다. 불수의근이 수축하면 전선을 움켜잡은 발이 움직이지 않으므로 고양이 스스로 전선을 떼낼 수가 없다. 제어반을 찾아 전류를 차단한 다음 기다란 각목 등을 이용해 고양이의 몸을 전선에서 밀어낸다. 고양이는 의식이 없거나 쇼크 상태일 것이다. 숨을 쉬지 않으면 인공호흡을 실시하고 쇼크 상태라면 몸을 따뜻하게 해준 다음 동물병원으로 직행한다.

감전은 심장마비를 일으킬 수 있으며 폐에 물이 차는 폐수종을 일으키기도 한다. 고양이가 힘들게 호흡하거나, 입을 벌리고 호흡하거나, 눕지 않고 앉거나 일어서 있으려 한다면 폐수종일 수 있다. 즉시 수의사의 치료를 받아야 한다. 감전에서 회복이 된 것처럼 보이더라도 동물병원에 데려가야 한다. 폐수종은 감전 직후에 일어나지는 않기 때문이다.

고양이가 전선을 씹는 순간을 목격하지는 않았더라도 전기화상의 징후는 관찰 가능하다. 전선을 씹어서 생긴 전기화상은 주로 입꼬리와 혀에 나타난다. 이 부위에 염증, 붉은 기, 물집, 회색 기운이 있으면 전기화상일 가능성이 높다. 이런 증상이 보이면 당장 동물병원으로 데려간다. 또 집 안에서 어느 전선이 손상되었는지 확인한다(전기화상을 예방하는 방법은 3장에서 자세히 설명했다).

중독

일상에서 많이 사용하는 제품 중에는 고양이에게 독성을 띠는 것이 많다. 집 청소를 마친 후 세제 분무기를 탁자에 올려두지는 않는가? 약을 먹고 난 후 약병은 어떠한가? 자동차 부동액이 바닥에 흘러 있지는 않은가? 집 안에 놓아둔 화분 중에 고양이가 씹으면 안 되는 식물이 무엇인지 알고 있는가? 석유, 페인트, 살충제 등은 입구에 묻은 잔여물을 말끔히 닦아내고 뚜껑도 단단히 닫아놓았는가? 고양이가 독성 물질을 일부러 먹지는 않는다 하더라도 그루밍 중에 털에 묻은 물질을 삼킬 수 있다. 맛이 있어 보이면 꿀떡 삼켜버리는 개에 비하면 고양이가 독성 물질을 입에 댈 확률은 적지만 털을 열심히 핥아대는 습성 때문에 중독의 위험은 항상 존재한다. 게다가 몸집이 작기 때문에 소량을 삼켰다 하더라도 위험하다.

외출고양이는 실내에서만 생활하는 고양이보다 중독 위험이 높다. 차고에 아무렇게나 놓아둔 각종 용액과 화학제품, 비료, 살충제, 염화칼슘, 가솔린, 쥐약, 부동액 등과 접촉할 위험이 크기 때문이다. 예를 들어 부동액은 독성이 너무나 강해 1티스푼이 안 되는 분량만 삼켜도 치명적이다.

일상생활에서도 이런저런 제품을 너무 많이 쓰거나 부적절한 제품을 쓰는 바람에 고양이가 중독되는 경우도 많다. 고양이 벼룩 퇴치 약품을 효과를 빨리 보겠다고, 또는 제한 용량을 제대로 확인하지 않아서 한 번에 다 쓰기도 한다. 또 집에서 치료해 보겠다고 고양이에게 위험하고 치명적이기까지 한 약품(예: 아스피린)을 수의사에게 확인도 않고 먹이기도 한다.

중독 증상은 불안감에서부터 경련, 우울감, 혼수상태까지 아주 다양하게 나타난다. 침을 많이 흘리거나, 몸에 힘이 빠지거나, 숨결이나 몸에서 이상한 악취가 나거나, 구토를 하거나, 호흡 곤란을 일으키거나, 입이 밝은 빨간색을 띠면(일산화탄소 중독 증상) 중독 증상일 수 있다.

고양이는 쥐약을 먹거나 쥐약을 먹은 쥐를 먹기도 한다. 쥐약은 대개 혈액응고 방지제가 포함되어 있으므로 출혈을 일으킨다. 쥐약 중독의 경우 나타나는 증상은 구토물과 대변에 피가 섞여 있고, 입속 점막이 창백해지며, 코에서 피가 흐르고, 피부에 멍이 생긴다. 동물병원에 데려갈 때 가능하다면 피가 섞인 대변이나 구토물을 같이 가져간다.

고양이가 중독 증상을 보이면 어떤 물질에 중독되었는지 확인해야 한다. 제품의 라벨에 쓰인 주의사항을 읽어보거나 화분 식물 중에 씹힌 잎이 있나 찾아본다.

화학물질 중독

응급처치로 구토를 시킬 것인지 여부는 어떤 독을 먹었는지에 따라 달라진다. 하수도 청소용 세제 및 용액 같은 산성 또는 알칼리성 독은 토하게 했다가는 식도, 목구멍, 입까지 화상을 입게 된다. 석유 역시 토하게 하면 장기에 화상을 입는다. 동물병원에 전화해 확인하는 것이 최선이지만, 응급처치용 가이드라인을 간략하게 소개하면 다음과 같다.

- 산성 독인 경우 : 마그네시아유Milk of Magnesia▼를 먹인다. 분량은 고양이 체중 2.3킬로그램당 1티스푼이 적당하다.
- 알칼리성 독인 경우 : 물과 식초를 같은 분량으로 섞어 4티스푼을 먹인다.

고양이가 산성이나 알칼리성 독극물 또는 석유를 먹었다면 보호자가 할 수 있는 유일한 일은 독을 희석시키거나 손상을 줄이는 것이다. 마그네시아유, 카오펙테이트Kaopectate,▼ 또는 일반 우유를 주사기를 이용해 먹이면 위장 벽이 독극물에 손상을 입는 것을 어느 정도 줄일 수 있다.

부동액, 향수, 알약 같은 비부식성 독극물은 구토를 시키는 것이 좋다. 물론 고양이의 체내에 흡수되기 전에 조치해야 한다. 경련을 일으키거나 의식을 잃었다면 구토를 시켜서는 안 된다.

고양이가 어떤 독을 먹었는지 모르거나 해독제가 없다면, 독을 희석시키는 것이 가장 안전한 대처법이다. 액체 또는 튜브에 든 반죽 형태의 활성탄을 구비해 놓으면 좋다. 라벨의 지시사항에 쓰인 용량을 지킨다. 활성탄은 일반 숯과 다르니 혼동해서는 안 된다. 활성탄은 약국에서 구입할 수 있다. 고양이에게 토근 시럽syrup of ipecac▼을 먹였다면 활성탄을 먹여서는 안 된다. 둘은 서로의 작용을 중화시킨다. 고양이가 토근 시럽을 먹고 구토를 했다 하더라도 이미 토근 시럽을 먹은 상태이니 활성탄을 먹여서는 안 된다.

고양이가 어떤 독극물을 삼켰든 간에, 무엇보다도 중요한 사항은 되도록 빨리 수의사의 치료를 받는 것이다. 동물병원에 갈 때는 고양이가 삼킨 독극물 병과 고양이의 구토물 일부를 가져간다. 가는 동안 고양이를 따뜻하게 해주고, 쇼크가 오지 않는지 살피고, 머리를 몸보다 낮게 눕혀

▼ 걸쭉한 흰색 액체로 된 제산제. 소화제 역할의 약. - 옮긴이주

▼ 설사, 소화불량, 메스꺼움 등에 쓰는 약. 지사제의 일종. - 옮긴이주

▼ 구토를 유발하는 약품. - 옮긴이주

서 액체나 구토물을 토할 수 있게 해준다.

구토시키는 법!

촉각을 다투는 위급상황이라면 구토를 유발시켜야 한다. 고양이에게 토근 시럽 1/2~1티스푼을 먹인다(체중 약 5킬로그램당 1티스푼이 적당하다). 20분이 지나도 고양이가 토하지 않는다면 한 번만 더 같은 분량을 먹인다. 토근 시럽이 없다면 과산화수소 1티스푼을 먹인다. 10분이 지나도 고양이가 토하지 않을 때 한 번 더 먹이되, 총량이 3티스푼을 넘지 않아야 한다(반드시 수의사에게 문의한 뒤 시행해야 한다).

피부로 흡수되는 독극물

유기인산 화합물이 들어간 벼룩 또는 이 퇴치용 스프레이는 피부를 통해 스며들어 외부 화상 및 대사질환을 일으킬 수 있다. 여기에 대해서는 앞서 '화학 화상'에서 자세히 설명했다.

식물 독 중독

실내에서 생활하며 딱히 놀 거리가 없는 고양이는 집 안의 화분 식물을 야금야금 먹는 경우가 많다. 이따금 잎을 씹어보는 정도에 그치기도 하지만 잎을 모조리 씹어 먹고 줄기를 토막 내고 아예 뿌리째 뽑아버리기도 한다. 식물에 따라 다르지만 몇 번 씹기만 해도 고양이에겐 치명적인 식물이 있다. 토란과 식물인 디펜바키아나 마리안느는 잎을 씹으면 입과 목구멍이 부어오르고 심한 화상을 입으며 호흡이 곤란해진다. 독성분을 토하게 하려 했다가는 식도까지 화상을 입고 더 큰 손상을 초래한다. 식물 독에 중독된 경우, 식물의 종류에 따라 다르지만 다음과 같은 증상을 보인다.

- 침을 많이 흘림
- 구토
- 피가 섞인 설사
- 호흡 곤란
- 열
- 복통
- 우울감
- 갑자기 쓰러짐
- 몸을 벌벌 떪
- 불규칙한 맥박
- 입과 목구멍의 궤양

상태가 급격히 나빠져 경련, 혼수상태, 심장 마비, 사망에 이르기도 한다. 치료법 역시 어떤 식물을 먹었느냐에 따라 달라진다. 어떤 식물을 먹었는지 확인할 수 있다면 동물병원에 전화해 대처 방법을 알아본다. 구토를 시키라는 지시를 들었다면 앞의 '화학물질 중독'을 참조한다.

우유를 먹이면 장기 내벽을 보호하고 진정시키며 독을 희석하는 데 도움이 된다. 구토를 유발할 수 있는 토근 시럽이 없다면 활성탄을 먹여도 좋다(용량은 라벨에 적힌 지시사항을 따른다). 토근 시럽을 먹였다면 활성탄은 먹이지 않는다. 둘은 서로의 작용을 중화시킨다.

고양이를 당장 동물병원으로 데려간다. 가는 동안 몸을 따뜻하게 해주고 쇼크가 오지 않는지 살핀다.

고양이에게 독이 되는 일상 제품 · 약품

아세트아미노펜(제품명 타이레놀)	살충제
부동액	석유·등유
아스피린	완하제(변비치료제)
목욕용 오일	좀약
표백제	매니큐어
브레이크 오일	매니큐어 리무버
화장품	페인트
데오도란트(땀 냄새 제거 및 억제 제품)	페인트 리무버
세제	향수
살균 세정제	식물

하수도 청소용 세제

비료

바닥 광택제

가구 광택제

가솔린

염색약

이부프로펜(소염 진통제)

제초제

각종 처방약

쥐약

샴푸

면도용 로션

구두약

자외선 차단 로션(선크림)

테레빈유

창문에서 떨어진 경우

고양이가 창문에서 떨어졌다면, 떨어진 높이가 아무리 낮아도 무조건 동물병원에 데려가서 검진을 받는다. 겉으로는 아무런 상처가 없어 보여도 몸 안 어딘가에 손상이 있을 수 있다.

그리고 이를 예방하기 위해 모든 창문의 방충망이 튼튼한지 온 집 안을 점검한다. 방충망이 없는 창문은 아무리 조금만 열려 있더라도, 또는 고양이의 덩치가 아무리 크더라도 닫혀 있지 않는 한 절대 안전하지 않다는 사실을 명심한다. 유리창으로 막혀 있지 않은 발코니에는 아무리 난간이 있어도 고양이를 내보내선 안 된다. 지금까지 고양이가 난간 위로 올라간 적 없다고 해서 앞으로도 그러리란 법은 없다.

곤충에게 쏘이거나 물린 경우

고양이는 움직이는 것이라면 뭐든 호기심을 갖고 달려들기 때문에 벌에 쏘이기 쉽다. 벌에 쏘이면 상당히 고통스럽다. 벌에 쏘여 얼굴이나 입이 부풀어오르면 기도가 막혀 위험할 수 있다. 목구멍 주위가 부풀어올라 질식하기도 한다.

붓기와 고통은 물론이고 어떤 고양이는 사람처럼 알레르기 반응을 일으킬 수 있다. 붓기가 오래 지속되거나 고양이가 호흡 곤란, 침 흘리기, 발작이나 구토 등의 증상을 보이면 당장 동물병원 응급실로 달려가야 한다.

고양이가 벌에 쏘였을 때 치료법은 다음과 같다. 우선 핀셋으로 벌침을 뽑아낸다. 베이킹 소다를 물에 개어 얇게 펴 바르면 가려움증이 진정된다. 아이스팩이나 냉습포로 붓기와 통증을 가라앉힌다. 아이스팩을 사용할 때는 고양이의 피부에 직접 닿지 않도록 작은 수건으로 감싼다. 쇼크가 오지 않는지 주의 깊게 살핀다. 고양이가 몹시 가려워하면 코르티손 크림cortisine cream▼을 발라줘도 되는지 수의사에게 문의한다.

벌에 쏘여서 입안이 부었다면 호흡 곤란이 올 수 있으므로 즉시 의사의 치료를 받아야 한다. 고양이가 벌에 자주 쏘인다면 베나드릴Benadryl▼을 상비해 놓자. 물론 그보다 더 좋은 방법은 고양이를 외출시키지 않는 것이다.

반면 갈색은둔거미, 타란툴라, 검은과부거미는 아주 위험한 독거미이다. 물린 부위는 몹시 아프고, 온몸에 열이 나고 호흡이 곤란해지며 쇼크가 올 수 있다. 급성 증상 없이 물린 부위가 괴사하거나 농양이 생길 수 있다. 되도록 빨리 치료를 받아야 한다. 고양이가 물리는 순간을 보았다면 지체 없이 안고 동물병원으로 달려가자.

▼ 가려움이나 붓기를 가라앉히는 효능이 있다. - 옮긴이주

▼ 항히스타민제 약품. - 옮긴이주

물에 빠졌을 때

고양이도 짧은 거리라면 능숙하게 헤엄칠 수 있다. 익사하는 경우는 물 밖으로 나오지 못할 때다. 집 마당 수영장에서 헤엄치던 고양이가 가장자리로 올라오지 못하면 익사할 수 있다는 것이다. 그러니 집에 수영장이 있고 반려동물들이 그 주변에 갈 가능성이 있다면 경사로 같은 것을 설치해 반려동물이 발을 헛디뎌 수영장에 떨어지더라도 안전하게 올라올 수 있게 한다.

만약 고양이가 물에 빠져 건져냈다면, 우선 폐에서 물을 빼내야 한다. 고양이의 허리를 잡고 거꾸로 들어 10초에서 20초 정도, 또는 물이 더 이상 나오지 않을 때까지 부드럽게 흔든다. 그런 다음 오른쪽 옆구리가 바닥에 닿도록 고양이를 옆으로 눕히고 코에 숨을 불어넣는 인공호흡을 실시한다. 심장이 뛰지 않는다면 심폐소생술을 실시한다.

고양이가 숨을 쉬고 있다면 당장 동물병원으로 데려간다. 쇼크가 올 수 있으니 몸을 따뜻하게 해준다. 고양이가 차가운 물에 빠졌다면 동물병원으로 가는 차 안에서 담요로 몸을 감싸고 히터를 세게 틀어 체온을 올려준다.

탈수

체내에 수분과 더불어 전해질(미네랄)이 부족한 현상이다. 질병, 열, 계속되는 설사나 구토 때문에 탈수가 생긴다.

고양이의 등 쪽 피부를 부드럽게 잡아 위로 당겨보면 탈수 여부를 알 수 있다. 피부가 금방 제자리로 돌아가야 정상이며, 피부가 제자리로 돌아가는 속도가 느리거나 아예 솟은 채로 있다면 탈수 상태다. 잇몸으로 탈수 여부를 판단할 수 있다. 정상일 때 잇몸은 젖어 있는데 탈수 상태에서는 말라 있으며 진득진득하다.

고양이가 탈수 상태라면 즉시 수의사에게 보여야 한다. 체액을 보충하고 전해질 균형을 맞추려면 수액 치료가 필요하다.

재해재난 대비

나는 테네시 주에 살고 있기 때문에 토네이도가 거의 정기 행사처럼 찾아온다. 실제로 몇 년 전에는 토네이도가 이웃집을 부숴버리기도 했다. 다행히 우리 집 고양이들은 이런 때에 대비해 신호를 보내면 이동장 안에 들어가도록 훈련을 받았기 때문에 다급한 상황이 닥쳐도 허둥지둥하지 않는다. 2010년에는 큰 홍수가 나기도 했는데, 이때도 우리 가족은 재해에 대비해 계획을 세워놓았기 때문에 침착하게 대피할 수 있었다.

재해 대비 계획을 세울 때 필요한 일반 지침은 다음과 같다(이 계획은 보호자가 사는 지역과 재해의 종류에 맞춰 세워야 한다).

우선 구급상자는 언제라도 사용할 수 있게 준비해 둬야 한다. 유통기한이 지난 물품은 제때 보충한다. 또 이외에도 대피 시 가져가야 할 물품 목록을 정해두고 재해가 발생했을 때 즉각 챙길 수 있도록 한다.

고양이의 몸에 마이크로칩을 심어주고 인식표 목걸이도 채워준다. 대피 중에 고양이가 가족과 헤어지는 경우는 아주 흔하다. 외출고양이라면 재해가 들이닥친다는 첫 번째 징조 때, 또는 일기예보에서 악천후를 예고할 때부터 밖에 내보내지 말아야 한다.

대피시 고양이를 버려두면 안 된다. 고양이를 남겨놓았다가는 건물이 무너지거나, 홍수나 화재 때문에, 또는 감전으로 심하게 다치거나 죽을 확률이 높다. 게다가 겁을 먹은 고양이는 구조대가 찾아내기 쉽지 않다. 고양이가 무사히 살아남을 수 있는 방법은 보호자와 함께 대피하거나, 보호자가 고양이를 미리 안전한 곳에 대피시키는 것뿐이다. 위험 지역 밖에 있는 동물병원 목록을 알아놓으면 고양이를 미리 데려다 놓을 수도 있고, 재해가 일어나는 동안이나 끝난 후 필요하다면 치료를 받게 할 수도 있다. 반려동물 호텔 목록도 알아둔다. 재해가 끝난 후 집을 수리해야 해서 당분간 집으로 돌아가지 못한다면 고양이를 동물병원 호텔, 숙박시설, 또는 친구나 친척집에 맡겨둘 수 있을 것이다(적십자가 운영하는 피난처나 그 외 피난 시설에서는 반려동물을 받아주지 않는다). 중요한 것은 미리 계획하고 철저하게 대비하는 것이다.

재해는 보호자가 집에 없을 때 일어날 수도 있다. 제때 집으로 가서 반려동물을 피난시키지 못할 때를 대비해 반려동물을 키우는 믿을 만한 이웃과 여분의 집 열쇠를 교환하고 재해 대비 계획을 같이 세우면 위기 상황에서 서로의 반려동물을 챙겨줄 수 있다.

구조대나 소방관에게 집 안에 반려동물이 있음을 알리는 표지판을 문이나 창에 붙여두는 것도 좋다.

재해 때문에 대피할 때 고양이 가족이 가져가야 할 물품 목록

- 구급상자와 현재 복용 중인 약
- 깡통따개와 숟가락
- 쓰레기봉투
- 손 소독제
- 이동장
- 손전등과 여분 건전지
- 고양이의 의료 기록과 최근에 찍은 사진
- 2주일 분량의 음식과 물
- 1회용 또는 소형 화장실, 모래, 삽
- 브러시와 빗
- 휴지·물티슈
- 비상용 현금
- 건전지로 작동하는 라디오
- 담요·침구

부록

의료 정보

내부 질환 및 외부 질환

여기에서는 고양이가 잘 걸리는 여러 가지 질환에 대한 정보를 수록했다. 흔한 질환도 있고 드문 질환도 있지만, 보호자가 지식을 갖고 평소 고양이를 잘 살핀다면 조기에 증상을 알아차리고 빨리 진단받게 해 고양이의 고통을 조금이라도 덜어줄 수 있을 것이다. 증상은 사소할 수도 있지만 고양이의 목숨을 좌우할 만큼 심각할 수도 있다. 고양이가 평소에 어떻게 행동하고, 느끼고, 소리를 내는지 잘 알아둔다면 '왠지 평소 같지 않은 때'를 쉽게 알아차릴 수 있다. 보호자의 이런 육감이 고양이의 목숨을 구할 수 있다.

내부 기생충

촌충Tapeworms

촌충은 유충 상태에서는 중간 숙주에 기생하다가 고양이의 체내에 들어가 성체가 된다. 촌충의 중간 숙주로 가장 흔한 것은 벼룩이다. 고양이는 열심히 털을 그루밍하기 때문에 촌충 유충을 보유한 벼룩이 체내로 들어가기가 쉽다. 고양이가 생고기를 먹거나 익히지 않은 민물고기를 먹을 때도 촌충 유충이 몸속에 들어갈 수 있다. 실외 생활을 하며 사냥을 자주 하는 고양이 역시 사냥감을 먹을 때 촌충 유충도 함께 삼킨다. 촌충은 창자 벽에 붙어서 살아간다.

촌충은 몸이 수십 개의 편절로 이루어졌으며, 편절 하나하나가 알을 품고 있다. 때가 되면 이 편절들이 서로 떨어져나가 고양이의 대변을 통해 몸 밖으로 나간다. 촌충에 감염된 고양이는 항문 부위가 간지럽기 때문에 바닥에 엉덩이를 질질 끌거나 항문을 자주 핥는다. 촌충 편절(흰 쌀알처럼 보임)을 발견하면 수의사와 상담해 촌충용 구충제를 처방받는다. 촌충이 있는 고양이는 벼룩도 있을 확률이 아주 높다. 그러니 촌충 재감염을 막으려면 촌충용 구충제 복용과 함께 벼룩 퇴치도 해야 한다.

회충Roundworms

새끼고양이에게 흔한 내부 기생충으로(성묘에게서 발견되는 경우는 드물다), 주로 어미의 젖을 빨 때 유충에 감염된다. 회충이 있는 새끼고양이는 배가 유난히 볼록한 데 비해 다른 부위는 말라 보인다. 회충은 10~15센티미터 길이까지 자라며 국수처럼 생겼다. 고양이의 위와 창자에 기생하고, 대변이나 구토물에 섞여 나오기도 한다. 회충이 있으면 체중이 감소하고 설사나 구토를 자주 하며, 배가 뽈록해지고 무기력해하며 기침을 많이 한다(회충이 고양이의 폐에 들어가면 기침을 하게 된다). 회충 전문 구충제는 성충과 유충을 죽인다. 구충제를 먹이고 난 다음 다시 동물병원을 방문하면 수의사가 대변 검사를 통해 회충의 성충과 유충이 모두 죽었는지 확인한다. 길고양이를 입양했다면 각종 질병 검사와 백신 접종 외에 기생충 검사도 해야 한다.

갈고리충Hookworms

창자 벽에 붙어 기생하는 아주 가느다란 기생충으로, 유충이 들어 있는 흙이나 배설물에 접촉하면 감염된다. 고양이 몸속에 기생하다 배설물과 함께 몸 밖에 나온 갈고리충이 흙이나 화장실 모래에 섞여 있다가 다른 고양이가 그 흙이나 모래를 밟으면 발에 묻어서 감염되는 것이다. 어미가 감염된 경우 젖을 통해 새끼고양이에게도 전파되는데, 새끼고양이는 갈고리충에 감염되면 목숨을 잃을 수도 있다. 하지만 어미가 감염되었더라도 자궁 내에서는 새끼에게 전파되지 않는다. 갈고리충에 감염된 고양이는 설사, 변비, 체중 감소, 쇠약 증상을 보이고 코와 입술이 창백해진다. 갈고리충이 창자에 기생하며 피를 빨기 때문에 빈혈을 일으키기도 한다.

심장사상충Heartworm

심장사상충은 개에게 더 흔한 기생충이다. 고양이에게는 개만큼 흔하지 않지만 그래도 감염되지 않도록 조심해야 한다. 심장사상충의 유충은 모기가 퍼뜨린다. 모기가 고양이를 물면 모기의 침에서 유충이 나와 고양이 몸속으로 들어간다. 유충이 자라나 성체가 되면 순환계를 타고 돌아다니다 심장이나 폐에 안착한다. 고양이는 몸집이 작으므로 심장사상충이 몇 마리만 있어도 생명이 위험할 수 있다. 심장사상충에 감염되면 구토와 기침이 심해지고, 감염이 진행되면 호흡이 곤란해진다.

혈액 검사, 소변 검사, 엑스레이, 심전도 검사(ECG)로 감염 여부를 진단할 수 있다. 성체가 된 심장사상충을 죽이는 약은 없기 때문에 무엇보다 예방이 중요하다(성체가 된 심장사상충을 죽이려면 수술하는 방법밖에 없다). 고양이가 외출고양이고 여름철에 모기가 많아 심장사상충에 감염될 위험이 높은 지역에 산다면 예방약을 투여하는 것이 좋다. 따뜻한 지역에 사는 고양이는 1년 내내 심장사상충 예방약을 투여해야 할 수도 있다. 추운 지역이라면 모기가 기승을 부리는 계절이 오기 직전에 예방약을 투여하고 그 계절이 완전히 끝날 때까지 계속 투여한다. 1년 내내 예방약을 투여해야 할지 여부는 수의사가 판단할 것이다.

톡소플라스마증Toxoplasmosis

톡소플라스마증을 일으키는 톡소플라스마 곤디이(Toxoplasma gondii)라는 원생 기생충은 고양이가 이 기생충에 감염된 사냥감을 먹거나 기생충이 있는 땅을 밟은 발을 그루밍할 경우 고양이 몸속으로 들어간다. 사람은 이 기생충으로 오염된 생고기나 요리하지 않은 고기를 먹을 경우 그리고 생고기와 채소를 같은 도마에서 다듬을 경우 톡소플라스마증에 걸릴 확률이 높아진다.

고양이가 톡소플라스마증에 걸리면 열이 나고, 입맛을 잃으며, 호흡이 거칠어지고, 구토, 체중 감소, 기침, 무력감, 설사, 림프절 확장 등의 증상이 나타난다. 고양이는 톡소플라스마 곤디이를 옮기면서 자신은 무증상인 보균자가 되기도 한다. 무증상 보균자인 고양이는 이런 증상이 없지만 배설물을 통해 다른 고양이에게 기생충을 전파할 수 있다.

톡소플라스마증 검사는 고양이가 기생충에 노출된 적이 있는지 여부를 알려준다. 톡소플라스마 곤디이의 알 포자, 즉 접합자낭이 배설물에 있다면 그 고양이가 기생충을 퍼뜨리고 있다는 의미이다. 배설물에 섞여 나온 접합자낭은 48시간이 경과해야 다른 고양이를 감염시킬 수 있는 상태가 된다. 따라서 고양이가 화장실에 배설을 하자마자 바로 치워버리면 감염 위험을 크게 줄일 수 있다. 톡소플라스마증은 사람의 태아가 감염되면 선천적 장애를 유발할 수 있으므로 임신한 여성은 주의가 필요하다. 임신을 했거나 임신인 것 같다면 가족 중 다른 사람이 고양이 화장실 청소를 도맡아야 한다. 화장실을 치워야 한다면 반드시 1회용 장갑을 끼고, 청소 직후에 손을 깨끗이 씻는다.

외출고양이가 이 기생충에 노출된 적 없으며 면역도 없다면, 임신 기간 동안에는 바깥에 내보내지 않도록 한다(그리고 가능하면 그 이후에도 실내고양이로 키우는 것이 좋다). 톡소플라스마증은 항생 요법으로 치료한다. 심한 경우에는 고양이를 입원시켜 정맥 주사 요법으로 치료해야 한다.

톡소플라스마증 예방을 위한 몇 가지 방법

- 파리를 보는 족족 없앤다. 파리가 톡소플라스마 곤디이가 들어 있는 배설물에 앉았다가 음식에 내려앉으면서 알 포자를 옮기기 때문이다.

- 생고기나 익히지 않은 고기를 먹지 않는다.
- 생고기를 다듬은 도마는 반드시 씻은 후 사용한다.
- 요리가 끝난 후 도마는 표백제와 소독제로 표면을 말끔히 씻는다.
- 손을 자주 씻는다. 생고기를 다듬은 직후, 고양이 화장실을 치운 직후, 정원 손질을 한 직후에 반드시 손을 씻어야 한다. 자녀에게도 손 씻기의 중요성을 가르친다.
- 모래 화장실의 배설물은 즉시 치운다. 최소한 하루에 두 번 모래를 걸러서 배설물을 철저히 골라내고, 화장실 상자는 일주일에 한 번 소독한다(모래 화장실 청소 방법은 10장에서 자세히 다루었다).
- 뒷마당에 아이들이 노는 모래 놀이통을 설치했다면, 쓰지 않을 때는 뚜껑을 덮어둔다. 또한 자녀들에게 동네에 설치된 공공 모래 놀이통이나 놀이터 모래밭에서 놀지 말 것을 당부한다. 이런 곳은 길고양이들의 화장실이다.
- 정원에서 가꾼 채소를 먹을 때는 철저히 씻는다. 동네 길고양이나 외출고양이들이 정원을 화장실로 이용하는 경우가 많다.
- 임신한 여성, 면역력이 저하된 여성은 모래 화장실에 손을 대지 말아야 한다. 어쩔 수 없이 모래 화장실을 청소해야 한다면 1회용 장갑과 마스크를 반드시 착용한다.
- 정원 관리 등 마당에서 일을 할 때는 항상 장갑을 낀다.
- 고양이를 외출고양이로 키우지 않는다. 밖에서 다른 고양이와 접촉하거나 땅을 파다가 감염되기 십상이다.

콕시듐Coccidia

전염성이 강한 콕시듐은 창자에 기생한다. 주로 새끼고양이에게 기생하지만 성묘도 감염될 수 있는데, 콕시듐에 감염된 배설물에 접촉하여 전파된다. 콕시듐에 감염된 고양이는 체중 감소, 탈수, 구토, 점액이 덮인 설사 등의 증상이 나타나고, 더 진행되면 설사에 피가 섞이기도 한다. 치료하지 않으면 온몸에 열이 나고 탈수가 심해진다.

영양이 부족하거나, 한 집에 고양이가 너무 많거나, 환경이 비위생적이어서 스트레스가 쌓이면 콕시듐증에 대한 저항력이 약해진다. 고양이는 자기 배설물과 접촉하여 콕시듐증에 걸리기도 하므로 화장실을 청결하게 유지하는 것이 중요하다. 콕시듐증은 대변 표본을 현미경으로 검사하여 진단한다.

콕시듐증은 술파제(화학 요법제의 일종 - 편집자주)를 함유한 약물로 치료한다. 탈수 때문에 위험한 상황까지 가지 않으려면 콕시듐증 치료와 함께 설사도 치료해야 한다. 외래 치료로도 충분하지만 간혹 탈수가 아주 심하거나 몸이 쇠약해졌다면 입원시킬 필요가 있다. 치료가 끝난 후 다시 한 번 대변 검사를 통해 기생충이 말끔히 사라졌는지 확인한다.

편모충Giardia

고양이의 창자에 기생하는 원생 기생충. 포낭 형태로 고양이의 배설물에 섞여 몸 밖으로 나온 다음 그 배설물과 접촉하는 동물에게 옮겨간다. 배설물을 먹을 때는 물론이고 배설물로 더럽혀진 물을 마시는 경우에도 감염된다.

편모충에 감염되면 딱히 눈에 띄는 증상이 없어도 배설물을 통해 다른 고양이에게 편모충을 전파할 수 있다. 편모충증에 걸리면 노란 설사를 한다. 대변을 현미경으로 검사해 편모충증을 진단한 다음 항생제를 투여해 치료한다.

피부 질환

피부와 털에 문제가 생겼을 때 나타나는 증상

- 심하게 긁는다.
- 혹이 있다.
- 피부에서 악취가 난다.
- 피부색이 변한다.
- 비듬이 있다.
- 병변이 보인다.
- 피부가 벗겨지고 딱지가 앉는다.
- 염증이 나거나 여드름이나 고름집이 생긴다.
- 발진이 있다.
- 벌레처럼 생긴 것이 피부나 털에 붙어 있다.
- 털결에 검은색 또는 흰색 반점이 있다.
- 털이 엉키거나 뭉텅이로 빠지거나 갈라진다.

고양이의 피부는 몹시 예민하기 때문에 사람의 피부보다 알레르기 반응이나 상처가 쉽게 생긴다. 피부 질환은 흔히 생길 수 있는데, 시일이 지나 털이 뭉텅이로 빠지거나 고양이가 과도하게 그루밍을 한 후에야 보호자가 알아차리게 되는 경우도 적지 않다. 피부 질환의 원인은 기생충, 알레르기, 스트레스, 영양 불균형, 박테리아 감염, 상처, 화상, 화학약품에의 노출, 극단적인 기온, 종양 등 무수히 많다.

피부는 고양이의 신체에서 가장 큰 장기이다. 보호자가 정기적으로 털과 몸을 손질해 주고, 벼룩 같은 기생충을 없애고, 이상이 있는지 자주 살피면 고양이가 건강한 피부를 유지하는 데 도움이 된다.

외부 기생충

벼룩과 진드기 Fleas and Ticks

이에 대해서는 7장에서 자세히 다루었다.

이Lice

이는 고양이에게는 드문 기생충이다. 영양실조 상태에 몸이 약하고 비위생적인 환경에서 살아가는 고양이에게서 가끔 보인다. 이는 날개가 없고 반투명하다. '서캐'라고 하는 이의 알은 고양이의 털에 붙어 있는데, 비듬과 비슷하게 보이지만 빗질을 해도 잘 떨어지지 않는다. 하얀 모래알처럼 보이기도 한다.

고양이의 털이 엉켜 있으면 잘라내야 한다. 보통 엉킨 털 아래에 이가 숨어 있기 때문이다. 또한 귀, 머리, 목, 생식기 주변에서도 곧잘 발견된다. 이를 없애려면 고양이를 목욕시킨 다음 이 박멸용 살충제를 바른다. 이가 있는 고양이는 몸이 몹시 약한 경우가 태반이기 때문에 어떤 치료약이 적절할지 신중하게 결정해야 한다. 수의사의 판단에 맡기는 것이 가장 좋다. 고양이의 몸뿐 아니라 주거 환경에서도 이를 없애야 한다. 구석구석 진공청소기로 청소하고, 반려동물이 쓰는 침구는 모두 세탁하고, 이가 있는 고양이가 거쳐간 모든 장소를 철저히 청소한다.

구더기와 파리Maggots and Flies

말파리botfly는 풀숲에 알을 낳고, 알에서 태어난 구더기는 고양이의 털에 달라붙은 다음 눈, 코 같은 신체 구멍을 통해 피부 아래쪽에 도달한다. 이때 나타나는 증상으로는 피부 아래가 혹이 있는 것처럼 볼록하게 솟고(혹에는 구더기가 숨을 쉬기 위한 작은 구멍이 뚫려 있다), 눈에 병변이 생기기도 한다(구더기가 눈에 들어가기 때문이다). 또 기침, 열, 호흡 곤란, 시력 상실, 현기증 등의 증상도 나타난다.

동물병원에 데려가면 기생충 제거용 약물 투여, 감염 부위 털 깎기, 그리고 구더기가 숨은 혹이 보일 경우 구더기를 제거하고 감염 부위를 세정하는 방법으로 치료를 한다. 파리 성체는 설치류나 토끼의 굴 부근의 풀숲에 알을 낳는다. 고양이가 이런 곳을 지나다가 털에 알이 묻어 숙주가 되는 경우가 많다. 새끼고양이는 어미의 털과 접촉하면서 감염된다. 감염을 예방하려면 달마다 심장사상충, 벼룩, 진드기 예방을 철저히 해야 한다.

진드기Mites

거미와 모양이 비슷하지만 크기는 현미경으로 봐야 할 정도로 작으며 고양이의 피부에 기생한다. 진드기의 종류는 다양하다. 따라서 이들이 일으키는 피부병도 털이 부분적으로 뭉텅 빠지는 증상에서부터 2차 감염으로 이어지는 상처까지 여러 가지가 있다.

모낭충Demodectic Mange 고양이보다는 개에게서 흔히 발견된다. 모낭충은 동물의 피부에 기생하며 기생하는 부위에 피부염을 일으킨다. 특히 머리, 눈꺼풀 위, 귀, 목 부위의 피부에서 털이 동그랗게 빠지거나 고름이 차는 증상을 보인다. 털 곳곳에서 숱이 줄거나 털이 빠지는 것은 도랑이 진드기가 일으키는 전신성 모낭충증일 수 있다. 전신성 모낭충증이 있는 고양이는 고양이 백혈병, 당뇨병, 만성 호흡기 감염 등으로 면역력이 약해져 있는 경우가 많다.

피부 표면을 살짝 긁어 현미경으로 검사하면 모낭충증 여부를 진단할 수 있다. 해당 부위에 약을 발라 치료하며 수의사가 항박테리아 샴푸를 처방해 주기도 한다.

전신성 모낭충증은 처방 샴푸로 여러 번 목욕시키고 진드기 제거 용액을 바르는 것 외에도, 겉으로 드러나지 않는 병을 찾아 치료하는 것이 중요하다. 약 3주간 치료하고 난 후 다시 피부 표면을 긁어 표본 검사를 해 진드기를 박멸했는지 확인한다.

발톱진드기Cheyletiella Mang 이 진드기('걸어다니는 비듬'이라고도 함)가 붙으면 고양이의 피부에 비듬과 비슷하게 생긴 비늘이 뒤덮인다. 그 외에도 털이 빠지고, 고양이가 자주 그루밍을 하고, 자주 긁고, 피부에 병변이 생긴다. 고양이에게 흔하지는 않지만 전염성이 아주 강하며 인간에게 옮을 수도 있다.

피부 표본을 채취해 검사·진단하며, 고양이가 그루밍을 하면서 진드기를 삼키기 때문에 대변 표본을 현미경으로 관찰해 진단하기도 한다.

살충제 린스로 털을 여러 번 씻어내어 치료하며, 경구용 약을 처방받기도 한다. 완전히 치료하려면 2주일 정도 걸린다. 같이 사는 반려동물도 치료받아야 하며, 고양이가 쓰는 침구, 빗, 브러시 등도 소독해야 한다.

귀진드기Ear Mites 고양이에게 흔한 진드기로 '귀 질환'에서 상세히 다루고 있다.

피부 알레르기Skin Allergies

알레르기 반응은 '과민증'이라고도 하는데 여러 요인이 있다. 폐에 꽃가루나 먼지 같은 특정 물질이 들어가면 생길 수 있으며, 벼룩 퇴치 샴푸나 스프레이 같이 피부를 통해 스며든 물질이 알레르기를 일으키기도 한다. 곤충에게 물리거나 쏘여도 생길 수 있고, 특정 약품이나 백신이 알레르기 반응을 일으키기도 한다. 소화기관에서 과민성 반응을 유발하는 식품을 먹었을 때에는 식품 알레르기가 생긴다. 고양이는 사람에 비해 피부 및 소화기관 알레르기가 많다.

벼룩에게 물리면 생기는 과민증Flea-Bite Hypersensitivity

고양이에게 가장 흔한 과민증이다. 딱 한 마리에게 물려도 심하게 가렵고, 물린 부위의 털이 빠져 맨살이 드러나며, 심지어 감염될 수도 있다. 벼룩에게 물려 과민증을 겪은 고양이는 벼룩의 침에 들어 있는 알레르기 유발 항원에 알레르기 반응을 보이게 된다. 나중에 다시 벼룩에 물려 벼룩의 침이 소량 피부를 통해 몸속으로 들어가면 감염 치료를 위해 항생제를 투여 받아야 할 수도 있다.

코르티손을 경구나 주사로 투여하여 가려움증을 완화하고 염증을 가라앉히기도 한다. 알레르기 치료제인 항히스타민제를 처방받기도 있다. 고양이가 벼룩에게 물려 알레르기 피부염이 생겼다면 몸에 벼룩 퇴치제를 발라주는 것이 좋다. 가장 효과적인 치료법은 예방으로, 부지런히 벼룩을 퇴치하고 집 안의 모든 고양이와 개에게 적절한 벼룩 퇴치제를 발라주는 일을 잊지 않는 것이다.

접촉성 과민증 Contact Hypersensitivity

알레르기 반응을 일으키는 물질이나 화학제품에 직접 닿아서 생긴다. 고양이의 경우 플라스틱 밥그릇이 원인이 되기도 한다. 고양이에게 접촉성 과민증이 가장 많이 나타나는 부위는 복부, 귀, 코, 턱, 발 볼록살 등 털이 별로 없는 곳이다. 털이 빠지고, 피부에 염증이 생기고, 가렵고, 자그마한 혹이 생기는 것이 접촉성 과민증의 증상이다. 샴푸, 스프레이, 가루 형태 등 벼룩 퇴치용 제품이 피부에 알레르기 반응을 일으키기도 한다. 벼룩 퇴치용 목걸이를 걸어주었을 경우 목걸이의 살충제 성분 때문에 목을 빙 둘러서 피부에 알레르기 반응이 나타나기도 한다.

알레르기 유발 항원을 확인하여 되도록 노출되지 않게 해야 하며, 유발 항원이 남아 있다면 목욕을 시켜야 한다. 코르티코스테로이드(corticosteroid)를 먹이거나 해당 부위에 발라주면 가려움증을 가라앉힐 수 있지만, 알레르기 유발 항원에 되도록, 아니면 아예 노출시키지 않는 것이 가장 좋다.

흡입성 알레르기 Inhalant Allergy

집 먼지, 꽃가루, 동물의 비듬, 곰팡이 포자와 같은 알레르기 유발 항원을 흡입했을 때 나타난다. 알레르기 유발 항원의 종류에 따라 특정 계절에만 나타나기도 하며 증상도 매우 다양하다. 피부염, 얼굴과 목 주변의 가려움증, 털 빠짐 등이 대표적 증상이다. 피내 테스트(intradermal skin test)로 알레르기를 진단한다. 가장 좋은 치료법은 당연히 알레르기 유발 항원을 없애는 것이다. 항히스타민제나 코르티코스스테로이드를 처방해 치료하기도 한다. 치료 효과 여부를 확인하기 위해 몇 주에 한 번씩 동물병원에 가서 점검을 받게 된다.

식품 알레르기Food Hypersensitivity

고양이는 몇 년 동안 먹어왔던 식품에도 어느 날 갑자기 알레르기 반응을 보일 수 있다. 쇠고기, 돼지고기, 유제품, 생선, 밀, 옥수수가 흔한 식품 알레르기 유발 항원이다. 식품 과민증이 나타나면 머리 주변이 가렵고 발진이 나며, 털이 빠지고, 너무 많이 긁다가 피부에 염증이 생기기도 한다. 구토와 설사를 하고, 위장에서 소리가 나며, 배에 가스가 차는 등 위와 창자에 문제가 생기는 것도 흔한 식품 알레르기 반응이다.

식품 알레르기를 치료하기 위해서는 오랫동안 저자극성 식단을 주며 관리해야 한다. 물론 식품 알레르기 유발 항원이 들어 있는 간식도 금물이다.

곰팡이 감염

백선Ringworm

백선은 영어로 '링웜(ringworm)'이지만, 이름과 달리 고리 모양의 벌레가 아니라 곰팡이에 의한 전염성 피부병이다. 고양이에게 가장 흔히 볼 수 있는 피부병 중 하나로 모낭에 침투한다. '링웜'이란 이름은 피부 병변의 모양에서 따왔다. 털이 분리되어 떨어져 나가면서 둥그렇게 드러난 맨살에 비늘 같은 것이 덮이면서 가장자리를 붉은색 고리가 감싸기 때문이다. 털이 빠진 맨살 부분이 딱딱해지기 때문에 마치 톱으로 잘라낸 나무 그루터기처럼 보이기도 한다. 어느 부위에나 생길 수 있지만 주로 귀, 얼굴, 꼬리에 많이 나타난다.

백선은 곰팡이가 들어 있는 흙이나 백선에 감염된 동물과 접촉하면서 옮는다. 또는 감염된 동물의 털이 묻으면서 전염되므로, 침구, 이동장, 털 손질 도구를 같이 쓰거나 감염된 동물이 갔던 곳에 가면 옮기도 한다. 백선은 전염성이 무척 강하고 인간에게도 전파된다. 백선을 일으키는 곰팡이의 포자는 동물의 몸에서 떨어져 나와도 1년 이상 생존 가능하다. 건강한 면역 체계를 가진 성묘는 대개 어느 정도 백선에 저항력이 있지만 새끼고양이나 면역 체계가 약한 성묘는 쉽게 걸린다.

백선은 곰팡이를 배양한 다음 현미경으로 검사하여 진단한다. 치료약으로는 항진균제를 쓴다. 백선 전파를 막으려면 환경을 잘 관리해야 한다. 쓰던 침구는 버리거나 표백제로 세척하고, 털 손질 도구와 이동장은 철저히 소독한다. 백선이 발견된 직후에는 집 전체를 1주일에 두 번 진공청소기로 구석구석 청소해야 감염된 털을 없앨 수 있다. 백선에 걸린 고양이가 갔던 곳은 모조리 청소하고, 고양이 화장실, 조리대 위, 바닥 등은 희석한 표백제로 깨끗이 닦는다.

박테리아 감염

종기(농양)Abscesses

종기는 피부가 감염되어 생긴 고름이 찬 혹이다. 고양이끼리 싸우다가 물리거나 긁힌 자리에 아주 흔하게 발생한다. 외출고양이인 데다 수컷이라면 어느 순간엔가 종기가 생겨 있을 것이다.

고양이의 입 속에는 온갖 나쁜 박테리아가 우글거린다. 고양이들끼리 싸우다가 날카로운 이빨이나 발톱에 몸이 찔리면 피부 표면은 빨리 아물지만 피부 아래쪽에는 박테리아가 남는다. 외출고양이가 한바탕 싸우고 집에 돌아와도 보호자는 그 사실을 모르는 경우가 많다. 찔린 상처가 작은 데다 털에 가려 보이지 않기 때문이다. 고양이의 몸에 고통스러운 혹이 솟거나 피부 표면이 달아오를 즈음에서야 사태를 알아차리게 된다. 이때쯤에는 고양이가 기운을 못 차리고 절뚝거리기도 한다. 종기가 터져서 허옇거나 불그스레한 고름이 흘러내리며 악취가 나기도 한다.

종기는 몸 어디에나 날 수 있지만 주로 얼굴, 목, 다리, 꼬리 밑동에 생긴다.

얼굴, 목, 다리는 싸울 때 상대가 주로 노리는 표적이기 때문이다. 꼬리 밑동은 수세에 몰린 희생자가 후퇴할 때 공격자의 발톱이나 이빨이 들이박히는 곳이다.

고름이 빠져나오지 않은 종기의 경우 수의사가 항생제를 처방할 뿐 아니라 종기를 절개하여 고름을 빼낸다. 수술로 배액관을 삽입하여 종기가 흘러나오게 해야 할 때도 있다. 이 경우 상처 부위는 주기적으로 소독약으로 씻어내 막히지 않도록 청결하게 유지해야 한다. 상처가 막히지 않아야 피부 깊숙이까지 치료가 되어 상처가 아문 후에도 박테리아 때문에 또다시 종기가 생기는 일이 발생하지 않는다. 배액관은 나중에 수의사가 빼낸다(성질 급한 고양이가 직접 빼내기도 한다).

중성화 수술을 시키면 절대 싸우지 않는다는 보장은 못 하더라도 빈도는 확실히 줄어든다. 중성화 수술을 하면 돌아다니고 싶은 욕구가 줄어들기 때문에 다른 수컷 고양이를 만날 일이 적어진다.

고양이에게 찔린 상처가 있거나, 혹이 만져지거나, 피부가 붉고 유난히 뜨끈뜨끈한 부위가 있다면 당장 동물병원으로 데려가자. 다른 고양이와 싸워서 생긴 상처는 빨리 치료할수록 좋다. 그래야 고양이가 큰 고통을 겪지 않아도 되고 회복도 빨라진다.

고양이 몸을 매일 살펴서 상처가 있는지 확인한다. 고양이들은 대개 광적이다시피 그루밍을 하지만, 녀석이 유난히 한 부위를 맹렬하게 계속 핥는다면 싸움에서 입은 상처 때문일 수 있다. 또한 평소 다정하던 녀석이 특정 부위를 만지면 울거나 불안해한다면 상처가 있는지 확인해 본다.

고양이 여드름Feline Acne

고양이는 꽤 자주 턱 아래에 조그마한 블랙헤드, 딱딱한 껍질, 또는 뾰루지 같은 여드름이 생긴다. 심해지면 뾰루지에서 고름이 나오고 턱과 아랫입술이 붓는다. 턱을 그루밍할 수가 없어 이 부위에 먼지와 기름이 축적되면서 모낭이 막혀 여드름이 생기는 것이다. 또 플라스틱 밥그릇이 원인이 되기도 하는데, 플라스틱은 도자기, 유리, 또는 스테인리스 스틸에 비해 깨끗하게 관리하기가 힘들기 때문이다. 딱딱한 바닥에서 자는 것도 고양이 여드름의 원인이다.

블랙헤드만 있는 경미한 여드름은 약용 샴푸로 문지르고 따뜻한 물에 적신 천으로 닦아내는 정도로도 치료된다. 이때 박박 문지르면 증상이 악화될 수 있으므로 조심한다. 동물병원에서 항생제를 처방받을 수도 있다. 여드름이 자꾸 재발하면 주기적으로 턱 부분을 닦아주자.

꼬리샘증후군Stud Tail

꼬리의 피지 분비샘에서 피지가 과다하게 분비되는 것이 원인이며, 주로 중성화 수술을 하지 않은 수고양이에게서 나타난다. 이 피부병에 걸리면 꼬리가 지저분하고 기름투성이인 것처럼 보이며 악취도 난다. 가까이에서 들여다보면 꼬리 밑동의 피부가 갈색 밀랍 같은 찌꺼기로 덮여 있고, 먼지와 흙이 기름낀 털에 잔뜩 달라붙기도 한다. 심한 경우 모낭에 염증이 생겨서 고양이가 통증을 느끼기도 한다. 동물병원에서 처방받은 약용 샴푸로 꼬리를 정기적으로 씻어 치료하며, 염증이 심하면 항생제를 투여하거나 수술을 해야 할 수도 있다. 중성화 수술을 하는 것도 한 방법이다.

모낭염Folliculitis

모낭에 염증이 생기는 질환으로 뚜렷한 원인이 없거나 고양이 여드름 또는 벼룩에 물리며 생긴 과민증 등 다른 질환 때문에 생긴다. 모낭염이 좀 더 심해지면 '종기증'으로 발전하기도 한다. 깨끗하게 부위의 병변을 씻기고 항생제를 발라 치료한다.

농가진Impetigo

갓 태어난 새끼고양이에게 나타나며, 피부에 고름집이나 딱딱한 껍질 같은 것이 생긴다. 어미가 새끼를 입으로 물고 이리저리 옮기면서 생기는 듯하다. 약 1주일 정도 항생제로 치료한다.

탈모Alopecia

고양이의 탈모는 몸 일부 또는 전체에 나타날 수 있으며, 원인은 아주 다양하다. 그루밍을 과도하게 하는 것도 한 원인으로, 고양이가 극심한 스트레스를 그루밍으로 해소하려 하면서 발생한다(이를 심인성 탈모라 한다). 벼룩이나 그 외 기생충에 대한 과민증 반응, 감염, 영양 부족도 탈모의 원인이 된다.

'고양이 대칭성 탈모(Feline symmetrical alopecia)'는 탈모 부위가 몸 양쪽에 대칭으로 나타나기 때문에 붙은 이름으로, 복부, 옆구리, 허벅지에 주로 발생한다. 식품 알레르기, 기생충, 곰팡이 감염, 박테리아 감염 등이 원인이며, 갑상선 기능 항진증도 주요 원인으로 작용한다. 실제로 갑상선 기능이 과도하다는 첫 번째 징후 중 하나가 털이 빠져서 맨살이 드러나는 것이다.

탈모 진단을 하려면 알레르기, 감염, 기생충, 갑상선 문제 등 여러 가지 원인을 배제하기 위해 다양한 검사를 거쳐야 한다. 과도한 그루밍 때문인지를 파악하기 위해 털을 정밀 검사하기도 한다(이 경우 털이 중간에서 끊겨 있다). 기생충을 원인에서 배제하려면 신체검사도 해야 한다.

탈모 치료는 근본 원인에 따라 방법이 달라진다. 심인성 탈모라면 행동 요법과 항불안제 투여를 병행해야 효과를 볼 수 있다.

잠식성 궤양

모든 연령대의 고양이에서 발병할 수 있으며, 주로 윗입술에 나타나는데 아랫입술에 생기기도 한다. 병변에 두툼한 궤양이 발생하지만 가려움이나 통증이 없을 수도 있다. 처음에는 광택이 있는 분홍빛이었다가 차츰 색이 짙어지며 궤양이 된다. 치료하지 않으면 암으로 발전할 가능성도 있다.

증상이 보이면 즉시 치료받아야 한다. 일찍 발견했을 경우 코르티손과 항생제를 투여해 치료한다. 코르티손이 듣지 않는 단계까지 발전했다면 수술을 해야 할 수도 있다. 잠식성 궤양의 원인은 아직 정확히 밝혀지지 않았으나 알레르기와 연관이 있는 것으로 보인다.

일광성 피부염

자외선에 반복해서 노출되는 바람에 피부에 만성 염증이 생기는 질환으로, 흰 고양이에게 발생한다. 피부가 빨갛게 되거나, 피부에 비늘과 딱딱한 껍질이 생기거나, 귓바퀴 부분에 병변이 생긴다. 치료하지 않으면 암으로 발전하기도 한다.

치료법은 증상에 따라 다르다. 증상이 가벼우면 약물로 치료하지만 심각하면 수술해야 할 수도 있다. 귓바퀴가 손상을 입었다면 수술을 해야 한다.

햇살이 가장 강한 시간에는 고양이를 실외에 내보내지 않는 것이 자외선을 피하는 가장 좋은 방법이다. 귀와 같이 햇빛에 노출되는 부위에 자외선차단 크림을 바르는 방법도 있다. 고양이에게 자외선차단 크림을 발라주려면 먼저 수의사와 상의하여 사용하려는 크림이 고양이가 삼켜도 안전한 것인지 확인한다.

낭포(물혹), 종양, 혹

고양이의 몸에 어떤 종류든 혹이 생기면 당장 동물병원으로 데려가야 한다. 고양이가 아파하지 않는다고 해서 그 혹이 양성, 즉 암이 아니라고 생각해 버리면 안 된다. 종양은 머리에서부터 발가락 사이까지, 고양이의 몸 어느 부위에서도 자라날 수 있다. 악성 종양에 대해서는 '암' 부분에서 자세히 다루고 있다.

호흡기 계통 질환

호흡기 이상을 나타내는 징후

- 기침이나 재채기
- 가쁘게 숨을 쉬거나 할딱거림
- 입을 벌리고 숨을 쉼
- 과도하게 야옹거리거나 울부짖음
- 쌕쌕거리거나 소리 내어 호흡하거나 가래가 끼인 듯 호흡함
- 숨을 얕게 쉼
- 눈이나 코에서 진물이 나옴

- 잇몸이 창백하거나 푸른빛을 띰
- 머리를 쭉 빼고 있음
- 열이 남
- 입맛을 잃음
- 목소리가 나오지 않음
- 등을 잔뜩 구부림
- 헛구역질을 함
- 맥박이 빨라짐

고양이에게 나타나는 상기도 감염은 인간이 걸리는 가벼운 감기 비슷한 증상에서부터 생명이 위험한 수준까지 천차만별이다. 하지만 초기에 나타나는 증상은 재채기, 콧물, 눈에서 진물이 나는 것 등 서로 아주 비슷하므로 대수롭지 않게 넘겼다가 동물병원으로 달려갈 시기를 놓치는 경우가 많다. 상기도 감염이 의심되면 좀 더 상태를 두고 보자고 생각하지 않는 편이 좋다.

천식Asthma

만성 천식이 있는 고양이는 숨을 쉴 때 쌕쌕거리며 마른기침을 자주 한다. 목이 졸리는 듯한 소리를 내기도 한다. 이럴 때 보호자는 고양이가 헤어볼을 토하려는 것이라고 착각하기 일쑤다. 하지만 천식이 있는 고양이로서는 목을 길게 빼고 앉아 공기를 많이 들이마시려고 애쓰는 것이다. 급성 천식인 경우에는 산소를 들이켜려고 기를 쓰다가 호흡장애가 오기도 한다.

천식은 먼지, 꽃가루, 풀, 화장실 모래 먼지, 담배 연기, 벼룩 퇴치용 스프레이, 향수, 청소용 스프레이와 탈취제, 방향제에 노출되면 악화될 수 있다.

천식은 즉시 동물병원으로 달려가야 할 질환이다. 기관지 확장제와 함께 산소 요법을 사용하기도 한다. 급성 천식은 고양이에게도 몹시 두려운 상황이므로 스트레스 수준이 올라간다. 그러니 고양이를 동물병원으로 데려갈 때는 최대한 편안하게 해주고, 되도록 몸을 구속하지 않는다. 천식 발작이 왔을 때 스트레스가 더해지면 고양이가 죽을 수도 있다.

만성 천식을 치료하려면 약을 처방받고, 천식을 자극하는 물질을 피해야 한다. 먼지가 날리지 않는 모래를 쓰고, 집 안에서 청소용 스프레이, 헤어스프레이, 방향제, 그 외 알레르기 유발 항원을 사용하지 않는 것이 상책이다. 담배 연기 역시 피해야 할 물질이므로 보호자가 집 안에서 담배를 피운다면 고양이의 천식을 악화시키고 있는 것이다. 고양이가 만성 천식 진단을 받았다면 평생 관리가 필요하다.

상기도 감염Upper Respiratory Infection

흔히 다른 고양이와의 접촉을 통해 감염된다. 결막염이 생기거나, 재채기를 하거나, 코와 눈에서 진물이 나오면 상기도 감염을 의심할 수 있다. 입을 벌리고 호흡하기도 한다. 감염이 심해지면 처음에는 맑았던 진물이 누렇게 변한다. 만성 상기도 감염은 페르시안이나 히말라얀처럼 코가 납작한 종에게는 특히 위험하다.

'상기도 감염'이라는 용어는 사실 범위가 넓다. 고양이의 상기도 감염은 대개 두 가지 바이러스, 즉 칼리시바이러스(calicivirus)와 허피스바이러스(herpes virus) 때문에 생긴다. 또한 2차적으로 박테리아 감염도 발생한다.

상기도 감염은 증상을 완화시키는 약물과 항생제를 투여해 치료한다. 고양이는 냄새를 맡지 못하게 되면 입맛이 떨어지므로, 고양이가 먹이와 물을 제대로 먹는지 확인하는 것이 중요하다. 고양이가 먹거나 마시지 않아 탈수 증상을 보이면 정맥 주사나 피하 주사로 수액을 공급해 줘야 한다.

폐렴Pneumonia

세균성 폐렴은 호흡기 질병으로, 면역계가 약해져 세균과 싸우지 못하게 되면 발생하는 부차적 감염이다. 흡인성 폐렴은 고양이에게 음식을 억지로 먹이거나, 구토나 발작을 하다가 또는 고양이가 마취 상태일 때 점액, 체액, 음식, 약물이 기도로 흡입되면서 발생할 수 있다. 따라서 고양이에게 액체로 된 약을 먹이거나 음식을 강제로 먹여야 할 때에는 매우 조심해야 한다. 고양이는 흡인성 폐렴에 걸리기 쉬우므로 약을 먹일 때는 수의사에게 상세한 지침을 받아 그대로 실천해야 한다.

폐렴 증상으로는 발열, 기침, 무력감, 다양한 정도의 호흡기 질환 등이 있다. 숨을 쉴 때 가래가 끓는 듯 시끄러운 소리가 나기도 한다. 신체검사, X-레이 촬영, 실험실 검사로 진단하며, 치료법은 1차 원인에 따라 달라진다. 주로 항생제를 처방한다. 세균성 폐렴은 고양이보다는 개에게 흔하다.

폐수종(폐부종)Pulmonary Edema

폐 조직 안에 물이 차는 질환으로, 천식, 폐렴, 심근증(심장근육의 기능장애로 일어나는 질환 - 편집자주), 폐색, 독성 물질 노출, 가슴 부위의 부상, 중독에 뒤이어 부차적으로 발생한다. 전기 충격이나 심각한 알레르기 반응이 원인이 되기도 한다. 증상으로는 호흡 곤란, 쌕쌕거리는 숨소리, 기침, 수포음(폐에서 거품이 끓는 듯한 소리가 남), 입을 벌리고 숨을 쉬는 행동 등이 있다.

폐수종은 즉시 치료를 받아야 한다. 진단 직후 산소요법을 적용하며, 폐에 가득 찬 물을 빼내기 위해 이뇨제를 처방한다. 이후의 치료는 1차 원인에 따라 다양하다.

흉막삼출Pleural Effusion

폐 주변의 가슴 부위에 물이 차는 질환으로, 이로 인해 폐가 확장하지 못하기 때문에 호흡이 어려워진다.

흉막삼출은 '고양이 전염성 복막염' 때문에 가슴에 끈적끈적하고 짙은 고름이 차면서 발생할 수 있다. 그 외에도 심부전, 간질환, 종양, 심장사상충이 원인이다. 호흡 곤란, 입을 벌리고 숨 쉬기, 기침, 식욕 부진, 활력 없음 등이 흉막삼출의 징후이다. 또 엎드려 있지 못하거나, 앉아 있을 때에도 목을 가능한 한 앞으로 쭉 빼서 힘겹게 호흡한다. 숨쉬기가 더 어려워지면 산소가 부족해져서 입술과 잇몸이 회색이나 파란색으로 변한다.

이런 증상을 보이면 즉시 동물병원으로 달려가야 한다. 흉강에 관을 꽂아 물을 빼낸 다음 1차 원인에 따라 치료한다. 예후가 좋지 않은 경우가 많다.

기흉Pneumothorax

흉강에 공기가 들어가면 가슴이 부풀어오르는 질환으로, 고양이가 나무나 창에서 떨어지거나, (차에 치거나 떨어지는 물체에 맞아) 가슴 부위가 찢어지는 부상을 입을 때 발생할 수 있다. 또 만성 폐질환이 오래 지속되면서 발생하기도 한다. 기흉일 경우 폐의 공기가 흉강으로 빠져나가기 때문에 폐가 제대로 확장할 수가 없어 호흡기 질환을 유발한다.

기흉이 생기면 처음에는 얕고 빠르게 호흡하는 징후가 나타나며, 증상이 심해지면 배로 숨을 쉬면서 잇몸이 파랗게 변한다. 이런 징후가 보이면 응급실로 달려가야 한다. 가슴에 찬 공기를 빼낸 다음 원인이 되는 부상이 있으면 치료한다. 기흉을 예방하는 한 가지 방법은 고양이가 나무에서 떨어지거나 차에 치이지 않도록 밖에 내보내지 않는 것이다.

비뇨기 계통 질환

비뇨기 이상을 나타내는 징후

- 오줌 양이 늘어나거나 줄어든다.
- 화장실에 자주 간다.
- 한 번에 누는 오줌의 양이 너무 적다.
- 오줌에 피가 섞여 있다.
- 오줌 냄새가 변했다.
- 음경이나 음문을 자주 핥는다.
- 복부가 팽창한다.
- 우울증, 불안감, 짜증을 보인다.
- 구토를 한다.
- 화장실 밖에 배설을 한다.
- 오줌을 누면서 울부짖거나 고통스러워한다.
- 오줌을 누지 못한다.
- 오줌 색이 변했다.
- 오줌을 찔끔찔끔 싼다.
- 복부에 통증을 느낀다.
- 식욕이 떨어지고, 체중이 감소한다.
- 숨결에서 암모니아 악취가 난다.
- 자주 울거나 울부짖는다.

하부요로질환Lower Urinary Tract Diseases

'하부요로'는 오줌을 저장해두는 주머니인 방광과, 방광과 연결되어 오줌을 배출하는 관인 요도를 뜻한다. 하부요로질환(lower urinary tract disease, LUTD)은 아주 광범위한 용어로 다양한 비뇨기 계통 질환을 아우른다.

고양이 하부요로질환(Feline Lower Urinary Tract Disease, FLUTD) 하부요로질환은 방광염과 (결석이나 플러그 등으로) 요로가 막히는 폐색을 포함해 하부요로와 관련된 문제를 모두 포함한다. 어느 연령대에서나 그리고 암수 모두에게서 발생할 수 있다. 수컷의 경우 요도가 길고 가늘기 때문에 요로 폐색이 일어날 가능성이 높다. 요로 폐색이 일어나는 원인 중 하나는 요로 안에 요로결석(결정체가 뭉쳐서 돌처럼 딱딱해진 것)이 생기는 것이다. 요로결석은 오랜 세월에 걸쳐 스트루바이트(Struvite)가 결정체 형태로 모여 굳어진 것('인산마그네슘암모늄'이라고도 한다)으로, 오줌의 pH가 이런 결정체를 만든다. 사료 중에는 오줌의 산성을 높여 오줌 속 마그네슘 양을 줄임으로써 스트루바이트 결정체가 만들어지지 않게 하는 기능을 갖춘 것도 있는데, 산성이 강하면 스트루바이트 결정체가 줄어드는 대신 다른 문제가 발생할 수 있다. 예를 들어, 오줌의 산성을 높이는 사료는 신장 결석을 형성하는 옥살산칼슘 결정체가 많은 고양이에게는 적합하지 않다. 따라서 고양이가 여러 마리이고 모두 고양이 하부요로질환 증상을 보이더라도 따로따로 진단을 받아야 한다. 비슷한 증상을 보인다고 해서 모두 같은 질환을 앓고 있다고 단정해 버리면 안 된다.

수고양이는 암고양이보다 요도 플러그가 생기기 쉽다. 요도 플러그란 결정체 조각과 점액이 뭉친 모래 빛깔의 매끄러운 물질로 요도 안에 축적되며, 제때 치료하지 않으면 불어나서 음경 입구를 막아버린다. 이렇게 되면 오줌을 배설할 수가 없어서 방광에 오줌이 가득 모인다. 이는 당장 동물병원 응급실로 달려가야 할 긴급 상황이고, 즉시 치료하지 않으면 고양이는 사망한다. 겉으로 봐서 알 수 있는 증상으로는 고양이가 음경을 자꾸만 핥거나 복부가 확연히 부풀어 있을 것이다. 뒤이어 무력감과 탈수 증상이 찾아온다. 지체 없이 동물병원으로 가야 한다. 요도가 막히면 몇 시간 안에 죽을 수 있다. 고양이가 변비라도 걸렸거니 단정 짓고 완하제 같은 걸 먹이느라 귀중한 골든타임을 흘려보내서는 안 된다.

우선 주사기로 방광 안의 오줌을 뽑아내 방광의 부담을 덜어준다. 약하게 마취를 한 다음 손으로 플러그를 제거할 수도 있지만, 대개는 도뇨관을 임시로 삽입하여 폐색된 부분을 뚫어 요로를 연다. 재발했을 경우에는 '요도구 성형술'이라는, 음경에 있는 좁아진 요도를 제거하고 넓은 입구를 만들어주는 수술을 해야 할 수도 있다. 하지만 100퍼센트 성공을 보장하지는 않으며 대개 최후의 수단으로 사용한다. 처방식을 잘 적용하면 이 수술을 받지 않아도 될 가능성이 높아진다.

장기적으로 하부요로질환을 치료하려면 개별 사례에 맞춘 처방식으로 식습관을 관리하는 방법이 필수적이다. 보호자는 고양이가 물을 충분히 마시는지 지켜보고 비만이 되지 않도록 관리해야 한다. 운동 또한 중요하다. 재발을 막으려면 스트레스 관리도 필수적이므로, 집 안 환경을 바꿀 때에는 고양이가 불안해하지 않는지 관찰해야 한다.

하부요로질환 예방을 위해 평소 화장실을 청결히 관리하고 고양이가 쉽게 접근할 수 있는 곳에 두어야 한다. 화장실이 너무 더럽거나 고양이가 가기 꺼려하는 곳에 있으면 고양이가 화장실을 자주 쓰지 않으므로 하부요로질환에 걸릴 확률이 높다.

하부요로질환 예방법

- 고품질 프리미엄 사료를 먹인다. 수의사가 고양이에게 맞는 처방식을 처방해 주었다면 그 사료만 먹이고, 사람이 먹다 남은 음식을 주는 일이 없어야 한다.
- 고양이가 쉽게 사용할 수 있는 곳에 화장실을 두고, 고양이가 여러 마리라면 최소한 머릿수에 맞게 화장실을 마련해 준다.
- 화장실은 항상 청결하게 유지한다.
- 신선하고 깨끗한 물을 준다. 물그릇은 매일 깨끗이 씻은 다음 물을 새로 채운다. 고양이가 건식 사료만 먹는다면 물을 충분히 마시는지 항상 체크해야 한다.
- 상호작용 놀이로 운동을 시킨다.
- 고양이가 스트레스를 받지 않게 주의한다.
- 고양이의 화장실 습관을 매일 지켜본다. 특히 고양이가 여러 마리인 경우 각각의 습관을 파악하는 것이 중요하다.
- 비뇨기 질환의 징후가 보이면 곧바로 동물병원으로 데려간다.

요실금Incontinence 요실금의 원인으로 작용하는 질환은 여러 가지가 있다. 또한 척추에 손상을 입으면 방광 근육을 조절할 수가 없어 요실금이 발생하기도 한다. 치료법은 기저 원인에 따라 달라지며, 방광 조절력을 회복하는 약물을 투여하는 것이 효과가 있다.

신장 질환

'상부요로'는 신장과 요관, 즉 신장과 방광을 이어주는 두 개의 관을 뜻한다. 신장의 역할 중 하나는 피를 걸러내어 노폐물을 제거하는 것이다. 이 기능이 제대로 되지 않으면 노폐물이 몸속에 쌓여 독성을 띠게 된다. 말하자면 신장은 피를 걸러내는 필터인 셈이므로, 독이 모여들어 신장 자체에 악영향을 미칠 수 있다.

어떤 원인에서든 신장 기능이 저하되면 수액을 주사해 모자란 전해질을 보충하고, 탈수 증상을 없애고, 투석 기능을 보완해야 한다. 식습관을 바꾸는 것도 필요하다. 단백질과 인이 적은 처방식으로 신장에 부담을 줄여줘야 한다.

신장에 문제가 있음을 의미하는 징후

- 오줌 양이 평소보다 늘어나거나 줄어든다.
- 오줌에 피가 섞여 있다.
- 구토를 한다.
- 체중이 줄고 신경성 식욕 부진을 보인다.
- 체온이 상승한다.
- 관절 통증을 보인다.
- 입에 궤양이 생긴다.
- 마시는 물의 양이 늘어나거나 줄어든다.
- 입 냄새가 심해진다.
- 설사를 한다.
- 털이 윤기가 없고 많이 빠진다.
- 무력감을 보인다.
- 혀의 색깔이 연해진다.
- 등 부위 신장 근처를 만지면 화를 내거나 아파한다.

신부전Kidney Disease 신장에서 노폐물을 걸러내는 역할을 하는 기본 단위를 '네프론'이라고 한다. 신장 한 개에 백만 개가 넘는 네프론이 있는데, 네프론이 상당수 손상되거나 파괴되면 신부전이 생긴다. 중독이나 외상, 또는 하부요로가 막힐 때 급성 신부전이 나타나기도 한다.

만성 신부전은 고양이 전염성 복막염이나 고양이 백혈병 같은 질환, 감염, 고혈압, 노령, 독성 물질에의 장기간 노출, 암, 특정 약물의 장기간 사용 등이 원인이 되어 발생한다. 고양이의 만성 신부전은 신장의 70퍼센트 정도가 파괴된 상태다. 만성 신부전이 발병했다는 첫 번째 징후는 오줌 양이 늘어나는 것이다. 갑자기 물을 많이 마시기도 한다. 오줌 양이 많아지기 때문에 화장실이 아닌 곳에 배뇨를 하기도 한다. 만성 신부전은 빈혈을 유발할 수 있다.

고양이의 만성 신부전은 고혈압을 유발하므로 정기적으로 혈압을 측정해야 한다. 신장 기능이 계속 저하되면 노폐물을 걸러낼 수 없으므로 노폐물이 혈류와 조직 속에 그대로 남는다. 이를 '요독증'이라고 하며, 치료하지 않고 내버려두면 혼수상태에 빠져 사망하게 된다.

만성 신부전 진단을 받으면 먼저 수액 요법으로 전해질(미네랄) 균형을 바로잡은 다음, 신장의 부담을 줄이는 식이요법으로 신장 기능 저하 속도를 늦춘다. 신부전이 있는 고양이는 항상 신선하고 깨끗한 물을 마실 수 있도록 준비해 줘야 한다. 고양이가 밥을 먹지 못하거나 물을 충분히 마시지 못한다면 입원시켜서 정맥으로 수액을 투여해 수분을 공급해야 한다. 가정에서 계속해서 피하 주사로 수액을 공급해야 하는 경우도 있으며, 이때는 수의사가 방법을 알려줄 것이다.

증상으로는 구토, 갈증, 우울감, 변비, 설사, 식욕 부진, 체중 감소, 혈뇨, 소변 양 증가 등이 있다. 급성 신부전은 신장 조직이 영구히 파괴되기 전에 손상을 되돌리는 방법으로 치료한다.

소화기 계통 질환

소화기 계통 이상을 알리는 신호

- 설사를 한다.
- 대변 색깔이 변했다.
- 입맛이 바뀌었다.
- 구토를 한다.
- 복부가 부어 있다.
- 밥을 제대로 삼키지 못한다.
- 모질이 달라졌다.
- 구토물이나 대변에 벌레가 있다.
- 변비이다.
- 대변에 피가 섞여 있다.
- 물 마시는 양이 달라졌다.
- 안절부절못한다.
- 복부에 통증을 느낀다.
- 속이 부글거린다.
- 입냄새가 난다.
- 너무 많이 울거나 울부짖는다.

구토Vomiting

구토는 사실상 거의 모든 질환의 증상 목록에 포함된다. 고양이는 그루밍을 하면서 자기 털을 삼키기 때문에 구토를 자주 한다. 고양이가 구토를 자주 하거나 그루밍을 너무 열심히 한다면 헤어볼 방지 기능이 있는 사료를 공급해 줘야 한다. 특히 고양이가 장모종이라면 헤어볼 방지 제품은 필수다.

고양이가 구토를 하는 흔한 원인 중 하나는 사료를 너무 빨리, 또는 너무 많이 먹었기 때문이다. 다묘 가정에서는 먹을 때 경쟁을 하다 보면 자기 몫뿐 아니라 다른 고양이의 몫까지 먹어치우게 된다. 이를 방지하려면 각자 다른 장소에서 밥을 먹게 하거나, 자기 그릇의 밥만 먹게 교육시키거나, 사료를 채운 퍼즐 먹이통을 집 안 여기저기에 두어 녀석들이 하루 종일 가지고 놀 수 있게 한다. 고양이 중에 비만 고양이가 없다면 건식 사료를 늘 그릇에 넣어두는 자율급여를 하는 것도 한 방법이다.

풀이나 집 안 화분의 식물을 씹는 버릇이 있는 고양이는 식물을 씹은 지 얼마 안 되어 구토를 한다. 풀을 씹는 것은 안전하지만, 집 안에서 키우는 화분 식물은 상당수가 고양이에게 독성을 띠기 때문에 화분 식물을 씹는 버릇은 아주 위험하다. 이에 대해서는 본 부록의 '중독' 항목이나 17장에서 자세히 설명했다.

멀미 역시 구토의 원인이다. 차를 타기 직전에는 먹이를 주지 않는 편이 멀미를 예방할 수 있다. 또 차로 집 주변을 한 바퀴 도는 것부터 시작해 차츰 거리를 늘려나가는 식으로 고양이가 여행에 익숙해지게 만드는 것도 아주 중요하다. 그래도 고양이가 멀미를 한다면 수의사와 상의해 멀미약을 처방받는다. 고양이가 구토를 하지만 그 외에는 건강하고 정상적으로 보이며 평상시 행동에도 변화가 없다면, 그냥 살짝 배탈이 난 정도일지도 모른다. 낮이나 밤에 두 번 이상 구토를 한다면 위장이 쉴 수 있도록 12시간 정도 사료와 물을 주지 않는다. 그리고 수의사에게 전화해 고양이에게 어떤 조치를 취해야 할지 지침을 듣는다. 고양이가 무엇을, 그리고 어떻게 토했는지는 원인을 밝히는 데 단서가 될 수 있다. 예를 들면 아래와 같다.

이물질을 토한다 이미 내부에 얼마나 손상이 생겼는지 알 수 없고, 이물질 일부가 여전히 위장 속에 있을 가능성이 있다. 고양이 혀에 난 돌기(미늘)는 끝이 목구멍 쪽을 향해 있어 이물질을 핥거나 씹다가 그대로 삼켜버리기 십상이다. 특히 끈, 리본, 고무밴드, 털실은 도로 뱉어내기 힘들다. 고양이가 이물질을 토했다면 수의사와 상의해 내부 장기에 손상을 입었거나 이물질에 막힌 부위가 있는지를 확인하기 위해 X-레이를 찍어야 할지 여부를 결정해야 한다.

벌레를 토한다 회충은 감염이 상당히 진행되면 구토물로 나올 수 있다. 새끼고양이는 거의 예외 없이 회충이 있으므로 새끼고양이를 키운다면 구토물에서 한 번 정도는 보게 될 수 있다. 구충 치료 방법은 수의사와 상의한다.

배설물을 토한다 내부 장기가 폐색되었거나 손상되었을 가능성이 있다. 즉시 동물병원으로 달려가야 한다.

물줄기를 뿜듯이 격렬하게 구토를 한다 내부 장기가 폐색되었거나 종양이 있을 가능성이 있다. 즉시 동물병원으로 달려가야 한다.

1주일에 여러 번 구토를 한다 구토물에 헤어볼이 섞여 있지 않고 먹은 것과도 관련이 없다면, 신장이나 간 질환이 원인일 수 있다. 또한 염증성 장 질환, 췌장염, 만성 위염도 구토의 원인이 될 수 있다.

구토가 심할 경우 정밀 검사를 해야 한다. 고양이가 의심스러운 구토를 하거나, 질병의 징후를 보이거나, 구토물에 피나 배설물이 섞여 있다면 즉시 병원에 간다.

위염Gastritis

말 그대로 위장에 염증이 생기는 질환으로 염증을 일으키는 원인은 갖가지이다. 급성 위염은 독극물, 상한 음식, 식물, 위장에 염증을 일으키는 약물을 먹었기 때문일 수 있다. 위염에서 가장 흔한 징후는 구토이며, 설사를 하는 경우도 있다.

치료를 위해서는 염증을 일으키는 원인을 찾아야 한다. 고양이가 독극물을 삼켰다면 당장 동물병원이나 응급실로 달려가야 한다(부록에 있는 '중독' 항목에 자세한 정보를 수록했다).

만성 위염은 장기간 약물 복용, 헤어볼, 이물질 때문에 생길 수 있다. 또는 췌장염, 신부전, 심장사상충, 간 질환, 당뇨와 같은 기저 질환으로 인한 부차적 질병일 수 있다. 만성 위염을 치료하려면 기저 질환이 무엇인지 확인하는 것이 중요하다. 기저 질환 진단을 위해서는 다양한 검사를 해야 한다. 기저 질환의 종류에 따라 식사를 바꿔야 할 수도 있다. 만성 위염을 고치는 식이요법은 대체로 섬유질이 적고 소화가 쉬운 음식을 섭취하는 것이다. 항생제와 위장 보호제를 투여하기도 한다.

설사Diarrhea

설사 역시 여러 가지 기저 질환 및 질병과 연관될 수 있는 증상 중 하나다. 설사의 악취, 색깔, 지속 여부가 기저 원인이 무엇인지를 밝히는 실마리가 될 수 있다. 사료를 갑자기 바꾸면 설사를 할 수 있으므로 기존 사료에 새 사료를 조금씩 섞어가며 천천히 바꿔야 한다. 과식 역시 고양이가 설사를 일으키는 흔한 원인이다. 물을 바꿔도 설사를 할 수 있다. 그러니 고양이와 함께 여행을 떠날 때는 집에서 먹던 물을 가져가는 것이 좋다.

길고양이들은 사냥한 동물, 쓰레기나 썩은 음식, 독성 물질을 먹고 설사를 일으킬 가능성이 높다. 새끼고양이는 젖을 떼고 나면 대개 유당불내증이 생긴다. 고형 음식을 먹게 되면서 '락타아제'라는 젖 속의 당분(유당)을 분해하는 효소가 더 이상 몸속에서 만들어지지 않기 때문이다. 그래서 성묘에게 우유를 주면 설사를 하게 된다. 식품 알레르기가 있을 경우 특정 식재료를 소화하지 못한다. 따라서 사람이 먹다 남은 음식을 고양이에게 주는 것은 특히 위험하며 심한 설사를 유발할 수 있다.

설사를 일으키는 요인은 음식만이 아니다. 스트레스 역시 설사를 유발할 수 있다. 동물병원으로 갈 때, 이동장으로 이동할 때, 그 외 일상에 크나큰 변동이 생길 때 고양이가 가벼운 또는 심각한 설사를 하기도 한다. 하루 넘게 설사가 계속되면 탈수로 이어질 수 있으며, 그대로 두었다가는 쇼크를 일으킬 수 있다. 고양이가 설사를 할 때 다음과 같은 상황이라면 동물병원으로 데려가야 한다.

- 설사가 하루 넘게 지속된다.
- 구토, 발열, 무력감이 동반된다.
- 설사에 피나 점액이 섞여 있다.
- 썩는 듯한 악취가 난다.
- 배설물이 이상한 색깔을 띤다(정상적인 색은 갈색이다).
- 고양이가 독성 물질을 삼킨 것으로 보인다.

배설물의 외양

갈색 : 정상

타르 느낌의 검은색 : 혈액이 소화된 것으로 소화관 상부에 출혈이 있을 가능성이 있음

선혈 : 소화관 하부에 출혈이 있을 가능성이 있음

초록색이나 누런색 : 소화관을 너무 빨리 통과하는 바람에 음식물이 소화

되지 않음

아주 밝은색 : 간 질환이 있을 가능성이 있음

회색이고 썩은 듯한 악취 : 소화 불량, 기생충, 내부 감염 가능성이 있음

물기가 아주 많음 : 소화관 염증이 있거나 소화관에서 수분 흡수가 되지 않음

기름처럼 보임 : 영양분이 제대로 흡수되지 않음

정상적인 색이지만 형체가 없음 : 과식, 사료가 바뀜, 사료 품질이 좋지 못함, 또는 기생충이 원인

다른 증상 없이 가벼운 설사만 할 경우 수의사에게 전화해 조언을 얻은 다음 집에서 치료할 수 있다.

변비Constipation

대변이 대장 속에 오래 머무르면서 딱딱해지고 말라서 장을 통과하기 어려워지면 변비가 생긴다. 변비의 원인은 헤어볼, 폐색, 물 섭취량 부족, 식이 요인, 질환 등 아주 많다. 동료 고양이가 습격할까 봐 두려워 화장실을 이용하지 못하는 고양이도 변비가 생길 수 있다.

평균적으로 고양이는 최소 하루에 한 번 배변을 한다. 이틀에 한 번 정도 배변을 하는 고양이는 변비가 올 가능성이 높다.

변비의 증상으로는, 배변을 하려 애를 쓰지만 전혀, 또는 거의 누지 못함, 변이 딱딱하고 양이 적음, 점액이 섞인 변을 조금밖에 누지 못함, 변에 피가 섞여 있음, 식욕 부진, 우울감 등이 있다.

보호자는 고양이가 변비가 생겼다는 것을 알아차리기 어렵다. 고양이가 지난번에 언제 배변을 했는지 기억하기 어렵고, 결국 고양이가 배변을 하려 기를 쓰는 모습을 목격하거나 화장실 모래에 파묻힌 배설물이 돌처럼 딱딱하고 조그만 것을 보고서야 변비임을 알아차리게 된다.

만성 변비는 대개 헤어볼이 원인이다. 장모종은 특히 그럴 가능성이 높고, 장모종과 같이 사는 단모종 고양이도 서로 그루밍을 해주다가 헤어볼 때문에 만성 변비가 오기 쉽다. 구토물에 털이 섞여 있기도 하지만 변에도 털이 섞여 나

온다. 이런 경우 헤어볼 방지 기능이 있는 사료를 먹이면 도움이 된다. 헤어볼 방지 사료를 먹일지 여부를 결정할 때는 수의사와 상의한다.

사료에 식이섬유가 충분하지 않을 때, 물을 잘 마시지 않을 때에도 장에서 변을 밀어내기 힘들어 변비가 생길 수 있다.

'거대결장증(Megacolon)'은 결장이 비대해져서 수축이 되지 않아 변을 내보내지 못하는 상태를 의미한다(거대결장증에 관한 항목에서 자세히 다루고 있다).

고양이에게 변비를 유발하는 심리적 요인으로는 스트레스가 있다. 이사를 가거나, 갓난아기가 태어나거나, 보호자의 사정 때문에 다른 사람이 돌봐주게 되거나, 고양이끼리 갈등을 빚는 등 익숙하던 일상이 바뀌면 고양이는 스트레스를 받는다. 새 집으로 이사를 갔을 경우 고양이가 이틀 정도 배변을 하지 않는 것은 그리 드문 일이 아니다. 가정에서 고양이가 스트레스를 받을 만한 일이 일어났다면 녀석의 화장실 습관을 주의 깊게 살피고, 이틀 넘게 배변을 하지 않는다면 수의사에게 알려야 한다.

변비가 심각하면 대변이 대장과 직장에 쌓여 딱딱해지는 '분변매복(fecal impaction)'이 생길 수 있다. 이 정도가 되면 동물병원으로 데려가야 한다. 병원에서는 경구로 완하제를 투여하고 관장을 해서 치료한다. 시중에 판매하는 관장제는 고양이에게 몹시 해롭기 때문에 절대 써서는 안 된다. 집에서 고양이에게 관장을 시도하는 것 역시 절대 안 된다. 관장 치료는 수의사에게 맡기는 것이 가장 좋다. 분변매복이 심하면 입원하여 여러 번 관장을 해야 할 수도 있다.

변비 치료는 기저 원인이 무엇인지, 그리고 정도가 얼마나 심한지에 따라 달라진다. 변비가 심하지 않다면 완하제와 섬유질이 많이 든 사료를 먹이는 것으로 치료할 수 있다. 통조림 사료에 겨를 섞어주면 변이 부드러워져서 장을 쉽게 통과할 수 있다. 다만 겨가 이런 역할을 하려면 물이 충분히 공급되어야 하므로, 반드시 건식 사료가 아닌 습식 사료에 섞어줘야 한다. 당연한 말이지만 먼저 수의사와 상의하여 겨를 섞어주는 것이 지금 고양이의 변비 증상에 알맞은지, 알맞다면 얼마나 많이, 자주 줘야 하는지에 대한 조언을 받도록 한다. 통조림 호박을 사료에 약간 섞어주는 것 역시 섬유질을 공급하는 좋은 방법이다. 또한 깨끗하고 신선한 물을 공급하는 것도 중요하다. 만성 변비가 있는 고양이에게는 섬유질이 많은 사료를 계속해서 공급해 준다.

심각한 분변매복은 수술을 통해 장에 쌓인 변을 직접 제거해야 할 수도 있다. 변비를 예방하려면 고양이가 활발하게 움직이게 하고 적정 체중을 유지시킨다. 상호작용 장난감(낚싯대)으로 고양이와 정기적으로 놀아주고, 좋은 품질의 사료를 먹이며, 사람이 먹다 남은 음식을 주는 일은 삼가한다. 고양이가 마시는 물의 양을 체크해서 수분을 적절히 섭취할 수 있도록 관리한다.

염증성 장 질환(대장염)Inflammatory Bowel Disease

이 용어는 여러 종류의 위장관 질환을 폭넓게 가리킨다. 식품 알레르기는 대개 염증성 장 질환의 원인이 된다. 주로 방부제, 첨가제, 특정 단백질, 밀과 같은 알레르기 유발 항원이 염증성 장 질환을 일으킨다. 진단 방법으로는 내시경술과 생체조직 검사가 쓰인다. 내시경술은 가느다란 광섬유 튜브인 내시경을 소화관에 넣는 방법이다. 그 외에 바륨 조영술, 초음파, 혈액검사, X-레이 촬영, 배설물 분석(기생충이 원인이 아님을 확인하기 위해 사용) 등을 통해 진단한다.

염증성 장 질환의 증상으로는 설사, 복부 통증, 가스, 체중 감소, 혈변, 구토 등이 있고, 고양이의 배에 귀를 대 보면 소리가 들리기도 한다.

염증성 장 질환은 코르티코스테로이드와 면역 억제제로 염증을 억제하여 치료한다. 하지만 염증성 장 질환을 근본적으로 해결하는 방법은 없으므로, 고양이의 먹을거리를 꾸준히, 철저하게 관리하는 것이 필수다.

거대결장증Megacolon

대장의 끝부분인 결장의 일부가 부풀어올라 거대해져서 대변을 밀어내지 못하기 때문에 대변이 항문으로 나가지 않고 결장에 쌓이는 현상을 말한다. 대변이 오래 쌓여 있을수록 대변 속 물이 다시 결장에 흡수되어 버리기 때문에 대변은 돌처럼 딱딱해지고, 결국 변비로 이어진다.

거대결장증은 만성 변비가 오래 이어지면서 생기는 것으로 추측된다. 고양이가 헤어볼 때문에 생기는 변비를 자주 겪는다면 거대결장증을 주의해야 한다. 또 다른 원인으로는 탈수, 종양, 골반 골절의 합병증 등이 꼽힌다. 맹크스(Manx)

고양이는 선천적으로 거대결장증이 있는 경우가 많다. 화장실이 더럽거나 가고 싶지 않은 곳에 있어서 배변을 참는 경우도 거대결장증에 걸릴 수 있다.

거대결장증의 증상에는 손으로 배를 만져보았을 때 결장 부분이 딱딱함, 분변 매복, 결장에 변이 차 있어 가스를 배출하지 못함, 털결이 나빠짐, 체중 감소, 탈수 등이 있다.

진단법으로는 고양이의 건강과 배변 습관 검토, 신체검사(수의사가 복부를 손으로 촉진해 보면 돌처럼 딱딱해진 변을 확인할 수 있다), 직장 검사, 혈액 검사(다른 기저 질환이 있는지 여부를 확인한다)가 있다. 그 외에 초음파, 바륨 조영술, X-레이 촬영 등이 쓰이기도 한다.

나는 항상 내담자들에게 화장실 청소하는 일을 게을리하지 말 것을 당부한다. 화장실을 매일 청소하면 청결 유지는 물론, 고양이가 배변을 제대로 하는지 여부를 확인할 수 있기 때문이다.

거대결장증을 치료하려면 먼저 기저 원인을 밝히고(기저 원인을 알 수 없을 때도 있다), 따뜻한 물로 관장해 쌓여 있는 변을 부드럽게 만든 다음 수의사가 직접 꺼내는 방식으로 변을 없애고, 탈수 증상을 해소한다. 장기적으로는 특정 처방식을 먹이고 고양이용 완하제나 대변을 부드럽게 하는 약물을 투여한다. 어떤 방식을 쓸 것인지는 수의사가 알려줄 것이다. 드물지만 부풀어오른 결장 부분을 제거하는 수술을 하기도 한다.

고창증Flatulence

고양이는 섬유질이 너무 많은 사료, 콩이 포함된 사료, 양배추, 콜리플라워, 브로콜리 같은 발효성이 높은 채소가 든 사료를 먹는 경우 가스가 발생하기 쉽다. 사람이 마시는 우유를 먹어도 가스가 생길 수 있다(우유는 설사의 원인이기도 하다). 사료를 너무 빨리 먹고 물을 벌컥벌컥 들이켤 경우도 가스가 찰 수 있다.

또 비정상적인 변과 고창증이 동반된다면 보다 심각한 기저 질환이 있다는 의미일 수 있다. 고양이에게 사람이 먹는 가스 제거제를 줘서는 안 된다. 반드시 수의사에게 알려서 1차 원인을 찾아야 한다. 먼저 사료를 바꾸는 것이 중요하고, 식사 후에 가스 발생을 억제할 수 있는 약물을 투여하는 방법도 있다. 사료를 너무 게걸스럽게 먹는 것이 문제라면 그릇에 항상 사료를 부어두는 자율 급여를 시행해 고양이가 사료를 급하게 먹지 않아도 되게 한다. 나는 보통 자율 급여로 바꾸기보다는 사료를 채운 퍼즐 먹이통을 활용할 것을 권한다. 퍼즐 먹이통을 집 안 여기저기 놓아두면 고양이는 먹이통을 굴리며 사료를 천천히 먹을 뿐 아니라 재미있는 놀이도 즐길 수 있다.

항문낭 문제(막히거나 감염)Impacted Anal Glands

항문 양쪽, 5시와 7시 방향에 한 개씩 주머니가 있는데 이를 항문낭(또는 항문샘)이라고 한다. 고양이가 대변을 눌 때 항문낭에서 나오는 악취가 심한 분비물이 대변에 묻는다. 그 냄새로 다른 고양이들에게 자신이 누구인지, 여기가 누구의 영역인지를 알린다.

항문낭의 내용물은 대변을 보고 나면 비워진다. 분비물의 외형은 묽은 액체에서부터 크림처럼 되직한 것까지 다양하다. 색깔 역시 갈색에서 노란색까지 여러 가지지만, 지독한 악취가 나는 것은 공통적이다. 고양이는 대체로 항문낭이 막히는 경우가 드물며, 그런 문제가 있더라도 수의사가 만져보면 금방 알 수 있다. 문제가 계속되면 수의사가 항문낭을 짜는 방법을 알려줄 것이다(어렵지는 않다. 다만 유쾌한 일이 아닐 뿐이다).

항문낭에 문제가 있음을 나타내는 가장 흔한 징후는 '스쿠팅(scooting)'이다. 고양이가 엉덩이 부분을 바닥에 대고 앉아 질질 끈다면, 항문낭 속 분비물을 짜내려는 행동으로 봐야 한다. 고양이의 엉덩이에서 독특한 악취가 계속 나는 것도 항문낭에 문제가 있음을 나타내는 징후일 수 있다. 고양이가 항문낭을 자꾸 핥기 때문에 입에서도 동일한 악취가 날 수 있다. 이런 징후가 있으면 보호자가 손으로 항문낭을 짜서 비워줘야 한다.

항문낭이 감염되거나 농양이 생길 수도 있다. 항문 한쪽이 붓거나, 스쿠팅을 자주 하거나, 통증을 느끼는 것이 그 증상이다. 항문낭 분비물에 고름이나 피가 섞여 있기도 한다. 치료를 하려면 즉시 동물병원을 찾아야 한다. 항문낭 감염은 항문낭에 항생제를 투여해 치료한다. 집에 돌아오면 따뜻한 물로 습포를 해줘야 한다. 농양이 있다면 절개하고 고름을 빼낸다. 절개 부위에서 고름이 나오게 하려면 봉합하지 말고 그대로 둬야 하며, 감염되지 않도록 희석한 베타딘(Betadine)으로 하루에 두세 번 씻어내야 한다. 경구 항생제도 투여한다.

지방간Hepactic Lipidosis(HL)

간세포에 지방이 축적되면서 생기는 질환이다. 신장병, 굶주림, 비만, 암, 간 질환, 췌장염, 당뇨 같은 질환이 기저 원인인 경우가 많다. 사실 고양이 지방간은 고양이가 먹이를 먹지 않게 되는 모든 질환이 기저 원인이 될 수 있다. 먹이를 섭취하지 않으면 몸 안에서 지방을 분해하는데, 이때 지방과 그 부산물이 간에 축적된다. 고양이는 지방 대사를 완료하는 데 필요한 특정 효소가 없기 때문에 지방이 간에 계속 쌓인다. '특발성' 고양이 지방간은 기저 원인이 밝혀지지 않는 고양이 지방간을 의미한다.

지방이 간에 계속 쌓이면 간이 커지면서 노랗게 변한다. 간부전 상태가 진행되면 황달 증상이 눈에 띄기 시작한다.

고양이 지방간 증상으로는 거식증, 설사, 변비, 근육 소모, 체중 감소, 구토, 우울증, 침 흘림, 황달 등이 있다.

치료법으로는 수액 요법과 영양 보충이 쓰인다. 거식증이 있을 경우 위에 튜브를 꽂아 강제로 급여하는 방법을 쓴다. 고양이가 스스로 먹이를 먹기 시작하면 장기간에 걸쳐 처방식을 공급해야 한다. 정기적으로 동물병원을 찾아 사후 관리를 하는 것도 필수다.

과체중인 고양이의 살을 빼겠다는 것은 좋은 의도이지만, 체중을 너무 급격하게 줄이는 식단을 적용하면 고양이 지방간이 생길 확률이 크게 높아진다. 고양이를 위한 다이어트 식단은 체중을 아주 서서히 줄이도록 짜야 한다. 고양이가 과체중이라면 식단을 바꾸기에 앞서 반드시 수의사와 상의해 자신의 고양이에게 안전한 식단과 그 양에 대해 조언을 듣도록 한다.

췌장염Pancreatitis

췌장은 인슐린을 생산해 혈당을 대사하고, 췌장 효소를 만들어 소화를 돕는 두 가지 중요한 일을 한다. 췌장이 인슐린 생산을 제대로 하지 못하면 당뇨병이 생긴다. 췌장염은 지방 함량이 너무 높은 식단을 섭취하면 발생할 수 있다. 그 외에 혈액에 지방이 너무 많을 때, 췌장에 종양이 생겼을 때, 독성 물질을 삼켰을 때도 생길 수 있다. 췌장에 염증이 생기면 췌장에서 만들어낸 소화 효소들이 복부로 흘러들어갈 수 있다. 신장과 간 역시 췌장염의 영향을 받는다.

복부 통증, 식욕 부진, 체중 감소, 열, 구토, 설사, 탈수, 우울증 등이 췌장염의 증상이다. 진단을 위해 혈액 검사로 췌장 효소 레벨을 측정하고, 초음파, 생체 검사, 방사선 사진 등 영상 진단법을 쓴다. 치료법은 심각성의 정도에 따라 달라진다.

비만Obesity

9장에서 자세히 다루었다.

근육골격계 질환

근육골격계에 문제가 있다는 징후

- 절뚝거린다.
- 통증이 있다.
- 변비가 생긴다.
- 만지면 싫어한다.
- 털에 기름기가 많아진다.
- 열이 난다.
- 이빨이 빠진다.
- 몸을 일으키면 뻣뻣해진다.
- 몸을 움직이기 싫어한다.
- 관절 가동 범위가 좁아진다.
- 체중이 감소한다.
- 피부에 각질이 생긴다.
- 털에서 생선 비린내가 난다.
- 식욕이 떨어진다.
- 등이 굽는다.

관절염Arthritis

관절염에는 여러 종류가 있다. '골관절염(Osteoarthritis)'은 가장 흔한 형태로 퇴행성 관절염이라고도 한다. 관절 표면을 덮는 연골층이 퇴행해 발생한다. 주로 나이가 들면서 나타나지만 관절 표면에 상처를 입어서 생길 수도 있다. 고양이가 골관절염에 걸리면 절뚝거리며 걷고, 날씨가 춥고 습기가 차거나 격렬한 활동을 하면 더 악화된다. 또한 한 숨 자고 일어난 후의 동작이 아주 뻣뻣해진다.

'다발성 관절염(Polyarthritis)'은 바이러스 감염으로 여러 관절에 염증이 생기는 질환이다.

'고관절 이형성증(Hip dysplasia)'은 고양이에게는 드물다. 고관절의 공 모양 부분과 그 부분이 들어가는 오목한 면이 얕아서 잘 들어맞지 않는 질환으로 여러 가지 퇴행성 문제를 일으킨다.

관절염의 치료는 유형과 심각한 정도, 기저 원인에 따라 다르다. 수술을 해야 하는 경우도 있다. 관절염은 춥고 습한 환경에서 악화되므로 고양이를 늘 따뜻하게 해주면 통증을 줄일 수 있다.

고양이가 관절염이 의심된다면 통증을 줄이기 위해 어떤 방법을 써야 할지 수의사와 상의한다. 시중에 고양이 관절염을 완화하면서 신장에 독성이 없는 사료가 여러 종류 나와 있으므로 어떤 사료를 먹여야 할지 수의사에게 물어본다.

글루코사민은 관절 윤활액을 증가시키고 골관절염으로 인한 손상을 일부 치유한다고 알려져 있어 관절 기능을 회복하는 데 도움이 된다. 관절 윤활액은 말 그대로 연골의 윤활유 역할을 하므로 윤활액이 부족하면 연골이 딱딱해지고 관절이 굳어진다. 글루코사민은 알약, 캡슐, 액체 형태로 시중에 나와 있다.

나이 든 고양이는 비만이 되지 않게 체중 관리를 해주면 관절에 가해지는 체중 부담이 덜하기 때문에 관절염으로 인한 통증을 줄일 수 있다.

부갑상선 질환Parathyroid Diseases

고양이의 목 부위 갑상선에는 부갑상선이 네 개가 있어 부갑상선 호르몬을 분비한다. 이 호르몬은 혈중 칼슘과 인 농도를 적절하게 유지하는 작용을 한다. 칼슘은 몸에서 가장 중요한 미네랄 중 하나로, 혈중 칼슘 농도가 낮아지거나 인 농도가 너무 높으면 부갑상선이 부갑상선 호르몬을 분비해 칼슘 농도를 올린다. 이때 뼈에서 칼슘을 뽑아내게 되는데, 그 결과 뼈가 약해질 수 있다.

뼈가 약해질수록 골절이 일어나기 쉽다. 부갑상선 질환은 조기에 진단하면 치료 가능하다. 칼슘 보충제를 투여하고 식이 습관을 바꾸는 것으로 치료한다.

영양학적 원인에 의한 부갑상선 기능 항진증Nutritional Secondary Hyperparathyroidism

고기가 너무 많고 칼슘과 비타민 D가 부족한 먹이를 먹는 고양이에게서 나타난다. 이 때문에 집에서 직접 사료를 만들어 먹이면 위험할 수 있다. 시중에 나와 있는 좋은 품질의 사료는 고기와 미네랄의 함량이 알맞아 영양학적 균형이 잡혀 있다. 또한 고양이에게 100퍼센트 채식을 시키면 뼈에서 미네랄이 빠져나가므로 위험하다.

영양학적 원인에 의한 부갑상선 기능 항진증은 고기만 먹인 새끼고양이에게서 흔히 나타난다. 새끼고양이는 뼈가 성장하고 발달하기 때문에 성묘보다 칼슘이 더 많이 필요하기 때문이다.

새끼고양이에게 영양학적 원인에 의한 부갑상선 기능 항진증이 있으면 움직이기 싫어하거나, 절뚝거리거나, 다리가 휘어진다. 다리를 절뚝거리는 것은 골절을 의미할 수도 있다. 성묘인 경우에는 뼈가 약해지기 때문에 골절 위험이 높아지고, 이빨도 약해진다. 그대로 내버려두면 등이 휘고 골반이 망가지기도 한다.

새끼고양이든 성묘든 영양학상 필요한 성분과 칼슘을 보충해주는 것이 중요하다. 골절이 있으면 케이지에 넣어 움직임을 제한해 재빨리 치료하고 추가 골절이 생기지 않게 한다.

영양학적 원인에 의한 부갑상선 기능 항진증은 조기에 치료하면 예후가 좋다. 하지만 뼈가 기형이 될 정도까지 방치했다면 회복이 어렵다.

신장 속발성 부갑상선 기능 항진증Renal Secondary Hyperparathyroidism 신장병 때문에 혈중 인 농도가 치솟으면 부갑상선에서 과도한 양의 부갑상선 호르몬을 분비해 칼슘 농도를 올린다. 영양학적 원인에 의한 부갑상선 기능 항진증에서와 마찬가지로, 이때 뼈에서 칼슘이 빠져나오기 때문에 뼈가 약해지고 미네랄이 부족해진다. 예후는 사례에 따라 달라진다.

황색지방증Steatitis

비타민 E가 부족해서 생기며 요즘은 드문 질환이다. 고양이에게 불포화 지방산이 과다한 사료를 먹이면 비타민 E가 파괴되며, 그 결과 체지방에 염증이 생겨 극심한 통증을 느낀다. 염증이 생긴 지방은 누렇고 아주 단단하게 변한다. 그 외 원인으로는 암, 췌장염, 감염, 생선 위주의 식생활 등이 있다.

황색지방증에 걸리면 처음에는 털에 기름이 끼고 피부가 얇게 벗겨진다. 털에서 생선 비린내가 나기도 한다. 병이 진행되면 고양이는 몸을 움직이기 싫어하고, 보호자가 만지는 것을 꺼려한다. 사람이 쓰다듬기만 해도 통증을 느끼기 때문이다. 또한 열이 나고, 식욕이 떨어진다.

증상이 의심되면 그동안의 식생활을 검토해 예상한 다음, 지방 생체검사를 통해 확진한다. 치료를 위해서는 균형이 잘 잡히고 비타민 E를 보충하는 식단으로 바꿔야 한다. 튜브를 목에 꽂아 먹이를 공급해야 하는 경우도 있고, 수술로 지방 덩어리를 제거해야 할 수도 있다.

황색지방증을 예방하려면 무엇보다 고양이에게 참치를 주지 말아야 한다(참치에는 불포화 지방산이 다량으로 들어 있다). 고양이용으로 가공된 참치도 물론이다. 특히 사람이 먹는 참치 통조림은 절대 금물이다. 참치는 맛과 냄새가 강렬하기 때문에 고양이가 집착하기 쉽다. 일단 고양이에게 먹이기 시작하면 균형 잡힌 영양식을 좀처럼 먹으려 하지 않을 것이다. 그래도 굳이 생선을 먹이고 싶다면 자주는 말고, 가끔 주도록 한다. 또한 생선 위주의 식생활에서는 비타민 E를 따로 보충해 줘야 한다.

비타민 과다복용Vitamin Overdosing

지용성 비타민(A, D, E, K)을 너무 많이 먹이면 고양이의 성장, 발달, 건강에 악영향을 미칠 수 있다. 시중에 나와 있는 고품질 사료는 영양학적으로 완벽하고 균형이 잘 잡혀 있어 고양이에게 필요한 영양을 모두 공급할 수 있다. 굳이 비타민과 미네랄을 더 먹였다가는 오히려 뼈 질환, 기형, 절뚝거림, 통증을 유발할 수 있다.

비타민 A는 간에 저장되므로 과도하게 복용해도 오줌으로 배설되지 않으며,

비타민 보충제나 간류, 유제품, 당근이 들어간 먹이를 통해 과다하게 축적되면 목과 등에 심한 통증이 오고 관절이 부을 수 있다. 이런 증상이 계속되면 고양이가 목을 움직이기가 아주 힘들어진다. 다른 증상으로는 변비와 체중 감소가 있고, 사람의 손길이 닿는 것을 싫어하게 된다.

조기에 진단해 식생활을 바꾸면, 즉 비타민 보충제나 비타민이 과다한 먹이를 먹이지 않으면 증상은 곧 사라지지만, 기존 식생활을 유지하면 돌이킬 수 없게 된다.

내분비계 질환

내분비계 이상을 알리는 징후

- 입맛이 바뀐다.
- 무력해한다.
- 불안해한다.
- 오줌 양이 늘거나 줄어든다.
- 대변이 평소와 다르다.
- 체중이 늘거나 준다.
- 체온이 낮아진다.
- 물을 갑자기 많이 마시거나 적게 마신다.
- 행동에 변화가 생긴다.

갑상선 기능 저하증Hypothyroidism

목에 있는 갑상선은 체내 신진대사를 유지하는 역할을 한다. 갑상선은 트리요오드사이로닌(T3)과 티록신(T4)이라는 두 가지 주요 호르몬을 분비하는데, 이 두 가지 호르몬을 적정량 분비하지 못하면 갑상선 기능 저하증이 생긴다. 이 질환은 고양이에게는 극히 드물게 나타나지만, 수술로 갑상선을 제거하거나 갑상선 기능항진증을 치료하다 갑상선이 파괴되면 발생할 수 있다.

갑상선 기능 항진증Hyperthyroidism

갑상선 호르몬인 트리요오드사이로닌(T3)과 티록신(T4)이 과도하게 분비되면 생기는 질환으로, 나이 든 고양이에게 좀 더 흔하게 나타난다(약 8세 이후). 갑상선 기능 항진증을 방치하면 심근증이라는 심장 질환으로 발전할 수 있다.

갑상선 기능 항진증의 증상으로는 불안, 식욕 증진, (식욕이 늘었음에도) 체중 감소, 맥박이 빨라짐, 털의 윤기가 없어짐, 구토, 물을 많이 마심, 소변 양이 늘어남 등이 있다. 보호자가 알아차릴 수 있는 행동 변화로는 갑자기 활발해지고, 때로는 공격성을 띠기도 한다. 또 호르몬이 과다 분비되면 심장의 부하가 커지므로 심장 근육이 두꺼워지는 비대심근증이 생기기도 한다. 치료하지 않고 방치하면 고혈압의 원인이 되고, 신장 손상이 뒤따른다.

치료법으로는 항갑상선 약물 치료, 갑상선 제거 수술 또는 방사선요오드 투여가 있다. 방사선요오드라고 하면 무시무시하게 들리지만, 대부분의 경우 이 방법이 가장 좋은 치료법이다. 마취가 필요 없고, 한 번만 투여해도 갑상선의 호르몬 분비량을 정상으로 돌리기 충분하다. 또한 치유율도 아주 높다. 단점이라면 방사선요오드가 고양이의 몸에서 다 빠져나갈 때까지 1~2주일 정도 고양이를 격리시켜야 한다. 또한 퇴원 후 한동안은 동물병원에서 지시한 대로 고양이와 그 배설물을 특수한 방법으로 다루어야 한다. 동물병원에서 방사선 요법을 취급하지 않는다면 수술을 선택할 수 있다. 또 고양이의 심장이 손상되었거나 몸이 약한 상태라면 방사선 요법보다 수술이 더 나을 수 있다.

메티마졸(methimazole)이라는 항갑상선 약을 투여하는 치료법은 이 약물을 평생 투여해야 하는 것이 단점이다. 고양이용 약은 경피 흡수 제제이므로 귀 안쪽에 넣어 투여한다. 구토, 식욕 부진, 무력감 같은 부작용을 겪기도 한다. 항갑상선 약물을 투여받는 고양이는 정기적으로 검진을 해야 한다. 시간이 지날수록 투여량을 늘릴 필요가 있기 때문이다.

어느 치료법을 택할 것인지를 고민할 때 비용 문제가 중요할 수도 있다. 약물 투여는 처음에는 가장 경제적일지 몰라도 장기간 투여해야 하기 때문에 결국 비용이 많이 든다. 비용까지 생각한다면 대체로 방사선요오드 투여가 가장 좋다.

당뇨병Diabetes Mellitus

당뇨병은 췌장에서 인슐린을 충분히 분비하지 못할 때 발생한다. 인슐린은 순환계로 분비되어 몸 속 세포가 당을 에너지로 대사하게 만든다. 인슐린이 부족하면 혈중 당 농도가 올라간다. 이렇게 남아도는 당은 오줌으로 배설할 수밖에 없으므로 신장이 처리하게 된다. 그래서 혈중 당 농도가 높으면 오줌 양이 많아지고 목이 마르다.

몸 속 세포가 혈액 속 당, 즉 글루코스를 제대로 에너지로 바꾸지 못하므로 당뇨병에 걸린 고양이는 무기력해진다. 또한 식욕이 늘었음에도 체중은 오히려 감소한다. 고양이 당뇨병은 전 연령대에서 발병할 수 있지만 6세 이후에 특히 자주 발생한다. 고양이가 비만이어도 발병 위험이 크게 높아진다. 오랫동안 코르티코스테로이드(항염증효과가 있는 스테로이드계 약물의 총칭)나 프로게스틴(황체호르몬제)을 복용하는 고양이는 정기적으로 당뇨 검사를 받아야 한다.

동물의 몸은 혈액 속 당을 대사하지 못하면 조직을 소모하여 에너지를 만드는데, 이 과정에서 케톤(산)이 만들어져 혈액에 섞인다. 당뇨병이 여기까지 진행되면 고양이의 숨결에서 아세톤 냄새가 난다. 상태가 악화되면 호흡이 가빠지고, 결국 당뇨병성 혼수에 빠진다.

당뇨병은 피와 오줌 속에 당과 케톤이 있는지 여부를 검사하여 진단한다. 치료법은 당뇨병 증세에 따라 다르다. 탈수가 있고 전해질이 불균형하면 수액을 투여한다. 입원시킨 다음 인슐린을 주사로 투여하고 모니터링하면서 적절한 인슐린 용량을 가늠한다. 고양이가 퇴원하기 전에 동물병원에서 인슐린을 주사하는 법을 가르쳐줄 것이다. 고양이의 상태에 따라 인슐린 용량을 달리해야 하므로 고양이를 잘 관찰해야 한다. 주사를 놓을 자신이 없으면 한동안은 동물병원에 정기적으로 데려가 주사를 맞힌다. 어떤 음식을 먹여야 하는지도 병원에서 알려줄 것이다. 인슐린 주사를 놓지 않고 식생활 관리와 약 복용으로 당뇨를 관리할 수도 있다. 하지만 모든 고양이에게 적용할 수 있는 치료법은 아니다.

고양이가 과체중이라면 당뇨를 관리하기 위해 칼로리를 제한하는 식이요법을 써야 한다. 식이 습관은 아주 천천히 바꿔야 하기 때문에 수의사의 지시를 철저히 지키도록 한다. 식이섬유가 많이 든 음식은 혈중 글루코스 농도 조절뿐 아니라 체중 감소에도 도움이 된다. 먹이를 주는 시간은 인슐린 주사 시간과 일치해야 한다. 체내에서 필요한 인슐린 양은 어떤 음식을 먹느냐에 따라 달라지므로, 매일의 식사량과 음식 종류가 동일해야 한다.

당뇨병에 걸린 고양이를 집에서 돌보는 일은 지시사항을 잘 지키고 지속적으로 관심을 기울이기만 하면 비교적 쉬운 편에 속한다. 정기적으로 동물병원에 데려가 혈중 글루코스 농도를 검사하는 일을 잊지 않도록 한다.

순환계 질환

심장 이상을 알리는 징후

- 쇠약해짐
- 무기력해짐
- 잇몸이 창백하거나 푸른색임
- 사지가 차가움
- 구토를 함
- 심장에 잡음이 있음
- 절뚝이거나 마비됨
- 식욕이 없어짐
- 기침을 함
- 맥박이 불규칙함
- 호흡 곤란을 겪음
- 복강이 부어 있음
- 기절함
- 울부짖음
- 고개가 기울어짐

심근증Cardiomyopathy

심근증은 심장 근육이 효율적으로 기능하지 못하는 질병이다. 확장성 심근증(dilated cardiomyopathy)에 걸리면 심장 근육이 늘어나면서 가늘어지고 약해져 제대로 수축하지 못한다. 심방이 확장되어 피가 너무 많이 들어차게 된다. 확장성 심근증은 중년 또는 노년기 고양이에게 많이 나타난다.

타우린이라는 아미노산 결핍은 대표적인 확장성 심근증의 원인이다. 1980년대 타우린과 확장성 심근성의 연관성이 밝혀지면서 사료 제조업체들이 제품에 타우린을 첨가하기 시작했고, 덕분에 오늘날 확장성 심근증은 아주 드물다. 고양이에게 고양이 사료를 먹여야지 개 사료를 먹이면 안 되는 이유가 바로 이

것이다. 개 사료에는 타우린을 첨가하지 않는다.

확장성 심근증의 증상은 상당히 빨리 나타나며(며칠 이내), 호흡 곤란, 식욕 부진, 확연한 체중 감소, 쇠약, 불규칙한 맥박, 무력감 등이다. 호흡이 가빠지면 고양이는 공기를 더 많이 들이마시려고 목을 앞으로 쭉 빼는 동작을 자주 취한다.

비대성 심근증(hypertrophic cardiomyopathy)에 걸리면 좌심실 벽이 두꺼워져 좌심실 공간이 줄어든다. 따라서 심장으로 들어갔다가 나오는 피의 양이 줄어든다. 비대성 심근증은 타우린 결핍과는 관련이 없고, 갑상선 기능 항진증 또는 신부전에서 오는 고혈압이 한 원인이다. 증상으로는 식욕 부진, 활동 감소, 호흡 장애가 있으며, 돌연사하기도 한다. 심근증에 걸렸는지, 걸렸다면 어떤 유형인지를 진단하려면 심전도, 초음파, 방사선 촬영, 혈액 화학 분석 등의 검사가 필요하다.

심근증 치료는 심장에 걸리는 부하를 줄이는 것부터 시작한다. 증상에 따라 (체액 정체 현상을 해소하기 위해) 이뇨제, 디지털리스 약제, 기타 심장 기능을 향상시키는 약물을 투여한다. 심근증에는 대부분 염분을 제한하는 식사를 처방한다. 확장성 심근증인 경우 타우린 보충제를 처방하기도 한다.

부정맥Arrhythmia

정상적인 맥박에 변화가 생기는 질환이다. 원인으로는 전해질 불균형, 스트레스, 심장 질환, 특정 약물, 열, 저체온, 독성 물질 노출 등 여러 가지가 있다. 부정맥이 심해지면 돌연사할 수도 있다.

심한 설사나 구토가 이어지거나, 당뇨병이나 신장 질환이 있는 고양이는 핏속에 칼륨이 적어지는 저칼륨증이 오기 쉽고 이 때문에 부정맥을 유발할 수 있다. 갑상선 기능 항진증이나 심근증이 있거나 스트레스를 많이 받는 고양이는 심장이 정상보다 빨리 뛸 수 있다(빈맥, tachycardia). 정상보다 심장이 느리게 뛰는 증상은 '서맥(bradycardia)'이라고 하며, 원인은 여러 가지이지만 저체온증 때문일 수도 있다. 부정맥의 치료법은 주요 증상에 따라 달라진다.

심잡음Heart Murmur

심장을 통과하는 혈액 흐름이 정상적이지 않을 때 발생한다. 청진기를 대보면 심장이 뛰는 '두쿵두쿵' 소리 대신 이상한 잡음이 들린다. 심잡음은 1~6단계로 평가하며, 6단계가 가장 심각한 수준이다. 선천적인 기형이나 심장 질환 등 원인은 여러 가지이다. 다른 면에서는 건강한 고양이도 심잡음이 있을 수 있다. 다른 기저 상태와 연관성이 없어 보이는 사소한 심잡음은 동물병원에서 검진을 받을 때마다 나타날 수 있다.

심장사상충Heartworm

'내부 기생충' 항목에서 자세히 다루었다.

빈혈Anemia

빈혈은 몸 속 조직에 산소를 실어 나르는 적혈구 세포 수가 부족한 질환이다. 피를 많이 흘렸거나, 기생충에 감염되었거나, 독을 먹은 경우 빈혈이 발생할 수 있다. 콕시듐이나 갈고리충 같은 내부 기생충, 벼룩 같은 외부 기생충에 감염되면 다량의 피를 빨리게 된다. 특히 새끼고양이, 쇠약한 고양이, 나이 든 고양이는 벼룩에 감염되면 빈혈이 올 가능성이 높다.

고양이 백혈병이나 고양이 전염성 빈혈증 같이 골수 생성에 개입하거나 세포를 파괴하는 질환, 그리고 특정 독성이나 약물에 이상 반응을 일으키는 것도 빈혈을 유발한다. 잇몸이 창백하고, 몸이 쇠약해지고, 무력감과 식욕 부진이 생기고, 추위를 몹시 타는 것 등이 빈혈의 증상이다.

치료는 1차 원인에 따라 달라진다. 빈혈이 심하면 수혈을 하기도 한다.

동맥 혈전 색전증 Arterial Thromboembolism

핏덩어리, 즉 혈전이 동맥을 막아 피의 흐름이 차단되는 질환이다. 심장에 외상을 입었거나, 심근증이 있거나, 그 외 심장 질환이 있을 때 발생할 수 있다. 증상은 몸의 어느 부분이 영향을 받느냐에 따라 달라진다. 다리를 절거나 마비되기도 하는데, 이때 다리를 만져보면 차갑다.

동맥 혈전 색전증은 아주 고통스럽기 때문에 고양이는 쉴 새 없이 울부짖듯 울어댄다. 치료를 해도 효과가 없는 경우가 많다.

신경계 질환

신경계 이상을 나타내는 징후

- 불안정
- 균형을 잡지 못함
- 동공이 고정됨
- 반쯤 또는 완전히 의식을 잃음
- 발작을 일으킴
- 꼬리를 마구 휘두르거나 물어뜯음
- 구토함
- (꼬리 포함) 몸의 일부가 마비됨
- 쇠약
- 눈의 움직임이 비정상적임
- 호흡이 고르지 못함
- 심장 박동이 느림
- 피부 경련을 일으킴
- 갑자기 공격적으로 변함
- 머리를 한쪽으로 기울임
- 소변이나 대변을 찔끔찔끔 흘림

머리 부상 Head Injuries

흔히 고양이가 자동차에 치여서 생기는 경우가 많다. 그 외에도 나무나 창문에서 떨어지거나 어떤 물체와 충돌하여 머리에 상처를 입는다.

뇌는 두개골에 감싸여 있고 그 사이를 체액이 채우고 있다. 하지만 이렇게 완충 장치가 잘 되어 있어도 머리에 강한 타격이 가해지면 두개골이 부서져서 뇌가 손상될 수 있다. 또한 두개골이 골절되지 않아도 뇌 손상이 올 수 있다.

머리에 부상을 입으면 뇌가 부어올라 뇌에 압력이 가해질 수 있다. 치료하지 않고 두면 뇌 손상 및 사망에 이를 수 있으므로 바로 응급실로 가야 한다.

고양이가 머리에 충격을 받았다면 아무리 사소한 상황이라고 해도 병원에 데려가 검진을 받아야 한다. 머리에 타격을 받았는지 확실하지 않더라도 약해진 것 같거나, 걸음걸이가 이상하거나, 멍하거나, 눈의 움직임이 이상해졌거나 혹은 동공이 고정되었다면, 곧바로 동물병원으로 데리고 간다.

뇌가 부어올라 압력이 가해지는 증상은 사고가 있은 지 24시간 후에 나타난다. 부상이 얼마나 심한지에 따라 부기의 정도는 약함·중간·심함으로 나뉜다. 아무리 약한 압력이라도 심각한 상황이므로 반드시 병원에 데려간다. 조금이라도 지체했다가는 돌이킬 수 없는 뇌 손상을 입거나 사망에 이를 수 있다.

간질Epilepsy

발작이 계속해서 일어나는 질환으로 외상, 종양, 독성 물질 노출, 신부전, 저혈당증 등이 원인이다. 발작은 뇌 활동의 패턴이 비정상적이기 때문에 일어나며, 고양이보다는 개에게 더 흔하다.

수의학에서 간질은 알 수 없는 원인에 의한 발작을 두루 가리키는 용어가 되어가고 있다. 예를 들어, 신부전에 의한 발작은 기저 원인인 신부전을 호전시키면 치료할 수 있으므로 간질로 분류하지 않는다. 이 경우 페노바르비탈이나 바륨 같은 간질 치료약을 처방하는 것은 장기적으로 볼 때 소용이 없다.

뇌의 어느 부위가 영향을 받느냐에 따라 발작의 유형과 강도는 달라진다. 허공을 몇 초 동안 노려보는 정도의 가벼운 발작도 있지만 전신에 경련을 일으키며 기절하는 심한 대발작도 있다. 발작이 시작되기 전 고양이는 안절부절못한다. 그러다 발작이 시작되면 옆으로 쓰러지고, 온몸이 뻣뻣해지면서 사지가 꺾어지듯 부들부들 떨린다. 물어뜯거나 얼굴 근육이 씰룩거리기도 한다. 똥오줌을 싸거나 구토를 하는 경우도 흔하다. 고양이가 발작을 일으키면 수건으로 덮어주고, 몸부림치다 떨어지는 물건에 깔리지 않도록 보살핀다. 방을 어둡고 조용하게 해줘야 재차 발작이 일어나지 않는다. 어떤 발작이든 몇 분 이상 지속되면 바로 동물병원으로 데려가 검진을 받아야 뇌 손상을 막을 수 있다. 발작이 지나가면 고양이는 방향감각을 잃은 듯 행동하기도 한다. 간질을 치료하려면 1차 원인을 알아내는 것이 중요하다. 발작 자체는 약물로 제어할 수 있다.

고양이 감각과민증 Feline Hyperesthesia Syndrome

'롤링 스킨병(rolling skin disease)'이라고도 하며, 5세 미만의 고양이에게 많이 발생하지만 나이 든 고양이에게도 생길 수 있다. 원인은 알려지지 않았지만, 불안한 환경하에서 신경전달물질의 기능 부전으로 보는 전문가도 있다.

감각과민증이 있는 고양이는 만지기만 해도(특히 등뼈에서 꼬리까지의 부분을 만지기만 하면) 몹시 과민해진다.

이 증후군이 있으면 그루밍을 과도하게 해 때로 털이 벗겨질 때까지 그루밍을 하기도 한다. 피부를 씰룩이고 꼬리를 마구 휘두르며, 갑자기 마구 뛰어다니는 행동을 보이기도 한다. 갑작스러운 행동은 피부가 약간 씰룩이는 것에서 발작을 일으키는 것까지 정도도 다양하다. 어떤 고양이는 공격적이 되어 동료 고양이나 심지어 보호자를 공격하기도 한다. 이외에도 동공이 확장되고, 목청이 커지고, 꼬리를 물어뜯고, 등이나 꼬리 밑동을 만지면 예민하게 반응하는 등의 증상을 보인다. 불안감을 자극하는 환경에 살거나 만성 불안에 시달리는 고양이는 고양이 감각과민증이 생길 가능성이 높다.

고양이 감각과민증을 진단하기에 앞서, 척추 이상, 간질, 관절염, 농양, 암, 부상, 피부 질환 같은 기저 원인이 없는지부터 검사해야 한다.

고양이 감각과민증은 항불안 또는 항우울증 약을 투여하면 치료 효과가 있다. 불안감의 원인을 없애는 것도 중요하다. 긍정적인 자극이 많고, 에너지를 발산할 수 있으며, 재미를 느낄 수 있는 환경을 만들어 주도록 한다.

말초성 전정기능 장애Peripheral Vestibular Dysfunction

전정계(vestibular system)는 머리의 움직임을 감지해 몸의 균형을 유지하는 역할을 한다. '내이(labyrinth)'는 귀에 있는 뼈의 일부로 평형감각에 없어서는 안 되는 부위다. 이 부분에 염증이 생기거나 손상되면 말초성 전정기능 장애가 발생한다. 중이나 내이가 감염되어도 발생한다.

증상으로는 균형 감각 소실, 제자리에서 빙빙 돌기, 머리 기울이기, 구토, 눈의 움직임이 비정상적으로 빠른 '안구진탕증'이 있다. 치료법은 기저 원인에 따라 다르다. 말초성 전정기능 장애를 방치하면 영구 손상이 올 수 있으므로, 조기에 치료하는 것이 중요하다.

척추 손상Spinal-Cord Injuries

높은 곳에서 잘못 떨어지거나 차에 치이는 것이 척추 손상의 가장 흔한 원인이다. 고양이가 제대로 서거나 걷지 못한다면 척추 손상의 가능성이 있으니 아주 조심해서 동물병원에 데려가야 한다. 척추가 더 손상되지 않도록 평평한 판자 또는 담요를 들것처럼 사용해 고양이를 옮겨야 한다.

고양이의 꼬리는 물체에 치이거나 깔리기 쉬우며, 이때 고양이가 꼬리를 빼다가 척추가 분리되기도 한다. 척추가 분리되면 꼬리가 마비되고 신경이 손상되며 방광과 직장의 기능이 소실된다. 꼬리가 축 처진 것 빼고는 괜찮아 보인다 하더라도 당장 동물병원으로 데려가서 (일시적이든 영구적이든) 방광 손상이 없는지 확인해야 한다. 척추 손상 치료는 손상의 정도에 따라 달라진다.

척추갈림증Spina Bifida

맹크스 고양이에게 흔한 선천성 결손으로, 등 아래쪽의 뼈가 기형인 질환이다. 엉치뼈와 고리뼈가 정상적으로 형성되지 못한 것이다. 기형이 심하면 뒷다리를 제대로 움직이지 못하거나 배설이 어려워진다. 척추갈림증이 있는 고양이는 변비가 생기지 않도록 돌보는 것도 중요하다.

생식계 질환과 신생아 질환

생식계 이상을 나타내는 징후

- 발정기가 아닌데 질 분비물이 있다.
- 잠복 고환
- 음문이 붓거나 염증이 있다.
- 압통 또는 통증이 있다.
- 가슴께가 붓거나, 압통이 있거나, 붉다.
- 열이 난다.
- 사람이 만지는 것을 싫어한다.
- 식욕이 없다.
- 오줌 양이 많아진다.
- 발정 간격이 비정상적이다 .
- 음경에 분비물이 있다.
- 고환이나 음경이 붓거나 염증이 있다.
- 악취가 난다.
- 음경이나 음문을 자주 핥는다.
- 혹이나 덩어리가 있다.
- 구토한다.
- 불안정하거나 무력감을 나타낸다.
- 물을 많이 마신다.

질염Vaginitis

질이 감염되어 염증이 생기는 질염은 분비물을 동반한다. 치료하지 않고 방치하면 방광에까지 염증이 퍼질 수 있다. 보호자가 가장 흔히 목격하는 증상은 고양이가 계속해서 음문을 핥는 행동이다. 질염은 국소용 약물로 치료한다.

유선 종양Mammary Tumors

유선 종양은 고양이에게 비교적 흔하다. 주로 암고양이에게 발생하지만 수고양이에게도 나타난다. 악성 유선 종양, 즉 유방암은 나이 든 고양이에게 가장 많이 나타난다. 유방을 절제하여 치료하며, 재발율이 높기 때문에 수술 후에도 정기적으로 검진을 받아야 한다. 첫 번째 발정이 오기 전에 중성화 수술을 하면 유선 종양이 발생할 확률은 거의 0퍼센트가 된다.

낭성자궁내막증식Cystic Endometrial Hyperplasia

자궁벽, 즉 자궁내막의 조직이 두꺼워져 낭종(물혹)이 생기는 질환이다. 새끼를 배지 않고 발정만 계속하는 암고양이에게 잘 나타난다. 난포가 에스트로겐을 과다 분비하면 낭종이 생기기 쉽다. 낭성자궁내막비증식은 눈에 띄는 증상이 거의 없다. 낭성자궁내막증식을 예방하는 가장 좋은 방법은 중성화 수술이다.

자궁염Metritis

자궁 내벽에 염증이 생기는 것으로 비위생적인 환경에서 출산하거나 출산 시 산도에 외상을 입은 것이 주요 원인이다. 소독을 제대로 하지 않고 유산이나 인공 수정을 하는 것도 자궁염의 원인이 될 수 있다.

증상으로는 복부 팽만, 냄새가 고약한 질 분비물 배출, 분비물에 고름이나 피가 섞임, 열, 식욕 부진, 새끼를 돌보지 않음, 젖이 잘 나오지 않음, 우울증 등이 있다. 자궁염은 심각한 질환이므로 반드시 병원에 데려가야 하며 수액을 주사해야 할 수도 있다. 항생제를 투여해 치료한다. 자궁염에 걸린 어미고양이의 젖은 감염되어 있고 치료 중이라면 항생제가 섞여 있을 수 있으니 이 경우 새끼고양이는 보호자가 돌보는 편이 낫다.

자궁축농증Pyometra

자궁에 고름이 가득 차는 질환으로 생명이 위험할 수 있다. 개방형과 폐쇄형 두 가지로 나뉜다. 개방형은 고름이 분비물 형태로 배출된다. 폐쇄형은 고름이 배출되지 않고 자궁 속에 축적되므로 아주 위험한 독성을 띠게 된다.

자궁축농증에 걸리면 복부가 팽창하고 딱딱해지며, 입맛을 잃고, 분비물이 나오며(개방형의 경우에만), 물을 많이 마시고 오줌 양이 많아지며, 구토를 한다(폐쇄형).

자궁축농증은 고양이의 생명을 앗아가는 질환이니 바로 동물병원으로 가야 한다. 자궁 절제술로 치료한다.

상상 임신(위임신)False Pregnancy

개에게 더 흔한 편이지만 배란기에 난자가 수정되지 않은 고양이에게도 나타난다. 흔한 증상으로는 고양이가 새끼를 돌볼 보금자리를 만드는 행동을 보인다. 유방이 발달하는 경우도 있다. 상상 임신 자체는 치료가 필요하지 않지만, 자연 유산의 가능성이 있으므로 검진을 받아보는 것이 좋다. 상상 임신 행동을 자꾸 보이는 고양이는 중성화 수술을 해줘야 한다.

유방염Mastitis

유선 한 개 또는 여러 개에 박테리아가 감염되어 생기는 질환이다. 유방에 상처가 나면 박테리아가 유선으로 침투할 수 있다. 새끼고양이가 젖을 먹다가 어미의 유방을 발톱으로 할퀴어 생기기도 한다. 유방염에 걸린 유두에서 나오는 젖은 독성을 띠며 그 젖을 먹는 새끼고양이도 감염된다.

유방이 붓거나, 뜨끈뜨끈하거나, 쓰라려 하거나, 붉은색이면 유방염일 가능성이 있다. 몸에 열이 나거나 입맛을 잃기도 한다. 젖은 정상적으로 보일 수도 있고 그렇지 않을 수도 있다. 이런 증상이 보이면 즉시 새끼고양이를 어미에게서 떼어내 보호자가 새끼고양이용 분유를 먹여 키워야 한다. 유방염은 항생제를 써어 치료한다. 또한 하루에 여러 번 따뜻한 물에 적신 천으로 유방을 조심스럽게 압박해 줘야 한다.

자간Eclampsia

수유 중에는 칼슘이 많이 필요하므로, 혈청 칼슘 농도가 낮으면 자간이 생길 수 있다. 한배에 낳은 새끼 수가 많으면 발생할 가능성이 높아진다.

자간은 근경련으로 이어진다. 처음에는 호흡이 빨라지고, 불안해하며, 잇몸이 창백해지고, 제대로 걷지 못하며, 열이 위험 수준으로 치솟는다. 얼굴 근육이 굳고 이빨이 드러난다. 더 진행되면 몸 전체 근육이 경련하다가 마비된다.

자간은 응급상황이므로 발견 즉시 동물병원으로 데려가 칼슘 대체 요법으로 치료해야 한다. 그동안 새끼고양이는 고양이용 분유를 먹인다.

응급상황이 해소되면 비타민·미네랄 보충제를 투여한다. 수유는 금지한다.

새끼고양이 사망증후군 Kitten Mortality Complex

갓 태어난 새끼고양이의 다양한 감염증, 질환, 그 외 새끼고양이가 사망에 이르는 상태(예 : 저체중)를 두루 일컫는 용어이다.

갓 태어난 새끼고양이는 생후 2주까지가 가장 위험한 시기이다. 이때가 가장 사망률이 높다. 일단 어미의 자궁에서 병에 감염되었을 가능성이 있다. 선천적 결손도 사망률에 영향을 미친다. 또 새끼고양이는 스스로 체온을 조절하지 못하므로 주변 환경이 따뜻하지 않으면 저체온증이 올 수 있다. 저혈당과 탈수 역시 이 시기의 새끼고양이에게 위험한 요소이다. 주변 환경이 비위생적이어도 질병에 걸릴 확률이 높아진다. 출생 중에 부상을 입거나, 어미의 젖이 부족하거나, 어떤 이유에서 어미가 새끼를 온전히 보살펴 주지 못할 수도 있다. 어미고양이라고 모두 새끼고양이에게 무엇이 필요한지 다 알고 있지는 않다. 자기 새끼를 거부하는 어미고양이도 있다.

어미의 젖이 부족한 것은 새끼고양이 사망증후군의 흔한 원인이다. 새끼의 수가 많거나 어미가 충분한 영양을 섭취하지 못했기 때문이다.

새끼고양이 허약증후군Fading Kitten Syndrome

일반적으로 선천적 결손이 원인으로 어미고양이가 임신 중에 충분한 영양을 공급받지 못했기 때문에 발생한다. 출생 시 외상이나 감염도 원인이 된다. 갓 태어난 새끼고양이가 살기 힘들 것 같다면 즉시 동물병원에 연락한다. 치료법은 새끼고양이의 연령과 발병 원인 및 정도에 따라 달라진다.

탈장Hernia

복벽에 구멍이 생기는 질환으로, 고양이의 배를 만져보면 탈장 부위가 볼록 튀어나와 있다. 감촉은 말랑말랑하며, 손으로 누르면 밀려들어갔다가 다시 나온다. 밀려들어가지 않거나, 감촉이 딱딱하거나, 주위가 부어 있거나, 고양이가 아파한다면 해당 조직에 피가 통하지 않는다는 징후일 수 있으니 곧장 동물병원으로 달려가야 한다.

탈장 중에서는 배꼽 탈장이 가장 흔히 나타난다. 배꼽 탈장은 6개월 안에 없어지지 않으면 수술로 없앨 수 있으며, 대개 중성화 수술을 할 때 함께 진행한다. 고양이에게 중성화 수술을 시키지 않을 생각이라면 고양이가 생후 6개월이 되기까지 배꼽 탈장 수술을 해줘야 한다. 탈장이든 아니든, 고양이의 배에 볼록한 것이 만져진다면 수의사의 진단을 받도록 한다.

출산 관련 감염

배꼽 감염 새끼고양이의 배꼽에 염증이 있고 고름이 흘러나오는 증상으로, 탯줄을 너무 바짝 자르거나 출산 환경이 비위생적이면 생길 수 있다.

탯줄을 너무 바짝 잘랐다면 탯줄 부위를 소독하고 항생제 연고를 발라준다. 또 어미가 탯줄 부위를 핥으면 배꼽 감염이 생길 수 있으므로 어미가 핥지 못하도록 해야 한다. 바짝 자른 탯줄 부위를 올바르게 관리하는 방법을 모른다면 수의사에게 자문을 구한다. 이미 감염이 되었다면 치료해야 한다.

독성 모유 증후군Toxic Milk Syndrome 어미의 유방에 유방염 같은 질환이 생기면 젖이 독성을 띤다. 시중에서 판매되는 분유의 경우도 상하거나 제조

방법이 비위생적이면 독성을 띠게 된다. 새끼고양이가 과도하게 울거나, 설사를 하거나, 배가 너무 부풀어 있다면 독성 모유 증후군일 수 있으며, 그대로 두면 패혈증이 올 수 있다.

증상이 의심되면 새끼고양이를 어미에게서 바로 떼놓는다. 어미가 감염되었다면 즉시 수의사의 치료를 받고, 새끼는 수의사가 다시 어미 젖을 먹어도 괜찮다고 판단할 때까지 분유를 먹여 키운다. 새끼의 설사와 탈수 증상도 치료하고 증상에 따라 항생제를 주사하기도 한다.

패혈증Septicemia 감염원이 탯줄을 타고 혈류로 들어가서 생기거나, 어미의 젖이 박테리아에 감염되었을 때 생기는 감염증이다. 생후 2주 이하의 새끼고양이에게 나타난다.

패혈증에 걸린 새끼고양이는 지나치게 많이 울고, 배가 빵빵하게 부풀며, 배설을 잘 하지 못한다. 변비와 비슷한 듯하지만 배가 짙은 적색이나 청색을 띤다. 패혈증이 심해지면 젖을 먹지 않고, 체온이 떨어지며, 체중이 감소하고, 탈수 증상을 보인다.

치료를 하려면 기저 원인을 찾아야 한다. 어미의 젖이 감염되었기 때문이라면 새끼를 어미에게서 떼놓고 어미와 새끼를 모두 치료한다. 새끼의 설사와 탈수 증상도 치료해야 한다.

불충분한 모유 새끼고양이들이 배고파 보이거나, 과도하게 울거나, 어미가 제대로 보살피지 않는 것 같다면(새끼를 처음 낳은 어미에게서 볼 수 있다), 모유양이 부족하기 때문일 수 있다. 수의사와 상의하여 분유를 먹일지 결정한다.

감돈포경Paraphimosis

감돈포경은 음경 포피가 젖혀진 후 원래 위치로 돌아오지 못하는 증상으로, 음경 주위에 털이 자라나 고리 모양을 형성하는 것이 가장 흔한 원인이다. 짝짓기 후에 긴 털이 음경에 끼여 포피가 제자리로 돌아오지 못하기도 한다.

감돈포경 상태가 되면 음경이 금방 부풀어올라 고통스럽기 때문에 바로 동물병원 응급실로 달려가야 한다. 집에서 치료하려면 포피를 부드럽게 젖히고 끼어 있는 털을 제거한다. 음경 끝을 약하게 잡고 음경 가시에 털이 얽혀 있지 않은지 살핀다. 윤활제를 음경에 바른 다음, 아주 조금씩 포피를 밀어 음경을 덮도록 한다. 그래도 포피가 제자리로 돌아오지 않는다면 동물병원으로 가야 한다. 털을 제거하려는 동안 고양이가 가만히 있지 않거나 불안해한다면, 바로 동물병원으로 간다.

음경의 가시에 털이 얽혀 있으면 염증이 생기고 감염으로까지 이어질 수 있다. 음경에 염증이 생겼거나 분비물 혹은 악취가 있다면 치료를 받아야 한다.

포피가 제자리로 돌아왔어도 앞서 언급한 증상이 있거나 고양이가 음경을 자꾸 핥는다면 수의사에게 보여야 한다.

고양이가 수고양이고 짝짓기를 할 예정이라면 짝짓기 전에 음경 주변의 긴 털을 정리해 이를 예방한다.

잠복고환(불강하고환)Cryptorchid Testicles

수고양이는 태어날 때부터 고환 두 개가 음낭으로 내려와 있어야 한다. 고환이 한 개 또는 두 개 모두 내려오지 않았다면 잠복고환이다. 잠복고환인 고양이는 중성화 수술을 해야 하며 짝짓기를 시켜서는 안 된다. 잠복고환을 그대로 두면 종양으로 발전할 수 있다.

수컷 불임Cryptorchid Testicles

수고양이를 너무 자주 교배시키면(1주일에 세 번 이상) 정자 수가 적어질 수 있다. 반면 너무 뜸하게 교배시켜도 정자 수가 적어지기도 한다.

양쪽 고환이 모두 잠복고환인 고양이는 불임일 가능성이 있다. 한쪽만 잠복고환이면 불임이 아닐 수 있지만 교배시켜서는 안 된다.

연령, 비만, 영양 불량, 그 외 질환도 불임의 원인이 될 수 있다. 수컷 얼룩고양이와 삼색고양이는 유전학상 거의 모두 불임이다. 수컷 불임은 임상 검사, 병력 조사, 신체검사 등을 통해 기저 원인을 밝혀내 진단하며, 치료법은 사례에 따라 다르다.

암컷 불임 Female Infertility

암컷 불임은 난소에 낭종이 있거나 비정상적인 발정기 등이 원인이다(특히 나이 든 고양이인 경우). 발정기가 비정상적인 것은 햇빛을 충분히 받지 못하기 때문일 수 있다(햇빛은 발정기를 시작하게 하는 요인이다). 낭종을 제거하려면 수술해야 하고, 발정기를 정상적으로 돌리려면 원인에 따라 다른 치료법을 적용한다. 햇빛 부족이 원인이라면 햇빛을 쬐는 시간을 하루에 최소한 12시간으로 늘려준다.

전염병

바이러스성 질환 Viral Diseases

고양이 바이러스성 비기관지염(Feline Viral Rhinotracheitis, FVR) 고양이 바이러스성 비기관지염은 허피스(herpes) 바이러스가 유발하는 질환이다. 고양이의 호흡기 질환 중 가장 위험하며 새끼고양이에게는 치명적이다. 침, 코나 눈의 분비물과 직접 접촉하거나 이 바이러스에 감염된 고양이와 같은 화장실이나 물그릇을 쓰면서 전염된다. 반려동물 호텔이나 고양이가 여러 마리인 가정에서 위생 상태가 좋지 못하거나, 환기가 적절하지 않거나, 스트레스가 심하거나, 영양 불량이거나, 공간에 비해 동물 수가 너무 많을 때 발생하기 쉽다.

증상으로는 열이 먼저 나고, 뒤이어 재채기와 기침이 나며, 눈과 코에서 분비물이 나온다. 눈에 염증이 생기면서 궤양으로 발전하고, 결국 눈꺼풀이 붙어 눈을 뜨지 못한다. 진한 분비물 때문에 코가 완전히 막혀버려 입으로 숨을 쉬게 된다. 침을 흘리고, 입에 궤양이 생겨서 먹이를 먹는 것이 몹시 고통스러워지므로 체중이 줄어든다. 궤양이 생기지는 않더라도 코가 막혀서 냄새를 맡지 못하기 때문에 식욕이 떨어진다. 이 경우 먹이를 살짝 데워 주면 냄새가 강해지므로 입맛을 돋우는 데 도움이 된다.

치료에는 항생제, 눈 연고, 링거, 영양 보충 등의 방법을 쓴다. 코와 눈의 분비물은 탈지면에 물을 묻혀 바로 닦아준다. 코가 갈라진 부위에는 베이비오일을 약간 발라준다. 고양이 바이러스성 비기관지염을 심하게 앓고 나면 이후에도 고양이가 감기에 잘 걸리게 된다. 매년 백신을 접종하면 고양이 바이러스성 비기관지염을 예방하는 데 도움이 된다.

고양이 백혈병(Feline Leukemia Virus, FeLV) 극히 전염성이 강한 바이러스성 질환으로 바이러스는 골수에서 성장하고, 분비물을 통해 전염된다. 고양이 백혈병 바이러스에 양성 반응을 보이면 면역계가 억제되어 다른 질환 및 고양이 백혈병이 유발하는 암에 몹시 취약해진다.

주로 타액으로 전파되므로, 식기를 같이 쓰거나 서로 핥아주는 과정에서 전염된다. 교미를 하거나 싸우다가 물리는 것으로도 전염된다. 새끼고양이는 어미의 자궁 속에서 또는 감염된 젖을 먹고 걸리는 경우가 많다.

증상은 보이지 않으면서 바이러스를 보유한 보균자 고양이도 있고, 고양이 백혈병에 노출된 후 면역력이 생긴 고양이도 있다. 이를 1차 바이러스 혈증이라 하는데, 바이러스가 혈액과 타액에 있지만 항체 때문에 병이 진행되지 않는 상태를 뜻한다.

2차 바이러스 혈증은 바이러스가 고양이의 혈액과 타액에 계속해서 존재하는 상태를 의미하며, 이때 바이러스가 면역계를 장악해 각종 병에 취약해지며 고양이 백혈병이 유발하는 질환이 발병하면 생명이 위험할 수 있다.

고양이 백혈병의 첫 징후는 대체로 비슷해서, 발열, 체중 감소, 우울감, 대변의 변화, 구토 같은 증상이 나타난다. 또한 빈혈 때문에 잇몸이 창백해지기도 한다. 면역 억제 때문에 다른 질환이 발생하면 그에 따라 증상이 달라진다.

고양이 백혈병 검사를 받는 것이 좋다. 검사는 두 종류가 있는데, 그중 효소면역 측정법(ELISA)는 1, 2차 바이러스 혈증을 모두 탐지할 수 있다.

증상을 완화하고 되도록 생명을 연장시키기 위해 항생제, 비타민 보충제, 링거 요법, 항암제를 주로 쓰지만, 보호자와 수의사는 고양이의 삶의 질에 대한 윤리적 문제를 고민할 필요가 있다. 항암제를 투여하면 큰 고통을 주므로, 고양이가 그런 고통을 견뎌야 하는지를 고려해야 한다. 고양이가 여러 마리라면 치료 중인 고양이가 다른 고양이에게 바이러스를 전파한다는 점도 생각해 보아야 한다.

고양이가 바이러스에 노출되기 전에 고양이 백혈병 검사를 해 이를 예방하는 것이 좋다.

집에 고양이 백혈병 양성 고양이가 있다면 집 안을 소독하고 화장실과 식기를 모두 교체하고, 다른 고양이들에게 고양이 백혈병 검사를 받게 한다.

고양이가 고양이 백혈병 양성이었고 최근 사망했다면, 다른 고양이를 들이기 전에 집 안을 소독하고, 화장실과 식기를 버린 다음, 최소한 한 달은 기다려야 한다.

고양이 백혈병에 저항하는 백신은 몇 가지가 있으므로, 수의사와 상의하여 고양이의 위험 요소에 따라 적절한 백신을 선택한다.

백신 접종을 했다 하더라도 고양이가 고양이 백혈병을 보유했을 듯한 고양이(즉, 길고양이나 보호자를 알 수 없는 고양이)에게 물렸다면 고양이 백혈병 검사를 받아야 한다. 어떤 백신도 질병을 100퍼센트 예방하지는 못하기 때문이다.

고양이 면역부전 바이러스 (Feline Immunodeficiency Virus, FIV) 이 질환은 1980년대 미국 캘리포니아에서 처음 확인되었다. 사람의 에이즈바이러스(HIV)와 관련이 있지만, 고양이 면역부전 바이러스는 사람에게 영향을 미치지 않으며 마찬가지로 HIV는 고양이에게 영향을 미치지 않는다.

고양이 면역부전 바이러스는 물린 상처를 통해 타액에 의해 감염된다. 따라서 밖에서 싸움을 자주 하게 되는 수컷 외출고양이가 걸릴 확률이 가장 높다. 단순히 접촉하는 것만으로는 전파되지 않는다고 한다.

고양이 면역부전 바이러스 때문에 생기는 면역 억제는 빈혈, 감염, 백혈구 수 감소 등 고양이 백형별으로 인한 면역 억제와 구분하기 어렵다. 고양이 면역부전 바이러스의 증상은 감염 경로에 따라 다양하다. 치은염, 치주염, 구내염은 비교적 흔히 나타나며, 먹이를 먹기가 어려워지기 때문에 극심한 체력 소모를 유발한다. 피부 감염, 빈혈, 방광 감염, 눈과 귀 감염, 설사, 호흡기 감염 또한 발생할 수 있다. 어떤 질병의 회복이 더딘 것도 고양이 면역부전 바이러스를 의심할 수 있는 중요 단서이다.

HIV와 마찬가지로 고양이 면역부전 바이러스에는 몇 단계가 있다. 먼저 고양이 면역부전 바이러스에 노출된 후 열이 나고 임파선이 커지는 급성 단계가 시작된다. 그 후에는 오랜 기간 증상이 없이 보균자 상태로 지내다가 AIDS와 비슷한 최종 단계로 접어든다. 이 단계가 되면 면역계가 더 이상 제 기능을 발휘하지 못하기 때문에 각종 치명적인 감염병에 저항할 수 없게 된다.

몇 가지 검사를 통해 진단할 수 있지만, 확진을 하려면 추가 검사를 하기도 한다. 치료는 감염 증상에 따라 지지요법(증상을 경감시키는 치료 - 편집자주)을 쓰기도 한다.

FIV 양성이라고 해도 고양이가 바로 죽는 것은 아니다. FIV 양성 고양이도 건강한 상태라면 몇 달, 심지어 몇 년을 더 살기도 한다. 하지만 고양이에게 FIV 양성 진단이 내려지면 철저히 실내 생활을 시켜야 하며, 새 고양이를 집에 데려오지도 말아야 한다.

FIV를 예방하는 유일한 방법은 고양이가 바이러스에 노출되지 않도록 실내에서만 키우는 것이다. 바이러스에 노출시키지 않는 것이야말로 최고의 예방법이다.

FIV 음성인 고양이를 외출고양이로 키우고 싶다면 중성화 수술을 해 다른 고양이들과 싸우는 횟수를 줄이고, 다른 백신을 기한 내에 모두 접종시키며, 평소와 달라진 점이 없는지 늘 살펴야 한다.

FIV 백신이 몇 년 전에 개발되어 승인을 받았지만, 그다지 추천하지는 않는다. 백신을 접종받은 고양이는 항체검사에서 양성으로 나타나며 백신을 접종받아도 FIV가 100퍼센트 예방되지는 않는다.

고양이 범백혈구 감소증Feline Panleukopenia '고양이 홍역' 또는 '고양이 전염성 장염'이라고도 하는데, 전염성이 매우 강하고 치사율이 높다. 모든 연령대의 고양이에게 나타나지만 특히 새끼고양이의 주요 사망 원인이다. 새끼고양이는 자궁 속에서 또는 어미의 젖으로 인해 고양이 범백혈구 바이러스에 감염된다.

감염된 고양이와 직접 접촉하거나 그 분비물에 접촉하면 감염된다. 감염된 고양이는 배설물로도 이 바이러스를 전파한다. 감염된 고양이의 피를 빤 벼룩이 다른 고양이에게 바이러스를 옮기기도 한다.

고양이 범백혈구 감소증 바이러스는 극한·극냉의 온도에도 생존하며 외부 환경에서도 1년 이상 견딜 수 있다. 따라서 감염된 고양이를 돌보거나 치료하는 사람이 다른 고양이에게 바이러스를 퍼뜨리지 않으려면 희석한 표백제로 철저히 소독하고 세척하는 것이 중요하다.

고양이 범백혈구 감소증의 징후는 다양하지만 흔히 나타나는 증상은 발열과 구토이다. 복부 통증 때문에 등을 구부리는 자세를 취하기도 하며, 물그릇 앞에서 머리를 축 늘어뜨리고 앉아 있기도 한다. 물을 마시거나 먹이를 먹더라도 곧장 토해낸다. 노란빛이 도는 설사를 하고, 때로 피가 줄무늬처럼 섞여 있다. 털은 윤기를 잃고, 안아 올리려 하면 복부 통증 때문에 울부짖는다.

고양이 범백혈구 감소증 바이러스는 이름 그대로 고양이의 백혈구를 공격한다. 건강한 백혈구 수가 감소하면 2차 감염에 취약해진다.

증상이 나타나고 고양이를 동물병원에 빨리 데려갈수록 고양이가 생존할 확률이 높아진다. 항생제, 수액 정맥 주사, 영양 보충 등으로 치료하며, 생존한 고양이는 추후 감염에 대해 면역성을 갖게 된다. 가장 좋은 예방법은 백신 접종이다. 고양이 범백혈구 감소증의 백신은 예방 효과가 아주 높다.

고양이 범백혈구 감소증이 발병했던 장소는 표백제를 물로 희석해 철저하게 세척하고 소독해야 한다. 소독이나 세척이 불가능한 것들은 모두 버린다.

고양이 전염성 복막염Feline Infectious Peritonitis(FIP) 코로나바이러스의 변종 바이러스가 원인으로 분비물과 직접 접촉하면 전염된다. 감염된 고양이와 접촉하거나, 감염된 고양이의 분비물이 묻은 화장실, 밥그릇, 침구, 장난감과 접촉하면 감염된다. 반려동물 호텔이나 고양이가 너무 많은 가정에서 발생할 확률이 높으며, 영양부족 상태의 고양이, 새끼고양이, 이미 다른 질환을 앓고 있는 고양이 역시 고양이 전염성 복막염을 앓을 가능성이 높다.

세 살 이하의 고양이에게서 가장 흔히 나타나며, 고양이 전염성 복막염은 목숨을 잃을 수 있는 치명적인 질환이다. 드물지만 이 바이러스에 감염되어도 가벼운 호흡기 질환만 앓고 회복된 다음 다른 증상 없이 바이러스만 보유한 보균자가 되는 고양이도 있다.

고양이 전염성 복막염은 '삼출형(습성)'과 '비삼출형(건성)'의 두 가지 형태가 있으며, 두 종류 모두 생명이 위험하다. 삼출형 고양이 전염성 복막염은 가슴이나 복부에 삼출물(예 : 진물이나 고름)이 축적되므로, 숨을 쉴 때 폐가 확장되지 않아 호흡 곤란 증상이 나타난다. 복부에 삼출물이 차면 배가 부풀어 건드리기만 해도 통증을 느낀다. 그 외에 발열, 식욕 부진, 설사, 빈혈, 구토 등의 증상을 보인다. 황달이 나타나기도 한다. 삼출형 고양이 전염성 복막염이 발병하면 대개 2개월 내에 사망한다.

비삼출형은 삼출물이 생기지는 않으나 뇌, 간, 신장, 췌장, 눈 같은 장기를 손상시키므로 간부전, 신부전, 신경 질환, 망막 질환, 시력 소실, 췌장 질환 등의 증상이 나타난다. 비삼출형 고양이 전염성 복막염은 발병 후 수개월까지 생존할 수 있다. 밖으로 드러나는 증상은 식욕 부진, 체중 감소, 코 색깔이 옅어짐, 눈꺼풀 안쪽의 황달, 털결이 거칠거나 윤기가 없어짐, 열이 계속 나는 현상 등이 있지만 초기에는 알아차리기가 쉽지 않다.

불행하게도 항생제와 항염증제로 증상을 완화하는 지지요법 외에는 치료법이 없다. 또한 이 질환에 감염된 고양이가 생존할 확률도 몹시 낮다.

고양이에게 영양가 높은 급식을 하고, 동물병원에 정기적으로 데려가 검진을 받고, 백신 접종을 철저히 하여 건강하게 키우는 것이 최선의 예방책이다. 벼룩, 기생충, 가벼운 재채기나 코 훌쩍임 등 아무 관련 없어 보이고 가벼운 증상이라도 그냥 넘기지 말고 바로 진찰을 받게 한다. 고양이가 사는 환경을 정기적으로 소독하는 것도 중요하다. 고양이가 많은 가정이라면 물 1갤론(약 3.8리터)에 표백제 반 컵(약 120밀리리터) 정도의 비율로 희석한 소독액으로 집 안을 철저히 소독한다.

고양이 칼리시바이러스Feline Calicivirus(FCV) 코나 눈의 분비물, 침과 접촉해 전염된다. 또한 이 바이러스에 감염된 고양이의 식기나 화장실을 같이 써서 전염되기도 한다.

초기 증상으로는 눈과 코의 분비물, 발열, 재채기 등이 있다. 병이 진행되면 입과 혀에 궤양이 생겨 침을 흘리고, 먹이를 먹지 못하며, 체중이 감소하고, 호흡 곤란이 심해진다.

항생제와 항염증제를 써서 치료하며, 집에서는 탈지면에 물이나 생리식염수를 적셔 코와 눈의 분비물을 꾸준히 닦아준다. 코가 헌 부분에는 베이비오일을 약간 발라줘도 좋다. 칼리시바이러스는 여러 변종이 있으며, 그중에는 위험한 변종도 있다. 고양이 칼리시바이러스는 예방 백신이 개발되어 있다.

광견병Rabies 광견병 바이러스에 감염된 동물에게 물리면 전염되는 치명적인 질환이다. 동물의 타액에 존재하는 이 바이러스는 물린 상처를 통해 몸속으로 들어가 중추신경계를 따라 뇌에 이른다. 잠복기는 2주에서 몇 달 정도이며, 물린 상처가 뇌에 얼마나 가까운지, 그리고 바이러스가 중추 신경계에 침투하기까지 얼마나 걸리는지에 따라 다르다.

광견병에는 광폭형과 마비형 두 가지가 있고, 감염된 동물에 두 가지 증상이 모두 나타나기도 한다. 마비형은 사망에 가까워질 때 나타나지만 광폭형 기간 중에 발작이 일어나 마비형이 미처 발생하기도 전에 죽기도 한다.

광견병에 걸린 고양이는 안절부절못하고 신경질적이 되거나 짜증을 낸다. 빛이나 큰 소리에 민감해지기도 한다. 은신처를 찾아 그 속에만 들어박혀 있는다. 이런 증상이 며칠간 계속되다가 광폭형으로 발전한다.

광폭형 단계는 하루에서 1주일 정도 지속된다. 이때 고양이는 공격적으로 변해 허공이나 가상의 목표물을 물어뜯는다. 사람이나 동물이 다가가면 갑자기 달려들어 물어뜯기도 한다. 가둬두면 상자나 우리를 물어뜯고 탈출하려 한다. 얼마 안 가 온몸을 떨고 근육이 씰룩거리다가 경련을 한다.

마비형 단계가 시작되면 머리와 목의 근육이 먼저 마비된다. 흔히 광견병이라고 하면 물을 무서워하는 동물의 이미지를 떠올리는데, 사실은 목 근육이 마비되기 때문에 물을 마실 수가 없다. 이 단계에서 고양이는 침을 흘리며 발로 입을 긁는다. 마비가 되어 아래턱을 다물 수가 없기 때문에 혀가 입 밖으로 나와 축 늘어진다. 차츰 전신이 마비되면 쓰러져서 곧 죽는다.

광견병 진단은 뇌 조직을 현미경으로 검사하는 방법밖에 없다. 즉, 동물이 사망한 후에 부검을 통해서만 가능하다. 치료법은 없다.

광견병 백신을 접종받지 않은 고양이가 광견병에 걸린 동물에게 물렸다면 안락사시키거나 격리해야 한다. 백신을 접종받은 고양이가 광견병에 걸린 동물에게 물렸다면, 추가로 백신을 접종하고 관찰한다.

예방은 결국 광견병 백신을 접종시키는 것이다. 고양이가 공수병에 걸리는 경우는 아주 드물지만 그래도 백신을 접종해야 한다. 새끼고양이는 생후 3개월부터 백신 접종이 가능하고, 해당 날짜로부터 1년 후에 추가로 접종한다. 이후에는 1년마다 또는 3년마다 추가로 접종한다(백신의 유형에 따라 다르다).

동물에게 물렸을 때는 물과 소독약으로 즉시 상처를 깨끗이 씻어야 하며, 어떤 동물에게 물렸는지 모를 때는 수의사에게 보인다.

박테리아성 질환

고양이 전염성 빈혈Feline Infectious Anemia 헤모바르토네라 페리스(hemobartonella felis)라는 균이 고양이의 적혈구 표면에 달라붙어 생기는 질환으로 빈혈로 이어진다. 벼룩이나 이처럼 피를 빠는 기생충이 이 균에 감염된 고양이의 피를 빤 다음 건강한 고양이에게로 옮겨가 피를 빠는 식으로 전염되는 듯하다. 어미가 감염된 경우 새끼고양이들은 자궁 속에서 전염된다.

증상으로는 잇몸과 점막이 창백해지고 구토를 한다. 만성인 경우 체중이 눈에 띄게 줄어들고, 급성인 경우에는 쇠약, 발열, 식욕 부진 같은 증상이 뚜렷하며 적혈구가 파괴되기 때문에 피부에 황달이 나타난다. 빈혈에 걸린 고양이는 철분을 보충하려고 화장실 모래나 흙을 먹기도 한다.

고양이 전염성 빈혈은 혈액 도말 표본을 현미경으로 검사하여 진단을 내린다. 혈액 속에서 이 균이 보이지 않는 기간이 있으므로 혈액 표본을 두 번 이상 채취할 수도 있다. 보다 정확한 진단을 위해 이후에 중합효소 연쇄반응 혈액검사를 하기도 한다.

항생제와 그 외 약물을 몇 주간 투여해 치료한다. 상태가 심각하면 수혈을 하기도 한다. 빈혈이 많이 진행되지 않은 경우에는 대체로 완치되지만, 체내에서 이 균을 완전히 없앨 수는 없으므로 스트레스를 많이 받으면 재발할 수도 있다.

고양이가 고양이 전염성 빈혈에 걸리지 않게 하려면 벼룩이나 기생충을 박멸하는 것이 중요하다. 외출고양이, 중성화 수술을 하지 않은 수고양이, 6세 이하의 고양이는 특히 신경을 써야 한다.

보데텔라성 폐렴Bordetella Bronchiseptica(FeBb) 원래는 개에게서 전염성 기관지염(kennel cough)을 일으키는 것으로 알려졌지만, 지금은 고양이에게도 유사한 증상을 유발할 수 있는 호흡기 병원균으로 간주된다. 상기도가 이 균에 감염되면 폐렴으로 이어질 수 있다.

증상은 발열, 식욕 부진, 무기력, 눈물, 기침, 코 분비물, 재채기, 폐에서 소리가 나는 것 등이다. 개에게서는 기침이 흔한 증상이지만, 고양이는 기침을 하지 않을 수도 있다.

감염된 고양이의 분비물과 배설물이 재채기, 하악거리기, 물기, 핥기, 침 뱉기 같은 행위를 통해 입과 코 사이의 막을 통해 침투해 감염되는 것으로 알려져 있다. 보데텔라 균은 신체검사나 임상 징후만으로는 진단하기 어렵다. 다른 호흡기 병원균과 증상이 비슷하기 때문이다. 면봉으로 표본을 채취해 실험실에서 배양해야 한다. 감염된 고양이는 항생제를 투여하여 치료한다. 백신이 개발되어 있으나 필수 백신은 아니다. 수의사와 상의해 고양이에게 이 백신을 접종해야 할지 결정한다.

또한 보데텔라성 폐렴에서 회복되더라도 이후 약 19주 동안은 병원균을 퍼뜨릴 수 있다. 따라서 동물 보호소, 반려동물 호텔, 다묘 가정은 특히 주의해야 하며, 고양이가 이전에 호흡기 질병이 발생한 적이 있다면 더욱 그렇다.

살모넬라증Salmonellosis 살모넬라균의 일종에 감염되어 발생하는 세균성 감염증이다. 고양이는 살모넬라균에 비교적 저항이 강해 대개 증상이 없는 보균자이다. 하지만 스트레스를 많이 받거나, 비위생적이거나, 고양이 수가 너무 많은 환경에 살거나, 영양이 부족하거나, 이미 다른 질환으로 약해져 있다면 살모넬라증에 취약할 수 있다. 이 질환을 일으키는 균은 보균자 동물의 배설물에 섞여 전파된다. 생식, 설치류나 새의 배설물, 균에 오염된 통조림 사료를 먹고 살모넬라균에 감염되기도 한다.

살모넬라증의 증상으로는 발열, 식욕 부진, 복부 통증, 탈수, 설사, 무력감, 구토 등이 있다. 설사를 하지 않는 경우도 있다.

신체검사, 대변 배양, 소변 검사, 혈액 검사를 통해 진단하는데, 사실 살모넬라증은 진단하기가 몹시 어렵다. 치료는 수액 요법으로 탈수를 해소한 다음 항생제를 투여한다.

살모넬라증을 예방하려면 고양이에게 날것이나 요리하지 않은 고기를 주지 않아야 한다. 고양이가 외출고양이라면 살모넬라증에 감염될 확률이 아주 높다. 그대로 외출고양이로 키울 것이라면 고품질 사료를 먹이고, 백신을 추가 접종하고(하지만 살모넬라증 백신은 없다), 정기적으로 동물병원에서 검진을 받고, 위생적인 환경을 만들어 주는 것으로 녀석이 최상의 면역력을 기르도록 돕는다. 그리고 고양이가 사냥한 동물을 먹지 못하도록 한다.

고양이 할큄병Cat Scratch Disease 고양이 할큄병은 고양이가 아니라 보호자가 주의해야 할 질환이다. 고양이 할큄병이란 고양이가 물거나 할퀸 부위가 벌겋게 붓는 증상으로 이 질환은 사람에게 영향을 미친다. 대개는 상처에서 가장 가까운 림프절이 몇 주일 또는 몇 개월까지 부어올랐다가 가라앉는다. 드물지만 발열, 무력감, 두통, 식욕 부진처럼 좀 더 심각한 증상이 동반되기도 한다. 면역력이 저하된 사람이라면 생명이 위험할 수도 있다.

고양이 할큄병에 걸리지 않으려면 고양이가 할퀴거나 문 상처는 아무리 작고 사소해도 반드시 깨끗이 씻고 소독한다. 자신이 키우는 고양이보다는 길고양이에게 할퀴었을 때 발생할 가능성이 높으므로, 이런 상처를 입었다면 주치의에게 문의한다. 자녀들에게 고양이를 부드럽게 대하는 법을 가르쳐서 애초에 고양이에게 할퀴거나 물리는 일이 없도록 예방한다.

고양이 클라미디어증Feline Chylamydiosis '고양이 폐렴'이라고도 하는 호흡기 감염으로 약한 정도에서 심각한 수준까지 병세가 다양하며, 직접 접촉을 통해 전염된다.
증상으로는 결막염(눈이 충혈되고 분비물이 나옴), 재채기, 식욕 부진, 기침, 호흡 곤란 등이 있다. 어린 고양이가 좀 더 걸리기 쉬우며, 고양이가 여러 마리이고 이전에 이 질환이 돌았던 병력이 있는 환경이라면 더욱 발병 가능성이 높다.

경구 및 안과용 항생제를 투여하여 치료한다. 고양이 클라미디어증은 회복은 쉬우나 재발 가능성이 높다.

고양이 클라미디어증 백신이 개발되어 있으나 고양이가 필수로 맞는 백신에 포함되기도 하고 포함되지 않기도 한다. 백신은 이 질환을 완전히 예방할 수는 없으나 병세를 약화시킬 수는 있다.

진균성 질환 Fungal Diseases

히스토플라스마증Histoplasmosis 토양 곰팡이가 원인이며, 호흡을 통해 곰팡이가 몸속에 들어오면서 생긴다. 고양이에게는 드문 질환이지만 어린 고양이가 좀 더 취약한 편이다. 증상으로는 호흡 곤란, 열, 쇠약, 식욕 부진, 설사 등이 있다. 표본을 배양하여 진단하며, 항진균제를 장기적으로 투여하여 치료한다. 하지만 예후는 대체로 좋지 않다.

아스페르길루스증Aspergillosis 흙과 썩은 찌꺼기에서 발견되는 아스페르길루스라는 곰팡이에 감염되어 발생하는 질환으로, 호흡기와 소화기에 영향을 미친다. 범백혈구 감소증에 걸린 고양이는 아스페르길루스증에 가장 취약하다. 항진균제로 치료하며, 예후는 사례에 따라 달라진다.

크립토콕쿠스증Cryptococcosis 고양이에게 흔히 나타나는 진균 감염으로, 조류 배설물에 들어 있던 효모균을 호흡할 때 들이마시면서 옮는다.
주로 호흡기 질환의 형태로 나타나며, 재채기, 끈적한 콧물, 기침, 호흡 곤란, 체중 감소 등의 증상을 보인다. 코 전체에 딱딱한 혹이 생기기도 한다.

표본을 배양하여 효모균증을 진단하며, 혈액 검사를 병행하기도 한다. 항진균제로 치료하지만 심한 경우 수술해야 할 수도 있다.

링웜(백선) '피부 질환' 항목에서 자세히 다루고 있다.

입에 생기는 질환

입 또는 목구멍에 문제가 있음을 나타내는 징후

- 입술이나 잇몸에 염증이 생김
- 혀의 모양이 변함
- 잇몸이 내려앉음(잇몸퇴축)
- 이빨에 노란색 또는 갈색 침전물이 생김
- 입냄새가 남
- 식욕이 없어짐
- 침을 많이 흘림
- 입이나 얼굴을 자꾸 긁음
- 얼굴이나 목이 부어 있음
- 그루밍을 하지 않음
- 먹이를 제대로 삼키지 못함

유치 잔존Retained Deciduous Teeth

새끼고양이는 유치가 26개 있으며 성장하면서 차츰 영구치로 대체된다. 유치가 빠지고 영구치가 나는 시기는 생후 3개월부터이며 생후 7개월 전에 대체로 마무리된다.

가끔 유치 한두 개가 빠지지 않은 상태에서 영구치가 나면, 영구치가 제자리에 나지 못하고 치열에서 밀려난다. 이때 새끼고양이의 입 안을 들여다보면 한 자리에 이빨이 두 개 있는 것이 보인다. 그대로 내버려두면 먹이를 씹는 데 문제가 생기고 구강 질환으로 이어지니, 남아 있는 유치를 뽑아야 한다.

구취Halitosis

입냄새는 질환은 아니지만 다른 질환의 증상이 되므로 그 원인을 찾아내는 것이 무엇보다 중요하다. 단순히 고약한 냄새가 난다고 가볍게 넘겨서는 안 된다. 치은염, 치주질환, 몇몇 전염병, 심지어 비뇨기 질환도 입냄새의 원인이 될 수 있다. 이전에 맡아본 적이 없는 입냄새가 난다면 독성 물질을 삼켰을 가능성도 있다. 당뇨병에 걸렸을 때도 아세톤 때문에 독특한 입냄새가 난다. 고양이의 입냄새가 달라졌거나 유난히 지독해졌다면 바로 동물병원을 찾아가서 원인을 알아내야 한다.

고양이의 이빨을 정기적으로 닦아주면 치은염을 예방하는 데 도움이 된다. 고양이의 이빨을 닦는 방법은 10장에서 자세히 다루었다.

치은염과 치주염Gingivitis and Periodontitis

모든 반려동물을 통틀어 흔히 발생하는 치은염은 잇몸에 염증이 생기는 질환이다. 이빨 사이에 끼인 먹이에서 박테리아가 자라나고, 이 박테리아가 '치태(plague)'라는 보이지 않는 막이 되어 이빨을 덮으면서 생긴다. 치태는 차츰 노란색 또는 갈색 침전물로 이빨에 안착하면서 결석이나 치석을 형성한다.

치은염이 발생하면 잇몸에 가늘게 빨간 줄이 생긴다. 마치 누군가가 가느다란 빨간 펜으로 고양이의 잇몸에 줄을 그어놓은 것 같다. 치은염이 진행되면 입냄새가 심해지고, 잇몸 염증이 고름주머니를 형성하면서 고양이가 침을 흘린다.

치주염은 이빨 주위의 치근막에 염증이 생기는 질환으로, 치주염이 생길 즈음이면 이빨이 덜렁거리고, 뿌리에는 농양이 있으며, 잇몸이 내려앉는다. 염증이 뼈에까지 퍼져나갈 수 있으며, 먹이를 씹을 때마다 통증을 느낀다.

치료하지 않고 두면 뼈의 염증이 장기에까지 침투해 생명이 위험할 수 있다. 치은염이나 치주염이 발견되면 고양이를 동물병원으로 데려가 수의사에게 스케일링과 폴리싱(polishing)을 받는다. 이때 덜렁거리는 이빨은 뽑아야 한다. 모든 과정은 마취를 하고 진행되므로 고양이는 통증을 느끼지 않는다.

칫솔질, 구강 청결, 치석을 제거하는 식품 등 고양이의 이빨을 관리하는 방법에 대해서는 10장에서 자세히 다루었다.

과도한 침 흘림

침샘은 먹이를 소화시키는 데 도움이 되는 액체인 침을 분비한다. 침을 흘리는 것은 개에게 더 흔한 현상이지만, 고양이도 약을 먹일 때면 침을 흘린다. 주체하기 힘들 정도로 너무 기쁠 때면 애정을 표현하면서 침을 흘리기도 한다. 벼룩 퇴치제를 뿌려주었을 때 나중에 털을 핥으면서 침을 흘리는 경우도 있다.

하지만 침을 과도하게 흘리는 것은 구강 질환이 있거나, 입이나 목구멍에 이물질이 끼었을 때, 독성 물질을 삼켰을 때, 일사병에 걸렸을 때 등 여러 가지 건강상의 문제를 암시하는 징후일 수 있다. 침을 흘리면서 콧물, 눈물 또는 재채기가 동반된다면 호흡기 감염일 수도 있다.

구내염Stomatitis

치주 질환은 입 속 염증과 궤양을 유발할 수 있다. 이런 상태가 되면 역한 입냄새가 나고, 잇몸이 벌게지면서 고름이 생기며, 침은 짙은 갈색을 띤다. '참호성 구내염(trench mouth)'이라고도 한다.

구내염은 고양이 백혈병 바이러스, 고양이 면역부전 바이러스, 신장병, 특정 호흡기 질환이 있음을 나타내는 증상일 수도 있다.

구내염의 증상으로는 입을 발로 긁기, 입 속 염증, 침 흘림, 먹이를 먹지 못함, 머리를 자꾸 흔드는 동작 등이 있다.

치료를 위해서는 먼저 기저 원인을 진단한 다음 입안을 깨끗이 소독하고, 궤양을 치료하고, 덜렁거리는 이빨을 뽑아내고, 적절한 항생제를 투여한다. 보호자는 처방받은 대로 고양이의 입안을 위생적으로 관리하고, 구내염이 나을 때까지 아주 부드러운 사료를 줘야 한다.

눈 질환

눈에 이상이 있다는 신호

- 눈 또는 눈 주변에 출혈이 있다
- 눈을 빠르게 깜박거린다
- 눈을 비비거나 긁는다
- 통증이 있다
- 한쪽 동공이 크기가 다르다
- 눈이 충혈되어 있다
- 눈에 껍데기 같은 것이 씌어 있다
- 눈꺼풀이 축 늘어져 있다
- 눈을 찡그린다.
- 눈의 움직임이 평소와 다르다.
- 제3안검(순막)이 나타난다.
- 동공이 고정되어 있다.
- 눈에 불투명한 막이 덮여 있다.
- 결막이 짓누르거나, 색이 붉거나, 염증이 있다.
- 안구가 쑥 들어가거나 튀어나와 있다.
- 눈물을 흘린다.

결막염Conjunctivitis

눈꺼풀 가장자리를 따라 염증이 생기는 질환으로, 때로는 안구결막에 생기기도 한다. 한쪽 눈 또는 양쪽 눈 모두에 생길 수도 있다. 분비물은 맑고 물기가 많을 수도 있고, 반대로 고름처럼 진할 수도 있다. 눈은 충혈되거나 염증이 생기고, 부종이 나타나기도 한다. 고양이는 눈을 자주 깜박거리고 발로 눈을 긁어대기도 한다. 심지어 눈이 부어 거의 감기기도 하고, 눈꺼풀에 껍질 같은 것이 생기기도 한다.

결막염은 먼지, 흙, 알레르기 유발 항원 같은 자극물이 원인일 수 있다. 맑은 분비물이 나온다면 바이러스성 상기도 질환 또는 알레르기일 가능성이 있다. 분비물이 짙어지고 색이 변하면 2차 세균 감염을 의미할 수 있다. 결막염의 원인은 다양하며 기저 원인에 따라 치료법도 달라진다. 병원에서는 안약이나 안과용 연고를 처방하며, 눈에 껍질이 앉아 있으면 따뜻한 물로 적셔 제거하기도 한다.

고양이가 눈을 찡그리거나 결막염에 걸린 것 같다면 이전에 처방받은 안약을 넣지 말고 동물병원으로 가야 한다. 만약 각막 궤양이 있다면 잘못된 연고를 사용했다가 더 심각한 손상을 입힐 수 있다.

결막염에 걸리면 고양이가 자꾸만 눈을 긁거나 문지르기 때문에 회복이 더딜 수 있다. 이럴 때에는 넥칼라를˙목에 둘러 녀석이 눈에 발을 대지 못하게 하는 것이 좋다.

제3안검(순막) 출현

상처나 질환이 있으면 순막이 보이게 된다. 한쪽 눈에서만 순막이 보이면 눈 자체의 감염이나 상처가 원인일 가능성이 크다. 양쪽 눈 모두에서 순막이 보인다면 질환이 그 원인일 수 있다.

호즈 증후군Haws Syndrome 고양이에게 비교적 흔하게 나타나는 증후군으로 제3안검, 즉 순막이 돌출되는 증상이다. 원인은 알려져 있지 않지만, 자기회복성(특별히 치료하지 않아도 시간이 흐르면 개선되는 증상 - 옮긴이주) 설사와 연관이 있는 듯하다. 호즈 증후군은 한 달에서 두 달 정도 기간 동안 일시적으로 나타나며 약물로 치료한다. 설사 증상이 있다면 설사도 치료해야 한다.

호너 증후군Horner's Syndrome 호너 증후군은 제3안검, 즉 순막이 계속 눈 한쪽에 걸쳐 있는 증상으로, 순막을 들어가게 하는 근육의 신경 자극이 소실되어 발생한다. 순막이 계속 보이는 것 외에도 동공이 작아지고, 눈이 쑥 들어가고, 눈꺼풀이 처지는 등의 증상이 보인다.

호너 증후군은 신경계에 문제가 있다는 신호다. 중이염과 더불어 목이나 경추부가 손상되면 호너 증후군이 올 수 있다. 치료법은 1차 원인이 무엇인지에 따라 달라진다.

누관 폐쇄Blocked Tear Ducts

눈물이 많이 분비되면 코로 이어지는 누관을 타고 배출되는데, 이 누관이 막혀버리면 배출되지 못한 눈물이 눈꺼풀을 넘어 얼굴로 흘러내리면서 털이 더러워진다. 고양이가 눈이 충혈되지 않으면서 맑은 눈물을 계속 흘린다면 누관이 막힌 것일 수 있다.

누관이 막히는 원인은 몇 가지가 있다. 페르시안처럼 코가 짧고 얼굴이 납작한 종은 누관이 예각으로 구부러지기 때문에 막히기 쉽다. 부상, 짙은 분비물, (특히 만성적) 감염, 종양, 심지어 먼지나 화장실 모래 알갱이 때문에 누관이 막히기도 한다.

병원에서 눈물이 제대로 배출되는지를 확인하려면 고양이의 눈에 플루오레세인(fluorescein) 성분이 든 안과용 염색약을 떨어뜨린다. 그런 다음 특수한 빛을 비추면 누관이 막히지 않았을 경우 염색된 눈물이 콧구멍 쪽에 보인다. 때로는 한쪽 누관만 막힌 경우도 있다.

치료법은 기저 원인에 따라 다르다. 감염이 원인이라면 항생제로 치료한다. 안과용 스테로이드로 염증을 가라앉히면 누관이 뚫리기도 한다. 누관이 이물질로 막혀 있다면 식염수로 누관을 씻어내는데 대개 마취를 한 후에 시행한다.

각막 궤양Corneal Ulcers

보통은 상처가 원인이지만 그 이후의 감염 때문에 생기기도 한다. 주된 원인은 고양이끼리 싸우다 눈에 상처를 입는 경우이다. 눈물이 적절하게 생성되지 않아도 생길 수 있다.

각막 궤양은 보호자도 볼 수 있을 정도로 크기도 하고, 육안으로는 보이지 않을 만큼 작을 수도 있다. 악화되기 전에 조기에 발견해 치료하는 것이 아주 중요하다. 작은 궤양을 진단하려면 수의사가 먼저 고양이의 눈에 플루오레세인 성분이 든 안과용 염색약을 떨어뜨린다. 그런 다음 염색약을 씻어내고 특수한 광선을 눈에 쬐면 염색된 궤양이 보인다.

결막염에 걸렸던 고양이가 눈을 자주 찡그리면, 보호자는 또 결막염이겠거니 생각하고 이전에 처방받은 안약을 넣어주는 경우가 많다. 하지만 각막 궤양이 있는 눈에 넣을 경우 아주 심각한 손상을 일으키는 약물이 있으니 이런 섣부른 행동은 금물이다.

각막염Keratitis

각막에 염증이 생기는 질환으로 한쪽 또는 양쪽 눈 모두에 생길 수 있다. 순막이 커지고, 눈을 찡그리고, 눈에서 진물이 나오고, 빛에 민감해지는 것이 각막염의 증상이다. 앞발로 눈을 자꾸 비비기도 한다. 각막염은 상당한 통증을 수반하며, 치료하지 않으면 영구적으로 시력을 잃기도 한다.

각막염은 외상 또는 안검내번(entropion, 눈꺼풀이 안으로 말려들어가 속눈썹이 각막을 긁는 상태) 때문에 또는 각종 감염원 때문에 발생한다.
각막염이 의심되면 즉시 고양이를 동물병원으로 데려간다. 주로 항생제로 치료하며, 통증을 줄이기 위해 연고를 처방하기도 한다.

녹내장Glaucoma

안압(눈의 압력)이 상승하여 발생하는 질환으로, 고양이의 녹내장은 대개 부상, 감염, 백내장 또는 종양이 원인이 되는 부차적 질환이다. 안압이 높아지는 것은 흉터가 생겼거나 체액이 빠져나가지 못하기 때문이다.

안압이 높아지면 눈이 커지고 딱딱해지며 부풀어 오르기 시작하고 통증을 수반한다. 한쪽 또는 양쪽 눈 모두에 생길 수 있다. 그 외의 증상으로는 동공 팽창, 눈 찡그림, 공막 내 혈관이 뚜렷이 보이는 것 등이 있다.

녹내장은 치료 없이 방치하면 망막이 손상되어 시력을 잃을 수 있다. 수의사가 눈의 표면에 도구를 대어 안압을 측정하는 것으로 녹내장을 진단한다. 급성 녹내장이라면 병원에 입원해 수술을 해야만 안압을 낮출 수 있는 경우가 많다. 심하면 안구를 적출하기도 한다. 만성 녹내장은 대개 약물로 치료한다.

백내장Cataracts

백내장이 생기면 수정체가 불투명해져서 시야가 뿌얘진다. 건강한 수정체는 대개 투명하다. 백내장은 상처나 감염 때문에 생길 수 있다. 노묘에게만 생기는 것은 아니며 어느 연령대의 고양이에게서도 나타날 수 있다. 당뇨병이 있는 고양이는 나이가 들면서 백내장이 오는 경우도 많다.

백내장 증상으로는 눈의 외양 변화, 눈 찡그림, 염증, 계단이나 높은 곳을 오르거나 내려올 때 망설임, 걸을 때 불안해함 등이 있다.

백내장의 원인에 따라 수술이 필요한 경우도 있지만 수술을 해도 시력이 완전히 회복되지는 않을 수 있다.

핵경화증Nuclear Sclerosis

노묘에게 흔히 발생하는 눈 질환이다. 고양이가 나이가 들면 수정체가 두꺼워지면서 눈 중앙으로 밀려나오고, 세포들이 축적되면서 회색빛 또는 푸른빛 혼탁이 나타난다. 보통 노화 과정에서 생기는 증상으로 시야에 크게 방해가 되지는 않는다. 대체로 치료는 필요하지 않다. 백내장과는 다른 질환이다.

포도막염Uveitis

눈 안쪽에 염증이 생기는 질환으로, 주로 고양이 백혈병이나 고양이 전염성 복막염 같은 다양한 전염성 질환과 같이 발생한다. 눈에 외상을 입어서 생기기도 한다. 포도막염이 발병하면 눈이 물렁물렁해진다. 또한 눈이 빨갛고, 눈에 물기가 많고, 눈을 찡그리고, 동공이 수축되고, 빛에 민감해한다. 몹시 고통스러워하기도 한다.

포도막염을 유발한 질병이나 원인을 찾아낸 다음 그에 따라 염증을 완화하고 불편감을 줄여주는 약을 투여해 치료한다.

포도막염을 치료하지 않고 내버려두면 시각 상실로 이어질 수 있다.

실명

눈 부상 외에도 시각 상실을 유발하는 질환은 너무나 많다. 고양이가 시각을 잃어가고 있거나 잃었다고 의심되면 동물병원으로 데려가 원인을 알아보아야 한다. 고양이가 시각을 잃었거나 시력이 약해졌다면 절대 바깥에 내보내서는 안 된다. 시각을 잃었더라도 집 안의 환경이 변하지만 않으면 집 안에서 생활하는 데는 큰 지장은 없다. 가구 위치를 바꾸지 말고, 녀석의 밥그릇, 물그릇, 침구, 화장실은 늘 있던 장소에 둔다.

코 질환

코에 문제가 있음을 나타내는 징후

- 재채기를 한다.
- 분비물이 나온다.
- 딱지가 앉는다.
- 피가 난다.
- 식욕을 잃는다.
- 입을 벌리고 숨을 쉰다.
- 코가 붓는다.
- 혹이나 종양이 있다.
- 치아/입에 심각한 감염이 생긴다.
- 코의 모양이 변한다.

감염

호흡기 질환을 앓거나, 부상을 입거나, 이물질이 들어가면 코에 감염이 생기는 경우가 많다. 고양이가 콧물을 흘리거나, 재채기를 하거나, 힘들게 숨을 쉬거나, 숨을 쉴 때 가래가 끓는 듯한 소리가 나거나 입맛을 잃으면 코 질환의 증상일 수 있다. 코가 막히기 때문에 입으로 숨을 쉬기도 한다.

콧물이 누렇거나 고름처럼 생겼다면 박테리아 감염일 수 있다.

구체적인 진단이 나오면 그에 맞는 항생제를 투여하여 치료한다. 코막힘 완화제(decongestant)를 처방하기도 한다. 무엇보다도 고양이가 편하게 숨을 쉬게 하는 것이 중요하므로, 면봉을 물에 적셔 콧물이나 코딱지를 부드럽게 닦아낸다. 코가 트지 않도록 베이비오일을 조금 발라줘도 좋다.

중요 : 고양이는 냄새를 제대로 맡지 못하면 먹이를 잘 먹지 않는다.

부비동염(축농증) Sinusitis

재채기를 하고, 코에서 희거나 누런 분비물이 나오면 축농증을 의심할 수 있다. 분비물에 피가 섞이는 경우도 있다. 축농증은 알레르기, 호흡기 감염, 부상, 곰팡이 감염의 부차적 결과로 생기기도 한다. 이빨에 농양이 생긴 것이 축농증으로 이어지기도 한다.

축농증은 그 기저 원인을 치료해야 한다. 대개 항생제로 치료하며, 극단적인 경우에는 수술로 배액관을 넣어야 할 수도 있다.

귀 질환

귀에 문제가 있음을 나타내는 징후

- 귀를 자주 긁는다.
- 분비물이 있다.
- 피가 난다.
- 귀 안에 모래 같은 검은 물질이 있다.
- 귀 안이나 주위에 염증이 있다.
- 귀 주변 털이 빠져 있다.
- 귀를 이상하게 움직인다.
- 머리를 갸웃거린다.
- 귓바퀴가 부어 있다.
- 악취가 난다.
- 귀지가 너무 많다.
- 귀 안 피부에 딱지가 앉아 있다.
- 귀나 귀 안에 혹이 있다.

이염

고양이는 박테리아, 귀지 축적, 귀 진드기 또는 상처 감염으로 외이도에 염증이 생기는 경우가 있다(외이염). 악취가 나거나, 분비물이 있거나, 귀를 과도하게 긁거나, 머리를 마구 흔들거나, 귀를 이상한 각도로 눕힌다면 의심해 볼 만하다.

치료법으로는 귀를 깨끗이 씻어내고(귀를 청결히 하는 방법은 10장에서 자세히 다루었다) 항생제를 바른다.

중이염은 귀의 점막 부분에 생기며, 기생충, 박테리아, 곰팡이, 이물질이 그 원인으로 머리를 자꾸 갸웃거리거나 균형을 잃는 것이 그 증상이다. 치료약으로는 항생제나 항균제를 사용하며 수술이 필요한 경우도 있다.

내이염은 귀 안쪽 내이에 생기는 염증으로 아주 심각한 질환이다. 돌이킬 수 없는 손상을 입히며 목숨을 앗아가기도 한다. 내이염에 걸리면 털이 빠지거나, 구토를 하거나, 제자리에서 빙빙 돌거나, 균형을 잘 못 잡거나, 귀를 이상하게 움직인다. 항생제나 항진균제를 써서 치료한다.

청각 소실

청각을 잃는 원인은 부상, 감염, 노화, 폐색, 종양, 독성 물질, 특정 약품 등 다양하다. 또 선천적일 수도 있어서, 파란 눈의 고양이는 대개 난청이다. 양쪽 눈의 색이 다른 흰 고양이라면, 파란 눈이 있는 쪽 귀가 들리지 않는다.

나이 든 고양이가 청각을 잃어가거나 완전히 청각을 잃었다면, 녀석을 깜짝 놀라게 하지 말아야 한다. 보호자가 외출에서 돌아왔을 때나 녀석을 만지기 전에는 발을 굴러서 그 진동으로 보호자의 존재를 알린다. 잠들어 있는 고양이에게 다가갈 때도 발을 좀 더 크게 굴려서(물론 너무 세게 굴리면 곤란하다) 녀석이 진동을 느끼게 한다. 고양이가 깨어 있으나 관심이 다른 쪽에 가 있다면 녀석이 볼 수 있는 방향에서 천천히 접근한다. 청각을 잃은 고양이의 뒤편에서 불쑥 녀석을 들어올리는 행동은 금물이다.

고양이가 청각을 잃은 듯하다면 수의사에게 보여서 그 원인이 감염, 부상, 폐색 때문은 아닌지 확인해야 한다.

귀 진드기

고양이의 귀 질환 중 가장 흔하다. 귀 진드기는 아주 미세한 기생충으로 외이도 피부 조직에 기생하면서 가려움과 염증을 일으키고, 몸의 다른 부분으로 이동하기도 한다.

귀 진드기는 전염성이 강하므로 한 마리가 감염되면 집 안의 모든 반려동물이 옮았을 가능성이 높다. 귀 진드기는 귀에서 주로 발견되지만 몸의 다른 부위에서도 살아갈 수 있으므로 다른 반려동물에게로 쉽게 옮겨간다.

귀 진드기에 감염되었을 때 가장 흔히 나타나는 징후는 계속해서 머리를 긁거나 머리를 흔드는 동작이다. 귀를 이상한 각도로 접기도 한다. 이때 고양이의 귀를 잘 살펴보면 건조하고 잘 바스러지는 갈색 먼지 같은 것이 보인다. 얼핏 커피를 내리고 남은 찌꺼기처럼 보이기도 한다. 고양이가 머리를 마구 흔들거나 박박 긁을 때 이 갈색 먼지가 튀어나와 털에 안착하는 모습을 볼 수도 있다.

하지만 이것은 귀 진드기가 아니다. 귀 진드기는 사실 흰색이고, 이 갈색 찌꺼기는 진드기가 소화시키고 내보낸 배설물과 귀지이다.

찌꺼기 표본을 현미경으로 검사해 귀 진드기 감염을 확진한다. 현미경으로 들여다보면 조그마한 진드기가 바쁘게 움직이는 모습을 볼 수 있다. 이 조그마한 기생충들이 셀 수도 없이 바글거리는 광경을 보면 고양이가 얼마나 가렵고 귀찮을지 짐작이 갈 것이다.

치료를 하려면 감염된 귀를 부드럽고 주의 깊게 씻어내야 한다. 귀가 몹시 가렵고 쓰라린 상태이기 때문에 부드럽게 씻겨야 한다. 씻기고 나서 보면 외이도가 붉고 염증이 생긴 것이 잘 보인다. 진드기 퇴치제가 효과를 발휘하려면 진드기가 쌓여 있는 찌꺼기 속에 숨지 못하도록 깨끗이 씻어내는 것이 중요하다.

수의사가 일러준 치료 기간을 준수한다. 귀 진드기의 수명은 3주일이므로, 그 전에 치료를 중단해 버리면 다시 감염될 수 있다.

시중에 귀 진드기 치료제가 여럿 나와 있으며 제품에 따라 사용량이 다르다.

귀 진드기 치료 기간에는 고양이의 뒷발톱을 잘 깎아준다. 그래야 뒷발로 귀와 그 주변을 긁다가 상처가 나는 일을 줄일 수 있다. 귀 진드기는 동물의 몸에서 떨어지면 오래 살지 못하므로 집 안을 박박 씻어낼 필요는 없다.

혈종

고양이가 맹렬하게 머리를 흔들 때 혈관이 터져서 연골과 피부 사이의 귓바퀴에 피와 체액이 고여 불룩한 주머니를 형성하는 것이 혈종이다. 고양이가 이렇게 머리를 격하게 흔들고 심하게 긁는 것은 귀 진드기, 알레르기 또는 귀 감염 때문일 수 있다. 혈종 때문에 피부 아래가 심하게 부풀어 오르면 통증을 느끼게 된다. 재발을 피하려면 수술로 주머니를 제거하는 편이 좋다. 그렇지 않으면 혈전 때문에 만들어졌던 주머니가 다시 체액으로 가득 차게 된다.
고양이끼리 싸워서 머리에 외상을 입었을 때도 혈종이 생길 수 있다.

혈종을 예방하려면 고양이의 귀를 자주 살펴 귀 진드기, 홍조, 가려움증이 있는지 확인한다. 원인이 발견되거나 발견되지 않더라도 고양이가 머리를 자주 흔들거나, 귀를 긁거나, 귀를 이상한 각도로 접고 있다면 진찰을 받아본다.

귀에 일광 화상을 입은 경우

일광 화상을 피하려면 특히 해가 쨍쨍한 날에는 고양이를 밖에 내보내지 않는다. 외출고양이라면 귀에 자외선차단 크림을 발라준다. 어떤 크림이 고양이에게 안전한지 수의사에게 추천을 받는다. 일광 화상이나 궤양이 있으면 즉시 알 수 있도록 고양이의 귀를 정기적으로 살핀다. 일광 화상이나 궤양은 피부암으로 발전할 수도 있다.

동상

고양이의 귀 끝은 특히 동상에 잘 걸린다. 동상에 대해서는 17장 '응급상황과 응급조치'에서 자세히 다루었다.

암

암의 징후

- 혹이나 돌출부
- 종양
- 식욕 부진
- 쇠약해짐
- 무력감
- 기침
- 만성 설사
- 부기
- 체중 감소
- 상처가 좀처럼 낫지 않음
- 우울증
- 빈혈
- 호흡 곤란

암은 피부, 입, 림프절, 혈구, 내부 장기 등 몸 어디에서도 생길 수 있다.

암은 대체로 겉으로 표가 나지 않기 때문에 고양이의 건강 상태가 좋지 않다는 증상이 나타나면 바로 병원에 데려가야 한다.

'신조직 형성(neoplasia)'이란 표현은 종양과 관련해 흔히 듣게 되는 용어이다. 이 용어는 계속 자라고 있는 체내 종양을 가리키는 표현이다. 고양이에게 가장 흔한 암은 '림프종'으로, 고양이 백혈병 바이러스와 관련이 있다.

'섬유육종(fibrosarcoma)'이란 암은 흔히 '접종 부위 종양(''이라고도 하며, 일부 백신과 관련이 있다.

종양은 양성과 악성 두 종류로 나눌 수 있다. 양성 종양은 비암성으로 대개 자라는 속도가 늦고 다른 부위로 전이되지 않으며 필요하다면 수술로 제거할 수 있다. 악성으로 진단되는 종양은 암성이며 자라는 속도가 빠르고 모양이 불규칙적이며 몸의 다른 부위로 전이된다. 제거 수술은 성공할 수도 있고 그렇지 않을 수도 있다.

악성 종양은 사례마다 치료법이 다르다. 하지만 모든 암에 공통되는 법칙이 하나 있으니 조기에 발견하면 치료 성공률이 높다는 것이다.

몇 가지 치료법을 소개하면 다음과 같다.

- 수술(다른 요법과 병행하기도 한다)
- 항암 화학 요법(항암제)
- 방사선 치료(화학 요법이나 수술과 병행하기도 한다)
- 동결 수술(Cryosurgery, 수술할 부위를 냉동시킨다)
- 열 치료법(해당 부위에 아주 높은 열을 가한다. 다른 요법과 병행하기도 한다)
- 면역 치료(천연 또는 화학 면역 상승제를 사용한다. 다른 요법과 병행하기도 한다)

암 치료법은 각각 장단점이 있다. 전이 속도가 빠르거나 수술하기 어려운 부위에 있는 종양은 화학 요법이 필요할 수 있다. 전이를 막고 더 나아가 암을 제거하기 위해 몇 가지 치료법을 병행하는 경우도 많다. 불행한 일이지만 고양이에게 암은 비교적 흔한 질환이다.

역자 후기.

행복한 반려의 비결이 담긴 마법의 책

내 이름은 리베로다. 2002년에 태어났으니 열네 살이고, 이 책에 따르면 사람 나이로 일흔이 되었다. 나를 모시는 보호자가 이 책을 번역해 놓고는 역자 후기인지 뭣인지를 못 써서 끙끙거리고 있길래 보호자가 잠든 틈을 타서 이 글을 쓰고 있다.

나는 사람들이 월드컵이라는 공놀이에 정신을 뺏겼을 무렵 태어났다. 노랑 망토 무늬여서 코숏 같지만 중장모종 고양이의 털결을 지녔고, 새끼 때 뱃속에 외국 고양이들에게나 있는 기생충이 있었다고 하니, 내 모친(이 나이에 엄마라고 할 수는 없지)은 이른바 '업자'에게 키워…… 아니, 사육되는 '순종' 고양이였나 보다. 문이 열린 틈을 타서 잠깐 밖으로 나가 하룻밤 불 같은 사랑을 나눈 끝에 내가 태어나지 않았나 싶다. 그래서 형제자매들은 펫샵으로 팔려나갔겠지만 나는 혼자 청계천 '애완'동물가게 철창에 갇혀 있었을 것이다.

보호자는 당시 외국에 사는 지인이 부탁한 월드컵 응원단 티셔츠를 사러 청계천에 왔다가 나를 만났다. 30도를 넘는 더위에 그림자 한 줌 없는 길가에 내놓은 철창 속에서 타월은 고사하고 신문지 한 장 깔려 있지 않은 바닥에 축 늘어져 있던 나를 보는 순간 눈이 뒤집혀서 앞뒤 가리지 않고 나를 데려왔다고 한다. 나를 브리티시 숏헤어라고 말하는 가게 알바생의 뻥에 속지 않을 지식도 있었고, 이런 데서 동물을 '구입'하는 것은 업자들의 배를 불리는 행위라는 사실도 알고 있었지만, 안 그럴 수가 없었다고 한다.

월드컵 열기에서도 짐작이 가지만, 한국은 무척 역동적인 나라이고 그래서 그런지 사회적 변화가 빠르다. 보호자의 말을 들어보면 우리 고양이를 대하는 문화 역시 수십 년 사이에 엄청나게 달라졌다고 한다. 1980년대만 해도 개나 고양이는 사람이 먹고 남은 음식을 주는 '애완'동물이지 전용 사료나 간식(이 애초에 없기도 했다)을 돈 주고 사서 키운다는 것은 상상할 수 없었다. 화장실 모래 역시 동네 놀이터나 학교 운동장에서 퍼와야 했고, 동네에 하나 있을까 말까 하는 동물 전용 병원은 '가축병원'이라는 간판을 걸었다. 페르시안이니 아비시니안이니 하는 고양이는 백과사전 아니면 외국 영화에서나 볼 수 있는 '상상의 동물' 급이었다.

지금은 거의 다른 세상이 되었다고 해도 과언이 아니다. 물론 우리를 쉽게 구할 수 있는 약재로 취급하거나 왜 키우는지 알 수 없다는 사람들도 아직 꽤 있지만, 마트에 우리 사료와 간식과 모래를 파는 코너가 들어서고, 쥐를 잡기 위해서가 아니라 '반려'동물로서 우리와 함께 하는 반려인도 많아졌고, 무엇보다 스스로를 '보호자'라 부르는 사람들이 늘어났으니 바람직하기 이를 데 없는 현상이다.

덕분에 우리 고양이를 알고자 하는 욕구도 많아져서 이런저런 책들이 쓰이고 또 번역되고 있다. 고양이의 품종을 소개하는 책도 많고, 고양이와 살아가려면 필요한 항목들을 요모조모 소개하는 책도 많고, 세계의 고양이들을 찾아 사진을 찍어온 책도 많고, 보호자들을 잘 이끌어 바른 길로 가게 해주는 고양이를 소개한 책도 많다. 우리 보호자 책꽂이에도 이런 책들이 줄잡아 스무 권은 꽂혀 있다.

그런데 그 중에 동물행동 전문가의 눈으로 우리 고양이의 행동과 그 원인을 살피고 해결책을 내놓은 책은 드문 것 같다. 아직 동물행동 전문가라는 개념이 미국 외에는 드물어서 그럴까? 우리가 인간들과 지낸 세월이 오래되다 보니 가끔은 우리를 인간의 눈으로 보고 우리가 "일부러 말썽을 피운다"거나 "나쁜 짓인 줄 알면서" 행동한다고 생각하는 사람들이 꽤 있다. 우리는 고양이일 뿐, 의도적으로 보호자들을 괴롭히려는 행동은 하지 않는다. 어찌 보면 당연한 것인데, 간혹 우리에 대한 애정이 지나치다 보니 그런 오해가 생기는 듯하다. 한 걸음 물러서서 관찰자의 시점으로, 하지만 따뜻한 가슴은 유지한 채, 우리를 보는 이런 책도 이제 한국의 보호자들에게 소개될 때가 되었지 싶다.

원서는 자잘한 글씨에 아주 두툼한 책인데, 한국어 번역판에서는 내용이 조금씩 빠져 있다. 글쓴이가 미국인 보호자다 보니 아무래도 미국 상황에만 해당하는 내용이 있고 해서 그런 부분은 삭제했다고 한다. 그래도 들어가야 할 내용은 다 들어가 있고, 다른 책에서 찾아보기 힘든 정보도 실려 있다(이 책 뒷부분에 나이 든 고양이는 손으로 만져볼 때 등뼈가 우툴두툴 느껴질 정도로 등쪽 지방이 빠진다고 써 있는데, 나를 모시는 보호자가 작년부터 내 등을 쓰다듬을 때마다 살 빠진 줄 알고 좋아했다가 이 대목을 읽고 급 우울해졌다는 얘기가 좋은 예시가 되려나).

우리 보호자는 이 책을 번역하면서 그림 하나 없다고 툴툴거리던데, 그만큼 알찬 내용을 우직할 정도로 꽉꽉 채웠다는 느낌이다. 가끔은 이런 정보까지 필요하나 싶을 정도이지만, 이제 한국의 보호자들도 우리를 데리고 여행을 가거나 10년 이상 같이 살게 되는 경우가 많아지고 있다. 당장은 관계 없을 것 같은 정보라도 나중에 큰 도움이 될지도 모른다. 책 맨 뒷부분에 실린 응급상황 대처법이나 의료 정보도 그런 의미에서 유비무환이라 할 것이다.

우리 고양이들은 지금까지 인간과 살아오면서 숱한 성쇠를 겪었다. 인간들은 우리를 신으로 모시기도 했다가, 전염병을 퍼뜨리는 주역이라며 살해하기도 했다가, 쥐를 잡아주는 동물이라며 고마워하기도 했다가, 속을 알 수 없는 요물이라며 무서워하기도 했다. 하지만 그런 역사 속에서도 우리를 진정한 반려동물로 대했던 사람들이 항상 있었으며, 우리는 그런 사람들에게 항상 충실한 친구이자 뮤즈였다. 이 책이 아직 남아 있는 우리에 대한 오해를 줄이고, 현 보호자나 예비 보호자 모두에게 우리와 함께하는 즐거움을 누릴 수 있는 비결이 든 마법의 책이 되었으면 한다.

좋은 주인은 좋은 보호자가 만든다!

보호자가 내 생일날 준다고 했다가 잊어버린 고급 캔을 얼른 따오길 바라며

리베로 씀

찾아보기

가

나

다

라

사

아

자

차

카

타

파

하

기타

**"행복한 강아지, 고양이 곁에는 공부하는 보호자가 있습니다.
그런 여러분 곁에는 페티앙북스가 있겠습니다."**

페티앙북스는 2001년부터 반려 동물 전문지 '페티앙'을 시작으로 반려동물 책을 만들고 있습니다. 우리 생활 속 반려동물은 물론 지구별에 살고 있는 모든 동물에 대한 이야기들을 따뜻한 시선으로 소개하겠습니다. petianbooks@gmail.com로 원고를 보내주세요.

행동학에서 본 고양이 양육 대백과

고양이처럼 생각하기

1판 1쇄 발행 | 2017년 2월 10일
1판 6쇄 발행 | 2023년 12월 10일

지은이 | 팸 존슨 베넷
옮긴이 | 최세민

발행인 | 김소희
발행처 | 페티앙북스
편집고문 | 박현종
교정 교열 | 정재은
마케팅 | 김은수

출판등록 | 2010년 4월 9일 제 321-2010-000073호
주소 | 서울시 서초구 반포대로 122 107호
전화 | 02.584.3598 팩스 | 02.584.3599
이메일 | petianbooks@gmail.com
블로그 | www.PetianBooks.com
페이스북 | www.facebook.com/PetianBooks
인스타그램 | www.instagram.com/PetianBooks

ISBN | 979-11-955009-2-5 13490